ISBN 978-3-642-98712-0   ISBN 978-3-642-99527-9 (eBook)
DOI 10.1007/978-3-642-99527-9
Softcover reprint of the hardcover 1st edition 1929

Vorwort.

Da eine umfassende Darstellung über Turboverdichter ein dringendes Bedürfnis der Praxis ist, schien der Versuch lohnend, dieses den meisten Ingenieuren etwas fremde Gebiet zusammenhängend darzustellen. Als Ziel wurde deshalb angestrebt, dem in der Praxis arbeitenden Ingenieur praktische Angaben und Richtlinien für den Bau von Turboverdichtern zu vermitteln. Um für den Studierenden gleichzeitig ein leicht verständliches Lehrbuch zu schaffen, wurde auf klare Ableitung der Hauptbeziehungen großer Wert gelegt.

Von großem Wert für die Behandlung des vorliegenden Themas war die Mitarbeit eines ersten englischen Fachmannes, W. J. Kearton, dessen kürzliches Werk über denselben Stoff „Turbo-Blowers and -Compressors" auch in Deutschland größte Beachtung gefunden hat. Nur so war es möglich, die sehr wertvollen englischen Erzeugnisse gebührend zu berücksichtigen. Alle Angaben über englische Ausführungen stammen von ihm. Außerdem wurden die Abschnitte über Thermodynamik, die Berechnung der Laufradscheibe und Regulierung in der Hauptsache von ihm verfaßt. Die Übertragung ins Deutsche lag in Händen des deutschen Verfassers.

Am Anfange des Buches war eine kurze Abhandlung über Thermodynamik nicht zu entbehren, da für das richtige Verständnis der Wirkungsweise von Turbokompressoren der Gebrauch der Entropietafel notwendig ist. In vielen Fällen, z. B. bei Gasen, für die keine Entropietafeln erhältlich sind, muß der Ingenieur in der Lage sein, selbst eine solche anzufertigen.

Es folgt ein Abschnitt über Strömungslehre. Da dieselbe für den Erbauer von Turboverdichtern die wichtigste Hilfswissenschaft ist, war eine breitere Darstellung geboten. Vor allem war es nötig, die großen Errungenschaften der modernen Strömungslehre, die durch die Worte „Ähnlichkeitsgesetz" und „Grenzschicht" am besten charakterisiert werden können, in ihrer Anwendbarkeit auf praktische Probleme darzustellen. Da für die Konstruktion von Kreiselrädern das Hauptströmungsproblem die Umsetzung von Geschwindigkeit in Druck ist, sind die Grenzschichtstudien hier von großem Wert. Bei der Behandlung und Auswahl des Stoffes wurde angestrebt, beim Leser ein gewisses Gefühl für Strömungsvorgänge anzuerziehen.

Bei der Berechnung der Schaufeln wurde der Einfluß der endlichen Schaufelzahl entsprechend den neueren Arbeiten gebührend berücksichtigt. Von der Einführung des Begriffes Zirkulation wurde Abstand genommen, da bei den sehr großen Schaufelzahlen von Turbokompressoren kein Vorteil hiervon zu erwarten ist. Die Belange der Praxis werden hier vollkommen durch einfache Näherungen befriedigt, wie sie z. B. von Pfleiderer angegeben wurden, oder auch durch eine vom Verfasser angeführte Näherung.

Im Abschnitt: Wärmeübergang wurde der Zusammenhang mit der Strömungslehre entsprechend den neueren Arbeiten behandelt, soweit es für die Anwendungen in Frage kommt.

Die Festigkeitsberechnungen nehmen naturgemäß einen weiteren Raum ein, da bei den hohen Umfangsgeschwindigkeiten viele Teile bis an die Grenze beansprucht werden. Das gleiche gilt von den Wellen. Die Theorie der kritischen Drehzahl ist für Turbokompressoren lebenswichtig, weist leider jedoch noch große Lücken auf. Dies ist um so beklagenswerter, als der Turbokompressor zurzeit die einzige Großmaschine ist, die noch überkritisch läuft. Deshalb ist leider nur ein kleiner Kreis an diesen Fragen praktisch interessiert.

Einstufige Gebläse für höhere Drücke werden besonders behandelt, weil sich gerade hier in letzter Zeit viele neue Anwendungsgebiete ergeben haben. Neu ist die Behandlung der Spiralgehäuse unter Berücksichtigung der Reibung. Umfangreiche Versuche und Berechnungen des Verfassers zeigten, daß der Erfolg einer einstufigen Konstruktion für höhere Drücke sehr von der richtigen Formgebung der Spirale abhängt. Es werden neue Grundlagen für die Dimensionierung der Spirale entwickelt. Im Anschluß hieran sind einige besondere Anwendungen einstufiger Gebläse besprochen. Gebläse für niedrige Drücke, sog. Ventilatoren, werden nicht behandelt, da hierfür bereits ein sehr umfangreiches Schrifttum vorliegt.

Bei der Besprechung mehrstufiger Kompressoren erwies sich die Einteilung nach einzelnen Firmen als vorteilhaft. Die typischen Merkmale werden an Hand eines umfangreichen Bildmaterials geschildert. Alle besonderen Einzelkonstruktionselemente in getrennten Abschnitten zu behandeln, erwies sich als unnötig, da diese Elemente teilweise identisch sind mit den entsprechenden Teilen des Dampfturbinen- und Kreiselpumpenbaues und deshalb als bekannt vorausgesetzt werden können. Kurz sind noch Kleinstkompressoren behandelt, die sich trotz ihres schlechten Wirkungsgrades in letzter Zeit gewisse Anwendungsgebiete erobert haben.

Zum richtigen Verständnis der Regelvorrichtungen von Kompressoren ist die Kenntnis der Arbeitsweise des Laufrades bei verschiedenen Betriebsbedingungen unerläßlich. Hierzu gehört auch das sogenannte „Pumpen", eine Erscheinung, die nur im Turbokompressorenbau bekannt ist. Es sei gleich hier betont, daß diese Erscheinung in der Praxis im allgemeinen nicht die Bedeutung hat, die man in vielen Darstellungen findet, da dieses instabile Verhalten durch verhältnismäßig einfache Maßnahmen zu verhindern ist. Neben vielen Regulierschemen der einzelnen Firmen wird auch eingehend auf die Drehschaufelregulierung eingegangen.

In einem besonderen Abschnitt wird die konstruktive Ausbildung der Außen- und Innenkühlung eingehend besprochen. An Ausführungsbeispielen gleicher Größe wird versucht, den Einfluß der Kühlung auf den Wirkungsgrad zu ermitteln. Bei Maschinen bis ca. 25000 m³/st ist kein sehr fühlbarer Unterschied zu merken, während für größere Maschinen die Außenkühlung immer vorteilhafter wird.

Um einen kleinen Überblick zu geben, mit welchen Garantiezahlen zurzeit gerechnet werden kann, werden neuere Versuche von verschiedenen Firmen angeführt. Anschließend werden einige Gesichtspunkte zusammengestellt, die bei der Untersuchung des Aggregates Dampfturbine-Turbokompressor zu beachten sind. Vor allem wird auf die Hauptfehlerquellen bei derartigen Versuchen hingewiesen.

Die meisten Firmen des Turbokompressorenbaues haben mir umfangreiches Material zur Verfügung gestellt. Das teilweise sehr in Details gehende Bildmaterial hat es überhaupt erst ermöglicht, das vorliegende Thema in diesem Umfange zu behandeln. Da über Turbokompressoren bisher nur sehr weniges in der Literatur enthalten ist, war die Unterstützung der einzelnen Firmen von sehr großem Wert. Ich erfülle deshalb hiermit eine selbstverständliche Pflicht, diesen Firmen meinen Dank auszusprechen.

Die Verlagsbuchhandlung hat für die Ausstattung des Buches in mustergültiger Weise Sorge getragen und ist meinen besonderen Wünschen entgegengekommen, weshalb auch ihr mein besonderer Dank ausgesprochen sei.

Köln, im März 1929.

Bruno Eck.

Inhaltsverzeichnis.

VII. Kühlung und Wärmeübergang.

VIII. Einstufige Gebläse.

IX. Ausführung von Gebläsen und Turbokompressoren.

I. Einleitung.

1. Wirkungsweise.

Turbogebläse und Turbokompressoren beruhen physikalisch auf derselben Wirkungsweise. Beide verdichten Gase durch Schleuderwirkung. Als Turbogebläse bezeichnet man gewöhnlich ein- oder mehrstufige Gebläse für niedrige Drücke bis ca. 3 ata, die keine besondere Kühlung aufweisen. Turbokompressoren sind meistens künstlich gekühlt und werden bis zu Drücken von ca. 10 atü verwendet. Jedes beliebige Gas kann auf diese Weise verdichtet werden. Gewöhnlich handelt es sich jedoch um Verdichtung von Luft, weshalb der Einfachheit halber im folgenden nur von Verdichtung von Luft gesprochen werden soll.

Einen Quer- und Längsschnitt eines Schleudergebläses zeigt Abb. 1. Die Welle A, auf welcher 2 Laufräder B_1 und B_2 befestigt sind, wird

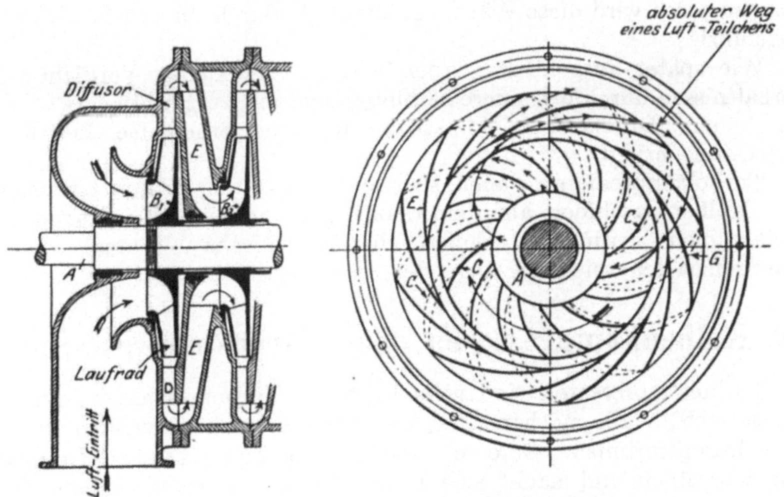

Abb. 1. Quer- und Längsschnitt eines Turbogebläses.

durch eine schnellaufende Antriebsmaschine bzw. durch Zwischenschaltung eines Übersetzungsgetriebes angetrieben. Das Laufrad besteht aus 2 Scheiben, die durch eine Anzahl gekrümmter Schaufeln c verbunden sind. Nach Austritt aus dem Laufrad durchströmt die Luft den sogenannten Diffusor und wird in einem Umkehrkanal E zur 2. Stufe geführt. Der Diffusor E soll den größten Teil der in der Luft enthaltenen kinetischen Energie in Druck umsetzen. Die Schaufeln des Diffusors, die sogenannten Leitschaufeln, sind hier fast ausschließlich gerade im Gegensatz zu Kreiselpumpen. Im Umkehrkanal befinden sich meist gebogene Schaufeln, um die Luft ohne Stoß eintreten zu lassen.

Wenn die Maschine angestellt wird, muß die im Läufer befindliche Luft mit rotieren und wird nach der Laufradperipherie hingedrängt. Hierdurch entsteht am Eintritt ein Unterdruck, der weitere Luft durch den Eintrittsstutzen in den Läufer bringt. Beim Austritt aus dem Läufer hat die Luft erhöhten Druck und erhöhte Geschwindigkeit, Abb. 2. Der aus erweiterten Kanälen bestehende Diffusor setzt den größten Teil dieser Geschwindigkeit in Druck um.

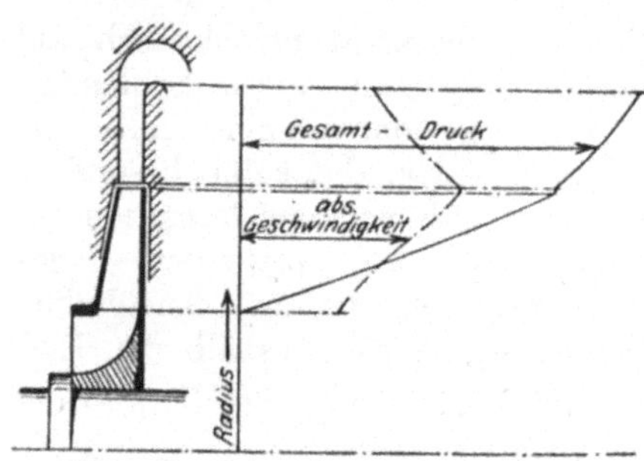

Abb. 2. Druck- und Geschwindigkeitsverlauf in einer Stufe.

Diese Energieübertragung an die Luft ist mit mannigfachen Verlusten verbunden, z. B. Reibungs-, Stoßverlusten, Undichtigkeiten usw. Da die Verluste sich fast ausschließlich in Wärme umsetzen, wird die innere Wärme der Luft vergrößert. Bei Turbokompressoren wird diese Wärme größtenteils durch künstliche Kühlung abgeführt.

Wie später ausgeführt werden wird, ist bei kleinen Verdichtungsverhältnissen durch besondere Kühlung nicht viel zu gewinnen, während für höhere Drücke eine künstliche Kühlung erhebliche Leistungsersparnisse bringt.

Turbokompressoren haben sich erst seit ca. 20 Jahren entwickelt und Kolbenmaschinen auf dem Gebiete der größeren Leistungen fast vollkommen verdrängt. Einige charakteristische Merkmale beider Maschinenarten seien im folgenden kurz gestreift.

2. Kolbenkompressoren oder Turbokompressoren?

Turbokompressoren sind schnellaufende Turbomaschinen und besitzen deshalb alle mechanischen und betriebstechnischen Vorteile wie z. B. Dampfturbinen. Eine unmittelbare Kupplung beider ist deshalb sehr vorteilhaft und macht sich in den relativ hohen Wirkungsgraden dieser Aggregate bemerkbar.

Andererseits ist für kleinere Leistungen der Antrieb mit Elektromotoren sehr beliebt. Wie in einem späteren Kapitel gezeigt wird, sind die Wirkungsgrade von Kolben- und Turbokompressoren — beste Konstruktion vorausgesetzt — bei Leistungen von zirka 10 000 m³ nicht sehr verschieden. Zylindermaschinen für z. B. 8fache Verdichtung müssen 2stufig gebaut werden, erhalten Zylinder- und Zwischenkühlung. Der hierbei erreichte isotherme Wirkungsgrad ist ca. 65%.

Ein Turbokompressor von derselben Leistung hat bei guter Kühlung ungefähr denselben Wirkungsgrad, doch sinkt er schnell bei unvollkommener Kühlung. Nun ist der Kompressor-Wirkungsgrad nicht allein ausschlaggebend für die Güte der Anlage, sondern der Gesamtwirkungsgrad inkl. Antriebsmaschine. Kolbenmaschinen werden gewöhnlich von Tandem-Dampfmaschinen angetrieben, selten von Elektromotoren, Turbokompressoren jedoch meistens durch Dampfturbinen. Da Dampfturbinen von einer gewissen Leistung ab vorteilhafter wie Kolbenmaschinen sind, ist das Aggregat Turbokompressoren-Dampfturbinen von einer bestimmten Leistung ab ca. 10000 m³/st unbedingt überlegen.

Von gewisser Bedeutung ist auch der Platzbedarf eines derartigen Maschinensatzes, da die Gebäude- und Fundamentkosten hiervon abhängen. Es ist nicht möglich, den genauen Raum für beide Kompressorenarten vergleichsweise festzulegen, da Kompressoren oft Teile einer großen Kraftzentrale sind und gewisse Hilfsmaschinen gemeinschaftlich benutzt werden können. Die folgenden Tabellen zeigen immerhin, daß der für 1 m³ Luft benötigte Platzbedarf bei Turbokompressoren beträchtlich geringer ist wie bei Kolbenkompressoren.

Tabelle 1. Raumbedarf und Leistung von Kolbenkompressoren bei einer Endspannung von 7 atü.

V angesaugte Luftmenge in m³/min,
F_1 Platzbedarf des Kompressors allein in m²,
F_2 gesamter Platzbedarf einschließlich Hilfsmaschinen m².

Art der Maschine	V	F_1	F_2	V/F_1	V/F_2
Liegend, 2 stufig, elektrisch angetrieben	96	32,5		2,95	
Stehende Bauart, 2 stufig, elektrisch angetrieben ..	185	44		4,22	
Liegend, 2 stufig, Antrieb durch Dampfmaschine ..	280	174		1,61	
Liegend, 2 stufig, Antrieb durch Dampfmaschine..	100	84	110	1,19	0,91
Liegend, Tandem-Anordnung, elektrisch angetrieben	8,5	26		0,327	

Tabelle 2. Raumbedarf und Leistung von Turbokompressoren für eine Endspannung von 7 atü.

V und F_1 wie vorher,
F_2 Platzbedarf für Kompressor und sämtliche Hilfsmaschinen.

Bauart	V	F_1/m²	F_2	V/F_1	V/F_2
2 Gehäuse-Entnahme-Turbine	280	44,2		6,33	
2 „ Hochdruck- „	280	31,6		8,88	
2 „ „ „	135	19,7		6,85	
2 „ „ „	165	21	121	7,85	1,36
2 „ Abdampf- „	200	23,2	67,1	8,62	2,98
1 „ Hochdruck- „	200	12	68,6	16,65	2,91
2 „ „ „	200	32,2		6,5	

Um eine anschauliche Vorstellung von der bei Turbokompressoren erzielten Raumersparnis zu erhalten, sind in Abb. 3 die Umrisse eines Turbokompressors und eines Kolbenkompressors von der gleichen Leistung eingezeichnet. Der Antrieb ist Dampfturbine bzw. Dampfmaschine.

Die Wirkungsweise eines Turbogebläses ist kontinuierlich, man erhält einen gleichförmigen Luftstrom ohne Anwendung von großen Windkesseln.

Ein weiterer Vorteil der Turbokompressoren ist das Fehlen einer inneren Schmierung. Nur die Lager erfordern eine solche, die

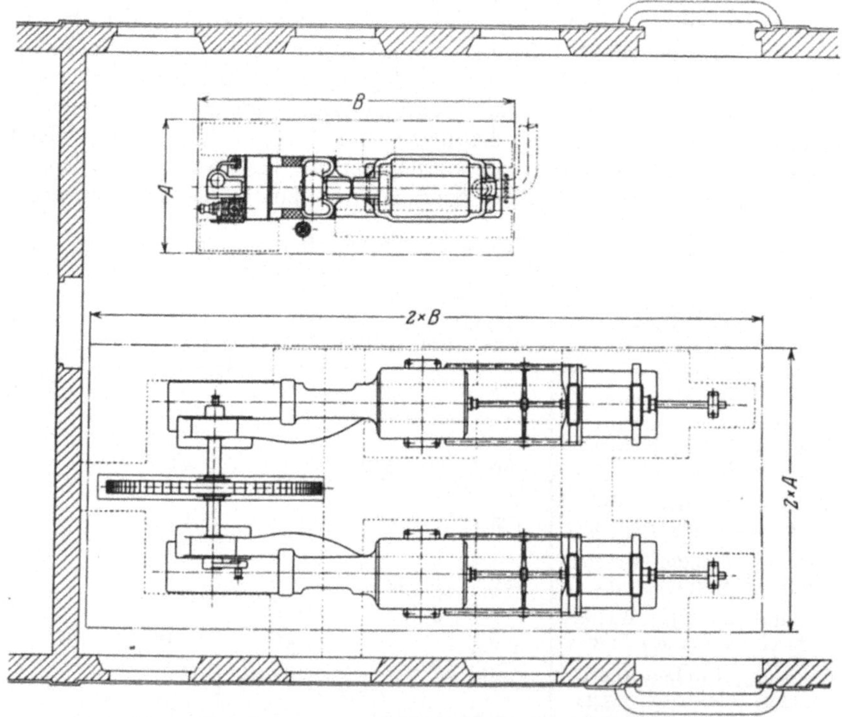

Abb. 3. Turbokompressor und Kolbenkompressor gleicher Leistung.

meist durch Zahnradölpumpen erfolgt. Bei Kolbenmaschinen müssen bekanntlich die Zylinder geschmiert werden. Die bei der Kompression entstehende Wärme verdampft einen Teil dieses Öles, und dieses schlägt sich dann im Zwischenkühler nieder. Auf den Kühlrohren setzt sich so eine Ölschicht an, die den Wärmeübergang bekanntlich erheblich verschlechtert und häufige Reinigung erfordert. Bei Turbokompressoren ist die Luft vollkommen rein, was natürlich für gewisse chemische Industrien, Brauereien usw. von ausschlaggebender Bedeutung ist.

Wie später gezeigt werden wird, ist das Verdichtungsverhältnis eines Laufrades verhältnismäßig klein. Als grober Mittelwert kann

1,2—1,25 dienen, d. h. bei Atmosphäre als Anfangszustand beträgt die Druckerhöhung ca. 0,25 kg/cm². Für die Hochdruckstufen nimmt das Verdichtungsverhältnis ab, bzw. man wählt aus später zu erklärenden Gründen kleinere Verdichtungsverhältnisse. Hieraus ergibt sich, daß für eine Verdichtung auf 8 ata ca. 12—16 Stufen notwendig sind. Es ergeben sich bezüglich des Enddruckes gewisse wirtschaftliche Grenzen. 10 atü dürfte wohl augenblicklich der höchste Druck sein, der für Turbokompressoren in Frage kommt.

Die schwierige Herstellung von Laufrädern mit kleinen Austrittsbreiten gibt für einen vorgeschriebenen Druck eine untere Grenze für die wirtschaftlich mögliche Luftmenge. Je höher der Enddruck, um so kleiner wird das spezifische Volumen des Gases, um so kleiner muß also auch die engste Schaufelweite — die in den letzten Stufen auftritt — sein. Deshalb wird mit höherem Enddruck die kleinste mögliche Fördermenge, bei der ein Turbokompressor noch wirtschaftlich ist, sinken. Abb. 4 zeigt

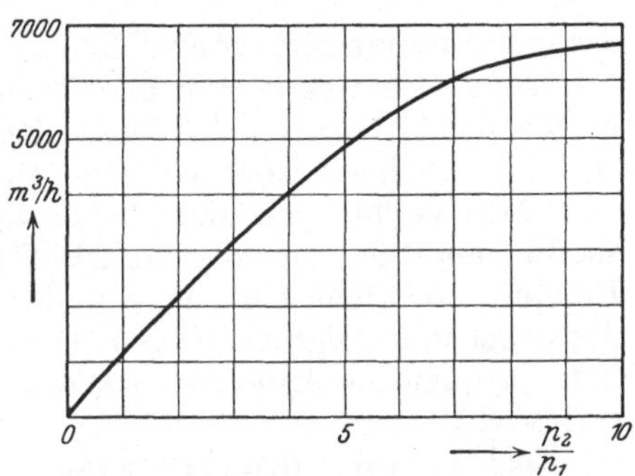

Abb. 4. Kleinste Fördermenge in Abhängigkeit vom Enddruck bei heutigen Konstruktionen.

annähernd die geringste Fördermenge in Abhängigkeit vom Enddruck.

Bei Verwendung sehr hoher Drehzahlen 10000—20000/min kann der Laufraddurchmesser und damit der Austrittsdurchmesser wesentlich verkleinert werden. In den letzten Jahren sind von verschiedenen Seiten Neukonstruktionen entstanden, um auch das Gebiet kleiner Fördermengen für Turbokompressoren zu erobern. Leider geht dies aber nur auf Kosten des Wirkungsgrades, so daß diese Ausführungen nur dort in Frage kommen, wo unter allen Umständen ölfreie Luft vorhanden sein muß, z. B. in der Nahrungsmittelchemie.

II. Verdichtung von Luft.

1. Eigenschaften der Luft.

Luft ist eine mechanische Mischung von Gasen und besteht in der Hauptsache aus 21% Sauerstoff und 79% Stickstoff, bezogen auf das Volumen. Beimengungen von Kohlenstoff, Wasserdampf und anderen Gasen sind so gering, daß man im allgemeinen von einer homogenen Mischung von Sauerstoff und Stickstoff sprechen kann.

Es wurde schon sehr früh entdeckt, daß Druck, Volumen und Temperatur der Luft in einer eindeutigen Beziehung zueinander stehen. Zwei dieser Größen bestimmen den Zustand des Gases. Die mathematische Formulierung dieser Tatsache bezeichnet man als Zustandsgleichung.

Bleibt die Temperatur eines Gases konstant, so ist der Druck umgekehrt proportional dem Volumen (Gesetz von Boyle). Es sei p der Druck in kg/cm²; v das Volumen in m³/kg, dann ist bei konstanten Temperaturen

$$p_1 v_1 = p_2 v_2 = \text{const.}$$

Für Veränderungen eines Gasvolumens bei konstantem Druck oder Temperatur gilt das Gesetz von Gay-Lussac. Zwei verschiedene Gase von demselben Druck und derselben Temperatur verändern ihr Volumen bei derselben Temperaturänderung um denselben Prozentsatz.

1 m³ Gas von 0⁰ C verändert sein Volumen um $\frac{1}{273}$ bei einer Temperaturänderung von 1⁰ C.

Wenn das Gesetz für alle Temperaturen genau stimmen würde, müßte das Volumen jedes Gases bei -273^0 Null werden. Nun gibt es in Wirklichkeit kein vollkommenes Gas im Sinne dieses Gesetzes. Alle Gase verflüssigen sich, bevor sie 273^0 erreichen. In streng physikalischem Sinne sind nämlich Gase nichts anderes als überhitzte Dämpfe. Je mehr ein Gas von der Sättigungstemperatur entfernt ist, desto genauer folgt es obigen Gesetzen. Für die vorliegenden Zwecke indes genügt die Annahme vollkommen, daß Luft sich wie ein ideales Gas verhält.

Rechnet man den Temperaturmaßstab von -273 an, so folgt, daß bei konstantem Druck das Volumen sich direkt proportional dieser Temperatur ändert. Man bezeichnet die so gerechnete Temperatur als absolute Temperatur und den Nullpunkt -273 als den absoluten Nullpunkt (Schreibweise $T = 273 + t$).

2. Zustandsgleichung.

Nach Boyles Gesetz ändert sich der Druck umgekehrt proportional dem Volumen bei konstantem Druck,

$$\text{d. h. } p \text{ prop. } \frac{1}{v} \qquad (T = \text{const.}).$$

Nach Gay-Lussac ändert sich das Volumen proportional zur Temperatur bei konstantem Druck,

$$\text{d. h. } v \text{ prop. } T \qquad (p = \text{const.}).$$

Beide Forderungen werden erfüllt durch die Gleichung $pv = RT$. Dies ist die sogenannte Zustandsgleichung eines idealen Gases. Sie gestattet, eine Größe auszurechnen, wenn zwei bekannt sind, d. h. der Zustand eines Gases ist durch p, v; pT oder vT bestimmt. Eine andere beliebte Formel gewinnt man durch Einführung von Gesamtgewicht und Gesamtvolumen $v = \dfrac{V}{G}$

$$p \cdot V = GRT.$$

R ist eine Konstante, die für jedes Gas verschieden ist. Für Gasmischungen läßt sie sich nach bekannten Regeln der Thermodynamik berechnen [1].

---

[1] Siehe z. B. Schüle: Thermodynamik.

Für die im Kompressorenbau üblichen Gase sind die Gaskonstanten in folgender Tabelle zusammengestellt.

Luft	29,27	Kohlensäure	19,27
Sauerstoff	26,5	Schweflige Säure	13,24
Stickstoff	30,26	Ammoniak	49,79
Wasserstoff	420,6	Methan	52,90
Kohlenoxyd	30,29		

Beispiel 1. Ein Kompressor liefere 10 000 m³/st von 15⁰ C und 1 ata. Welches Luftgewicht verdichtet der Kompressor?

$$V = 10\,000 \text{ m}^3/\text{st}; \qquad T = 273 + 25 = 298; \qquad p = 10\,000 \text{ kg};$$

$$G = \frac{p \cdot V}{RT} = \frac{10\,000 \cdot 10\,000}{29,3 \cdot 298} = 11\,470 \text{ kg/st.}$$

3. Spezifische Wärme von Gasen.

Als spezifische Wärme bezeichnet man die Wärmemenge, die notwendig ist, um die Massen bzw. Gewichtseinheit eines Stoffes um 1⁰ C zu erhöhen.

Gase können unter zwei prinzipiell verschiedenen Bedingungen erwärmt werden. Die Wärme kann übertragen werden bei konstantem Volumen, wodurch sich nur die innere Energie des Gases vergrößert. Der andere Grenzfall ist der, daß man während der Erwärmung das Volumen sich so wandeln läßt, daß der Druck konstant bleibt. Man erkennt, daß hierzu mehr Wärme zugeführt werden muß, da außer der Erwärmung (sogenannte fühlbare Wärme) noch eine äußere Arbeit verrichtet werden muß.

In Abb. 5 sind zwei Zylinder von demselben Inhalt; beide sollen dieselbe Menge Gas von demselben Druck und derselben Temperatur enthalten. Der erste sei vollkommen geschlossen, während der andere durch einen reibungslosen vollkommen dichten Zylinder abgeschlossen sei, der durch P belastet ist. Hierdurch wird ein konstanter Druck im Gas erreicht bei jeder Zustandsänderung. Nun werde beiden

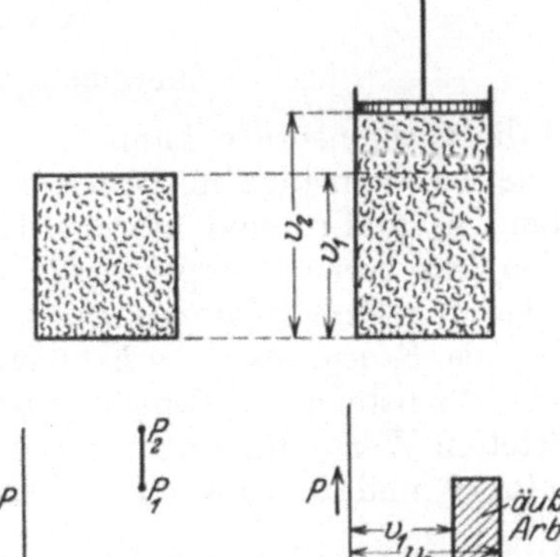

Abb. 5. Wärmezufuhr bei konstantem Volumen und konstantem Druck.

Zylindern eine solche Wärmemenge zugeführt, daß die Temperatur in beiden von T_1 auf T_2 steige. Der Druck im ersten steigt, da das Volumen konstant bleibt, auf $p_2 = p_1 \cdot \frac{T_2}{T_1}$. Das Gas hat keine Arbeit verrichtet.

Im zweiten Behälter dagegen bleibt der Druck konstant, und das Volumen steigt auf $v_2 = v_1 \cdot \frac{T_2}{T_1}$. Hierbei ist Hubarbeit verrichtet worden von dem Betrage $p \cdot (v_2 - v_1)$.

Nach dem Energiesatz sind Wärme und mechanische Arbeit zwei Energieformen, die ineinander überführt werden können mit der Einschränkung, daß Wärme niemals von einem kälteren Niveau auf ein wärmeres Niveau überfließen kann. Wird einem Körper Wärme zugeführt, so kann sich dieselbe in beiden Energieformen dem Körper mitteilen: Wärme und Arbeit oder Wärme oder Arbeit allein. Nur muß nach dem 1. Hauptsatze der Thermodynamik die Summe der zugeführten Energie gleich der Summe der aufgenommenen Energie sein.

Zugeführte Wärme = mechanische Arbeit + Gewinn an innerer Energie (fühlbare Wärme).

Wird die Wärme bei gleichbleibendem Volumen zugeführt, so wird keine äußere Arbeit verrichtet, und die ganze Wärme setzt sich in innere Energie um. Die innere Energie eines Gases ist aber nur von seiner Temperatur abhängig, so daß man schreiben kann

$$Q_1 = c_v (T_2 - T_1) \qquad \text{(konst. Volumen).}$$

Definiert man bei Erwärmung unter konstantem Druck ein c_p durch

$$Q_2 = c_p (T_2 - T_1),$$

so ergeben sich folgende Beziehungen

$$Q_2 = c_p (T_2 - T_1) = A \cdot p (v_2 - v_1) + c_v (T_2 - T_1)$$
$$= A \cdot R (T_2 - T_1) + c_v (T_2 - T_1)$$
$$= (R \cdot A + c_v)(T_2 - T_1),$$

hieraus $c_p = R \cdot A + c_v$, [1]

d. h. die Gaskonstante kann aus der Differenz zwischen spezifischer Wärme bei konstantem Druck und konstantem Volumen berechnet werden; c_p und c_v sind etwas abhängig von der Temperatur, doch ist nur bei sehr hohen Temperaturen eine größere Abweichung vorhanden. Bei den für Kompressoren vorliegenden Verhältnissen genügt es, c_v und c_p als Konstante anzunehmen.

Die nachstehende Tabelle gibt die nach den neuesten Versuchen ermittelten Werte für Luft an. Als mittlere Werte können $c_p = 0{,}242$, $c_v = 0{,}173$ und $k = 1{,}4$ angesehen werden.

Mittlere spezifische Wärme der Luft zwischen 20 und 100 bei verschiedenen Drücken nach Holborn und Jakob.

p at	1	25	50	100	150	200	300
c_p at	0,242	0,249	0,255	0,269	0,282	0,292	0,303

Die gesamte Energie eines Gases, auch als Wärmeinhalt J bezeichnet, besteht aus der Summe der Druckenergie und der fühlbaren Wärme. Man erhält

$$J = A \cdot p \cdot v + c_v \cdot T;$$

---

[1] Hier bedeutet $A = \dfrac{1}{427}$ das mechanische Wärmeäquivalent.

eliminiert man

$$p \cdot v = RT,$$

so entsteht

$$J = T(A \cdot R + c_v) = T \cdot c_p.$$

Nun ist die absolute Energie eines Gases weniger von Interesse als der Unterschied gegenüber irgend einem Festpunkt.

$$J_2 - J_1 = c_p (T_2 - T_1).$$

Das Bemerkenswerte dieser Formel ist, daß die Energie nur eine Funktion der Temperatur ist. Bei oberflächlicher Betrachtung könnte man auf den Gedanken kommen, daß dies in Widerspruch mit der Erfahrung steht. So ist man z. B. geneigt anzunehmen, daß Luft von 10 atü und 15° C mehr Energie besitzt wie Luft von Atmosphärenspannung und 15° C. Dies ist natürlich nicht der Fall, da dieselbe Arbeit, die zum Verdichten notwendig war, bei der Kompression in Wärme abgeführt werden mußte. Natürlich kann die Luft von 10 atü Arbeit leisten, doch kühlt sie sich hierbei um denselben Wert ab, der der geleisteten Arbeit entspricht.

Wir werden später sehen, daß im idealen Falle die Temperatur während der Kompression konstant zu halten ist, und daß beim Ansteigen der Temperaturen eine größere äußere Arbeit notwendig ist.

4. Adiabatische Kompression.

Wird während der Kompression eines Gases keine Wärme zu- oder abgeführt, so spricht man von adiabatischer Kompression. Geschieht der Vorgang in einem Zylinder, so müssen Zylinder wie Kolben vollkommen wärmeundurchlässig sein. Für vollständige adiabatische Verdichtung ist noch ein weiterer Punkt wesentlich. Es dürfen keine Reibungs- und Stoßverluste auftreten, die sich sofort in Wärme umsetzen würden[1]. Diese Bedingungen sind praktisch nicht zu erfüllen, und deshalb kann ein ungekühltes Gebläse, bei welchem nur sehr wenig Wärme nach außen abgeführt wird, nicht adiabatisch verdichten. Die oben erwähnten Verluste bewirken eine Erwärmung des Gases, so daß die Endtemperatur höher sein muß, wie beim rein adiabatischen Vorgange.

Abb. 6 zeigt eine Druckvolumenkurve. Punkt A mit p_1, v_1 sei der Anfangspunkt der Kompression. Es sei ein rein adiabatischer Vorgang AB angenommen, bei dem das Gas keinerlei Wärmeaustausch mit der Umgebung hat. Wir betrachten ein Element CD. Die Arbeit, die notwendig

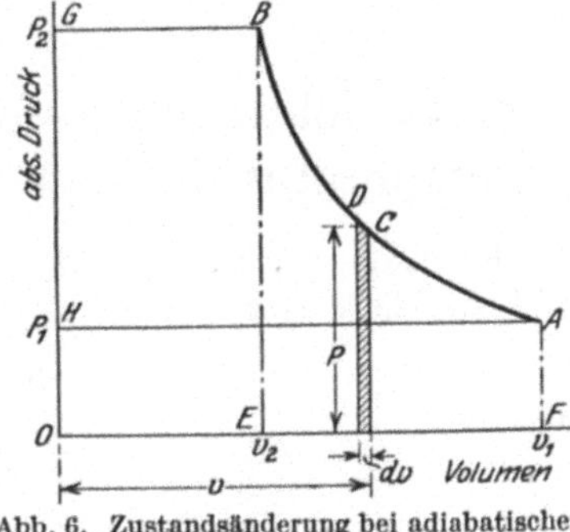

Abb. 6. Zustandsänderung bei adiabatischer Kompression.

---

[1] In der Literatur findet man für diese Zustandsänderung oft die Bezeichnung „isentropisch".

ist, um das Volumen um dv zu verkleinern, ist durch das Produkt aus dem Druck und der Volumänderung gegeben. Diese ist in Abb. 6 durch die schraffierte Fläche dargestellt. Nach dem 1. Hauptsatze können wir schreiben:

Aufgenommene Wärmemenge $=$ — (Arbeit, die dem Gas übertragen wurde)
$+$ (Gewinn an innerer Energie).

Abgegebene Wärmemenge $= +$ (Arbeit, die dem Gas übertragen wurde)
— (Gewinn an innerer Energie).

Die Temperatur steige von T auf $T + dT$ an; dann ist der Gewinn an innerer Energie $c_v\,dT$. Es gilt also

$$0 = p \cdot dv \cdot A + c_v \cdot dT,$$

hieraus

$$\frac{dT}{dv} = - \frac{p \cdot A}{c_v}.$$

Wir differenzieren in der Gleichung $v \cdot p = RT$ beide Seiten nach v

$$p + v\frac{dp}{dv} = R \cdot \frac{dT}{dv}, \qquad\qquad p + v\frac{dp}{dv} = \frac{c_p - c_v}{A}\frac{dT}{dv};$$

das oben Gewonnene $-\dfrac{p \cdot A}{c_v} = \dfrac{dT}{dv}$ setzen wir hier ein und erhalten

$$p + v\frac{dp}{dv} = -(c_p - c_v)\frac{p}{c_v} = - p\frac{c_p}{c_v} + p,$$

$$v\frac{dp}{dv} = - \varkappa \cdot p, \qquad\qquad \frac{dp}{p} = - \frac{dv}{v}\varkappa.$$

Integration: $\log p = - \varkappa \lg v + \log C$, wo C eine Konstante ist. Hieraus erhalten wir für die adiabatische Kompression die Beziehung

$$\boldsymbol{p \cdot v^{\varkappa} = C}.$$

5. Beziehungen zwischen Druck, Volumen und Temperatur bei der adiabatischen Kompression.

Es seien p_1, v_1, T_1 und p_2, v_2, T_2 die Zustandsgrößen zu Beginn und zu Ende der Verdichtung, dann ist

$$p_1 v_1^{\varkappa} = p_2 v_2^{\varkappa};$$

hieraus

$$\frac{p_2}{p_1} = \left(\frac{v_1}{v_2}\right)^{\varkappa};$$

berücksichtigt man noch $pv = RT$ und bildet $\dfrac{p_2 v_2}{p_1 v_1} = \dfrac{T_1}{T_1}$, so ergibt sich durch Einsetzen

$$\left(\frac{v_1}{v_2}\right)^{\varkappa}\frac{v_2}{v_1} = \frac{T_2}{T_1}, \text{ d. h. } \frac{T_2}{T_1} = \left(\frac{v_1}{v_2}\right)^{\varkappa - 1},$$

aus $\dfrac{v_1}{v_2} = \left(\dfrac{p_2}{p_1}\right)^{\frac{1}{\varkappa}}$ erhält man weiter

$$\frac{T_2}{T_1} = \frac{(p_2)^{\frac{\varkappa-1}{\varkappa}}}{(p_1)}.$$

6. Arbeit eines Kompressors bei adiabatischer Kompression.

Wird Luft vom Volumen v auf das Volumen $v-dv$ komprimiert, so ist hierzu die Arbeit nötig

$$d\,\mathfrak{A} = p \cdot dv,$$

nun ist $\qquad\qquad p \cdot v^{\varkappa} = C,$

d. h. $\qquad\qquad\quad p = C\,v^{-\varkappa};$

hiermit $\qquad\qquad d\,\mathfrak{A} = C\,v^{-\varkappa}\,dv,$

$$\mathfrak{A} = C \int_{v_2}^{v_1} v^{-\varkappa}\,dv,$$

$$\mathfrak{A} = C\,\frac{v^{-\varkappa+1}}{1-\varkappa}\bigg]_{v_2}^{v_1},$$

$$\mathfrak{A} = \frac{C}{1-\varkappa}\left(v_1^{1-\varkappa} - v_2^{1-\varkappa}\right),$$

eliminiert man noch $C = p_1\,v_1^{\varkappa} = p_2\,v_2^{\varkappa}$, so erhält man

$$\mathfrak{A} = \frac{p_1 v_1 - p_2 v_2}{1-\varkappa}.$$

Einen anderen wichtigen Ausdruck für $\mathfrak{A}$ gewinnt man durch Einführung der Temperatur aus der Gleichung $pv = RT$

$$\mathfrak{A} = \frac{R\,(T_1 - T_2)}{1-\varkappa}\,\mathrm{mkg/kg},$$

$$\mathfrak{A} = \frac{R\,T_1}{\varkappa-1}\left(\frac{T_2}{T_1}-1\right),$$

setzt man hier ein $\dfrac{T_2}{T_1} = \left(\dfrac{p_2}{p_1}\right)^{\frac{\varkappa-1}{\varkappa}}$, so ergibt sich

$$\mathfrak{A} = \frac{RT}{\varkappa-1}\left[\left(\frac{p_2}{p_1}\right)^{\frac{\varkappa-1}{\varkappa}}-1\right].$$

Wir haben hier die Arbeit ermittelt, die während der Verdichtung von A nach B (Abb. 6) aufgewandt werden muß. Von größerem Interesse ist der Betrag, der für einen vollständigen Zyklus, nämlich Ansaugung, Verdichtung und Förderung in einen Behälter notwendig ist.

Während des Ansaugens der Luft leistet die Atmosphäre Arbeit, indem sie die Luft in den Zylinder drückt. Diese ist dargestellt durch die Fläche $OHAF$ und gleich $p \cdot v$. Während der Kompression wird die Arbeit aufgewandt

$$\frac{p_2\,v_2 - p_1\,v_1}{\varkappa - 1}\,.$$

Nun ist die Luft noch aus dem Zylinder herauszudrücken, wozu eine durch die Fläche $OEBG$ dargestellte Arbeit notwendig ist $(p_2\,v_2)$.

Gesamtarbeit: $OGBE + EBAF - OHAF$

$$\mathfrak{A}_{ges} = p_2\,v_2 + \frac{p_2\,v_2 - p_1\,v_1}{\varkappa - 1} - p_1\,v_1 = \frac{\varkappa}{\varkappa - 1}\,(p_2\,v_2 - p_1\,v_1)\,.$$

Diese Arbeit ist also $\varkappa$ mal so groß wie die Verdichtungsarbeit allein. Durch Benutzung der oben gewonnenen Beziehungen gewinnt man noch andere gebräuchliche Formen dieses Ausdruckes.

$$\mathfrak{A} = \frac{\varkappa \cdot R}{\varkappa - 1}\,(T_2 - T_1) = \frac{\varkappa \cdot R \cdot T}{\varkappa - 1}\left[\left(\frac{p_2}{p_1}\right)^{\frac{\varkappa - 1}{\varkappa}} - 1\right],$$

durch $A \cdot R = c_p - c_v$ und $\dfrac{c_p}{c_v} = \varkappa$

entsteht noch

$$\mathfrak{A} = \frac{\varkappa\,(c_p - c_v)\,(T_2 - T_1)}{(\varkappa - 1)\,A} = c_p\,\frac{(T_2 - T_1)}{A}\,,$$

d. h. aus der Temperaturzunahme kann die aufgewandte Arbeit berechnet werden.

    Beispiel 2. 10000 m³ Luft/st werden von 1 ata bei 15° C auf 10 ata adiabatisch verdichtet. Es soll die

    a) Endtemperatur,
    b) Endvolumen,
    c) Arbeit ermittelt werden für 10000 ³m/st.

$T_1\,p_1\,v_1$ seien die Anfangs- und $T_2\,p_2\,v_2$ die Endzustände.

a)
$$\frac{T_2}{T_1} = \left(\frac{p_2}{p_1}\right)^{\frac{\varkappa - 1}{\varkappa}} = \left(\frac{10}{1}\right)^{\frac{1{,}4 - 1}{1{,}4}} = 1{,}931\,,$$

$$T_1 = 273 + 15 = 288\,; \qquad T_2 = 288 \cdot 1{,}931 = 556$$
$$- 288$$
$$\overline{268 = T_2 - T_1}$$
$$t_2 = 283°\,\text{C}\,;$$

b)
$$p_2 \cdot v_2 = 29{,}3 \cdot T_2\,,$$
$$v_2 = \frac{29{,}3 \cdot T_2}{p_2} = \frac{29{,}3 \cdot 556}{100000} = 0{,}163\ \text{m}^3/\text{kg}\,;$$

c)
$$Q = c_p\,(T_2 - T_1) = 0{,}242 \cdot 268 = 64{,}9\ \text{WE}/\text{kg}\,,$$

nun sind

$$10000\ \text{m}^3/\text{st} = 10000\,\frac{P_1}{R\,T_1} = 10000\,\frac{10000}{29{,}3 \cdot 288} = 11\,850{,}0\ \text{kg}\,,$$

d. h.

$$N = \frac{64{,}9 \cdot 11\,850}{632} = 1220\ \text{PS}.$$

7. Isotherme Kompression.

Wenn während der Verdichtung keine Wärme abgeführt wird, wächst die innere Energie um den Betrag der geleisteten Arbeit. Nun hängt die innere Energie nur von der Temperatur ab. Infolgedessen muß die Temperatur während der Verdichtung ansteigen und sinken während der Ausdehnung.

Wir wollen nun annehmen, daß während der Verdichtung eine solche Kühlung stattfindet, daß die Temperatur konstant bleibt. Diese Zustandsänderung nennt man isotherm. Aus $p \cdot v = R\,T$ folgt

$$p \cdot v = \text{const.}$$

Um die für isotherme Verdichtung notwendige Arbeit zu berechnen, gehen wir wieder vor wie oben. Wird das Volumen v auf $v - dv$ verdichtet, so ist die nötige Arbeit

$$d\mathfrak{A} = p\,dv,$$

nun ist

$$p = \frac{C}{v}, \quad \text{d. h.} \quad d\mathfrak{A} = \frac{C}{v}\,dv,$$

$$\mathfrak{A} = C \cdot \ln \frac{v_1}{v_2}$$

oder auch

$$\mathfrak{A} = p \cdot v \ln \frac{v_1}{v_2}\,\text{mkg/kg}.$$

Die Voraussetzung konstanter Temperatur bedingt weiter die Bedingung $\frac{v_1}{v_2} = \frac{p_2}{p_1}$, so daß wir noch eine andere Schreibweise erhalten

$$\mathfrak{A} = p_1 v_1 \ln \frac{p_2}{p_1}.$$

Analog der Betrachtungsweise bei der adiabatischen Verdichtung ergibt sich die Gesamtarbeit für einen Zyklus zu Abb. 7

$$OGBE + EBAF - OHAF = HGBA,$$

$$\mathfrak{A} = p_2 v_2 - p_1 v_1 \ln \frac{p_2}{p_1} - p_1 v_1,$$

da nun

$$p_2 v_2 = p_1 v_1$$

ist, so ist

$$\mathfrak{A}_{\text{isoth.}} = p \cdot v \cdot \ln \frac{p_2}{p_1}\,\text{mkg/kg}.$$

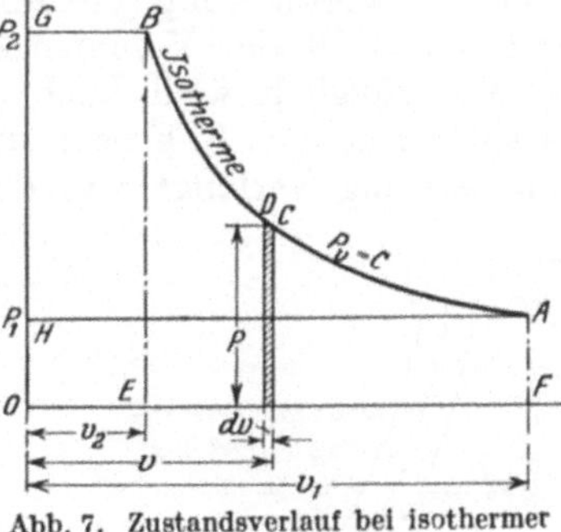

Abb. 7. Zustandsverlauf bei isothermer Kompression.

8. Kühlung bei isothermer Verdichtung.

Für isotherme Verdichtung lautet die Hauptgleichung, da die innere Energie sich nicht verändert,

Abgeführte Wärmemenge = geleistete Arbeit.

Es muß also genau so viel Wärme abgeführt werden, wie dem Wärmewert der geleisteten Arbeit entspricht. Dies erfordert eine sehr intensive und wirksame Kühlung, die in Wirklichkeit jedoch schwer ausführbar ist.

Beispiel 3. Es soll der Kraftbedarf berechnet werden, der zur isothermen Verdichtung von 10000 m³/st Luft von 1 ata und 15⁰ C auf 10 ata notwendig ist. Desgleichen soll der Kühlwasserbedarf ermittelt werden, wenn das Wasser sich um 10⁰ C erwärmen soll.

Gewicht der Luft

$$G = 10\,000\,\frac{P_1}{R\,T_1} = 11\,850{,}0 \text{ kg/st},$$

$$Q = R\,T\cdot\ln\frac{P_2}{p_1} = 29{,}3\cdot 288\cdot\ln 10 = 29{,}3\cdot 288\cdot 2{,}3026 = 19\,420 \text{ WE/st},$$

$$N = \frac{19\,420\cdot 11\,850}{270\,000} = 852 \text{ PS},$$

entsprechende Wärmemenge

$$Q = N\cdot 632 = 538\,000 \text{ WE/st},$$

bei einer Temperaturerhöhung von 10⁰ ist folglich eine Wassermenge von

$$\frac{538\,000}{10}\,\text{lt} = 53{,}8 \text{ m}^3/\text{st}$$

erforderlich.

9. Vergleich zwischen adiabatischer und isothermer Verdichtung.

Es ist augenscheinlich, daß bei Verdichtung von Luft der Kraftbedarf höher sein wird, wenn während der Verdichtung die Temperatur noch steigt, als wenn die Temperatur konstant bliebe. Man kann dies auch aus dem Diagramm erkennen. Die bei der Verdichtung aufgewendete Arbeit erhält man durch die Summation $\Sigma\,p\cdot dv$ (Reibung und Stoßverluste seien hierbei ausgeschlossen). Wenn während der Verdichtung gekühlt wird, wie es bei der Isothermen der Fall ist, so ist das Volumen kleiner wie ohne Kühlung bei gleichem Druck. Folglich wird ·auch $\Sigma\,p\cdot dv$ kleiner sein. Aus den obigen Beispielen geht z. B. hervor, daß die isotherme Verdichtung nur 69,8% der Leistung verlangt wie die adiabatische. In Abb. 8 zeigt ABC den Leistungsgewinn an. Man erkennt auch, daß für höhere Druckverhältnisse der Gewinn immer mehr wächst. Aus den oben entwickelten Formeln kann das Verhältnis von isothermer zu adiabatischer Arbeit leicht berechnet werden.

$$\varepsilon = \frac{L\text{ isotherm}}{L\text{ adiabatisch}} = \frac{c_p\,(T_2 - T_1)}{R\,T\ln\dfrac{p_2}{p_1}},$$

hierin ist

p_1 Anfangsdruck,
T_1 Anfangstemperatur,
p_2 Enddruck,
T_2 Endtemperatur.

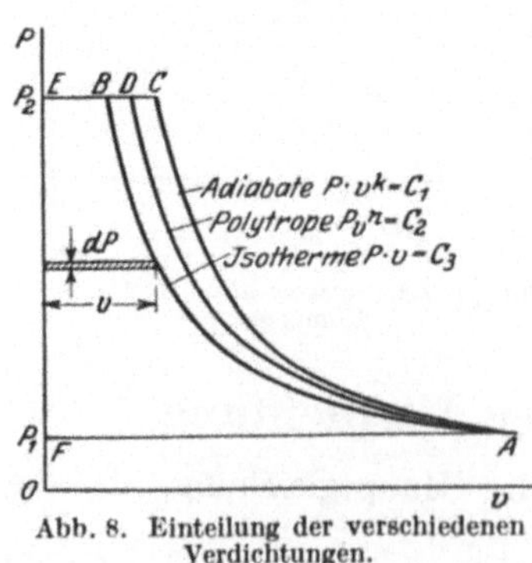

Abb. 8. Einteilung der verschiedenen Verdichtungen.

Abb. 9 zeigt ε in Abhängigkeit vom Druckverhältnis $\dfrac{p_2}{p_1}$. Für kleine Enddrücke ist kein nennenswerter Unterschied vorhanden. Deshalb wird in der Praxis bei Ausführungen bis ca. 1 atü keine Kühlung vorgesehen.

Für höhere Drücke ist es, wie Abb. 9 zeigt, recht lohnend, den isothermen Vorgang durch eine Kühlung anzustreben. Eine gute Kühlung ist dort immer von Nutzen.

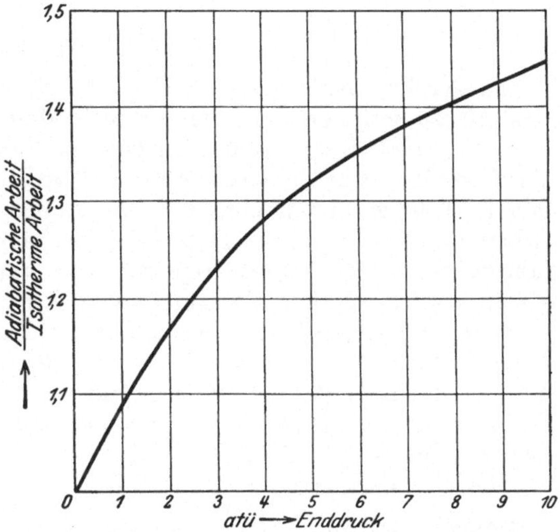

10. Adiabatischer Wirkungsgrad.

Bei einem ungekühlten Kompressor ist die aufzuwendende Leistung höher wie die adiabatische. Reibung und Stoßverluste bedingen eine gewisse Mehrleistung. Es

Abb. 9. Vergleich der adiabatischen und isothermen Verdichtung.

liegt nahe, das Verhältnis von adiabatischer Leistung zur Gesamtleistung, die gleich adiabatischer Leistung + Verluste ist, als adiabatischen Wirkungsgrad zu bezeichnen. Bedingt die rein adiabatische Verdichtung eine Temperaturerhöhung $T_2 - T_1$, so ist die entsprechende Arbeit $c_p(T_2 - T_1)$; durch die Verluste ergibt sich jedoch statt T_2 ein höheres T_2', so daß $c_p(T_2' - T_1)$ die tatsächlich aufzuwendende Arbeit ist. Wir erhalten so

$$\eta_{ad} = \frac{T_2 - T_1}{T_2' - T_1} = \frac{t_2 - t_1}{t_2' - t_1},$$

d. h. der adiabatische Wirkungsgrad kann durch die Temperaturen bestimmt werden.

Wenn z. B. ein Kompressor eine Temperaturerhöhung von 52^0 C zeigt, während rein adiabatisch 40^0 C entstehen würden, so ist der Wirkungsgrad

$$\eta_{ad} = \frac{40}{52} = 76{,}9\% .$$

11. Isothermer Wirkungsgrad.

Findet während der Verdichtung eine künstliche Kühlung statt, so hat es keinen Sinn, von einem adiabatischen Wirkungsgrad zu sprechen. Als brauchbare Vergleichsbasis dient hier am besten die Arbeit bei der rein isothermen Verdichtung, bei der keine Verluste auftreten. Der isotherme Wirkungsgrad ist dann naturgemäß

$$\eta_{isoth.} = \frac{\text{Arbeit bei rein isothermer Verdichtung}}{\text{tatsächlich aufzuwendende Arbeit}} .$$

Im letzten Beispiel ergab sich z. B. eine rein isotherme Arbeit von 852 PS.

Bei einem isothermen Wirkungsgrad von 60% ergäbe sich ein Arbeitsbedarf von 1420 PS[1].

12. Entropie.

In der Thermodynamik spielen umkehrbare und nicht umkehrbare Zustandsänderungen eine große Rolle. Man spricht von umkehrbaren Zustandsänderungen, wenn das Gas auf den ursprünglichen Zustand zurückgeführt werden kann, ohne daß irgendeine Energiezufuhr stattfindet. Infolge der Wichtigkeit, die diese prinzipielle Scheidung der Arbeitsprozesse bedingt, liegt es nahe, eine Rechnungsgröße einzuführen, die die folgenden Eigenschaften hat. Handelt es sich um einen umkehrbaren Prozeß, so soll sie konstant bleiben, im anderen Falle soll sie sich ändern. Letzteres ist immer der Fall, wenn Wärme zu- oder abgeführt wird. Denn Wärme kann bekanntlich nicht von einem kälteren Körper auf einen heißen überführt werden. Die gesuchte Größe muß also proportional der zugeführten Wärmemenge sein.

Die Größe, die diese Eigenschaften hat, nennen wir Entropie und formulieren sie durch $dS = \dfrac{dQ}{T}$, wo dQ ein kleiner Zuwachs der von außen zugeführten Wärme bedeutet während der konstant gehaltenen Temperatur T. Es soll an dieser Stelle nur die rein praktische Seite des Entropiebegriffes erklärt werden. Für eingehendere Ausführungen sei auf bekannte thermodynamische Lehrbücher verwiesen.

Wird z. B. ein abgeschlossenes Luftvolumen von v m³, T^0; 1 ata um ein Grad erwärmt, so findet eine Erwärmung unter konstantem Volumen statt, wozu eine Wärmemenge $Q = c_v(T_2 - T_1) = c_v$ notwendig ist. Die bei diesem Vorgang stattfindende Entropievergrößerung berechnet sich zu $\Delta S = \dfrac{\Delta Q}{T} = \dfrac{c_v}{T}$.

Man erkennt den Weg, der den Unterschied in der Entropie für zwei beliebige Zustände ermitteln läßt. Man fügt immer kleine Wärmemengen hinzu und summiert die Werte $\sum \Delta S = \sum \dfrac{\Delta Q}{T} = S_2 - S_1$. Nun kann die Wärmezufuhr oft als eine Funktion von T angegeben werden. Hierdurch erhält man

$$S_2 - S_1 = \int \frac{Q(T)}{T}\, dT.$$

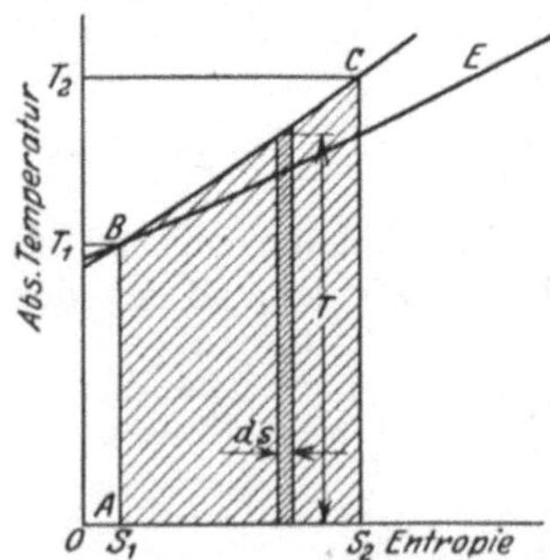

Abb. 10. Entropiediagramm.

Trägt man die Entropieunterschiede als Abszissen und die Temperatur als Ordinaten auf, so entsteht ein Bild nach Abb. 10. Da $dQ = T \cdot dS$ ist, so bedeutet das schraffierte Flächenelement die Wärmemenge, die

---

[1] Den isothermen Wirkungsgrad kann man nicht aus den Temperaturen bestimmen. Man kann sich z. B. vorstellen, daß die Kühlung so intensiv wirkt, daß die Temperatur erniedrigt wird. Dann ergäbe sich ein Wirkungsgrad von über 100%. Man kann hier nur die tatsächlich aufgewendete Leistung heranziehen.

zugeführt wurde während der Entropieänderung dS. Desgleichen stellt die Fläche unter BC die Wärmemenge dar, wenn die Temperatur von T_1 auf T_2 ansteigt.

Nun ist augenscheinlich, daß man von B den Punkt C auf verschiedenen Wegen erreichen kann, d. h. um das Gas von T_1 auf T_2 zu erwärmen, sind je nach den Umständen verschiedene Wärmemengen notwendig. Wird z. B. das Volumen während der Erwärmung konstant gehalten, so ist der Verlauf BC. Wird der Druck konstant gehalten, so muß bekanntlich mehr Wärme zugeführt werden. Dies drückt sich im Entropiediagramm dadurch aus, daß die Linie konstanter Drücke steiler verläuft wie die Linie konstanten Volumens.

13. Allgemeine Beziehungen für Entropieänderungen.

Wir wollen voraussetzen, daß Luft ein vollständiges Gas ist und die Größen c_v und c_p konstant sind, was für fast alle praktischen Belange reicht. Wie bereits oben festgestellt, sind bei den Temperaturen, die für Kompressoren in Frage kommen, die Änderungen von c_v und c_p belanglos. Für irgendeine Zustandsänderung hatten wir bereits den 2. Hauptsatz formuliert zu

$$dQ = Ap\,dv + c_p \cdot dT$$

$$\left(A = \frac{1}{427} \text{ ist das mechanische Wärmeäquivalent}\right).$$

Ist T die absolute Temperatur während der kleinen Wärmezufuhr dQ, so bedeutet dies eine Entropievermehrung um $dS = \dfrac{dQ}{T}$,

$$\text{d. h.} \quad dS = \frac{Ap\,dv}{T} + c_v \frac{dT}{T}.$$

Aus der Gleichung $p \cdot v = RT$ gewinnen wir durch Differentiation nach T

$$\frac{p\,dv}{dT} + \frac{v\,dp}{dT} = R; \qquad p\,dv + v\,dp = R \cdot dT;$$

weiter

$$Ap\,dv = A \cdot R\,dT - A \cdot v\,dp \quad \left(\text{Elimination } v = \frac{RT}{p}\right),$$

$$Ap\,dv = (c_p - c_v) \cdot dT - AR\frac{dp}{p} \cdot T;$$

dieses setzen wir in die 1. Gleichung ein und erhalten:

$$dS = c_p \frac{dT}{T} - AR \cdot \frac{dp}{p}.$$

Die Integration ergibt:

$$S_2 - S_1 = c_p \ln \frac{T_2}{T_1} - AR \ln \frac{p_2}{p_1}.$$

14. Konstruktion der TS-Tafel für Luft.

Die letzte Gleichung ist die Basis zur Konstruktion der TS-Tafel.

Zuerst sei der Druck konstant gehalten; dann ist $\dfrac{p_2}{p_1} = 1$, d. h. $\ln \dfrac{p_2}{p_1} = 0$, und es bleibt $S_2 - S_1 = c_p \ln \dfrac{T_2}{T_1}$. Dieses Resultat kann

auch leicht durch eine anschauliche Betrachtung gewonnen werden.
Bei Zustandsänderungen unter konstantem Druck ist die für eine
Temperaturerhöhung notwendige Wärmemenge $c_p\,dT$ und nach der
Definition die Entropiezunahme

$$dS = \frac{c_p\,dT}{T}, \qquad S = c_p \ln T + C.$$

Die Integration ergibt: $S_2 - S_1 = c_p \ln \dfrac{T_2}{T_1}$. Berechnet man für verschiedene Temperaturen T_2 die Entropiezunahme dS und trägt die
verschiedenen Punkte in einem Koordinatensystem auf, so erhält man
die Linie für Änderungen bei konstantem Druck.

Nun sei die Temperatur konstant und der Druck veränderlich.
Dann entsteht $S_2 - S_1 = - AR \ln \dfrac{p_2}{p_1}$. Ist p_2 größer wie p_1, so ist
die Entropieänderung negativ, für $p_2 < p_1$ ist ΔS positiv. Das bemerkenswerte ist, daß bei konstanter Temperatur die Änderung der
Entropie beim Übergang vom Druck p_1 zu p_2 unabhängig von der
Temperatur ist, d. h. aber, daß die ganzen Linien durch einfache
Horizontalverschiebung entstehen. In Abb. 11 ist z. B. angedeutet,
wie durch Herstellung einer ver-
schiebbaren $p = $ const.-Kurve
das ganze Entropiediagramm
hergestellt werden kann.

Da der Druck im Saug-
deckel eines Turbokompressors
meist geringer ist wie Atmosphärendruck, betrachtet man
besser das Druckverhältnis zwischen Enddruck und Druck vor
Eintritt in das 1. Rad. Auf
diese Weise kommt man im Entropiediagramm mit nur wenigen Linien aus. Infolgedessen
ist diese Herstellungsform sehr

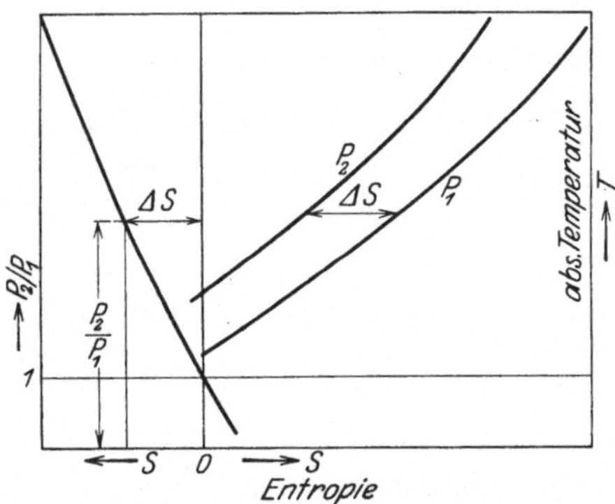

Abb. 11. Konstruktion einer Entropietafel.

geeignet zur Selbstherstellung für Spezialzwecke. An Hand von Abbildung 11 und Tabelle 3 soll diese Methode näher beschrieben werden.

p_2 sei die als normale Atmosphäre angenommene Linie, und es
soll für 0,967 ata, welches der Zustand eines Gebläses vor dem Einlauf sei, die Drucklinie gezogen werden. Auf der Druckverhältnis-
kurve erhält man für 0,967 einen Entropieunterschied ΔS. Die
entsprechenden Werte von S, T und p zur Konstruktion solcher
Tafeln können aus Tabelle 3 entnommen werden. Nun verschiebt
man die Druckkurve um das Maß ΔS und hat die gewünschte
Druckkurve. Ist die Eintrittstemperatur noch gegeben, so ist der Zustand am Eintritt in den Kompressor durch den Punkt p festgesetzt.

Es wurde oben gezeigt, daß der Wärmeinhalt nur von der Temperatur abhängt. Deshalb darf die Temperaturskala des TS-Diagramms

Tabelle 3. Berechnung einer Entropietafel für Luft.

$$S_2 - S_1 = c_p \ln \frac{T_2}{T_1}\text{-Kurve konstanten Druckes.}$$

$T_1 = 273$, d. h. 0° C, dann ist $S_2 - S_1$ für $T_2 = T_1$ gleich Null.

t	T_2	$\dfrac{T_2}{T_1}$	$\ln \dfrac{T_2}{T_1}$	S_2	$\dfrac{p_2}{p_1}$	$\ln \dfrac{p_2}{p_1}$	S_2
10	283	1,038	0,0162	0,00904	1,0	0,0	0,0
20	293	1,075	0,03141	0,0175	1,1	0,0414	0,00656
30	303	1,11	0,04532	0,0253	1,2	0,0792	0,01251
40	313	1,15	0,0607	0,0338	1,3	0,114	0,01803
50	323	1,18	0,0719	0,0401	1,4	0,146	0,0231
60	333	1,22	0,0864	0,0481	1,5	0,1761	0,0278
70	343	1,26	0,1004	0,056	1,7	0,2304	0,0365
80	353	1,295	0,1123	0,0626	2,0	0,301	0,0476
90	363	1,33	0,1239	0,0691	} 2,5	0,3979	0,0629
100	373	1,367	0,1358	0,0757			
150	423	1,55	0,1903	0,1061	3,0	0,477	0,0755
200	473	1,735	0,2393	0,1332	4,0	0,602	0,0952
250	523	1,92	0,2833	0,1577	5,0	0,699	0,01106
300	573	2,1	0,3222	0,18	6,0	0,778	0,0123
					7,0	0,845	0,01336
					8,0	0,903	0,0143

$$S_2 - S_1 = - A R \log \frac{p_2}{p_1}; \quad S_1 \text{ sei gleich Null bei } p_2 = p_1.$$

auch als Wärmeeinheit bezeichnet werden (nach entsprechender prop. Veränderung)

$$J_2 - J_1 = c_p (T_2 - T_1).$$

Da die Durchschnittstemperatur im allgemeinen mit 15^{0} angegeben werden darf, führt man für den Wärmeinhalt zweckmäßig 15^{0} als Nullpunkt an, obschon in diesem Zustande ein großer Wärmeinhalt besteht, dessen absolute Größe uns allerdings unbekannt ist.

15. Adiabatische Kompression in der T-S-Tafel.

p_1, p_2 seien die Anfangs- bzw. Enddrücke eines Kompressors und T_1 die Eintrittstemperatur bei adiabatischer Kompression. Im Entropiediagramm ist der Anfangszustand als Schnittpunkt der Linien T und p gegeben. Der Entropiewert berechnet sich zu $c_p \ln \dfrac{T_1}{T_0}$.

Die Kurve für den konstanten Druck p ist in Abb. 12 in derselben Weise, wie oben beschrieben, konstruiert worden, d. h. die Kurve p wurde um $(c_p - c_v) \ln \dfrac{p_2}{p_1}$

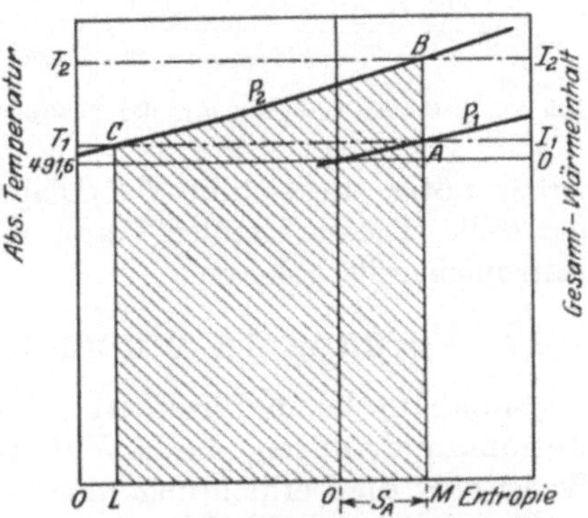

Abb. 12. Adiabatische Kompression in der T-S-Tafel.

verschoben. Da bei der rein adiabatischen Verdichtung keine Wärmezu- oder -abfuhr stattfindet und auch keine Reibungs- und Stoßverluste vorausgesetzt sind, findet keine Änderung der Entropie statt. Die adiabatische Verdichtung wird also im Entropiediagramm durch eine Senkrechte dargestellt, im vorliegenden Falle also durch AB. Die Temperatur am Ende der Verdichtung ist also T_2 und der Wärmeinhalt J_2.

Es wurde bereits gezeigt, daß die Arbeit, die notwendig ist, um 1 kg Luft adiabatisch zu verdichten, wenn die Temperatur von T_1 auf T_2 steigt, gegeben ist durch

$$c_p\,(T_2 - T_1) = J_2 - J_1,$$

d. h. die Wärmezunahme ist proportional der Strecke AB.

Nun ist die Fläche $LCBM$ die Wärme, die zugeführt werden muß, um beim konstanten Druck von T_1 auf T_2 zu erwärmen. Diese ist aber auch gleich $c_p\,(T_2 - T_1)$. Deshalb stellt diese Fläche auch den für die Verdichtung von p_1 auf p_2 notwendigen Kraftbedarf dar.

16. Isotherme Verdichtung.

p_1 und p_2 seien die Drücke am Anfang und Ende der Verdichtung. Da die Temperatur konstant bleibt, ist die Zustandsänderung durch AB dargestellt, Abb. 13. In diesem Falle ist also keine Änderung des Wärmeinhaltes vorhanden. Während der Verdichtung muß Wärme abgeführt werden, und zwar so viel, wie an Arbeit zugeführt wird.

Betrachten wir z. B. einen Zwischendruck p. Die abgeführte Wärme ist gleich der äußeren Arbeit $(c_p - c_v)\,T_1 \ln \dfrac{p}{p_1}$. Diese Wärme ist dargestellt durch die Fläche $MCAN$, da $MC = T_1$ und $MN = (c_p - c_v) \ln \dfrac{p}{p_1}$. Um also 1 kg Luft von p_1 auf p_2 isothermisch zu verdichten, ist eine

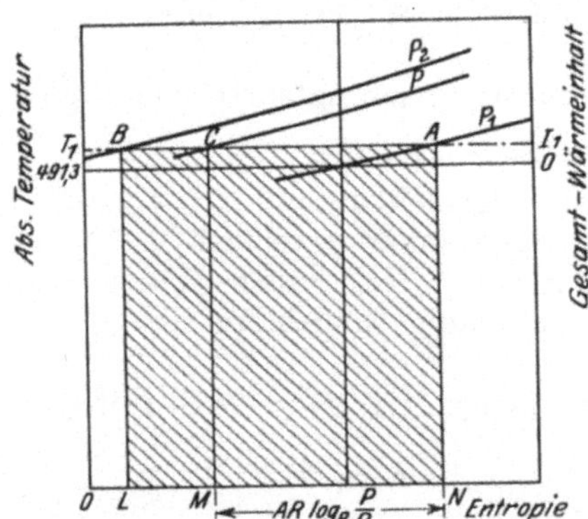

Abb. 13. Isotherme Verdichtung in der T-S-Tafel.

Arbeit nötig, die sich im TS-Diagramm durch das Rechteck $LBAN$ darstellt. Dieses Resultat kann man natürlich auch direkt aus dem Entropiebegriff ableiten.

17. Vorgang in einem ungekühlten Kompressor.

Adiabatische und isotherme Verdichtung sind sogenannte ideale Zustandsänderungen, die in Wirklichkeit nicht erreicht werden können. So ist z. B. die Verdichtung in einem ungekühlten Gebläse näherungsweise adiabatisch in dem Sinne, daß nur eine geringe Wärmemenge nach außen abgeführt wird. Durch Reibungs- und Stoßverluste wird jedoch die Luft erwärmt, und zwar in einem größeren Maße, wie es bei idealer adiabatischer Verdichtung der Fall sein würde.

Die Folge davon ist, daß das Luftvolumen bei irgendeinem Druck größer ist als bei adiabatischer Verdichtung. Das Integral $\int v \cdot dp$ ist also größer. Im pv-Diagramm ist diese Mehrarbeit durch die Fläche ABC dargestellt, Abb. 14.

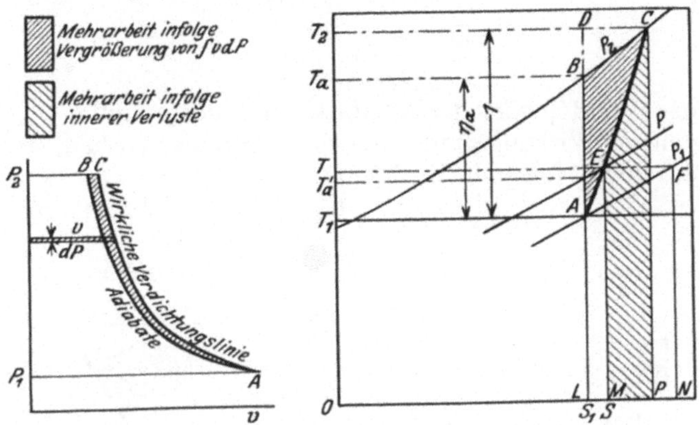

Abb. 14. Vergleich zwischen adiabatischer und wirklicher Verdichtung.

Im Entropiediagramm kennzeichnet sich dieser Vorgang durch eine Entropievermehrung. Von A ausgehend, wird der Druck p_2 nicht in B (Adiabate), sondern in C erreicht. Betrachten wir den Anfangs- und Endzustand der Luft in einem einstufigen Gebläse, so gilt folgende Energiebilanz

$$\frac{v_1^2}{2g} A + p_1 v_1 \cdot A + c_v T_1$$

$+$ vom Gebläse geleistete Arbeit pro kg Luft,

$$= \frac{v_2^2}{2g} \cdot A + p_2 v_2 A + c_v T_2 + H_c$$

(Die Indizes 1 bzw. 2 beziehen sich auf Anfangs- und Endzustand im Gebläse.)

H_c ist die im Kühlwasser abgeführte Wärmemenge. Beim ungekühlten Gebläse ist $H_c = 0$ (abgesehen von der Wärmestrahlung des Gehäuses und der Wärmeabgabe des Gehäuses an die Außenluft). Die Geschwindigkeiten v_1 und v_2 sind in den meisten Fällen so klein, daß die entsprechenden kinetischen Energien keine Rolle spielen[1]. Bezieht sich der Index a auf rein adiabatischen Zustand, so ist

$$W_a = c_p (T_a - T_1) \text{ adiabatische Leistung,}$$
$$W = c_p (T_2 - T_1) \text{ wirkliche Arbeit.}$$

Der adiabatische Wirkungsgrad ist somit

$$\eta_{ad} = \frac{T_a - T_1}{T_2 - T_1}.$$

---

[1] Nur bei einstufigen Gebläsen mit kleinen Druckhöhen können v_1 und v_2 prozentual so große Werte annehmen, daß sie nicht vernachlässigt werden können.

Wenn man annimmt, daß η_{ad} beim Steigen des Druckes von p_1 auf p_2 konstant bleibt, kann man die Kurve $A\,C$ dadurch konstruieren, daß man bei einem beliebigen Zwischendruck p sich die Endtemperatur berechnet und den Schnitt derselben mit der p-Linie feststellt.

$$T = T_1 + \frac{T_a' - T_1}{\eta_{ad}}.$$

T_a' ist der Schnittpunkt der Adiabaten mit der p-Linie; η_{ad} konstant angenommener Wirkungsgrad. Aus der Entropieänderung erhält man den Punkt durch folgende Rechnung:

$$S_2 - S_1 = L\,N - M\,N$$

$$= c_p \ln \frac{T}{T_1} - A\,R \ln \frac{p}{p_1},$$

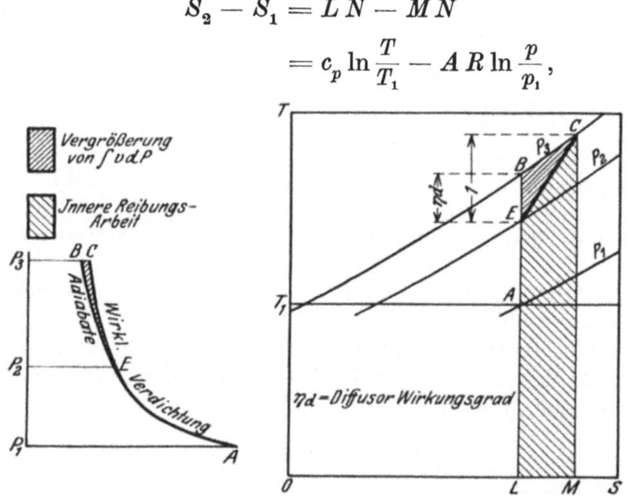

Abb. 15. Einfluß von Laufrad- und Diffusorverlusten auf die Zustandsänderungen im p—v- und T—S-Diagramm.

nun ist

$$\frac{p}{p_1} = \left(\frac{T_a'}{T_1}\right)^{\frac{\varkappa}{\varkappa-1}}, \qquad \text{da} \qquad \frac{T_a'}{T} = \left(\frac{p}{p_1}\right)^{\frac{\varkappa-1}{\varkappa}}$$

und

$$T_a' = T_1 + \eta_{ad}(T - T_1)$$

$$\frac{p}{p'} = \left[\frac{\eta_{ad} \cdot T}{T_2} + 1 - \eta_{ad}\right]^{\frac{\varkappa}{\varkappa-1}}$$

$$S - S_1 = c_p \ln \frac{T}{T_1} - c_p - c_v)\ln\left[\frac{\eta_{ad} \cdot T}{T_1} + 1 - \eta_{ad}\right]^{\frac{\varkappa}{\varkappa-1}}$$

$$= c_p \ln \frac{T}{T_1} - \frac{\varkappa(c_p - c_v)}{\varkappa-1}\ln\left[\frac{\eta_{ad} \cdot T}{T_1} + 1 - \eta_{ad}\right]$$

$$= c_p \left\{\ln \frac{T}{T_1} - \ln\left[\frac{\eta_{ad} \cdot T}{T_1} + (1 - \eta_{ad})\right]\right\}.$$

Diese Gleichung ergibt die Entropiezunahme für irgendeine Temperatur T zwischen T_1 und T_2.

Aus früheren Erwägungen folgt, daß der Mehraufwand an Leistung gegenüber der reinen isentropischen Verdichtung gegeben ist durch:

$$c_p\,(T_2 - T_a)\ \text{kal/kg}.$$

Im TS-Diagramm ist dieses die Fläche $LBCP$ (Abb. 14). Hierin ist die Fläche ABC die Arbeit, die dem vergrößerten Volumen entspricht, während der Rest $LACP$ Reibungs- und Stoßverluste darstellt.

Es leuchtet ein, daß der Gesamtverlust unabhängig von dem Verlauf der Kurve AEC ist und nur durch den Gesamtwirkungsgrad η_{ad} bestimmt wird.

Nehmen wir z. B. als krassen Fall an, daß das Laufrad den Wirkungsgrad 1 und der Diffusor einen entsprechend kleineren Wirkungsgrad hat, Abb. 15 oder umgekehrt Abb. 16. Der Endeffekt in bezug auf die geleistete Arbeit bleibt derselbe, wie man bei Betrachtung der Abb. 15 und Abb. 16 unmittelbar feststellt.

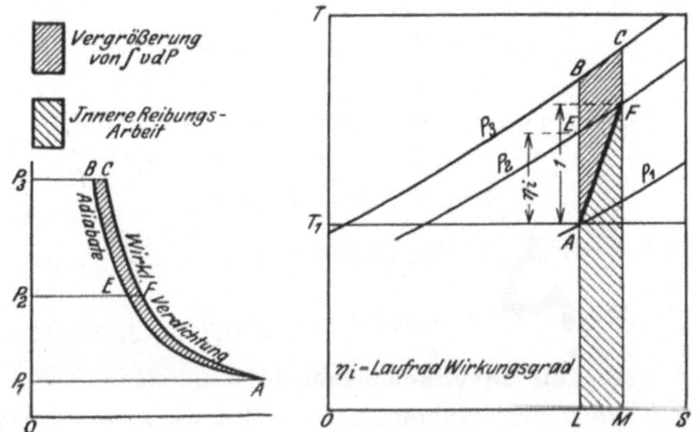

Abb. 16. Einfluß von Laufrad- und Diffusorverlusten auf die Zustandsänderungen im $p-v$- und $T-S$-Diagramm.

18. Verdichtung in einem gekühlten Kompressor.

Bevor wir auf die Natur des Wärmeaustausches, der in einer Kompressorstufe bzw. in einer Reihe von Stufen auftritt, näher eingehen, sollen noch verschiedene Idealfälle behandelt werden.

Im allgemeinen Falle kann der Zusammenhang zwischen Druck und Volumen während der Verdichtung durch die Gleichung

$$p \cdot v^n = \text{const.}$$

dargestellt werden. Weicht der Exponent n von $\varkappa$ ab, was fast immer der Fall ist, so spricht man von einer polytropischen Zustandsänderung.

1. $n = \varkappa$ adiabatische Verdichtung.

In diesem Falle wird die durch Reibung usw. erzeugte Wärmemenge in einer solchen Menge abgeführt, daß Temperatur, Druck und Volumen den isentropischen Bedingungen entsprechen. Es ergibt sich eine Arbeitsverminderung gleich der Fläche ABC, Abb. 17.

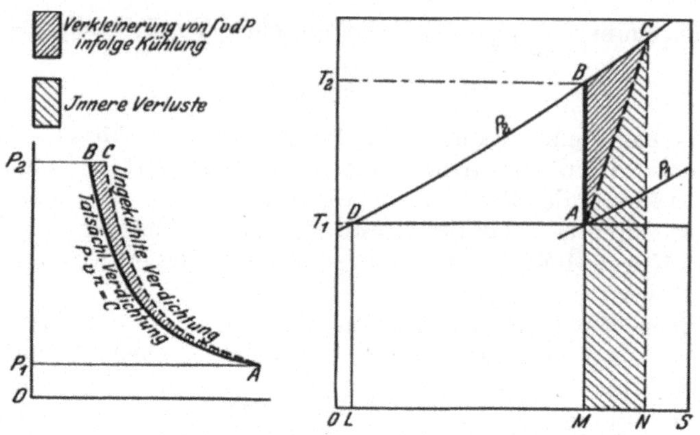

Abb. 17. Einfluß der Kühlung auf die Zustandsänderung,

Denn

$$c_p \cdot T_1 + W = c_p \cdot T_2 + H_c ,$$
$$H_c = W - c_p \left(T_2 - T_1 \right)$$
$$= \text{Fläche } LDBM + \text{Fläche } MACN - LDBM$$
$$= NACN ,$$
$$W = LDB + MACN ,$$

$$\text{adiabatischer Wirkungsgrad} = \frac{LPBM}{LDBM + MACN} ,$$

$$\text{isothermer Wirkungsgrad} = \frac{LDAM}{LDBM + MACN} .$$

2. Fall unvollkommener Kühlung $n > \varkappa$.

Bei unvollkommener Kühlung ist n größer wie $\varkappa$, und der Zustandsverlauf ist durch AE gekennzeichnet. Ohne Kühlung erhalten wir

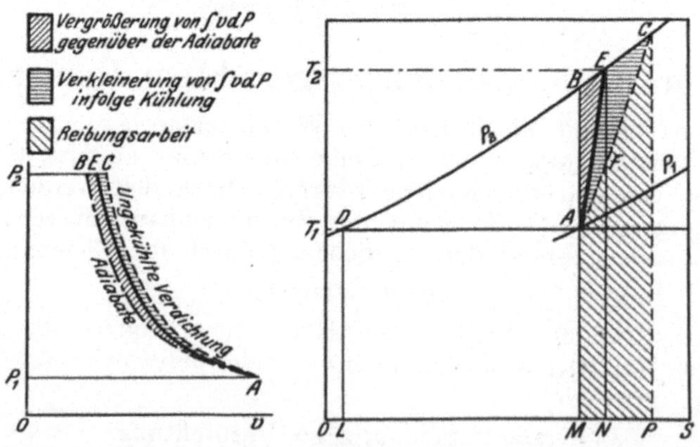

Abb. 18. Unvollkommene Kühlung, dargestellt im p—v- und T—S-Diagramm.

AC als Verlauf und eine Vergrößerung des Integrals $\int v\,dp$. Vernachlässigen wir jedwede Änderung der kinetischen Energie der Luft, so können wir schreiben wie vorhin, Abb. 18,

$$W = c_p(T_2 - T_1) + H_c$$
$$= LDEN + H_c$$
$$= LDBM + MBEN + H_c.$$

Geleistete Arbeit = adiabatische Arbeit + zusätzlicher Arbeit durch Vergrößerung von $\int v\,dp$ + Reibung.

Geleistete Arbeit $= LPBM + AEB + MACP$.

Vergleichen wir diese Gleichungen, so erkennt man in

$$NFCP - FAE$$

die im Kühlwasser abgeführte Wärmemenge

$$\eta_{ad} = \frac{LDBM}{LDBM + ABE + MACP},$$

$$\eta_{isoth} = \frac{LDAM}{LDBM + ABE + MACP}.$$

3. Fall $n < \varkappa$.

Dieser Fall tritt bei gekühlten Kompressoren fast immer ein und ist deshalb der wichtigste. Die Kurve AE stellt den Verlauf im TS-Diagramm dar. Abb. 19. Die Fläche AEB ist hier die Verminderung des Integrals $\int v\,dp$ gegenüber der rein adiabatischen Arbeit, während die Fläche ADE die Mehrarbeit gegenüber der rein isothermen Verdichtung darstellt. Würden keine inneren Verluste auftreten, so wäre $LDEAM$ die zu leistende Arbeit. Die inneren Verluste treten hier jedoch in derselben Größe auf, wie bei den vorhin behandelten Fällen; nehmen wir mal an, daß dieselben gleich geblieben sind, so erhält man

$$W = LDEAM + MACP,$$

$$\eta_{ad} = \frac{LDBM}{LDEAM + MACP},$$

$$\eta_{isoth} = \frac{LDAM}{LDEAM + MACP},$$

nun ist

$$H_c = W - c_p(T_2 - T_1)$$
$$= LDEAM + MACP - LDEN$$
$$= NEAM + MACP.$$

4. Fall $n = 1$.

Wird während der Verdichtung so stark gekühlt, daß die Temperatur konstant bleibt, so ist im TS-Diagramm der Verlauf AD. Die geleistete Arbeit ist hier dargestellt durch $LDAM + MACP$, Abb. 19.

$$\eta_{ad} = \frac{LDBM}{LDAM + MACP},$$

$$\eta_{isoth} = \frac{LDAM}{LDAM + MACP}.$$

Es kann hier der Fall eintreten, daß der adiabatische Wirkungsgrad
größer als 1 ist, wenn nämlich DBA größer ist als $MACP$. Es
leuchtet ein, daß für diese Verhältnisse der adiabatische Wirkungsgrad kein brauchbarer Vergleichsmaßstab ist.

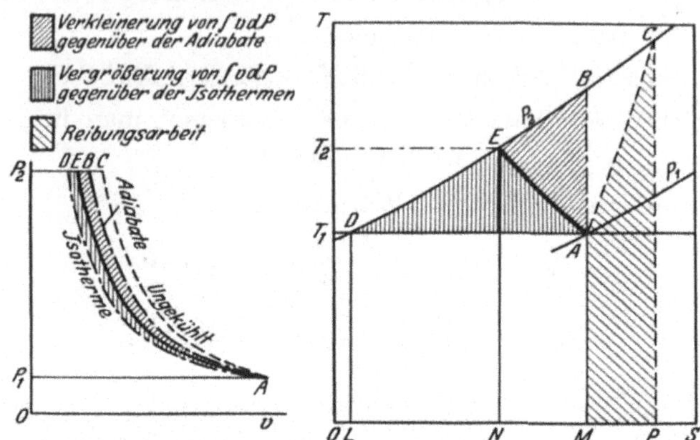

Abb. 19. Darstellung der Verluste im $p-v$- und $T-S$-Diagramm bei isothermer Kompression.

Weiter erkennt man, daß trotz rein isothermer Zustandsänderung
der isotherme Wirkungsgrad nicht 100 % ist.

Die abgeführte Wärmemenge ist gleich

$$H_c = LDAM + MACP.$$

19. Vorgänge bei mehrstufigen Kompressoren.

In den behandelten Fällen wurde angenommen, daß die Wärme
immer gleichmäßig am Orte der Entstehung abgeführt werde. Abb. 20
zeigt den Schnitt durch 3 Stufen eines Turbokompressors mit Innenkühlung. Die TS-Tafel, Abb. 21,
zeigt die möglichen Punkte im
Laufe der Verdichtung. Anfangs-
spannung ist 1 ata, Anfangstemperatur 5° C, Punkt *1*. Bei der
Verdichtung in der 1. Stufe auf
zirka 1,3 ata wird praktisch keine
Wärme abgeführt, so daß wir
den Verlauf wie beim ungekühlten Kompressor annehmen können. Die Strecke *2—3* soll den
Zustand im Diffussor kennzeich-
nen, wo die Luft an gekühlten

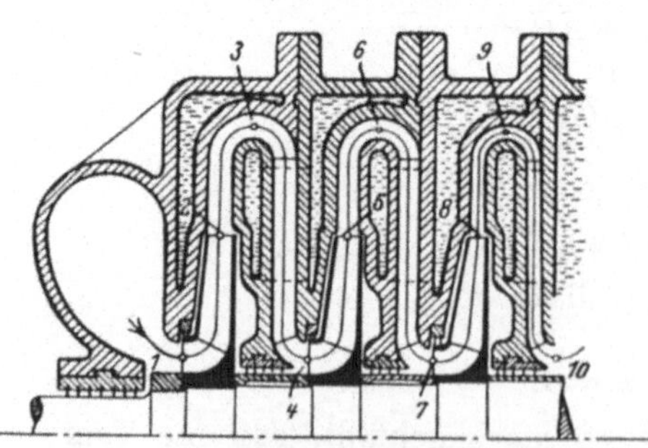
Abb. 20. Schematische Darstellung eines Kompressors
mit Innenkühlung.

Wänden vorbeistreift. Der Temperaturunterschied ist in der 1. Stufe
indes so gering, daß keine nennenswerte Wärme abgeführt wird.
Die durch Reibung erzeugte innere Wärme ist in der 1. Stufe
größer als die abgeführte Wärmemenge. Aus diesem Grunde weicht
2—3 nach rechts von der Adiabate ab. Wenn die Luft die Rück-

kehrschaufeln *3—4* passiert, ändert sich der Druck kaum, doch tritt eine ziemliche Kühlung auf, so daß es sich um eine Zustandsänderung bei konstantem Druck handelt wie in Abb. 21 eingezeichnet ist.

Mit steigendem Druck und Temperatur vergrößert sich die Kühlwirkung. Im TS-Diagramm hat die Zustandslinie *1—3—10* infolgedessen einen Verlauf, der von der Adiabaten nach rechts geht, um später nach links abzubiegen.

Bei Kompressoren, die nur mit außenliegenden Kühlern versehen sind, vollzieht sich die ganze Kühlung bei konstantem Druck. Im TS-Diagramm zeigt die einzelne Kurve den Verlauf des ungekühlten Gebläses mit nachfolgender Kühlung bei konstantem Druck. In Abbildung 21 ist der Verlauf durch *1—3'*; *4—6'*; *7—9'* angedeutet.

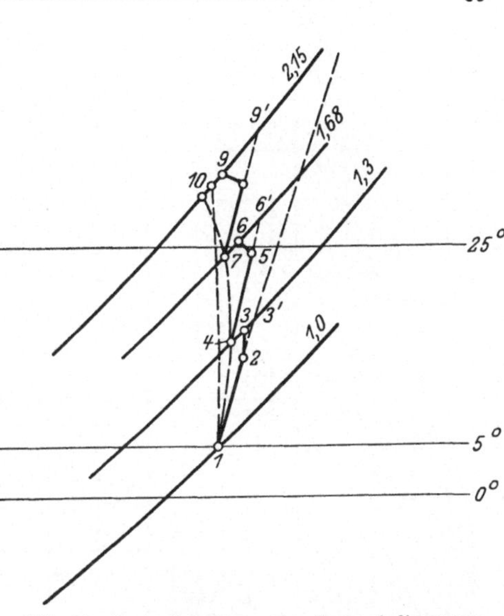

Abb. 21. Zustandsänderung im Entropiediagramm für dreistufiges Gebläse.

20. Berechnung mit Ansaugemenge.

Für die in der Praxis vorkommenden Berechnungen von Gebläsen und Turbokompressoren ist es sehr zweckmäßig, als Einheitsmaß nicht das kg, sondern 1 m³ Gas bezogen auf den Ansaugezustand zu nehmen. Für die Beurteilung eines Gebläses ist nämlich die angesaugte Menge wesentlich und nicht das geförderte Gewicht. Dieses leuchtet ein, wenn man bedenkt, daß nur durch das Fördervolumen die einzelnen Geschwindigkeiten im Laufrad usw. bestimmt sind, und der Konstruktion der Maschine ein bestimmtes Volumen zugrunde liegt. Schon aus diesem Grunde empfiehlt es sich, die Arbeitsgrößen auf das m³ umzurechnen. Für die adiabatische Arbeit fanden wir

$$L_{ad} = \frac{\varkappa}{\varkappa - 1} p_1 v_2 \left[\left(\frac{p_2}{p_1} \right)^{\frac{\varkappa - 1}{\varkappa}} - 1 \right] \text{mkg/kg},$$

um mkg/m³ zu erhalten, muß der Ausdruck nur durch v dividiert werden.

$$L'_{ad} = \frac{\varkappa}{\varkappa - 1} p_1 \cdot \left[\left(\frac{p_2}{p_1} \right)^{\frac{\varkappa - 1}{\varkappa}} - 1 \right] \text{mkg/m}^3,$$

desgleichen für die isotherme Arbeit $= L'_{isoth} = p_1 \ln \frac{p_2}{p_1} \text{mkg/m}^3$.

Außer dem Anfangsdruck ist diese Arbeit nur von dem Druckverhältnis $\frac{p_2}{p_1}$ abhängig.

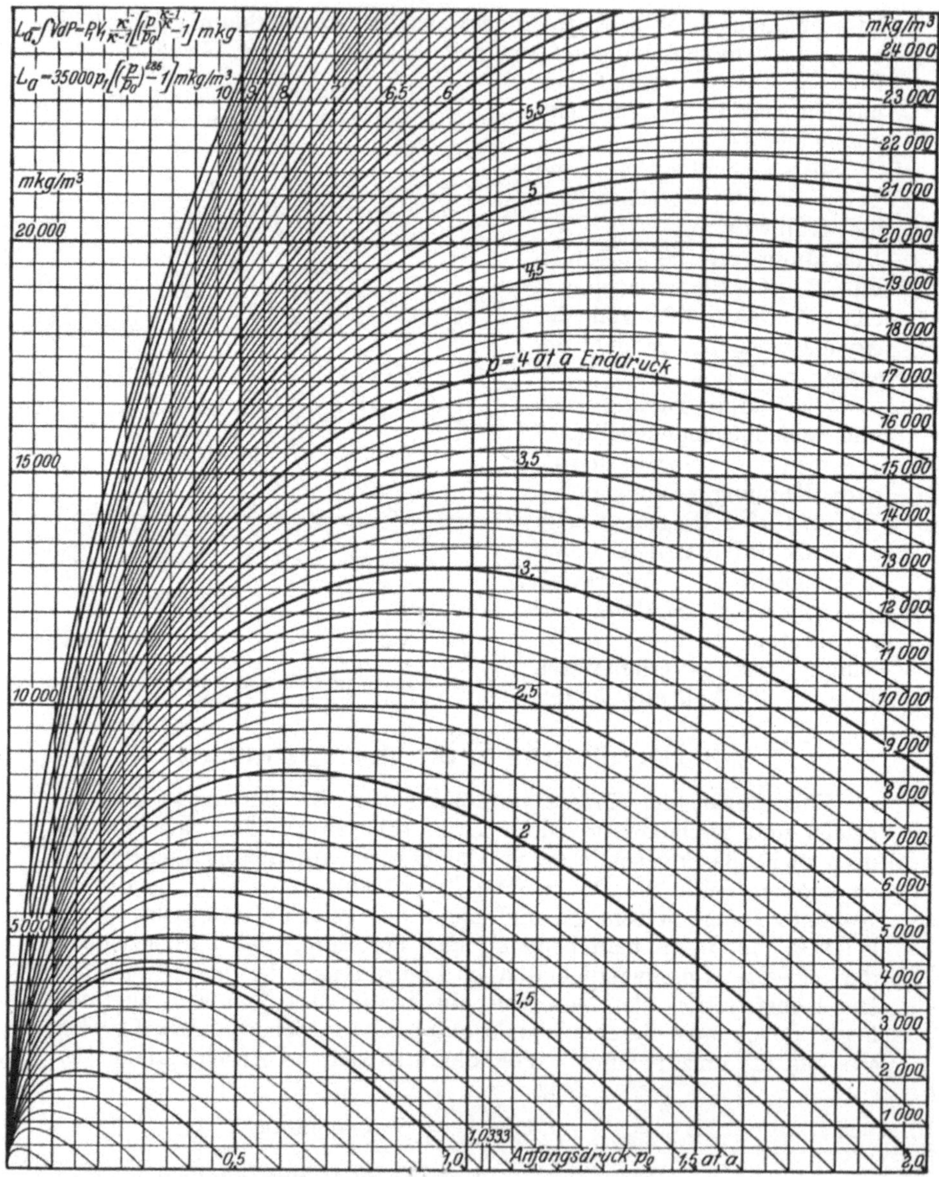

Abb. 22. Arbeitsbedarf bei adiabatischer Verdichtung nach Hinz.

Hinz[1] hat diese Formeln in sehr übersichtlichen Tafeln ausgewertet und eine Darstellung angewandt, die sich für den praktischen Gebrauch sehr eignet. In Abb. 22 und 23 befinden sich 2 Tafeln

---

[1] Hinz: Thermodynamische Grundlagen der Kolben- und Turbokompressoren. 2. Auflage. Berlin: Julius Springer.

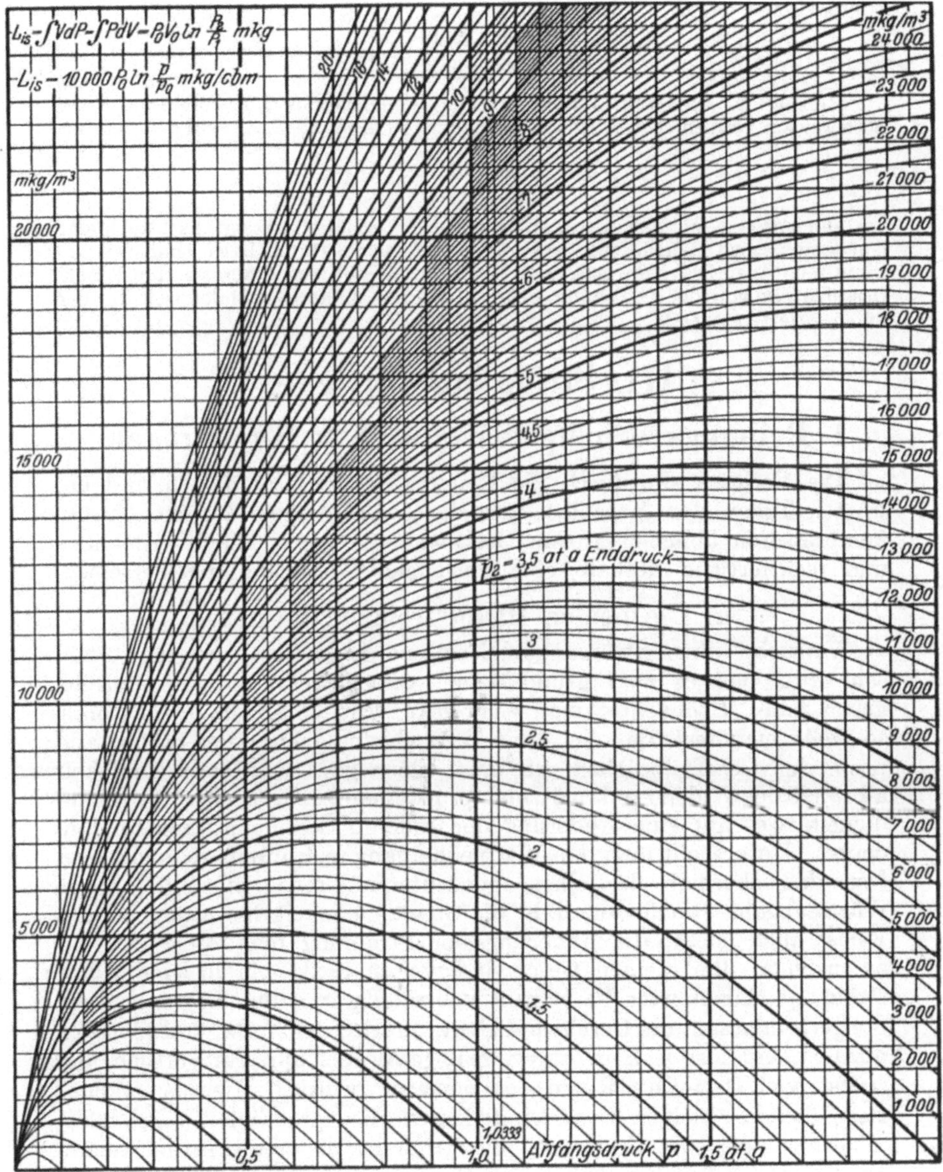

Abb. 23. Arbeitsbedarf bei isothermischer Verdichtung nach Hinz.

für die adiabatische und die isotherme Arbeit, die dem Hinzschen
Werke entnommen sind. Ihre Anwendung soll an einigen Beispielen
erläutert werden.

Beispiel 4. Es ist die adiabatische Leistung zu bestimmen, die nötig ist,
um 20000 m³/st Luft von 0,99 auf 2,06 ata zu verdichten. In Abb. 22 sucht
man den Anfangsdruck 0,99, geht hier senkrecht hoch bis 2,06 und findet hier

8100 mkg/m³. Somit ist die Leistung

$$N_{ad} = \frac{20\,000 \cdot 8100}{270\,000} = 600 \text{ PS}.$$

Beispiel 5. 15000 m³ Luft von einem Anfangsdruck 1,05 sollen auf 8 ata isothermisch verdichtet werden. Man findet in Abb. 23 $L_{isoth} = 21\,300$ mkg/m³

$$N_{isoth} = \frac{15\,000 \cdot 21\,300}{270\,000} = 1182 \text{ PS}.$$

Die Formeln für Arbeitsleistung sind, wie Verfasser[1] gezeigt hat, auch der nomographischen Behandlung sehr leicht zugänglich. Durch Logarithmieren gewinnt man Ausdrücke, die sich in Dreieckskoordinaten bequem auswerten lassen. Dasselbe gilt von der Gleichung $p \cdot v = R \cdot T$. Das nähere befindet sich in der unten zitierten Arbeit.

III. Strömungsverluste.

1. Reibungsverluste bei einfachen Strömungen.

Die Verluste, die durch die Reibung der Luft an festen und bewegten Teilen der Maschine entstehen, sind wegen der bei Turbokompressoren üblichen großen Geschwindigkeiten ziemlich erhebliche und rechtfertigen deshalb eine eingehendere Behandlung derselben.

a) Die beiden Hauptströmungsformen.

Versuche über Strömungsverhältnisse in Röhren zeigten schon sehr früh, daß es zwei grundsätzlich verschiedene Strömungsformen geben muß. Beobachtet man z. B. den Druckabfall in einem Rohre, so stellt man fest, daß bei kleinen Geschwindigkeiten der Widerstand prop. der Geschwindigkeit ist. Von einer gewissen Geschwindigkeit ab wird der Widerstand plötzlich prop. dem Quadrate der Geschwindigkeit, was auf eine Änderung der inneren Strömungsstruktur hindeutet. Untersucht man den Wärmeübergang in Rohren, so stellt man fest, daß oberhalb der eben angedeuteten Grenze eine intensivere Wärmeabgabe stattfindet, d. h. die Gesetzmäßigkeit hat sich geändert. Es ist auch leicht, die Änderung der Strömung dem Auge sichtbar zu machen. Bei kleinen Geschwindigkeiten bleibt ein in eine Rohrströmung eingeführter Farbstrahl vollständig in seiner Lage erhalten. Steigert man nun die Geschwindigkeit, so wird der Farbstrahl plötzlich unruhig und löst sich in unregelmäßige Wirbel auf, ein Versuch, der zuerst von Osborne Reynolds gemacht wurde. Hieraus erkennt man, daß bei kleinen Geschwindigkeiten die Stromlinien regelmäßig, ungestört nebeneinander liegen, eine Strömung, die man laminar nennt. Die einzelnen Teilchen haben nur Geschwindigkeiten in Richtung der Hauptströmung. Im Gegensatz hierzu ist bei der 2. Strömungsform eine Durchwirbelung des ganzen Stromes vorhanden, die Strömung ist turbulent. Es treten kleinere Sekundärströmungen auf, die selbst bei vollkommen glattem und gleichmäßigem Einlauf und durch vor-

---

[1] **Eck** und **Kayser**: Über einige Anwendungen nomographischer Methoden in der Thermodynamik. Abhandlungen aus dem Aerodynamischen Institut an der Technischen Hochschule Aachen.

sichtiges Experimentieren nicht zu beeinflussen sind. Die einzelnen Teilchen befinden sich in einem Quasi-Schwingungszustand, der sich der Hauptbewegung überlagert. Es ist bis heute trotz namhafter Arbeiten auf diesem Gebiete noch nicht gelungen, die innere Struktur und die Gleichgewichtsbedingungen dieser Bewegung theoretisch zu erfassen. Immerhin liegt ein ziemlich umfangreiches brauchbares Versuchsmaterial vor, über dessen Anwendbarkeit unten noch weitere Ausführungen folgen.

b) Widerstandsgesetz bei laminarer Strömung.'

Betrachten wir eine Rohrströmung mit laminarer Bewegung, so muß die Flüssigkeit, wie Beobachtungen lehren, an der Wand haften und aus Symmetriegründen in Rohrachse einen Höchstwert haben. Zwei radial nebeneinander liegende Stromlinien haben also verschiedene Geschwindigkeiten, wodurch die einzelnen Teilchen Schubkräfte aufeinander ausüben. Man kann annehmen, daß diese Spannungen prop. dem Geschwindigkeitsgefälle und dem Reibungskoeffizienten sind, so daß man ansetzen kann:

$$\tau = -\,\eta\,\frac{dv}{dr}\,.$$

Schneiden wir einen Zylindermantel vom Radius r heraus (Abb. 24), so sind dort die Schubspannungen aus Symmetriegründen gleich. Auf den ganzen Umfang wirkt die Schubkraft

$$ds\cdot\tau\cdot 2\,\pi\,r = -\,\eta\,\frac{dv}{dr}\,2\,\pi\,r\,.$$

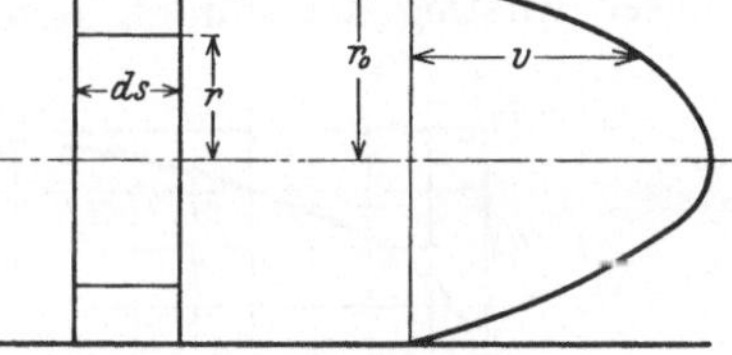

Abb. 24. Geschwindigkeitsprofil bei laminarer Strömung.

Der Druckabfall längs des Rohres sei pro Längeneinheit h. Auf die Länge ds fällt der Druck also um $ds\cdot h$. Diese Druckabnahme bewirkt Kräfte in axialer Richtung auf die Stirnflächen des betrachteten Zylinderelementes, die mit den Schubspannungen im Gleichgewicht sein müssen.

$$-\,\eta\,\frac{dv}{dr}\,2\,r\,\pi\,ds = ds\,h\cdot r^2\,\pi\,\gamma\,,$$

hieraus gewinnt man durch eine leichte Integration

$$v = -\,\gamma\,\frac{h\,r^2}{4\,\eta} + C\,,$$

C bestimmt sich aus der Forderung, daß an der Wand die Geschwindigkeit v gleich Null sein muß zu $C = \dfrac{\gamma\,h\,r_0^2}{4\,\eta}$

$$v = \frac{\gamma\,h}{4\,\eta}\,(r_0^2 - r^2)\,; \qquad v_{\max} = \frac{\gamma\,h}{4\,\eta}\,r_0^2\,.$$

Die Geschwindigkeit ist also im Rohrquerschnitt nach einer Parabel veränderlich. Führt man noch die mittlere Geschwindigkeit

$$v_m = \frac{\int v\,dF}{F}$$

ein, so erhält man

$$v_m = \frac{\gamma\, h}{8\, \eta}\, r_0^{\,2},$$

d. h. der Widerstand h ist der Geschwindigkeit bzw. der durchfließenden Menge direkt proportional. Weiter erkennt man $v_{max} = 2\, v_m$.

c) Widerstandsgesetz bei turbulenter Strömung.

Bei laminarer Strömung wird der Energieverlust dadurch bewirkt, daß durch die Reibung eine Verzögerung benachbarter Teilchen eintritt. Die Reibung ist allein ausschlaggebend, weshalb der Gefälleverlust prop. der Geschwindigkeit sein muß, wie bei der Reibung fester Körper. Bei turbulenter Strömung liegen die Verhältnisse grundsätzlich anders. Durch die unregelmäßig gestaltete Querbewegung kommen Teilchen aus dem Gebiete mit höherer Geschwindigkeit in das Gebiet mit kleinerer Geschwindigkeit, werden durch letztere also abgebremst und umgekehrt. Es findet somit ein Austausch von kinetischer Energie zwischen einzelnen Schichten statt, ein sogenannter Impulstransport. Es ist klar, daß bei größeren Geschwindigkeiten dieser Einfluß überwiegt und der Widerstand annähernd quadratisch sein muß. Nur an der Begrenzung fester Körper wird die Reibung noch mitsprechen, da die Geschwindigkeit dort von Null anwächst. Die Geschwindigkeit steigt hier sehr schnell zu einem Werte an, der der reibungslosen Strömung entspricht. Die Schicht, innerhalb der dieser Anstieg stattfindet, nennt man Grenzschicht.

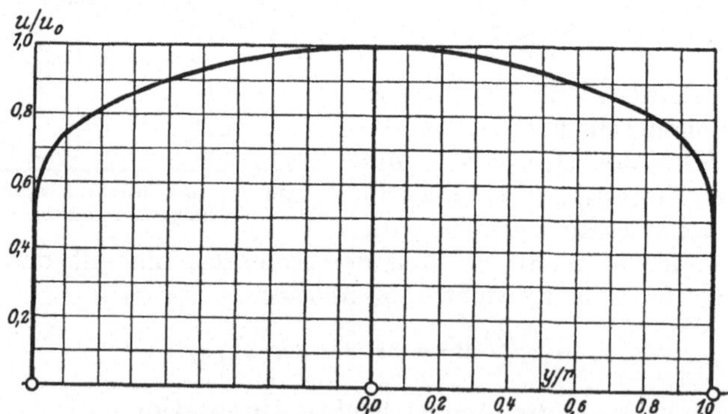

Abb. 25. Geschwindigkeitsprofil im Kreisrohr bei turbulenter Strömung.

Das Zusammenspiel von Reibungs- und Trägheitsflächen in der Grenzschicht ist durch Impulsbetrachtungen sogar qualitativ berechenbar. Prandtl und v. Kármán ist es gelungen, die Gesetzmäßigkeit festzustellen, nach der in der Grenzschicht die Geschwindigkeit zunimmt. Für das kreisförmige Rohr ergibt sich

$$v = v_{max}\left(1 - \frac{x}{r}\right)^{\frac{1}{7}}.$$

Diese unter dem Namen $^1/_7$-Gesetz bekannte Formel hat durch die Untersuchungen der letzten Jahre eine kleine Erweiterung erfahren.

Versuche von Dönch (Forschungsheft VDI-Verlag) haben gezeigt, daß für sehr große Geschwindigkeiten statt der 7. Wurzel die 8. bzw. 9. Wurzel eintritt, somit gleichzeitig eine geringe Abnahme im Widerstandskoeffizienten festgestellt wurde. Abb. 25 zeigt das Geschwindigkeitsprofil einer Rohrströmung, wie es aus Versuchen sich ergibt. Abb. 26 zeigt die Auftragung in Abhängigkeit von u^7. Die ausgezogene Gerade ist die $^1/_7$-Potenz. Die Übereinstimmung mit diesem Gesetz muß also als praktisch vollkommen anerkannt werden. Diese rein wissenschaftlichen Ergebnisse haben für die Praxis eine große Bedeutung. Häufig wird es sich als notwendig erweisen, Luftmengenmessungen dadurch auszuführen, daß man an einzelnen Punkten die Geschwindigkeit mißt.

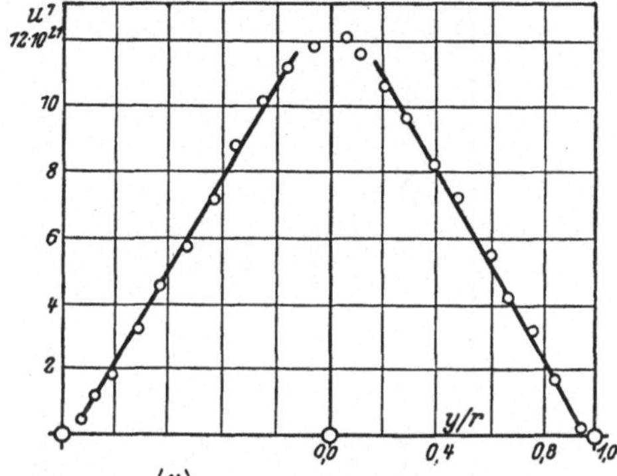

Abb. 26. $u^7 = f\left(\dfrac{y}{r}\right)$ Turbulente Strömung im Kreisrohr nach Prandtl.

Obige Regel gibt dann die genauen Werte in der Nähe der Wand an, wo eine genaue Messung schwer ausführbar ist.

Während bei der laminaren Geschwindigkeit die maximale Geschwindigkeit den doppelten Wert der mittleren Geschwindigkeit hatte, ist hier eine verhältnismäßig gleichmäßigere Strömung vorhanden. Exakte Messungen ergaben

$$\frac{u_{max}}{u_m} = 1{,}17 - 1{,}24\,.$$

d) Ähnlichkeitsgesetz.

Um festzustellen, inwieweit Versuchsresultate für anders gestaltete praktische Verhältnisse umgerechnet werden können, ist es notwendig, sich darüber Rechenschaft zu geben, unter welchen Bedingungen Strömungen an geometrisch ähnlichen Körpern selbst geometrisch ähnlich sind.

Die Strömungsrichtung eines Teilchens wird bestimmt durch die darauf wirkenden äußeren Kräfte. Prinzipiell kann man unter diesen zwei Gruppen, Trägheitskräfte und Reibungskräfte herausheben. Erstere sind nun prop. dem sogenannten Staudrucke $\dfrac{\gamma}{g}\dfrac{u^2}{2}$, während letztere mit $\mu\dfrac{u}{d}$ wachsen, wenn d irgendeine Hauptabmessung des Körpers (bzw. Rohrdurchmessers) darstellt. Für den Strömungszustand eines Teilchens ist nun das Verhältnis dieser beiden Kräfte charakteristisch. Man erhält also $\dfrac{\varrho\, u^2 d}{2\,\mu u} = \dfrac{u\,d}{\nu} = R$, eine Kennzahl, die unter dem Namen Reynoldsche Kennzahl bekannt ist[1]. Zwei Strömungen können also

---

[1] Durch einfache Dimensionsbetrachtungen kommt man ebenfalls zu diesem Ziele.

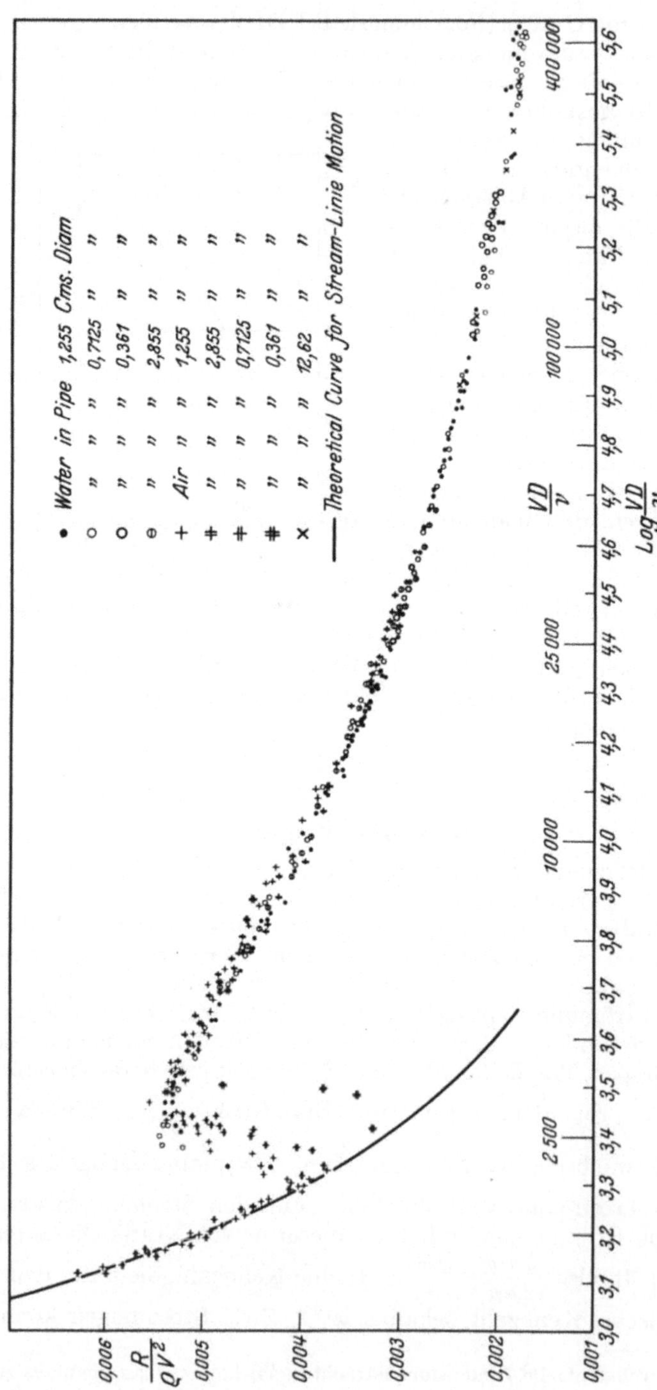

Abb. 27. Versuche von Stanton und Pannell zur Bestätigung des Ähnlichkeitsgesetzes.

unter sonst gleichen geometrischen Verhältnissen nur dann als äquivalent angesehen werden, wenn die Reynoldsche Zahl dieselbe ist. Der große Vorteil dieses Gesetzes ist, daß man alle Versuchsresultate (von Gasen und Flüssigkeiten) einheitlich und übersichtlich erfassen kann.

Aus der inneren Struktur der turbulenten Strömung folgt, daß der Widerstand annähernd quadratisch der Geschwindigkeit verlaufen muß. Da im Falle der Rohrströmung der Widerstand mit der Länge des Rohres wächst und mit dem Durchmesser fällt, ergibt sich ganz von selbst aus Dimensionsgründen ein Ansatz folgender Art

$$H_r = \lambda \frac{l}{d} \frac{c^2}{2g}.$$

Hierin ist λ der sogenannte Reibungskoeffizient, der nach obigen Betrachtungen nur eine Funktion von R sein wird. Für glatte Rohre wurde von Blasius und anderen Forschern

$$\lambda = \frac{0,3164}{\sqrt[4]{R}}$$

bestimmt, so daß der Widerstand mit·der 1,75. Potenz der Geschwindigkeit wächst. Dieses Resultat gilt für Gase und Flüssigkeiten. In Abb. 27 sind umfangreiche Versuche von Stanton und Pannell mit Wasser und Luft zusammengestellt, die die überraschende Übereinstimmung des Reynoldschen Gesetzes mit der Wirklichkeit zeigen. Das Problem der Reibung in vollständig glatten Rohren kann also vom praktischen Gesichtspunkte aus als ziemlich gelöst betrachtet werden.

e) Rauhigkeitseinfluß.

Sind die Wände, wie bei den meisten technischen Problemen, nicht ganz glatt, so wird der Widerstand beträchtlich vergrößert, oft bis zum Fünffachen und darüber. Da die Rauhigkeit im wesentlichen durch die Größe e der kleinen Wanderhebungen bestimmt ist, erhält man eine weitere dimensionslose Zahl $\frac{e}{d}$, die ähnlich der Reynoldschen Zahl den Strömungszustand beeinflußt. Außerdem sind noch die Abstände der einzelnen Erhebungen wesentlich, so daß hier ungleich verwickeltere Vorgänge vorliegen. In der Tat ist es auch bis jetzt noch nicht gelungen, hier ein ähnlich brauchbares Gesetz, wie es für glatte Rohre vorliegt, aufzustellen. V. Mises[1] hat zuerst einen diesen Sachverhalt berücksichtigenden Ansatz gemacht, indem er als neue Kennzahl $\frac{\varkappa}{d}$ einführte, wo $\varkappa$ eine Länge bedeutet, die dem Mittel der Unebenheiten entspricht,

$$\lambda = 0,0096 + 4\sqrt{\frac{\varkappa}{d}} + 1,7\sqrt{\frac{1}{R}}.$$

---

[1] v. Mises: Elemente der technischen Hydromechanik. Teubner.

Tabelle 4.

Material	$10^6\,k$ in cm	$10\sqrt[3]{k}$ in cm$^{\frac{1}{2}}$
Glas	0,2 ~ 0,8	0,45 ~ 0,9
Gezogenes Messing, Blei, Kupfer	0,2 ~ 1,0	0,45 ~ 1,0
Zement, geschliffen	7,5 ~ 15	2,7 ~ 3,9
„ roh	20 ~ 40	4,5 ~ 6,3
Gummischlauch, gewöhnlich	6 ~ 12	2,4 ~ 3,5
„ rauh	15 ~ 30	2,7 ~ 5,5
Gasrohr	20 ~ 50	4,5 ~ 7
Asphaltiertes Blech- oder Gußrohr	30 ~ 60	5,5 ~ 7,7
Gußeisen, neu	100 ~ 200	10 ~ 14
„ gebrauchte Leitung	250 ~ 500	16 ~ 22
Genietete Blechrohrleitung	200 ~ 500	14 ~ 22
Holz, glatt gehobelt	25 ~ 50	5 ~ 7
„ gewöhnlich	50 ~ 100	7 ~ 10
„ rauhe Bretter	200 ~ 400	14 ~ 20
Mauerwerk, bearbeitete Quadern	200 ~ 400	14 ~ 20
„ gut gefugte Backsteine	200 ~ 400	14 ~ 20
„ gewöhnlich	300 ~ 600	17 ~ 25
Erdwände, Kiesböschungen	10000 ~ 20000	100 ~ 140

In Tabelle 4 sind für verschiedene Materialien die Rauhigkeitswerte
zusammengestellt (nach Angaben von v. Mises).

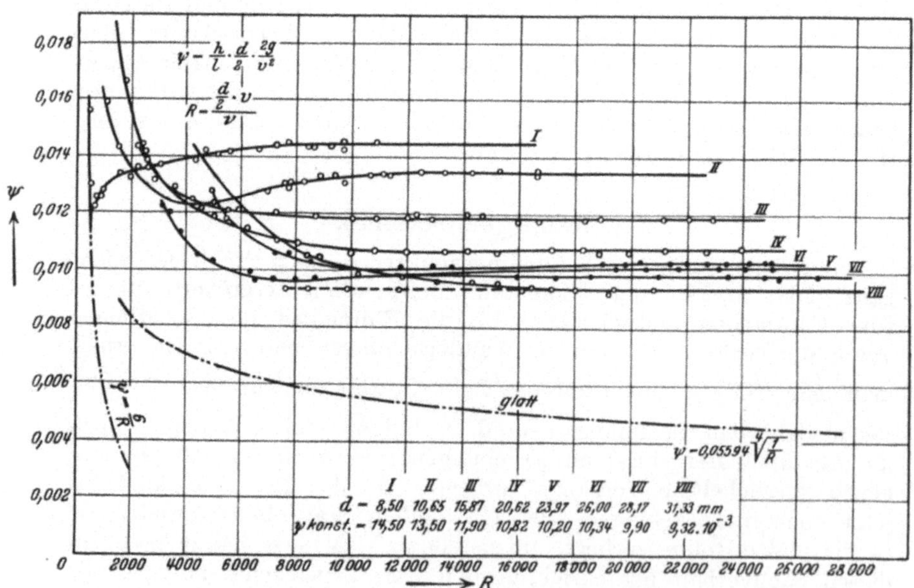

Abb. 28. Rauhigkeitsmessungen nach Fromm. Drahtnetzwiderstand.

Systematische Versuche in dieser Richtung sind zuerst von v. Hopf[1]
und Fromm ausgeführt worden. An einer rechteckigen, geschlossenen
Rinne wurden die verschiedensten Rauhigkeiten durch Waffelbleche

---

[1] Abhandlungen des Aerodynam. Instituts Aachen, 3. Heft.

usw. künstlich eingestellt und ihr Einfluß auf die Reibungszahl ermittelt. Abb. 28 und Abb. 29 zeigen einige dieser wertvollen Ver-

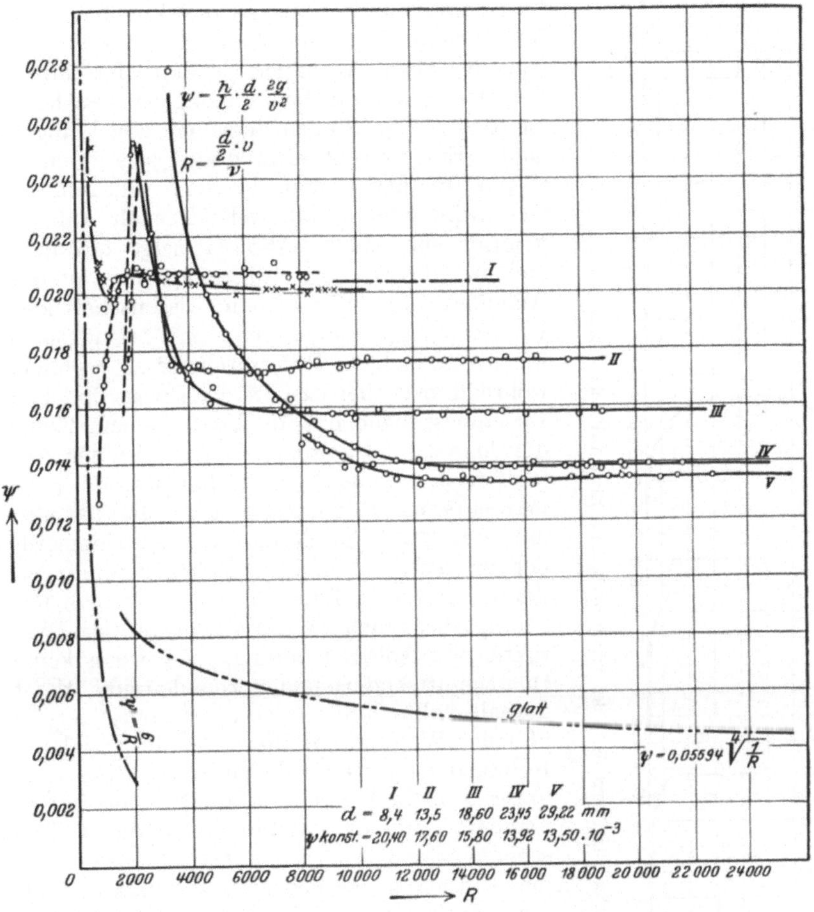

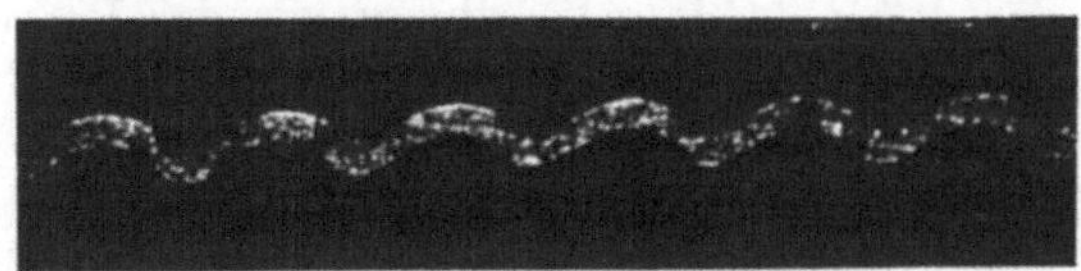

Abb. 29. Messungen von Fromm für größere Rauhigkeiten (Waffelblech).

suchsergebnisse. Man bemerkt auch hier ein allmähliches Abfallen von λ, so daß der Widerstand von einer unter 2 liegenden Potenz der Geschwindigkeit abhängt; doch ist die Abweichung so gering, daß man in vielen Fällen ein konstantes λ annehmen kann. Für sehr große Reynoldsche Zahlen scheinen alle Kurven zu $\lambda = $ const. zu konvergieren. Abb. 30 zeigt den Querschnitt durch eine der untersuchten Wandrauhigkeiten.

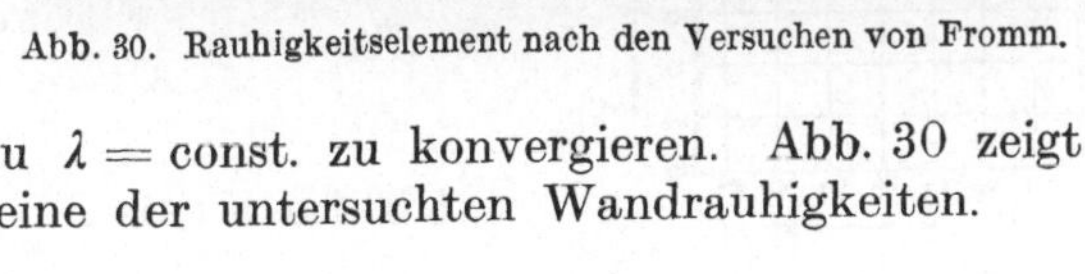

Abb. 30. Rauhigkeitselement nach den Versuchen von Fromm.

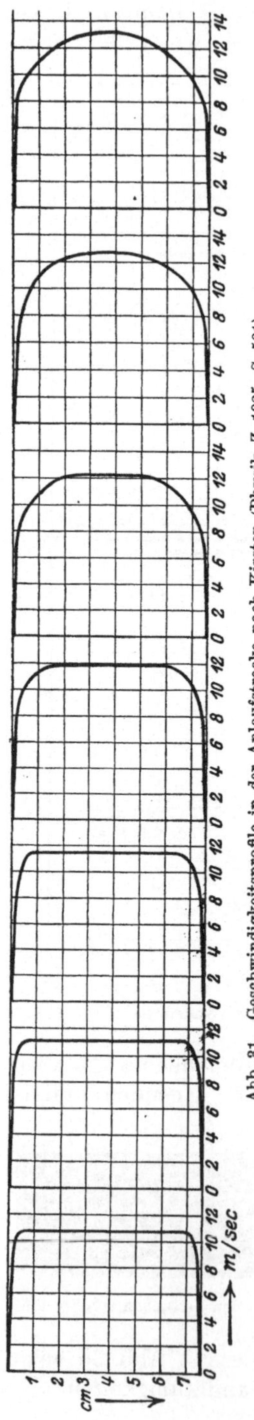

Abb. 31. Geschwindigkeitsprofile in der Anlaufstrecke nach Kirsten (Physik. Z. 1925, S. 591).

f) Anlaufstrecke.

Die obigen Gesetzmäßigkeiten gelten nur für hydrodynamisch ausgebildete Zustände, d. h. für die Fälle, wo die Meßstelle so weit von irgendwelchen Störungen (Einlauf, Krümmer, Schieber, Querschnittsverengung usw.) entfernt ist, daß die Störungen derselben abgeklungen sind. Ein Beweis, daß dieses schon eingetreten ist, findet man in dem sogenannten Geschwindigkeitsprofil, welches nach Abb. 25 geformt sein muß. Abb. 31 zeigt die Entstehung des Geschwindigkeitsprofils in der Anlaufstrecke. Für genaue wissenschaftliche Untersuchungen muß man mit mindestens 30- bis 40 fachem Rohrdurchmesser rechnen, während man bei den in der Praxis üblichen Düsenmessungen mit 12- bis 15 fachem Rohrdurchmesser auskommen dürfte. In der Anlaufstrecke ist das Geschwindigkeitsgefälle, wie man erkennt, bedeutend größer. Man hat also mit erheblich größeren Reibungswiderständen zu rechnen. Bei sämtlichen Strömungen durch Laufräder, Leiträder usw. hat man unbedingt bezüglich der Grenzschicht den Charakter der Anlaufströmung, auch wenn keine Querschnittsänderungen vorhanden sind. Es ist deshalb vollkommen ungerechtfertigt, hier die üblichen Widerstandsziffern der ausgebildeten Rohrströmung zugrunde zu legen. Man muß unter Umständen mit dem 2 fachen Werte rechnen. Aus der Nichtachtung dieser Tatsache erklären sich viele Diskrepanzen über die Aufteilung der Verluste, wie man sie verschiedentlich in der Literatur vorfindet.

g) Strömung in Kanälen von nicht kreisrundem Querschnitt.

Weicht die Kanalform von der Kreisform ab, so gilt das Reynoldsche Gesetz natürlich unverändert. Jedoch kann man streng nur geometrisch ähnliche Querschnitte vergleichen. Es hat sich nun als vorteilhaft erwiesen, den sogenannten hydraulischen

Radius $r = \dfrac{\text{Fläche}}{\text{Umfang}}$ einzuführen; das

ist beim Kreise $\dfrac{\frac{\pi}{4}d^2}{\pi d} = \dfrac{d}{4}$. Die Berechtigung hierzu folgt z. B. aus folgender Erwägung. Betrachten wir in einer Rohrströmung ein Querschnittselement von der Länge $\varDelta x$, so ist der auf dieses Teilchen wirkende Reibungswiderstand prop. $\varDelta x \cdot U$. Diese Kraft muß im Gleichgewicht sein mit Druckunterschied, der auf die Fläche wirkt $\varDelta p \cdot F$, während die Reibungskraft prop. $\varDelta x\, U$ ist. Das Gleichgewicht erfordert die Gleichheit beider Kräfte. Es sind deshalb ähnliche Verhältnisse zu erwarten, wenn das Verhältnis beider Kräfte gleich ist, d. h. $\dfrac{F}{U} = r$ der sogenannte hydraulische Radius, muß gleich sein. Setzt man in die allgemeine Widerstandsformel statt d den 4 fachen hydraulischen Radius ein, so sind brauchbare Resultate zu erwarten. Verschiedentliche Versuche, die zur Prüfung dieser Regel mit verschiedenen Querschnittsformen angestellt wurden, haben die Richtigkeit derselben erwiesen.

h) Strömung in erweiterten und verengten Kanälen.

Der grundsätzliche Unterschied bei Strömungen in erweiterten und verengten Kanälen gegenüber den bisher betrachteten ist bedingt durch die Beschleunigung bzw. Verzögerung, die hier auftritt. Besonders der letzte Vorgang ist für das Verständnis der Kreiselmaschinen wesentlich. Die Energieverluste, die beim Umsetzen von Geschwindigkeit in Druck in erweiterten Kanälen auftreten, sind bekanntlich ziemlich erheblich, und ihre Beeinflussung nur bis zu einem gewissen Grade möglich. Die Verluste werden hauptsächlich verursacht durch das Verhalten der Grenzschicht bei verzögerter Bewegung. Abb. 32 zeigt die Geschwindigkeitsprofile in der Nähe einer Wand bei stark verzögerter Bewegung. Durch die Reibung

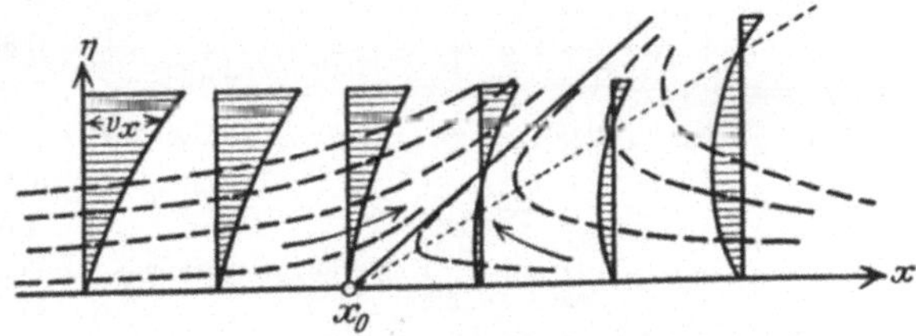

Abb. 32. Geschwindigkeitsverteilung in der Nähe eines Ablösungspunktes.
(Die gestrichelten Linien sind die Stromlinien.)

werden die Teilchen in der Nähe der Wand noch mehr verzögert, wie es der Querschnittserweiterung entspricht. Infolgedessen wird auch der Druckanstieg in der Grenzschicht viel schneller vor sich gehen, wie mitten in der Strömung. Schließlich wird ein Punkt kommen, wo der Druck der Grenzschicht sogar eine Gegenströmung erzeugt. In den meisten Fällen wird dann die Strömung abreißen, und die Umsetzung von Geschwindigkeit in Druck ist in Frage gestellt. Es treten große Wirbel auf, die erhebliche Verluste verursachen.

Am übersichtlichsten liegen die Verhältnisse bei beschleunigten Bewegungen, d. h. verengten·Kanälen, Düsen usw. Hier wird den Grenzschichten dauernd neue Energie zugeführt, so daß eine nennenswerte Grenzschicht sich überhaupt nicht ausbilden kann. Die auftretenden Verluste sind sogar noch kleiner als bei gleichförmiger

Bewegung, eine Tatsache, die vor allem im Dampfturbinenbau der letzten Jahre ausgenutzt worden ist. So ist z. B. charakteristisch, daß Gleichdruckschaufeln mit geringer Reaktion (ca. 15%) einen 5 bis 7% besseren Wirkungsgrad haben als die reinen Gleichdruckschaufeln. Bei rotierenden Pumpen benutzt man ebenfalls diese Erscheinung, indem man bemüht ist, **dem Medium beim Eintritt in das Laufrad eine geringe Beschleunigung zu erteilen.** Inwieweit bei rotierenden Kanälen eine Beschleunigung Vorteile bringen kann, ist augenblicklich noch nicht zu beurteilen, da diesbezügliche Versuche bis jetzt noch nicht bekannt geworden sind.

Sehr ungünstig liegen die Verhältnisse bei Umsetzung von Geschwindigkeit in Druck. Die Verluste können bei nicht sachgemäßer Ausführung 30 bis 40% der anfänglichen kinetischen Energie betragen. Nach Versuchen von Andres (Forschungsheft 76) ist der runde Querschnitt als der beste gefunden worden, was einleuchtend ist. Ferner sind eine rein kegelige Erweiterung und glatte Wände von Vorteil. Überhaupt folgt aus den obigen Überlegungen, **daß alle die Maßnahmen, die auf eine Verbesserung der Grenzschichtverhältnisse hinauslaufen, den Wirkungsgrad eines Diffusors verbessern.**

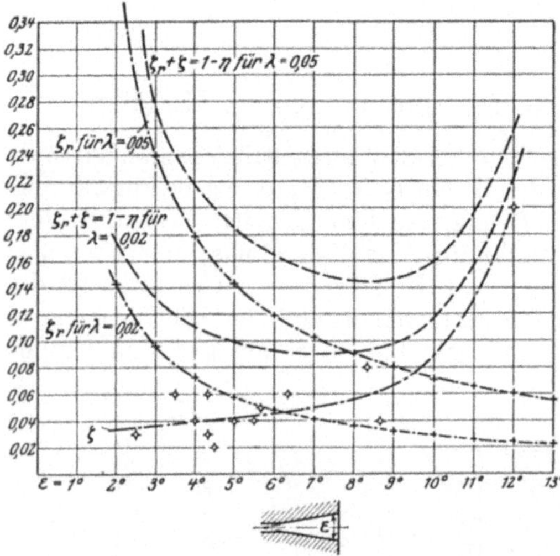

Abb. 33. Verlustkoeffizienten für konische Erweiterungen nach Andres.

Hieraus folgt ohne weiteres, daß alle von der Kreisform abweichenden Querschnittsformen, die im Verhältnis zum Querschnitt eine größere Oberfläche haben, größere Verluste bedingen. Gerade bei Turbokompressoren ist man bei vielen Konstruktionen gezwungen, enge rechteckige Querschnitte zu verwirklichen, und wird man hier ziemliche Verluste zu erwarten haben.

Abb. 33 zeigt einige Versuche von Andres mit kegelförmig erweiterten Rohren. Man erkennt, daß bei 6 bis 10^0 die geringsten Verluste auftreten. Sämtliche untersuchten Rohre haben dieselben Ein- und Austrittsflächen. Hierdurch ergeben sich bei kleinen Winkeln sehr große Rohrlängen. Hier wird also die reine Wandreibung überwiegen, während bei großen Winkeln nur die Ablösungsverluste maßgebend sind. Bei dieser Aufgabenstellung ist also ein günstigster Wert des Erweiterungswinkels vorhanden. Es erwies sich als vorteilhaft, dem Wasser eine geringe Rotation zu erteilen. Der Grund dürfte darin zu suchen sein, daß die Grenzschicht hierdurch größere Energie erhält.

Die Einsicht in diese Vorgänge ist weiter geklärt worden durch Versuche, die im Prandtlschen Laboratorium von Dönch und Nikuradse[1] ausgeführt wurden. Dönch untersuchte schwach erweiterte und schwach verengte Kanäle ($2,92^0$ bis $-2,92^0$) und führte an diesen genaue Geschwindigkeits- und Druckmessungen aus.

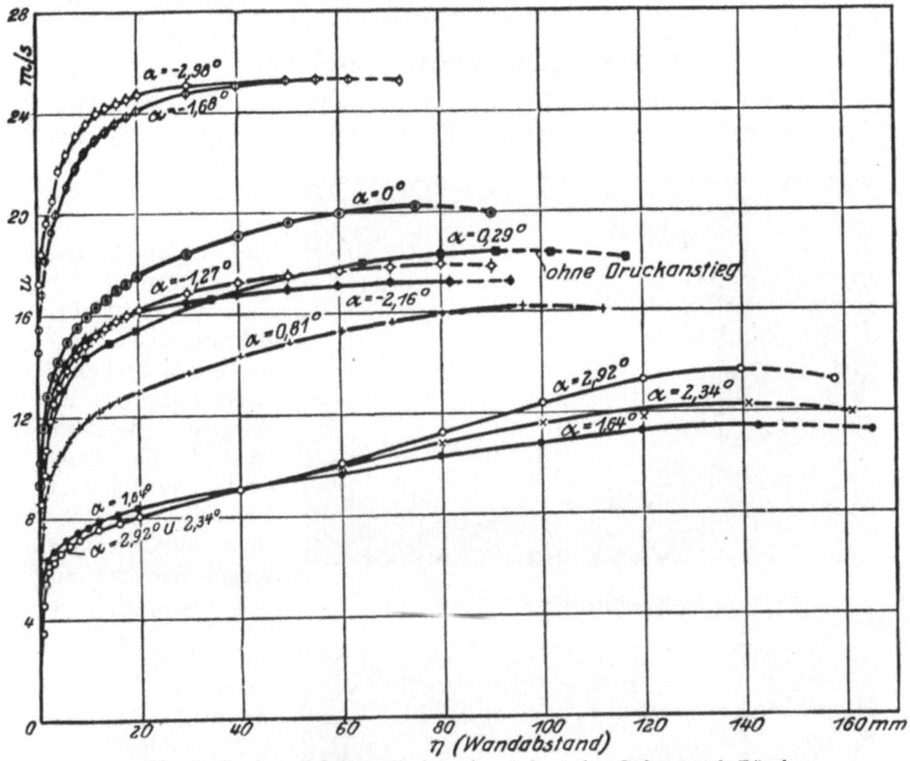

Abb. 34. Geschwindigkeitsprofile bei schwach konischen Rohren nach Dönch.

Abb. 34 zeigt die Geschwindigkeitsprofile für verschiedene Erweiterungen. Für den Praktiker von allergrößter Bedeutung ist hier der große Geschwindigkeitsanstieg in der Mitte bei nur ganz schwach erweiterten Kanälen. Das deutet darauf hin, daß am Ende einer Düse die Druckumsetzung noch nicht

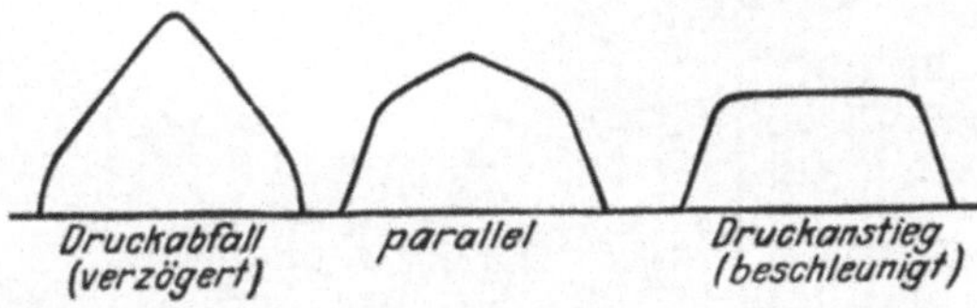

Abb. 35. Druckprofile bei schwach konischen Rohren nach Dönch.

beendet ist, da der Kern der Strömung noch eine ziemliche Geschwindigkeit besitzt. Durch gute und lange Führungen muß dafür gesorgt werden, daß diese Energie nicht verloren geht. Abb. 35 zeigt die verschiedenen Druckprofile bei parallelen er-

---

[1] Forschungsarbeiten VDI-Verlag.

weiterten und verengten Kanälen. Aus diesen beiden Bildern kann man sich leicht das Energieprofil dieser Strömungen ergänzt denken. Es wird sich bei erweiterten Kanälen die Energie nach der Mitte zu konzentrieren und bestrebt sein, die Energie aus den Grenzschichten gewissermaßen aufzusaugen, so daß bei zu großen Erweiterungen keine Ausfüllung der Querschnitte mehr vorhanden sein wird.

i) Absaugung der Grenzschicht.

Der Hauptgrund der Verluste und Ablösungen in erweiterten Kanälen war in der steigenden Verzögerung der Teilchen in der Nähe der Wand erkannt worden. Gelingt es auf irgendeine Art und Weise, diese „Ermüdung" der Grenzschichtpartikelchen zu vermeiden, so sind günstige Wirkungen zu erwarten. Bekannt ist z. B. der klassische Versuch von Prandtl, die Ablösung hinter einer Kugel dadurch zu vermeiden, daß er kurz vor dem größten Durchmesser einen dünnen Draht auflötete, Abb. 36 u. 37, wodurch die Grenzschicht kurz vor der Verzögerungsperiode aufgewirbelt wird und so imstande ist, gegen den Druck anzukommen.

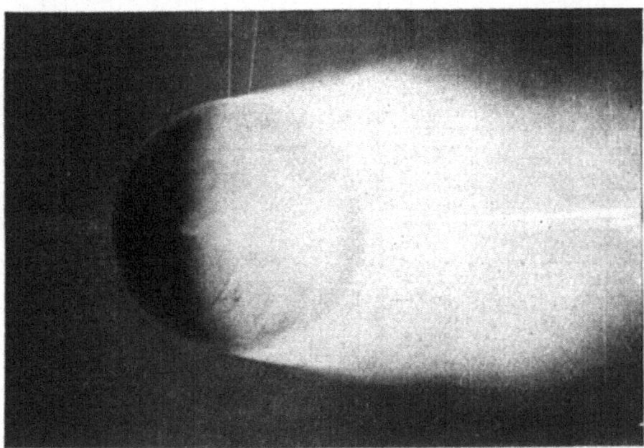

Abb. 36. Strömung hinter einer Kugel nach Prandtl.

Abb. 37. Verbesserung der Kugelströmung durch vorne aufgelöteten Draht nach Prandtl.

In neuerer Zeit hat Ackeret[1] mit Erfolg versucht, die Ablösung dadurch zu vermeiden, daß er das stark verzögerte Grenzschichtmaterial einfach wegschaffte, z. B. durch Schlitze nach außen absaugte. Hierdurch kommen dann Teilchen mit der Wand in Berührung, die vorher noch die Ge-

---

[1] Ackeret: Grenzschichtabsaugung. Z. V. d. I. 1926.

schwindigkeit der reinen Potentialströmung hatten.   Abb. 38 zeigt eine Strömung in einem beinahe plötzlich erweiterten Kanal, wo die Strömung, wie zu erwarten ist, ohne merkliche Druckumsetzung durchschießt.

Abb. 39 zeigt denselben Kanal mit Absaugung. Man erkennt — eine für jeden Strömungsfachmann ungewohnte Erscheinung — die fast plötzliche Umsetzung von Geschwindigkeit in Druck. Nach zuverlässigen Messungen sollen die gesamten Verluste (einschließlich des Absaugens) ca. 18 % betragen, was als außerordentlich günstig bezeichnet werden muß. Man erkennt ohne weiteres, daß ein solches Absaugen nur dann Zweck hat, wenn es sich um eine sehr schlechte Diffusorform handelt; bei den üblichen Erweiterungen 8 bis 12^0, wo an und für sich schon keine Ablösung vorhanden ist, dürfte kein Vorteil hiermit erzielt werden.

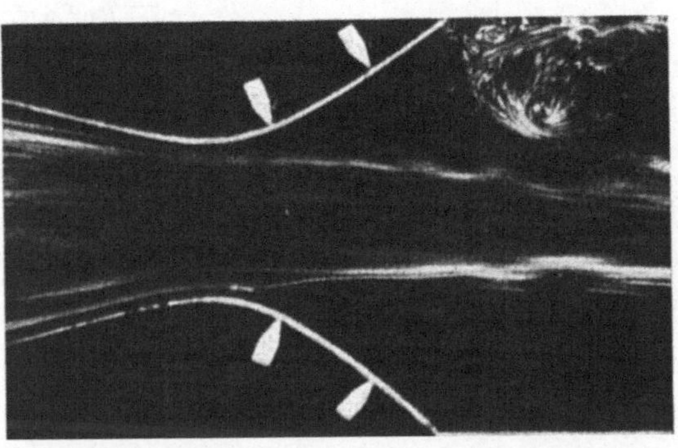

Abb. 38. Ablösung in stark erweitertem Kanal nach Ackeret.

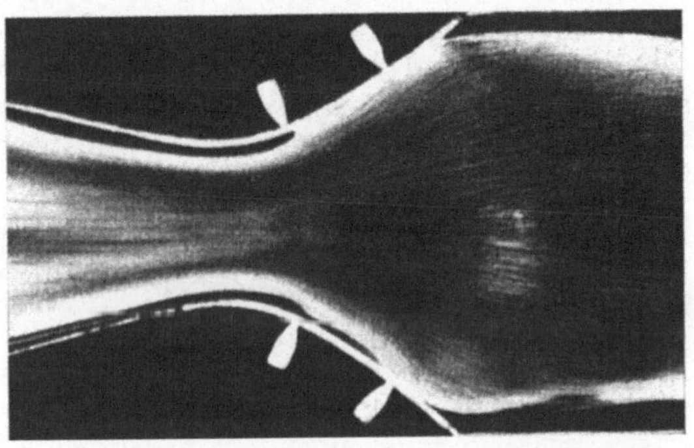

Abb. 39. Absaugen der Grenzschicht.
Anliegen des stark verzögerten Strahles nach Ackeret.

Es bleibt abzuwarten, ob diese auch für den Strömungsfachmann sehr interessante Erscheinung praktische Verwertung finden wird.

2. Stoßverluste bei plötzlichen Erweiterungen und Richtungsänderungen.

Bei unstetigen Querschnittsübergängen, die sich vielfach aus konstruktiven Gründen oft nicht vermeiden lassen, kann der Energieverlust aus dem Impulssatz berechnet werden[1]. Mit den Bezeichnungen von Abb. 40 erhält man

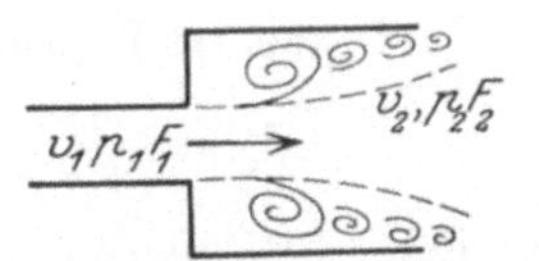

Abb. 40. Plötzliche Erweiterung.

---

[1] Siehe z. B. Hütte. 25. Auflage.

$$
\begin{array}{lcc}
 & \text{Querschnitt I} & \text{Querschnitt II} \\
\text{Impulszufuhr:} & \varrho\, F_1 v_1^2 & -\,\varrho\, F_2 v_2^2 \\
\text{Druckkräfte:} & p_1\, F_2 & p_2\, F_2
\end{array}
$$

$$
p_2\, F_2 - p_1\, F_2 = \varrho\, F_1 v_1^2 - \varrho\, F_2 v_2^2
$$

Kontinuitätsgleichung: $F_1 v_1 = F_2 v_2$.

Setzt man die Impuls- und Druckkräfte gleich, so erhält man

$$
p_2 - p_1 = \varrho\, v_2 (v_1 - v_2),
$$

bei verlustlosem Übergang

$$
p_2' - p_1 = (v_1^2 - v_2^2)\,\frac{\varrho}{2}\;;
$$

hieraus ergibt sich der Wirkungsgrad

$$
\eta = \frac{p_2 - p_1}{p_2' - p_1} = \frac{2}{1 + \dfrac{F_2}{F_1}}\,.
$$

Für plötzliche Richtungs- und Querschnittsänderungen hat Thoma[1] durch Impulsbetrachtungen gefunden, daß der Verlust gleich $\dfrac{v'^2}{2g}$ ist, wo v' die geometrische Differenz zwischen den sich aus den Querschnitten vor und hinter der plötzlichen Änderung ergebenden Geschwindigkeiten ist, Abb. 41. In Wirklichkeit wird die Flüssigkeit

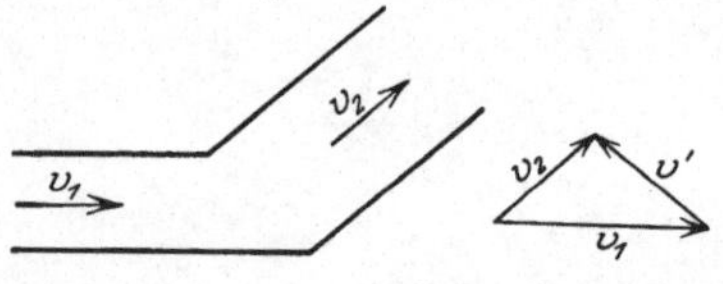

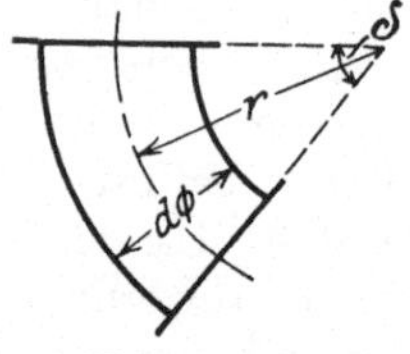

Abb. 41. Plötzliche Richtungs- und Querschnittsänderung.   Abb. 42. Krümmer mit gleichem Krümmungsradius.

infolge Kontraktion nicht einen so harten Stoß erfahren, wie obigen Annahmen zugrunde liegt. Dieses berücksichtigt man durch einen Koeffizienten φ

$$
h_r = \varphi\,\frac{v_1^2}{2g} = \varphi\,\frac{c_1^{-2} - c_2^{-3}}{2g}\,.
$$

Als Mittelwerte gelten:

$$
\begin{aligned}
\varphi &= 0{,}7 \text{ bis } 1{,}0 \quad \text{Kniestück,} \\
&= 1{,}2 \text{ bis } 1{,}3 \quad \text{plötzliche Erweiterung,} \\
&= 0{,}4 \text{ bis } 0{,}5 \quad \text{plötzliche Verengungen.}
\end{aligned}
$$

Verluste in Krümmern. Es gilt nach Angaben von Weisbach

$$
h_r = \zeta\,\frac{c^2}{2g}, \qquad \zeta = 0{,}13 + 0{,}16 \left(\frac{d}{r}\right)^{3,5}
$$

für den Kreisquerschnitt. d bedeutet den Rohrdurchmesser und r den Krümmungsradius, Abb. 42. Man erkennt, daß der Krümmungs-

---

[1] Schweiz. Bauzg. 1922, S. 83.

radius r des Krümmers die Verluste sehr stark beeinflußt. Unabhängig sind sie dagegen vom Bogen δ; dieses kommt daher, weil durch die erstmalige unstetige Ablenkung des Strahles die Hauptverluste entstehen.

3. Radreibungsarbeit umlaufender Scheiben.

Wird eine dünne Scheibe in Richtung ihrer Ebene geschleppt, so entsteht eine Reibungskraft. Die Reibung wird bei Scheiben mit rauher Oberfläche größer sein wie bei glatter Oberfläche. Bemerkenswert ist, daß selbst bei ganz glatt polierten Scheiben diese Reibung nicht verschwindet. Dies kommt daher, weil die Luft direkt an der Oberfläche unabhängig von ihrer Beschaffenheit haftet, so daß eine Schicht vorhanden sein muß, innerhalb welcher die Luftgeschwindigkeit auf den Wert der Umgebung, d. h. die Geschwindigkeit Null sinkt. Dies ist die sogenannte Grenzschicht, die für die auftretenden Verluste verantwortlich zu machen ist.

Bei Rotation einer Scheibe treten ähnliche Verhältnisse auf. In der Nähe der Scheibe werden die Luftteilchen mit in Umdrehung versetzt; durch die hierdurch auftretende Zentrifugalkraft wird die Luft nach außen geschleudert, so daß in einem geschlossenen Raume infolge der Kontinuitätsgleichung ein Ringwirbel entstehen muß (Abb. 43). Je größer der freie Raum ist zwischen Scheibe und fester Wand, um so größere Luftmengen werden in den Ringwirbel mit hineingezogen. Die Vermutung liegt nahe, daß hierdurch auch der Energieverlust wächst. Dies ist durch Versuche auch bestätigt worden.

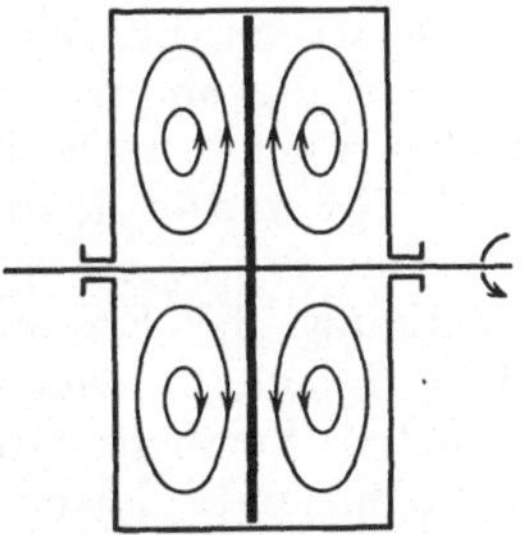

Abb. 43. Luftströmung infolge Rotation einer Scheibe.

Die Abhängigkeit des Reibungsverlustes von Durchmesser und Drehzahl kann durch Dimensionsbetrachtungen gewonnen werden. Da es sich um Reibungswiderstand von Flächen handelt, muß der bekannte Ansatz $W = cF \cdot q \left(q = \dfrac{\gamma}{2g} v^2 \right)$ zum Ziele führen. Die den Vorgang beherrschende Geschwindigkeit ist die Umfangsgeschwindigkeit u der Scheibe $u = \dfrac{D}{2} \dfrac{\pi n}{30}$, so daß nur deren Staudruck in Betracht kommen kann. Die einzige vorkommende Fläche ist die Kreisfläche der Scheibe $F = \dfrac{\pi}{4} D^2$. Der Reibungswiderstand muß also die Form haben

$$W = c_f \cdot \frac{\pi D^2}{4} \left(\frac{D}{2} \right)^2 \left(\frac{\pi n}{30} \right)^2,$$

hieraus das Moment

$$M = W \cdot \frac{D}{2}$$

und die Leistung

$$N = M \cdot \frac{\pi n}{30} \frac{1}{75} \text{ [PS]}; \qquad N_r = \frac{\beta_1}{10^6} D^2 u^3 \cdot \gamma; \qquad N_r = \frac{\varrho}{2} C \cdot D^5 \cdot n^3,$$

wo C eine Konstante ist. Die Radreibung ist also bei sonst gleichbleibenden Verhältnissen proportional der 5. Potenz des Durchmessers und der 3. Potenz der Drehzahl. Vergleicht man — was für den Turbokompressorenbau sehr wichtig ist — Räder mit gleicher Umfangsgeschwindigkeit, d. h. Räder mit demselben Druckverhältnis, so verhalten sich die Radreibungsarbeiten wie die Quadrate des Durchmessers, d. h. wie die Kreisflächen. Hieraus erkennt man die dringende Notwendigkeit, den Durchmesser möglichst klein zu halten, wenn der prozentuale Anteil der Radreibung an der Nutzleistung groß zu werden droht. Dies ist der Fall für die Hochdruckstufen von Turbokompressoren, aber auch für rasch laufende Gebläse von sehr kleiner Fördermenge.

Versuche von Stodola[1] haben die Abhängigkeit von der 3. Potenz der Drehzahl als hinreichend bestätigt gefunden. Zur Ableitung des Beiwertes β werden gerne die Versuche mit geschleppten Platten angewendet. Da die Strömungsstruktur jedoch hier grundsätzlich anders ist, ist dieser Methode keine große Zuverlässigkeit zuzusprechen. Vor allem ist zu bedenken, daß die die Reibung bestimmende Hauptgeschwindigkeit, nämlich die Umfangsgeschwindigkeit, von innen nach außen wächst und dadurch auch die Reynoldsche Kennzahl sich für jeden Radius stetig ändert.

Nun ist es in letzter Zeit von Kármán durch genaue Berücksichtigung der Strömungsverhältnisse in der Grenzschicht gelungen, diese Lücke — wenigstens rechnerisch — auszufüllen. Mangels geeigneten Versuchsmaterials mußten jedoch auch hier die Schleppversuche mit glatten Scheiben herangezogen werden. v. Kármán[2] fand für die Leistung:

$$N_r = 0{,}000\,981\,\frac{\gamma}{g}\left(\frac{\nu}{\omega\,\dfrac{D}{2}}\right)^{\frac{1}{5}}\cdot \omega^2\left(\frac{D}{2}\right)^5.$$

Solange die in dieser Formel vorkommende Konstante nicht durch eingehende Versuche mit umlaufenden Scheiben bestimmt ist, ist die praktische Ausbeute der Kármánschen Theorie nicht möglich.

In diesem Sinne scheint die anfangs gegebene Formel für praktische Berechnungen die geeignete zu sein. Stodola schlägt für die Konstante $\beta = 1{,}1$ bis $1{,}2$ vor als Ergebnis dahingehender Versuche. Da für die Berechnung der Radreibung selten große Genauigkeit verlangt wird, dürfte diese Formel einigermaßen befriedigen.

Als Beispiel soll die Radreibung des letzten Rades eines Turbokompressors von 5000 m³/st auf 8 ata berechnet werden:

$$D = 580\ \varnothing; \qquad n = 5900/\text{min}; \qquad u = 179\ \text{m/sec}; \quad t = 80^0\ \text{C}.$$

---

[1] Wertvolle Versuche liegen auch vor von Gibson, der Scheiben von 305 und 230 mm Durchmesser in Wasser untersuchte. Vor allem studierte er den Einfluß der Oberflächenbeschaffenheit. Es ergab sich, daß diese keinen großen Einfluß hat, abgesehen von unbearbeiteten Gußrädern, die ja im Turbokompressorenbau selten vorkommen.

[2] v. Kármán, Abhandlungen des Aerodynamischen Instituts Aachen; 1. Lieferung. Verlag Julius Springer.

Um vorsichtig zu rechnen, werde für das letzte Rad nur ein Druck von 6,9 ata angegeben. Hiermit wird

$$\gamma = \frac{69000}{29,3 \cdot 353} = 6,65 \ \text{kg/m}^3,$$

$$N_r = 1,2 \cdot 0,58^2 \cdot 179^3 \cdot 6,65 10^{-6} = 15,3 \ \text{PS}.$$

Die Gesamtnutzleistung der Maschine war 386 PS. Es waren 5 Niederdruckräder von 700 $\varnothing$ und 6 Hochdruckräder von 580 $\varnothing$ vorhanden. Die ungefähre Nutzleistung der letzten Stufe ist ca. 25 Ps. Somit sind hier ca. $\frac{15,3}{25} = 76,5\%$ der Nutzleistung allein an Radreibung vorhanden. Hierdurch erklärt sich auch der überaus schlechte Wirkungsgrad von Turbokompressoren bei kleiner Liefermenge, der im vorliegenden Falle $\eta_{isoth} = 0,48$ war. Durch Verminderung des Durchmessers bzw. Erhöhung der Drehzahl kann man zwar nach obigem die Radreibung ohne weiteres auf ein erträgliches Maß vermindern, doch vermindert sich bei hohen Druckverhältnissen in einer Stufe der Schaufelwirkungsgrad, weil die Schaufeln zu kurz werden, außerdem müssen die Wellen in solch überkritischen Gebieten laufen, deren betriebssichere Beherrschung bisher noch nicht gelungen ist.

Die wenigen Angaben lassen erkennen, daß beim Entwurf eines Turbokompressors die allergrößte Sorgfalt auf die Auswahl des Durchmessers gewandt werden muß. Je nach der Fördermenge muß erwogen werden, welcher Anteil der Radreibung noch als zulässig erkannt werden kann. Die Verhältnisse liegen im allgemeinen hier bedeutend ungünstiger wie bei Dampfturbinen, wo nur die ersten Räder in hohen Drücken arbeiten und in den letzten Stufen wegen des Vakuums die Radreibung überhaupt keine Rolle spielen dürfte. Da bei Kompressoren die folgenden Räder in immer dichteren Medien arbeiten, wird man sehr schnell an eine Grenze kommen, wo die hohen Radreibungsverluste wirtschaftlich nicht mehr zu tragen sind. Hier tritt der Kolbenkompressor in scharfe Konkurrenz. Die Grenze dürfte für 10000 m³/st etwa bei 10facher Verdichtung liegen. Bei sehr großen Fördermengen, z. B. 60000 m³/st[*], könnte der Enddruck wohl noch etwas gesteigert werden können. Doch ist für derartige Maschinen augenblicklich noch kein Verwendungsgebiet vorhanden.

4. Undichtigkeitsverluste in Labyrinthdichtungen.

a) Vielstufige Maschinen.

Bei Gebläsen und Kompressoren mit doppeltem Einlauf, eine Anordnung, die man für große Förderleistungen viel findet, ist die an-

---

[*] Der größte Turbokompressor weist 120000 m³ bei 10facher Verdichtung auf. Diese Maschine ist augenblicklich bei Brown-Boveri für die Transval Power Comp. im Bau.

gesaugte Menge praktisch gleich der geförderten Menge, d. h. der volumetrische Wirkungsgrad ist gleich 1.

Bei einseitig ansaugenden Maschinen tritt hinter der letzten Stufe durch die Entlastungsvorrichtungen und die Wellenabdichtungen ein Verlust auf. Ist V_0 die angesaugte und V die geförderte Menge, so ist $\eta_{vol} = 1 - \dfrac{V}{V_0}$. Außerdem strömt eine gewisse Menge durch die Dichtungen der einzelnen Stufen, wodurch zwar kein Mengenverlust, wohl aber ein Energieverlust auftritt[1].

Bei n Stufen sind, wie man leicht erkennt, $n + 1$ Dichtungen vorhanden, deren durchtretende Menge durch den im Diffusor erzeugten Druckunterschied bedingt ist, während bei n Dichtungen die Druckerhöhung im Laufrad maßgebend ist. Sind L_1 und L_2 die entsprechenden Arbeitswerte pro m^3, die der Einfachheit halber für alle Stufen als konstant angenommen seien, so ist der gesamte Energieverlust

$$L_{ges} = L_1 \left(V_1 + V_2 + \cdots + V_{n+1} \right) + L_2 \left(V_1' + V_2' + \cdots + V_{n+1}' \right).$$

Da das Laufrad ca. $^2/_3$ des statischen Druckanstieges einer Stufe erzeugt, entfällt der größere Verlust auf die Dichtung am Eintritt des Laufrades, ganz abgesehen davon, daß deren Durchmesser zirka doppelt so groß sein muß, wie der der Wellendichtung direkt hinter dem Laufrad.

b) Berechnung einer Labyrinthdichtung.

Die Leckluft, die durch eine Labyrinthdichtung entweicht, ist direkt proportional der zur Verfügung stehenden freien Spaltfläche und ist eine Funktion der Anzahl der Stufen.

In den engen Spalten entsteht eine hohe Geschwindigkeit, die in einer nachfolgenden plötzlichen Erweiterung fast vollkommen vernichtet wird. In der nächsten Stufe muß wieder Geschwindigkeit erzeugt werden, d. h. in jedem Element entsteht ein Druckabfall, der von der Anzahl der Stufen und Anfangs- und Enddruck abhängt. Außerdem tritt in dem scharfen Durchtrittsquerschnitte eine große Kontraktion ein.

Die Zustandsänderung ist in Abb. 44 im TS-Diagramm eingezeichnet. Es seien z. B. 3 Stufen vorhanden, und der Zwischendruck sei mit $p_1 \ldots p_4$ bezeichnet. Die Luft expandiert zuerst adiabatisch von p_0 bis p_1 und ändert ihre Temperatur von T_0 auf T_1. Die so gewonnene kinetische Energie wird in dem Zwischenraum ziemlich restlos wieder in Wärme umgesetzt bei konstantem Druck; hierdurch stellt sich die ursprüngliche Temperatur wieder ein, so daß der angedeutete Verlauf entsteht.

---

[1] Es tritt natürlich hierdurch eine kleine Verminderung der Nutzleistung ein, so daß die Kennlinie eine geringfügige Verschiebung erfährt, die indes ohne Belang ist.

Der Arbeitsverlust ist $Q = c_p (T_0 - T_1)$. Betrachtet man den Endzustand jeder Stufe, so hat man also rein isothermische Zustandsänderungen vor sich.

Je nach dem zur Verfügung stehenden Enddruckverhältnis und der Anzahl der Labyrinthstufen wird in der letzten Stufe Schallgeschwindigkeit auftreten, oder es treten kleinere Geschwindigkeiten auf. Diese beiden Fälle sollen hier eingehender untersucht werden.

Es sei

z die Anzahl der Stufen,

p_0 innerer Druck in kg/m²,

p_m Enddruck,

f freie Durchtrittsfläche,

δ radiales Spiel in den Dichtungen,

G' Gasverlust in kg/sec.

Eine Bestimmungsgleichung ergibt sich aus der Forderung, daß durch jede Stufe dasselbe Gewicht strömen muß, die sogenannte

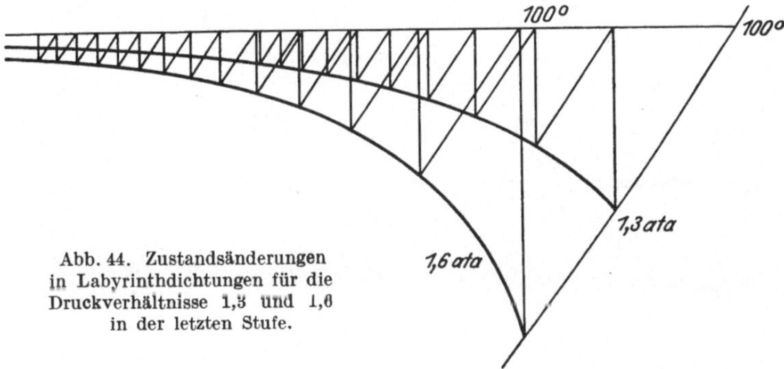

Abb. 44. Zustandsänderungen in Labyrinthdichtungen für die Druckverhältnisse 1,3 und 1,6 in der letzten Stufe.

Kontinuitätsgleichung: $c = \dfrac{G \cdot v}{\mu \cdot f}$, wo μ die Kontraktion berücksichtigen soll. Da nun das Volumen bei gleichbleibendem Gewicht mit fallendem Druck sinkt, muß für die letzten Stufen das Druckgefälle immer größer werden; hieraus erklärt sich der Zustandsverlauf in Abb. 44 und Abb. 45.

Nach der Energiegleichung ist $i_1 - i_2 = \dfrac{c^2}{2g} \cdot A$. Eliminiert man aus dieser Gleichung c mit Hilfe der Gleichung $c = \dfrac{G \cdot v}{\mu \cdot f}$, so entsteht $i_1 - i_2 = \left(\dfrac{G}{\mu f}\right)^2 v^2 \dfrac{A}{2g}$, eine Beziehung, die den Zustand in den Labyrinthspalten für ein beliebiges Druckgefälle darstellt. Aus dieser Gleichung folgt für zwei beliebige Punkte $\dfrac{i_1 - i_2}{i_2 - i_3} = \dfrac{v_1^2}{v_2^2}$. Ist also ein beliebiger Punkt (Anfangs- oder Endpunkt) bekannt, so kann mit Hilfe dieser Gleichung jeder Punkt der sogenannten Fanno-Kurve ermittelt werden. Auf dieser Kurve (siehe Abb. 44) müssen sämtliche Expansionspunkte für alle Stufen zu finden sein. Da aus den oben geschilderten Gründen hinter den Spalten sich wieder die vorhergehende Temperatur einstellt (bei konstantem Druck), sind die anderen Punkte auf der Linie $T = $ const. zu finden. Der Zustandsverlauf in einer Labyrinthdichtung ist also durch die eingezeichnete Zickzacklinie dargestellt. Kennt man die untere Linie (Fanno-Kurve), d. h. schreibt man eine bestimmte durchtretende Menge vor, so ist nach dieser Konstruktion sofort die erforderliche

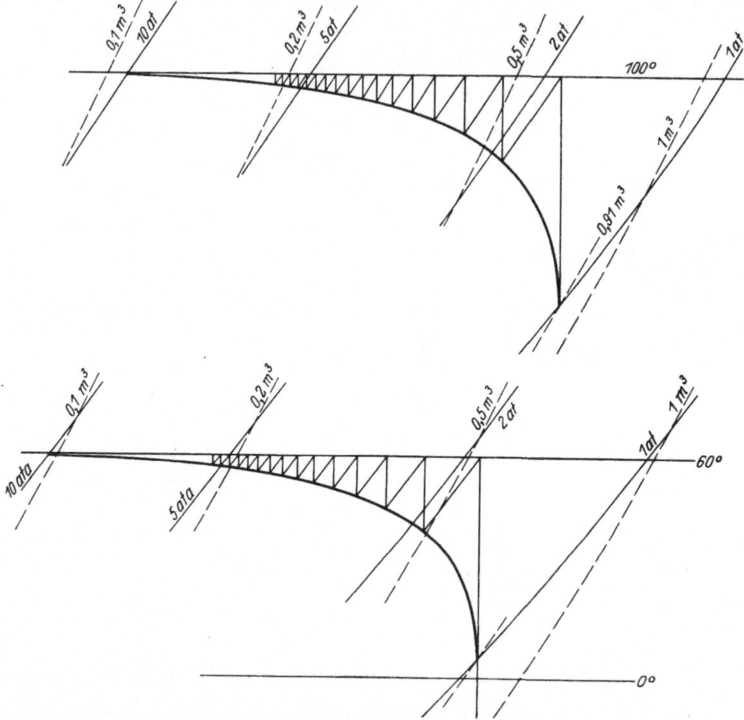

Abb. 45. Zustandsänderungen in einer Labyrinthdichtung für die Anfangstemperaturen 45° und 5° C.

Stufenzahl bekannt. Die Spaltquerschnitte können immer als gegeben angesehen werden, da sie von den als bekannt vorauszusetzenden Toleranzen abhängen.

In den Abb. 44 u. 45 sind die Fanno-Kurven für verschiedene Verhältnisse aufgezeichnet.

a) Kleinere Druckunterschiede.

Sind die Druckunterschiede, die eine Dichtung zu überwinden hat, nicht sehr groß, wie z. B. zwischen den einzelnen Stufen, oder bei einstufigen Gebläsen usw., so kann mit hinreichender Genauigkeit angenommen werden, daß jede Labyrinthstufe denselben Druckunterschied verarbeitet, d. h. bei z Stufen und einem Gesamtdruckunterschied von $p_1 - p_0$ ergibt sich $\frac{p_1 - p_0}{z}$. Die hierdurch erzeugte

Geschwindigkeit c ergibt sich nach der Gleichung $\dfrac{i_1{}^2 - i_0{}^2}{z} = \dfrac{c^2}{2g} \cdot A$, wofür wiederum gesetzt werden kann $c = \sqrt{2\,g\,v_m\,\dfrac{p_1 - p_2}{z}}$. Mit Berücksichtigung der Kontinuitätsgleichung $c = \dfrac{G \cdot v_m}{\mu \cdot f}$ erhält man

$$G = \mu \cdot f \sqrt{2\,g\,\frac{1}{v_m}\,\frac{p_1 - p_2}{z}};$$

v_m bedeutet hier den Mittelwert auf der Fanno-Kurve. Da Druck und Volumenkurven nicht sehr stark divergieren, begeht man keinen großen Fehler, wenn man v_m durch den Mittelwert auf der Isothermen ersetzt:

$$v_m = \frac{p_1\,v_1}{p_1 + p_2},$$

$$G = \mu \cdot f \sqrt{\frac{p_1{}^2 - p_2{}^2}{z\,p_1\,v_1}\,g}\,.$$

Mit dieser Gleichung kann bei bekannten z und $(p_1 - p_2)$ das durchströmende Gewicht G berechnet werden oder bei vorgeschriebenem G die Stufenzahl z. Nun ist in der Praxis die Fragestellung meist so, eine Dichtung zu konstruieren, die eine vorgeschriebene Menge durchläßt. Die konstruktive Gestaltung der Dichtungen liegt meist ziemlich fest, und es handelt sich oft nur um eine Nachrechnung, deren Genauigkeit keine übertriebene zu sein braucht.

In diesem Sinne empfiehlt es sich, bei Untersuchungen der vorliegenden Verhältnisse vorerst das durchströmende Gewicht vollkommen auszuschalten, da es ja von Kontraktion und Querschnitt usw. noch abhängt.

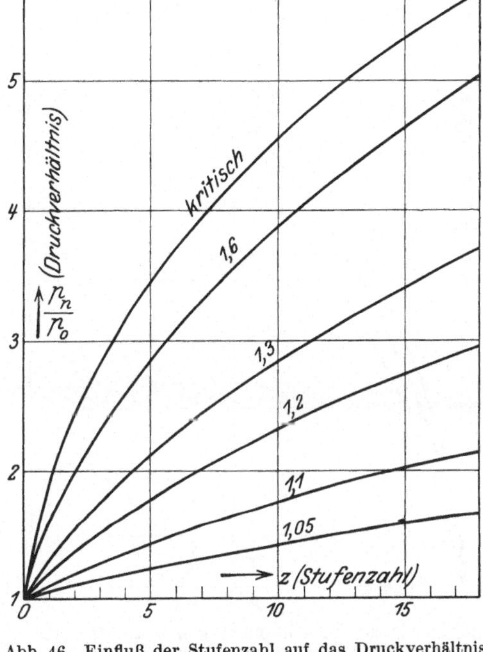

Abb. 46. Einfluß der Stufenzahl auf das Druckverhältnis bei normalen Labyrinthdichtungen.

Man kann sich fragen, welchen Druckunterschied kann eine Dichtung von z Stufen abdrosseln und welches Druckgefälle entsteht dabei in der letzten Stufe. Hierdurch ist das durchströmende Luftgewicht vollkommen ausgeschaltet, und man erhält nur eine Funktion von z und $\dfrac{p_2}{p_1}$. Da unabhängig von der durchströmenden Menge das Wesentliche einer Labyrinthdichtung die Stufenzahl ist, leuchtet diese Fragestellung ein. Das durchströmende Gewicht kann bei Kenntnis dieser Funktionen jederzeit aus dem Druckverhältnis der letzten Stufe sowie den Querschnitten leicht berechnet werden.

Setzt man in die Gl. $G = \mu \cdot f \sqrt{\dfrac{p_1{}^2 - p_2{}^2}{z \cdot p \cdot v_1} \cdot g}$ die Beziehung $G = c \cdot \dfrac{\mu \cdot f}{v_m}$ ein, so erhält man

$$\frac{c}{v} = \sqrt{\frac{g}{z}\,\frac{p_2{}^2 - p_1{}^2}{p_2\,v_1}} = \text{const.}$$

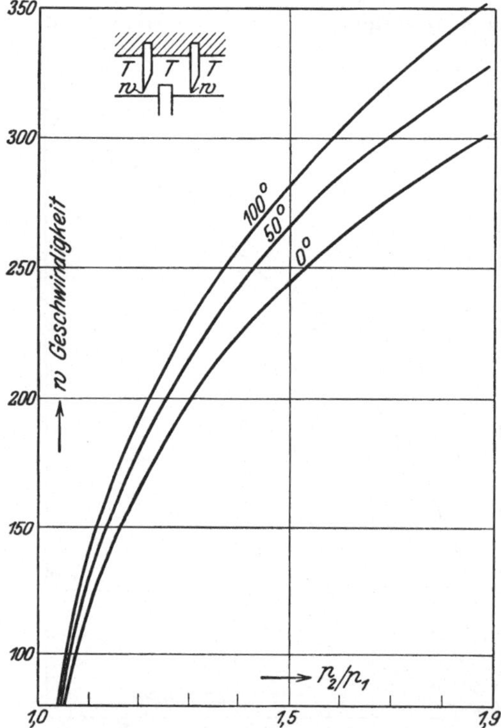

Abb. 47. Austrittsgeschwindigkeiten in Abhängigkeit vom Druckverhältnis für verschiedene Temperaturen.

oder auch $p_2{}^2 - p_1{}^2 = C \cdot z$, d. h. die Kurven $p_2 = f(z)$ sind für kleine Drücke einfache Parabeln (Abb. 46, untere Kurven). Hat man z. B. einen Druckunterschied von 0,22 atü abzudrosseln, so erkennt man, daß bei 5 Stufen in der letzten Stufe $\dfrac{p_1}{p_2} = 1{,}05$ ist; steigt der Druck auf 0,43, so ergibt sich $\dfrac{p_1}{p_2} = 1{,}1$. Um nun die Menge zu berechnen, muß die Geschwindigkeit w in Abhängigkeit von $\dfrac{p_2}{p_1}$ (Druckverhältnis der letzten Stufe) bekannt sein. Man erhält

$$w = 44{,}83 \sqrt{T\left[1 - \left(\frac{p_0}{p}\right)^{0{,}286}\right]}.$$

In Abb. 47 ist für verschiedene Temperaturen 0—50—100° die Geschwindigkeit w in Abhängigkeit von T aufgetragen. T bezieht sich hier auf den Zustand vor der Drosselung, d. h. die Punkte, die isothermen Verlauf haben, und genau bekannt sind.

β) Größere Druckunterschiede.

Sind größere Druckunterschiede zu überwinden, wie z. B. bei den Entlastungskolben von Turbokompressoren, so ist die Annahme, daß der Druckabfall pro Stufe derselbe ist, nicht mehr berechtigt, da wegen der Zunahme des spezifischen Volumens das Druckverhältnis gegen Ende sehr steigen muß. Schließlich wird das kritische Druckverhältnis erreicht werden und in den Dichtungen Schallgeschwindigkeit auftreten. Die Verhältnisse lassen sich am besten aus der IS-Tafel erkennen.

Wir setzen das Druckverhältnis der letzten Stufe $\frac{p_{n-1}}{p_n}$ als bekannt voraus und kennen hierdurch einen Punkt der Expansionskurve. Infolge der Beziehung $\frac{i_1 - i_2}{i_2' - i_3} = \frac{v_1^2}{v_2^2}$ kann die ganze Kurve berechnet und in das I S-Diagramm eingetragen werden. Nun kann man zwischen dieser Kurve und $T = \text{const.}$ die Zickzacklinien $i = \text{const.}$ und $p = \text{const.}$ eintragen und erhält für beliebig viele Dichtungen den Enddruck bei konstantem Druckabfall in der letzten Stufe. Dies wurde für mehrere Druckverhältnisse der letzten Stufe durchgeführt (kritisch; 1,6; 1,3 und 1,2) und in Abb. 46 $\frac{p_n}{p_0} = f(z)$ aufgetragen. Für diese Kurven gilt ebenfalls das oben Gesagte. Sind z. B. 5 at abzudichten, so sind mindestens 12 Dichtungen zu nehmen, wenn in der letzten Stufe keine Schallgeschwindigkeit erreicht werden soll. Für Zwischenwerte kritisch bis 1,6 usw. muß man interpolieren. Aus dem Druckverhältnis der letzten Stufe kann man wiederum mit Hilfe von Abb. 47 die durchtretende Menge berechnen. In Abb. 46 sind auch die Druckverhältnisse der einzelnen Stufen zu erkennen. Bei kritischem Druckverhältnis in der letzten Stufe findet bei 13 Stufen eine Abnahme des Druckverhältnisses der einzelnen Stufen von 1,893 bis 1,03 statt, so daß weitere Stufen sehr schnell wirkungslos werden. 20 bis 40 Dichtungen sind im allgemeinen die Grenze, die man in der Praxis vorfindet.

Wie verhält sich nun eine Dichtung, die ein höheres Druckverhältnis zu überwinden hat, als der kritischen Kurve nach Abb. 46 entspricht? Bei 10 Dichtungen sei z. B. der Anfangsdruck 6 ata. Nach Abb. 46 wird bei 4,55 ata gerade der Gegendruck erreicht. Da eine höhere als Schallgeschwindigkeit nicht auftreten kann, so werden ähnliche Verhältnisse eintreten, wie bei einer nicht genügend erweiterten Expansionsdüse. Im Endquerschnitt wird sich das kritische Druckverhältnis einstellen, d. h. ein Druck von $\frac{6}{4,55} = 1,316$, dann wird der Strahl plötzlich auf den Gegendruck expandieren, d. h. zerplatzen.

Man findet häufig die Vorstellung, daß eine Erhöhung der Stufenzahl keinen Zweck hat, wenn das kritische Druckverhältnis in der letzten Stufe erreicht bzw. überschritten ist. Dies gilt indes nur, wenn schon viele Stufen vorhanden sind, so daß eine weitere Vermehrung nach den obigen Betrachtungen nicht mehr viel bringen kann. Sind hingegen nur einige Stufen vorhanden, so kann, auch wenn Schallgeschwindigkeit schon vorhanden ist, eine Vermehrung der Stufen sehr viel bringen. Vermehrt man die Stufenzahl über die bisher übliche Zahl noch bedeutend mehr, so ist natürlich eine weitere Verminderung der Verluste zu erwarten, doch wird dieselbe sehr teuer erkauft. **Die Dichtungen wirken dann schließlich nur noch als gewöhnlicher Strömungswiderstand.**

c) Kontraktion in den Dichtungen.

Die Labyrinthdichtungen werden meist nach Abb. 48 als scharfe Ringe ausgeführt, die senkrecht zur Welle stehen. Bei der Strömung durch einen derartigen Spalt tritt eine scharfe Kontraktion auf. Die Verhältnisse sind ziemlich ähnlich dem Ausfluß aus einem unendlich langen Spalt nach Abb. 49. Für diesen Fall ist die Kontraktion genau

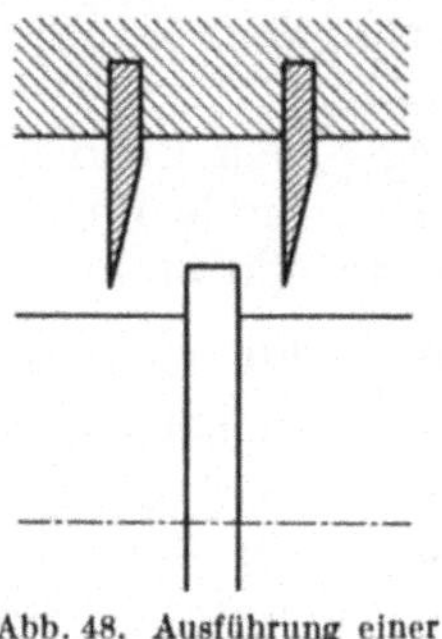

Abb. 48. Ausführung einer Labyrinthdichtung.

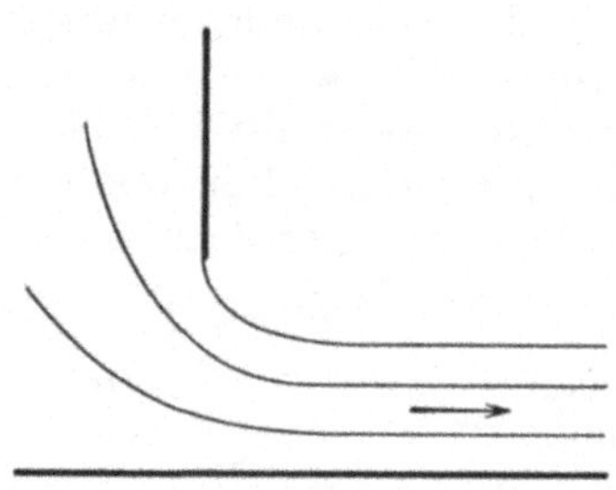

Abb. 49. Kontraktion bei einem unendlich langen Spalt.

berechenbar und beträgt $\dfrac{\pi}{\pi+2} = 0{,}612$*. Um die Kontraktion noch mehr zu steigern, bilden verschiedene Firmen die Dichtungsringe nach Abb. 50 schräg aus. Indes kann hierdurch nicht sehr viel gewonnen werden, da für den anderen Extremfall, daß die Eintrittsfläche parallel

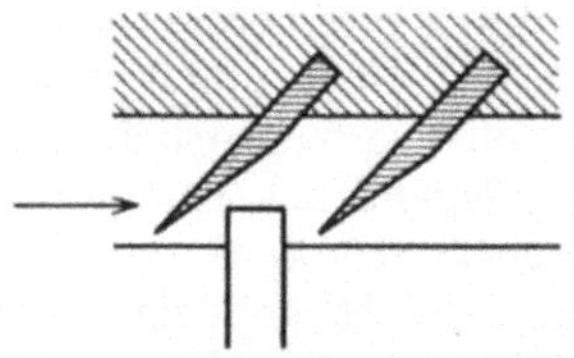

Abb. 50. Schräg stehende Labyrinthdichtungen zur Vergrößerung der Kontraktion.

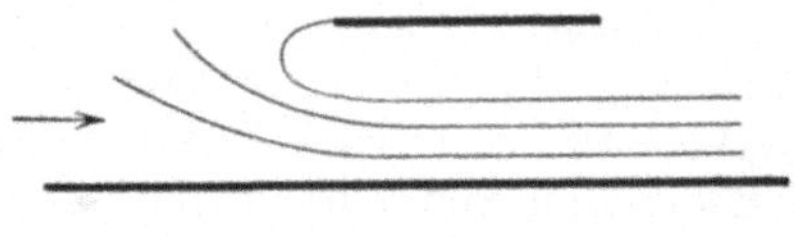

Abb. 51. Kontraktion bei parallelen Seitenwänden (0,5).

mit der Welle wird (Abb. 51, vgl. Bordasches Mundstück) die Kontraktion noch auf 0,5 zurückgeht, so daß bei Schrägstellung ein Wert von zirka 0,55 zu erwarten ist, eine Verbesserung, die nicht immer im Verhältnis steht zu der konstruktiven Erschwerung.

5. Pneumatische Förderung.

Zur Beförderung von Schüttgut bedient man sich bei feinkörnigem Material oft mit Vorteil der sogenannten pneumatischen Förderung. Bekanntlich ist ein Luftstrom imstande, kleine feste Körper mit fortzureißen, wenn er eine bestimmte Geschwindigkeit hat. Dieses Prinzip wendet man z. B. zur Beförderung von Getreide, Kohlenstaub usw. an. Neuerdings versucht man auch im Bergbau[1] das sogenannte

---

* Siehe Eck: Strömungen in Ventilen. Abhandlungen des aerodynamischen Instituts Aachen. 4. Lieferung.

[1] Das Bergeblasverfahren Glück auf 7. 4. 1928.

Versetzen der Hohlräume mit Druckluft auszuführen, und man hat hier bereits sehr gute Resultate erzielt.

Am einfachsten sind die Verhältnisse zu übersehen bei einem senkrechten Luftstrom. Zunächst sei angenommen, daß ein kleines Teilchen von bestimmter Korngröße senkrecht fällt. Der bei dieser Bewegung auftretende Luftwiderstand wächst mit dem Quadrat der Fallgeschwindigkeit. Schließlich wird ein Beharrungszustand eintreten, wenn der Luftwiderstand gleich dem Gewichte ist

$$G = k\,F \cdot \frac{w_s{}^2}{2\,g}\,\gamma_L\,.$$

Diese Grenzgeschwindigkeit w_s hängt hauptsächlich von dem Gewicht des Körpers ab. Da nun das Gewicht mit der 3. und der Widerstand mit der Fläche, d. h. der 2. Potenz einer Längenabmessung wächst, wird mit größeren Abmessungen die Grenzgeschwindigkeit wachsen. Betrachtet man z. B. eine Kugel, so ist

$$\frac{4}{3}\,\pi\,r^3\,\gamma = k\,r^2\,\pi\,\frac{w_s{}^2}{2\,g}\,\gamma_L\,,$$

wo k der Widerstandskoeffizient der Kugel ist, der aus Göttinger Messungen entnommen werden kann. Hieraus ergibt sich

$$w_s = \sqrt{r}\,\sqrt{\frac{\gamma}{\gamma_L}\,g\,\frac{1}{k}}\,;$$

die Grenzgeschwindigkeit wächst also mit der Wurzel aus dem Radius der Kugel. Bringt man die Kugel nun in einen aufsteigenden Luftstrom von der Geschwindigkeit w_s, so wird sich ein Schwebezustand bilden. Bei noch größerer Geschwindigkeit wird das Teilchen mit der Differenz der Luft- und Grenzgeschwindigkeit transportiert werden. Die Bestimmung der Grenzgeschwindigkeit geschieht am einfachsten durch Einbringen des Materials in eine kegelige Glasröhre, die an ein Gebläse angeschlossen wird. Da jedem Querschnitt eine leicht zu ermittelnde Geschwindigkeit zukommt, kann aus der Einstellhöhe der einzelnen Teilchen leicht die Grenzgeschwindigkeit bestimmt werden.

Wie verhält sich nun das Material in einem wagerechten Luftstrom? Da die Erdschwere nach wie vor wirkt, ist anzunehmen, daß ein Teilchen in gewissen Abständen mit der unteren Rohrwand in Berührung kommt und dann wieder aufgewirbelt wird. Ist z. B. v die horizontale Geschwindigkeit des Teilchens und d der Rohrdurchmesser, so gebraucht ein Teilchen zum Durchfallen der Höhe d die Zeit

$$t = \sqrt{\frac{2\,d}{g}}\,.$$

In dieser Zeit hat es den horizontalen Weg

$$s = v \cdot t = v\,\sqrt{\frac{2\,d}{g}}$$

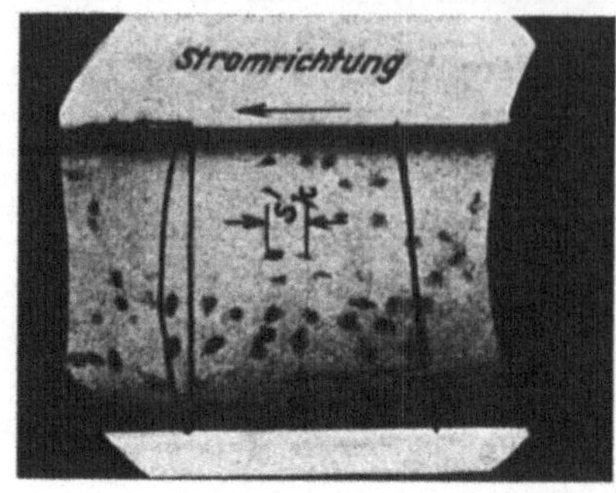

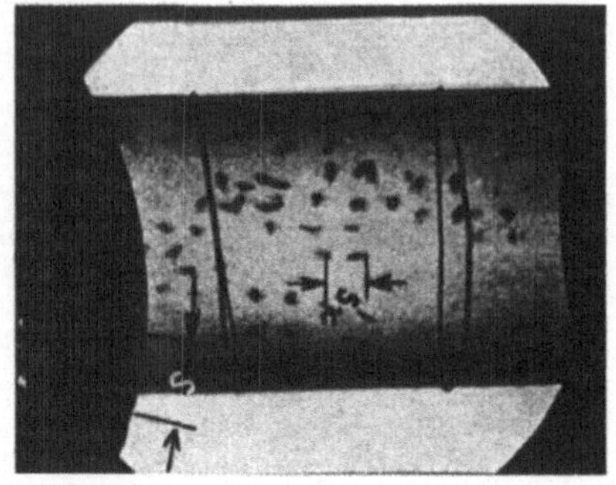

Abb. 52. Material: Weizen. Luftgeschwindigkeit $w_l = 20,6$ m/sec.
Mischungsverhältnis $\mu = 1,21$; Materialmenge $G_m = 670$ kg/st,

Zeitabstand der Funken $\Delta t = \dfrac{0,688}{1000}$ sec, nach Gasterstädt.

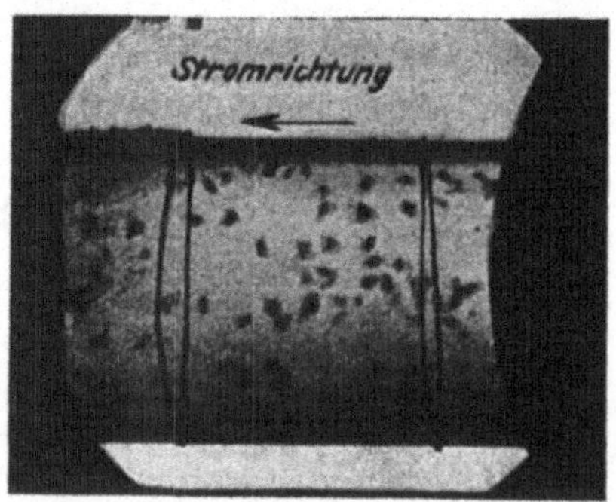

Abb. 53. Material: Weizen, $w_l = 20,7$ m/sec; $\mu = 2,64$; $G_m = 1460$ kg/st; $\Delta t = \dfrac{0,686}{1000}$ sec, nach Gasterstädt.

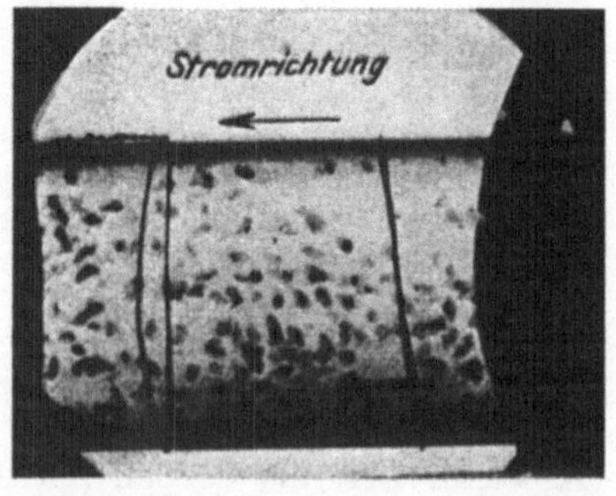

Abb. 54. Material: Weizen, $w_l = 20,8$; $\mu = 3,7$; $G_m = 2050$ kg/st; $\Delta t = \dfrac{0,725}{1000}$ sec, nach Gasterstädt.

zurückgelegt. Ist v z. B. $v = 20$ m/sec und $d = 200$ mm $\varnothing$, so ist $s = 4,04$ m, d. h. eine verhältnismäßig lange Strecke, so daß näherungsweise wohl eine durchweg horizontale Bewegung angenommen werden kann. Es fragt sich nur, in welcher Beziehung

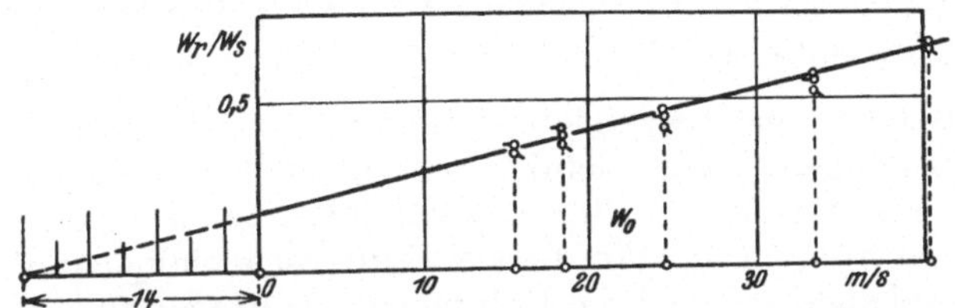

Abb. 55. Verhältnis der relativen Kugelgeschwindigkeit w_r und der Schwebegeschwindigkeit w_s, abhängig von der Luftgeschwindigkeit w_0, nach Gasterstädt.

die Geschwindigkeit v zu der Luftgeschwindigkeit steht. Es ist anzunehmen, daß die Relativgeschwindigkeit von Luft und Material mit der Schwebegeschwindigkeit eng zusammenhängt.

Um hierfür gewisse zahlenmäßige Unterlagen zu erhalten, hat Gasterstädt[1] umfangreiche Versuche mit Weizen und ähnlichem Material durchgeführt. Die Geschwindigkeit der einzelnen Körner wurde auf funkenphotographischem Wege festgestellt. Die hierbei gewonnenen Aufnahmen geben ein gutes Bild über die Ma-

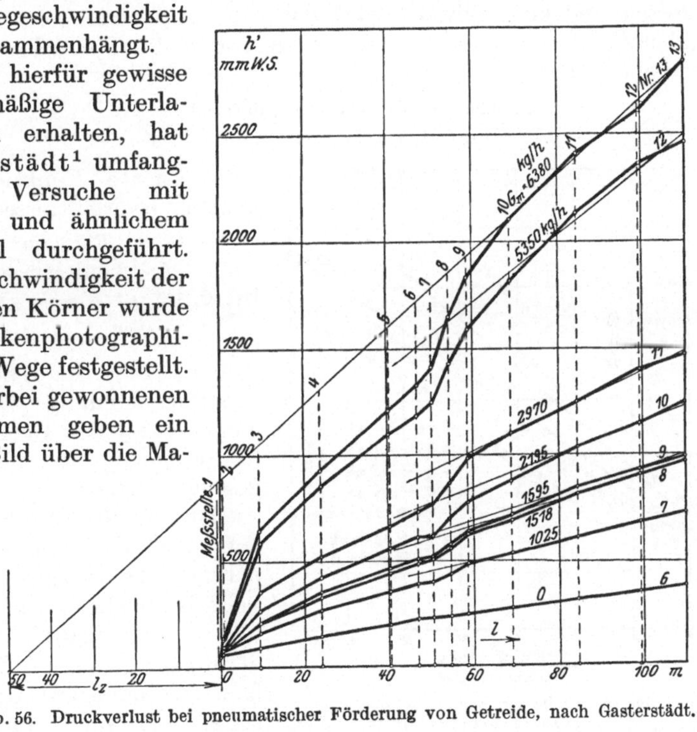

Abb. 56. Druckverlust bei pneumatischer Förderung von Getreide, nach Gasterstädt.

terialverteilung im Kanalquerschnitt. Abb. 52, 53, 54 zeigen den Transport von Weizen bei ca. 20 m/sec. Durch diese photographische Aufnahmen konnte auch festgestellt werden, daß die einzelnen Körner außer ihrer linearen Bewegung eine rotierende Bewegung haben.

---

[1] Gasterstädt: Die experimentelle Untersuchung des pneumatischen Förderganges. Mitt. Forsch.-Arb. H. 265. V. D. I.-Verlag.

Gatterstädt stellte Umdrehzahlen von ca. 10000 bis 15000/min fest. Die Materialmengen sind 670, 1460 und 2050 kg/st. Das bemerkenswerteste Resultat dieser Arbeit ist eine Gesetzmäßigkeit, die zwischen der relativen Kugelgeschwindigkeit w_r und der Schwebegeschwindigkeit w_s in Abhängigkeit von der Luftgeschwindigkeit w_0 besteht. Es stellte sich heraus, daß $\dfrac{w_r}{w_s} = f(w_0)$ linear ist, Abb. 55.

Für den Betrieb pneumatischer Förderanlagen ist noch der Druckverlust pro Längeneinheit wichtig, der größer sein wird wie bei einer Strömung mit derselben Luftgeschwindigkeit, jedoch ohne Materialtransport. In Abb. 56 ist für dieselbe Luftgeschwindigkeit der Druckverlauf in Abhängigkeit von der Rohrlänge aufgetragen für verschiedene Fördermengen Weizen. **Bei 6380 kg Weizen/st steigt der Druckverlust auf das 8fache des Widerstandes an, der bei reiner Luftströmung entsteht.** Die verschiedentlich auftretenden Knicke entstehen durch Krümmer, in denen die kinetische Energie der festen Teilchen teilweise verloren geht und somit eine erneute Beschleunigung notwendig wird. Die Sichtung des Versuchsmaterials hat ergeben, daß

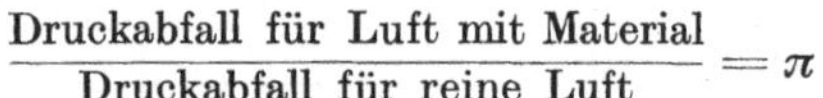

$$\frac{\text{Druckabfall für Luft mit Material}}{\text{Druckabfall für reine Luft}} = \pi$$

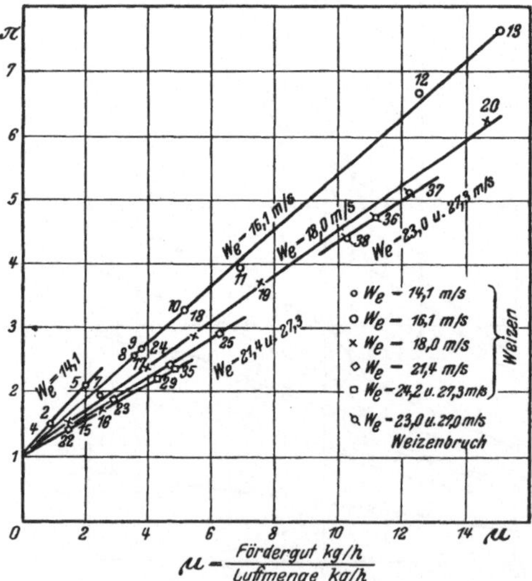

Abb. 57. Der spezifische Druckabfall π über dem Mischungsverhältnis $\mu = \dfrac{\text{Druckabfall für Luft mit Material}}{\text{Druckabfall für reine Luft}}$ nach Gasterstädt.

eine lineare Funktion des Mischungsverhältnisses

$$\mu = \frac{\text{Fördergut}}{\text{Luftmenge}}$$

ist, d. h.

$$\pi = 1 + \mu\,\mathrm{tg}\,\alpha.$$

Abb. 57 zeigt eine derartige Zusammenstellung. Der Neigungswinkel der Geraden ist nur abhängig von der Luftgeschwindigkeit.

Durch die Arbeit von Gasterstädt sind auf experimentellem Wege sehr wertvolle Einblicke in die Mechanik der pneumatischen Förderung gewonnen worden. Die hier gewonnenen Resultate lassen vermuten, daß noch ein tieferer physikalischer Zusammenhang zwischen den einzelnen Größen besteht. Hier besteht zur Zeit noch eine sehr große Lücke in der theoretischen Hydrodynamik. Es fehlt eine Theorie, die ausgehend von diesen Beobachtungen uns allgemeine Formeln liefert, um für beliebig gestaltete Verhältnisse, Druckverlust und Geschwindigkeit des Fördergutes im voraus berechnen zu können.

In einem elementaren Ansatz versucht Trefftz mit Erfolg gewisse einfache Beziehungen aufzustellen. Doch reichen diese Ergebnisse bei weitem nicht aus, um hier von einer befriedigenden Theorie sprechen zu können.

Der Aufbau von Gebläsen für pneumatische Förderung unterscheidet sich nicht merklich von den üblichen Ausführungen für kleine Gassauger. Abb. 58 zeigt ein Turbogebläse für pneumatische Getreideförderung von B. B. C., wie sie auf Umschlagplätzen häufig zu finden sind.

Abb. 58. Turbogebläse für pneumatische Getreidebeförderung B.B.C.

IV. Theorie der Zentrifugal-Kompressoren.

1. Allgemeine Beziehungen.

Der Energieaustausch in einem rotierenden Kreiselrad geschieht ausschließlich durch Impulsaustausch. Während Luft, Wasser usw. durch das Kreiselrad strömt, werden von dem Rade auf ein Flüssigkeitsteilchen Kräfte ausgeübt, die senkrecht zur Strömungsrichtung sind. Diese sogenannten Corioliskräfte bewirken, daß die Absolutgeschwindigkeit des Teilchens in der Umfangsrichtung ständig zunimmt. Der Unterschied der Umfangsgeschwindigkeiten zwischen Eintritt und Austritt des Laufrades bestimmt also die Impulsänderung. Da es sich um rotierende Bewegung handelt, spricht man besser von dem Moment des Impulses. Nach einem bekannten Satze der Mechanik ist dann die Zunahme des Impulsmomentes, des sogenannten Dralls gleich dem Momente, das vom Laufrad ausgeübt wird.

In Abb. 59 sind die Geschwindigkeiten am Ein- und Austritt eines Rades eingetragen. Vorerst soll angenommen werden, daß die Luft dem Laufrad radial zuströmt, etwa von einer Quelle im Mittelpunkt. Wenn das Rad sehr dicht stehende Schaufeln hat, so werden für den mitfahrenden Beobachter die Stromlinien der Luft mit den Schaufeln zusammenfallen. Hierdurch sind die Geschwindigkeitsdreiecke für Ein- und Austritt vollkommen bestimmt. Man erkennt sofort die Notwendigkeit, den Eintrittswinkel der Schaufeln so zu legen, daß die Luft in derselben Richtung einströmt.

Betrachten wir nun ein Luftteilchen während seiner Strömung durch das Laufrad. Das Teilchen habe das Gewicht von 1 kg. Am Eintritt ist der Drall $D_1 = \dfrac{1}{g}\, c_{1u} \cdot r_1$, beim Verlassen des Rades ist

c_{1u} auf c_{2u} gewachsen, was einen Drall $D_2 = \dfrac{1}{g}\, c_{2u} \cdot r_2$ bedingt. Die

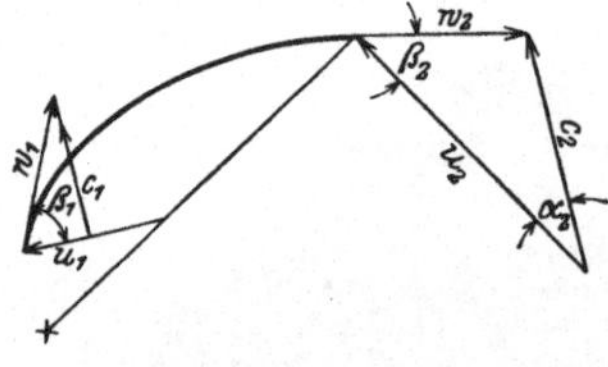

Abb. 59. Geschwindigkeitsdreiecke für Ein- und Austritt einer Schaufel.

Differenz stellt das Drehmoment des Laufrades dar

$$M = D_2 - D_1 = \frac{1}{g}\left[c_{2u} \cdot r_2 - c_{1u}\, r_1 \right].$$

Die übertragene Leistung ergibt sich hieraus zu

$$L = M \cdot \omega = \frac{1}{g}\left(u_2\, c_{2u} - u_1\, c_{2u} \right).$$

Da der Endzweck eine Druckerhöhung ist, führt man zweckmäßig für die einem Kilogramm Luft übertragene Energie die Bezeichnung Druckhöhe ein. Tatsächlich ist die Dimension von H auch eine Länge.

$$H = \frac{1}{g}\left(u_2\, c_{2u} - u_1\, c_{2u} \right).$$

Diese für den gesamten Turbinenbau fundamentale Beziehung nennt man auch die Hauptgleichung. Diese Gleichung wurde bereits von Euler gefunden, jedoch später nach Zeuner benannt. Sie enthält keine Stoffkonstanten, gilt also in gleicher Weise für Gase wie für Flüssigkeiten.

Es soll noch eine andere Schreibweise dieser Gleichung entwickelt werden, die für gewisse Zwecke brauchbarer ist. Vergleichen wir die Absolutgeschwindigkeiten, so stellen wir zunächst eine Vergrößerung der kinetischen Energie fest um $\dfrac{c_2^{\,2} - c_1^{\,2}}{2\,g}$. Würde die Luft im Rade eingeschlossen sein, so würde die Zentrifugalkraft eine statische Druckdifferenz $\dfrac{u_2^{\,2} - u_1^{\,2}}{2\,g}$ erzeugen. Dieser Druck erhöht sich noch dadurch, daß die Relativgeschwindigkeit im allgemeinen eine kleine Verzögerung erfährt, und zwar um $\dfrac{w_0^{\,2} - w_2^{\,2}}{2\,g}$. Als Gesamtförderhöhe ergibt sich die Summe

$$H = \frac{c_2^{\,2} - c_1^{\,2}}{2\,g} + \frac{u_2^{\,2} - u_1^{\,2}}{2\,g} + \frac{w_0^{\,2} - w_2^{\,2}}{2\,g}.$$

Diese Beziehung kann auch direkt aus obiger Gleichung durch Einsetzen der Winkelbeziehungen der Geschwindigkeitsdreiecke gewonnen werden.

Der in einem Rade erzeugte Druck hängt, wie obige Gleichungen zeigen, hauptsächlich von der Umfangsgeschwindigkeit und den Schaufelaustrittswinkeln ab. In der Praxis des Turbokompressorenbaues hat es sich aus verschiedenen Gründen eingebürgert, bei Betrachtung des Enddrukkes die Umfangsgeschwindigkeit als Maßstab anzulegen. Dies hauptsächlich deshalb, weil die Schaufelwinkel sehr wenig voneinander abweichen bzw. aus konstruktiven und wirtschaftlichen Gesichtspunkten so gewählt werden müssen. In den meisten Fällen werden für einen vielstufigen Kompressor höchstens 2 bis 3 verschiedene Winkel gewählt[1]. Die

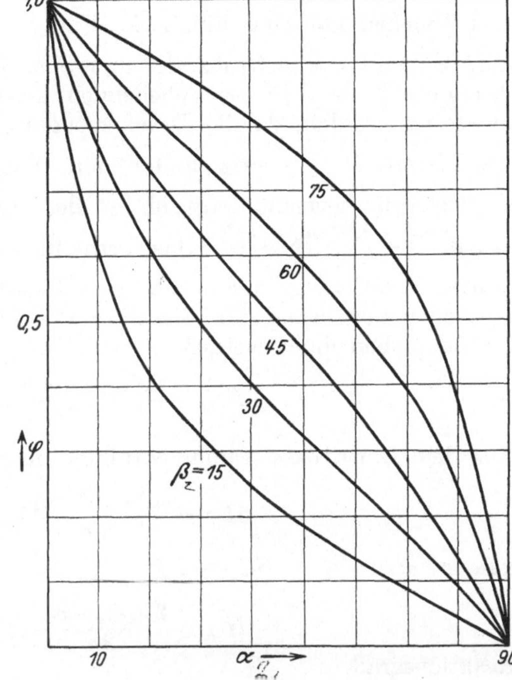

Abb. 60. Geschwindigkeitsdreieck
am Austritt des Laufrades.

Abb. 61. Einfluß des Schaufelwinkels
auf die Druckhöhe.

in einem Rade erzeugte Druckhöhe kann dann zweckmäßig prop. $\dfrac{u^2}{g} \cdot \varphi$ gesetzt werden, wo φ nur eine Zahl ist, die von den Winkeln abhängt.

Für radialen Eintritt der Luft gilt $H = \dfrac{1}{g} c_{2u} u_2$. Nun ist nach Abb. 60

$$c_{2u} = c_2 \cdot \cos \alpha_2 = \frac{\sin \beta_2 \cdot \cos \alpha_2 \cdot u_2}{\sin (\alpha_2 + \beta_2)}.$$

Schreiben wir nun H in der Form $H = \dfrac{u^2}{g} \cdot \varphi$, so berechnet sich

$$\varphi = \frac{\operatorname{tg} \beta_2}{\operatorname{tg} \alpha_2 + \operatorname{tg} \beta_2}.$$

In Abb. 61 ist φ in Abhängigkeit von α_2 für verschiedene Winkel β_2 aufgetragen.

---

[1] Diese Betrachtungsweise hat auch noch den Vorteil, daß man für Kompressoren, die dieselben Winkel haben, den Ausdruck Σu^2 in gleicher Weise in einem Ähnlichkeitsgesetz verwerten kann, wie bei Dampfturbinen.

2. Spaltdruck.

Wenn man ein Luftteilchen kurz nach dem Austritt aus dem Laufrade betrachtet, so ist dort die Energieaufnahme vollkommen beendet. Das Teilchen hat eine kinetische Energie $\dfrac{c_2{}^2 - c_1{}^2}{2\,g}$ erhalten und steht unter einem höheren Druck, den man Spaltdruck nennt. Die kinetische Energie soll in dem ausschließenden Leitrad noch weiter in Druck umgesetzt werden, da die Druckerzeugung ja der Endzweck ist. Da der Betrag $\dfrac{c_2{}^2 - c_1{}^2}{2\,g}$ erst hinter dem Laufrad in Druck umgesetzt werden soll, herrscht kurz hinter dem Laufrad der statische Überdruck $\dfrac{u_2{}^2 - u_1{}^2 + w_2{}^2 - w_2{}^2}{2\,g}$. Das Verhältnis des Spaltdruckes zu der gesamten Förderhöhe nennt man den Reaktionsgrad. Er ist von wesentlicher Bedeutung für die Güte des Laufrades und soll deshalb besonders berechnet werden.

$$H_{st} = \frac{u_2{}^2 - u_1{}^2 + w_1{}^2 - w_2{}^2}{2\,g}.$$

Aus dem Eintrittsdiagramm entnimmt man $w_1{}^2 - u_1{}^2 = c_{1m}^2 - c_{2m}^2$

$$H_{st} = \frac{u_2{}^2 - w_2{}^2 + c_{2m}^2}{2\,g};$$

nun ist $c_{2m}^2 - w^2 = (u_2 - c_{2u})^2$

$$H_{st} = \frac{2\,u_2\,c_{2u} - c_{2u}^2}{2\,g}.$$

Reaktionsgrad

$$\varepsilon = \frac{H_{st}}{H_{ges}} = \frac{2\,u_2\,c_{2u} - c_{2u}^2}{2\,u_2\,c_{2u}} = 1 - \frac{1}{2}\,\frac{c_{2u}}{u_2} = 1 - \frac{\varphi}{2}.$$

ε hängt also nur von der Winkelfunktion φ ab, und zwar in einer einfachen linearen Beziehung.

3. Wahl des Schaufelwinkels.

Der Eintrittswinkel der Schaufeln ist ziemlich eindeutig durch die Forderung des stoßlosen Eintrittes bestimmt. Die Luft tritt radial auf das Rad, so daß sich ein rechtwinkliges Geschwindigkeitsdreieck ergibt. In diesem Falle ist $c_{1u} = 0$ und $H = \dfrac{u_2\,c_2 \cdot \cos \alpha}{g}$. Über die Vorteile und Nachteile einer negativen oder positiven c_{1u} Komponente am Eintritt siehe Fußnote [1].

---

[1] Aus der Hauptgleichung geht hervor, daß bei einer Umfangskomponente c_{1u} eine Vergrößerung oder Verkleinerung der Förderhöhe eintritt. Durch ein negatives c_{1u} (entgegengesetzt der Drehrichtung) könnte die Förderhöhe um $\dfrac{u_1\,c_{1u}}{g}$ vergrößert werden. Indes erkennt man leicht, daß hierdurch eine Vergrößerung der Verluste bedingt ist. Die Eintrittsneigung der Schaufeln wird flacher und

Von ausschlaggebender Bedeutung ist hingegen der Austrittswinkel. Man kann 3 prinzipielle Fälle unterscheiden.

1. $\alpha_2 = 0$ bis 90,

2. $\alpha = 90$,

3. $\alpha = 90$ bis 180.

Um eine brauchbare Vergleichsbasis zu erhalten, soll die Umfangsgeschwindigkeit u_2 und die Meridiankomponente c_{2m} konstant gehalten werden. In Abb. 62 sind für alle 3 Fälle die Geschwindigkeitsdreiecke aufgezeichnet. Aus $H = \dfrac{u_2\,c_{2u}}{g}$ folgt, daß bei $\alpha_2 = 90^0$ und

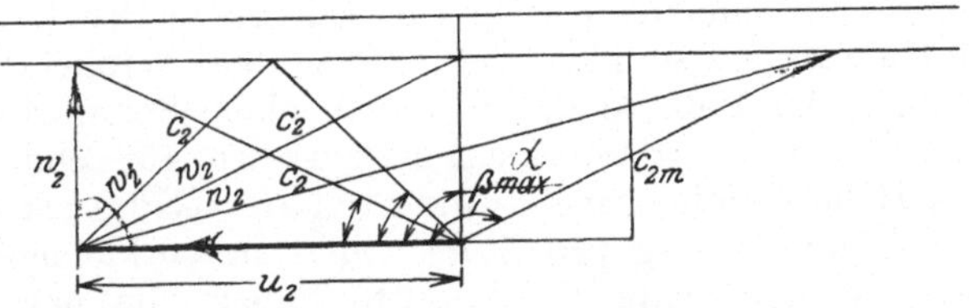

Abb. 62. Geschwindigkeitsdreiecke bei verschiedenen Schaufelwinkeln.

$\alpha = 90^0$ bis 180^0 die Gesamtdruckhöhe wesentlich größer sind wie bei $\alpha_2 = 0$ bis 90^0; so ist bei $\beta_2 = 25{,}4^0 \cdot H = 0$; und bei $\beta_2 = 164^0$ $(c_{2u} = 2\,u)$ $H = 2\dfrac{u_2{}^2}{g}$, also das Doppelte wie bei 90^0. Die praktische Verwendbarkeit dieser Formen ist am besten zu erkennen, wenn man nach dem Ergebnisse des vorigen Kapitels den Reaktionsgrad betrachtet. Man erhält mit $\varepsilon = 1 - \dfrac{\varphi}{2}$

β	φ	ε
25,4	0	1,0
45	0,51	0,745
90	1	0,5
164,6	2	0

Im vierten Falle ist also überhaupt kein Überdruck mehr vorhanden, d. h. der Druck müßte im Leitrad durch Umsetzung der Geschwindigkeit in Druck gewonnen werden. Man spricht hier von

vergrößert die Eintrittsrelativgeschwindigkeit. Hierdurch wachsen Reibungs- und Stoßverluste.

Eine positive c_{2u} Komponente bietet hingegen gewisse konstruktive Vorteile. Ist $c_{1u} = u_1$, so beginnen, wie man aus dem Geschwindigkeitsdreieck erkennt, die Schaufeln radial. Außerdem werden die Relativgeschwindigkeiten kleiner. Vielleicht ist hierdurch eine geringe Verbesserung des Umsetzungsgrades zu erwarten. Ausführungen dieser Art für normale Laufräder sind bis jetzt nicht bekannt geworden. Bei radialen Schaufeln (z. B. Rateau) liegt ein ähnlicher Fall vor. Der Eintrittsdrall muß durch ein Eintrittsleitrad erzeugt werden. Die Verringerung der Druckhöhe berechnet sich nach obigem zu $\dfrac{u_1{}^2}{2g}$, so daß $H = \dfrac{1}{g}(c_{2u}\,u_2 - u_1{}^2)$ ist.

sogenannter Freistrahlwirkung. Infolge der Reibungsverluste tritt dieser Zustand aber bereits früher ein. Die hohen Verluste, die beim Umsetzen von Geschwindigkeit in Druck auftreten, bewirken für diesen Fall einen schlechten Gesamtwirkungsgrad. Ist jedoch nicht die Druckerzeugung, sondern die Geschwindigkeitserzeugung der Endzweck, wie z. B. bei Ventilatoren, Lüftern usw., so sind diese Formen am Platze. Für Turbokompressoren kommen fast ausschließlich Winkel von 0 bis 90^0 in Frage. Auch in diesem Bereich sind für die günstigsten Formen enge Grenzen vorhanden. Dies kommt daher, weil die Verluste: Umsetzungsverluste im Leitrad und Radreibung durch den Schaufelwinkel im verschiedenen Sinne beeinflußt werden. Für kleine Winkel α erhält man einen relativ hohen Spaltdruck und entsprechend große Radreibungsverluste, während nur eine kleine kinetische Energie in Druck umzusetzen ist, also die Diffusorverluste klein sind. Für größere Winkel α ist gerade das umgekehrte der Fall, so daß es immer einen Bestwert gibt. Derselbe liegt je nach den Fördermengen zwischen 45^0 und 60^0[1]. Je größer bei gleicher Umfangsgeschwindigkeit der Enddruck ist, um so größer ist die Nutzleistung pro Stufe, einen um so kleineren prozentualen Anteil werden dann die Verluste haben, die nur durch die Umfangsgeschwindigkeit bedingt sind, z. B. die Reibungsverluste. Wohl aus diesen Gesichtspunkten heraus verwendet eine der ersten Firmen, z. B. Rateau, noch teilweise radiale Schaufeln ohne seitliche Deckbleche.

4. Konstruktion der Laufschaufeln.

Bisher war nur die Rede von den Ein- und Austrittswinkeln der Schaufeln. Dieselben bestimmen den Enddruck, und derselbe ist offensichtlich vollkommen unabhängig von dem Zwischenverlauf der Schaufeln. Für den Wirkungsgrad des Laufrades ist er hingegen von ausschlaggebender Bedeutung. Unnötig lange Kanäle vergrößern die Reibungsverluste, während kurze Schaufeln die Ablösung begünstigen. Es liegt zur Zeit noch kein Versuchsmaterial vor, um zahlenmäßige Angaben über günstige Formen von rotierenden Kanälen angeben zu können, wie es z. B. bei ruhenden Kanälen der Fall ist. Es können deshalb nur allgemeine Gesichtspunkte angegeben werden, die sich bei verwandten Strömungsproblemen bewährt haben.

Bisher war immer stillschweigend vorausgesetzt worden, daß die Schaufeln unendlich dicht zusammenstehen. Die praktischen Schaufelkanäle weichen hiervon natürlich erheblich ab, wodurch namentlich der Druckverlauf und das Geschwindigkeitsprofil im Laufkanal erheblich verändert wird.

Man könnte verschiedene Gesichtspunkte geltend machen, bei deren Beobachtung gute Umsetzungsgrade zu erwarten sind, z. B. folgende Forderungen: Der Druck auf die Schaufel soll konstant sein mit stetiger Abnahme zu Null an den Schaufelenden; oder

---

[1] Bei Kreiselpumpen haben sich im allgemeinen kleinere Winkel bewährt. Als guter Mittelwert gilt dort 25^0 bis 50^0.

die Energieaufnahme pro Längeneinheit der Schaufel soll
dieselbe sein. Die Konstruktion derartiger Schaufeln ist auf graphischem Wege möglich, doch erfordert dieselbe so viel Zeitaufwand,
daß derartige Verfahren sich in der Praxis sehr schwer einbürgern
werden. Man begnügt sich oft mit der Annahme unendlich vieler
Schaufeln und macht zur Berücksichtigung der endlichen Schaufelzahl
gewisse Korrekturen, die auf Erfahrungswerten beruhen. Da gerade
im Turbokompressorenbau große Schaufelzahlen sich gut bewährt
haben, ist eine gute Näherung durch diese Annahmen zu erwarten.

Schaufelform nach Dr. Grun. Man findet vielfach die Auf-
fassung vertreten, daß die Theorie der unendlichen Schaufelzahl, die
sogenannte Stromfadentheorie, die von Euler bereits angegeben, nach
Zeuner jedoch benannt wurde, keine brauchbaren Unterlagen für
geeignete Schaufelformen geben kann. Für allgemeine Annahmen
dürfte dies auch zutreffen. Die Stromfadentheorie läßt jedoch für
einen Spezialfall eine Lösung zu, die in gewissen Grenzen auf endliche Schaufelzahl übertragbar ist
und tatsächlich zu guten Ergebnissen geführt hat. Es ist das Verdienst von Dr. Grun[1], diese Erweiterung erkannt und die Theorie
derselben in einer Dissertation
niedergelegt zu haben. Sonderbarer-
weise ist dieser wertvolle Beitrag
in der Literatur fast gar nicht bekannt und nur in engen Kreisen
verwertet worden.

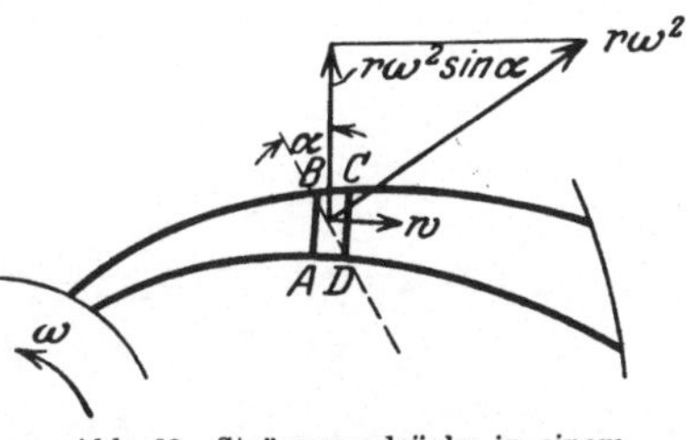

Abb. 63. Strömungsdrücke in einem
rotierenden Schaufelkanal.

In Abb. 63 ist ein enger Schaufelkanal herausgegriffen, dessen
Einfluß auf die Strömung untersucht werden soll. Das Laufrad überträgt die Arbeit auf das Medium durch die Druckdifferenz auf beiden
Seiten der Schaufeln. Am Punkte A wird z. B. vorne ein größerer
Druck sein wie an der Hinterseite. Mit größerer Schaufelzahl muß
dieser Druck natürlich kleiner werden. Betrachten wir die Strömung
in der Schaufel als eine Kanalströmung, so wird ein Kanalelement
durch zwei senkrechte Schnitte zur Strömungsrichtung, sog. Poten-
tiallinien gebildet, z. B. $ABCD$. Die Druckdifferenz zwischen A und B
soll unter der Voraussetzung berechnet werden. daß der Kanal sehr
eng ist. Es treten folgende Kräfte auf:

1. Komponente der Zentrifugalkraft senkrecht zur Schaufel $r\omega^2 \cdot \sin\alpha$.

2. Bahndrücke, entstehend durch Bewegung längs einer rotierenden Kanalwand, sogenannte Corioliskräfte $2\,\omega \cdot w$.

3. Zentrifugalkraft, die durch die Krümmung ϱ der Schaufeln
entsteht $\dfrac{w^2}{\varrho}$.

---

[1] Grun, W.: Beiträge zur Theorie und Konstruktion der Leit- und Lauf-
vorrichtungen für Turbo-Pumpen, insbesondere für Turbogebläse und -kom-
pressoren. Dissertation, Hannover.

Der Gesamtdruckunterschied zwischen A und B ist also prop.

$$\frac{w^2}{\varrho} - 2\,\omega\,w + r\,\omega^2\sin\alpha\,.$$

Dr. Grun nimmt nun an, daß dieser Querschnittsdruck sehr nachteilige Folgen für die Umsetzung in einem Laufrad habe. Es liegt auch auf der Hand, daß gerade eine Unsymmetrie der Strömung Sekundärströmungen begünstigt. Aus diesem Grunde ist die Annahme berechtigt, daß bei Verschwinden des Querschnittsdruckes ein guter Ausnutzungsgrund zu erwarten ist. Die letzte Gleichung ergibt für $p_2 - p_1 = 0$ die Beziehung

$$\varrho = \frac{w^2}{\omega\,(2\,w - u\sin\alpha)}\,.$$

Die Auswertung dieser Gleichung geschieht am besten auf graphischem Wege. Man nehme z. B. den Verlauf von w als gegeben an und

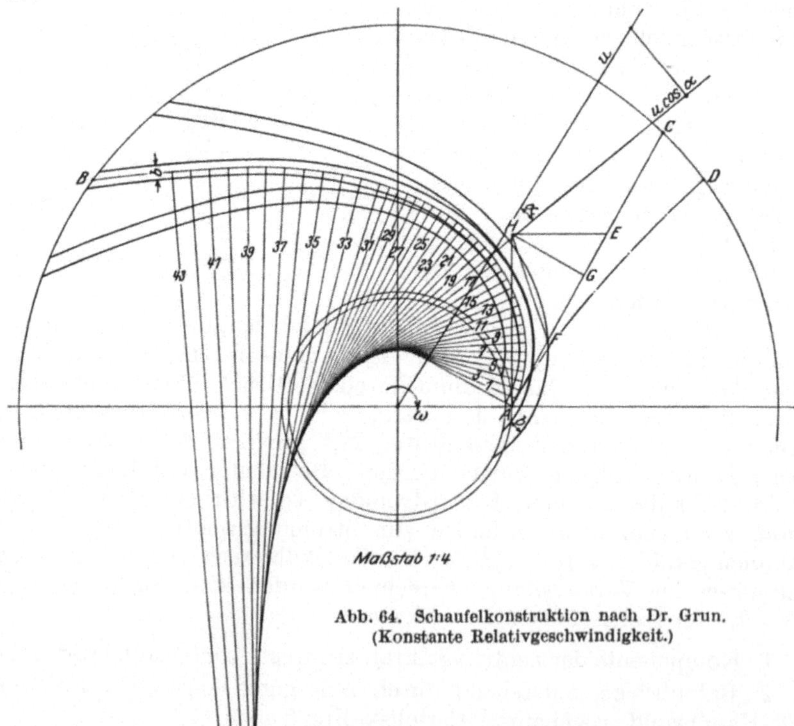

Abb. 64. Schaufelkonstruktion nach Dr. Grun.
(Konstante Relativgeschwindigkeit.)

gehe von dem inneren Punkt A aus, Abb. 64. Man berechnet sich dort mit α, w und ω den Wert ϱ, zieht mit ϱ ein Stück Kreis von A aus bis etwa zum Punkte 2 und wiederholt dort das Verfahren. Abb. 64 zeigt eine auf diese Weise entstandene Schaufelform bei konstanter Relativgeschwindigkeit. Beachtenswert ist, daß ϱ sich hier langsam dem Werte ∞ nähert.

Die letzte Gleichung zeigt, daß für gewisse Verhältnisse $\varrho = \infty$ werden kann, d. h. daß die Schaufel dort gerade ist, nämlich für $2\,w - u \cdot \cos\alpha = 0$. Man erkennt weiter hieraus, daß die Schaufel gerade weiter verläuft, wenn man von diesem Punkte an w konstant nimmt. Denn für eine Gerade ist $u \cdot \cos\alpha = \mathrm{const}$.

Für abnehmende Relativgeschwindigkeit ist in Abb. 65 eine Stromlinie gezeichnet. Die Kurve hat einen Wendepunkt und kehrt dann ihre Richtung um.

Die auf diese Weise konstruierten Schaufeln geben strenggenommen nur bei unendlicher Zahl gleichenQuerschnittsdruck. Es ist jedoch anzunehmen, daß bei mäßigen Abständen keine sehr großen Abweichungen auftreten. Gerade bei Turbokompressoren sind nur sehr große Schaufelzahlen üblich, um einen möglichst hohen Enddruck zu erhalten, so daß hier der Anwendungsbereich dieser Konstruktion gegeben erscheint. Und in der Tat sind mit solchen Schaufelformen gute Ergebnisse in der Praxis erzielt worden.

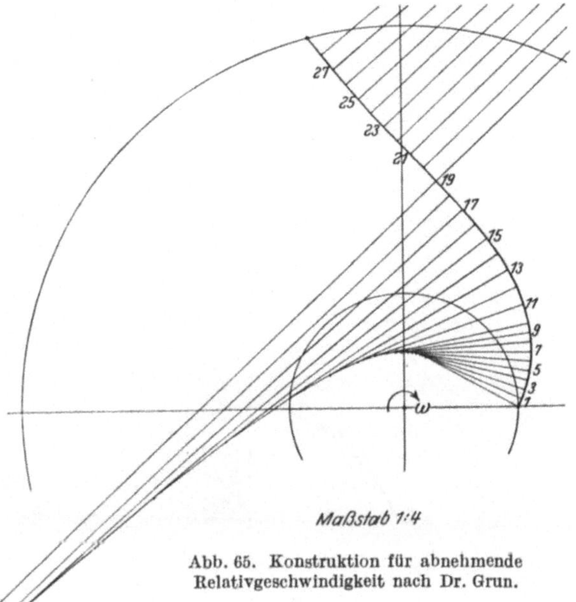

Abb. 65. Konstruktion für abnehmende Relativgeschwindigkeit nach Dr. Grun.

Das Verfahren läßt sich jedoch auch auf endliche Abstände anwenden, wenn man die obige Gleichung, die für unendliche kleine Breite gilt, durch Integration auf endliche Breiten überträgt. Abb. 66 zeigt eine derartige Konstruktion. Die Kurve A bis B ist dieselbe wie in Abb. 64. Soll die nächste Schaufel bei J beginnen, so muß im Schnitt AK derselbe Druck sein. Dies ist aber nur möglich, wenn auch bei A derselbe Druck ist. In dem Dreieck JAK muß also die absolute Geschwindigkeit konstant sein. Bei radialem Eintritt wird diese Forderung durch eine Archimedische Spirale erfüllt. Die Kurve AB ist unter der Annahme bestimmt, daß die Relativgeschwindigkeit konstant ist. Auf der Kurve JL kann dieses bei endlicher Breite natürlich nicht der Fall sein. Die Bernoullische Gleichung, für KL angewandt, ergibt

$$w_2'^{\,2} = w_1'^{\,2} + (u_{\varkappa_2}^2 - u_{\varkappa_1}^2) - \frac{2\,g}{\gamma}\,(p_2 - p_1)$$

für AB wegen $w = \text{const.}$

$$\frac{2\,g}{\gamma}\,(p_2 - p_1) = u_2^2 - u_1^2\,.$$

Durch Einsetzen ergibt sich

$$w_2^2 = w_1^2 + \left[(u_{\varkappa_2}^2 - u_{\varkappa_1}^2) - (u_2^2 - u_1^2)\right].$$

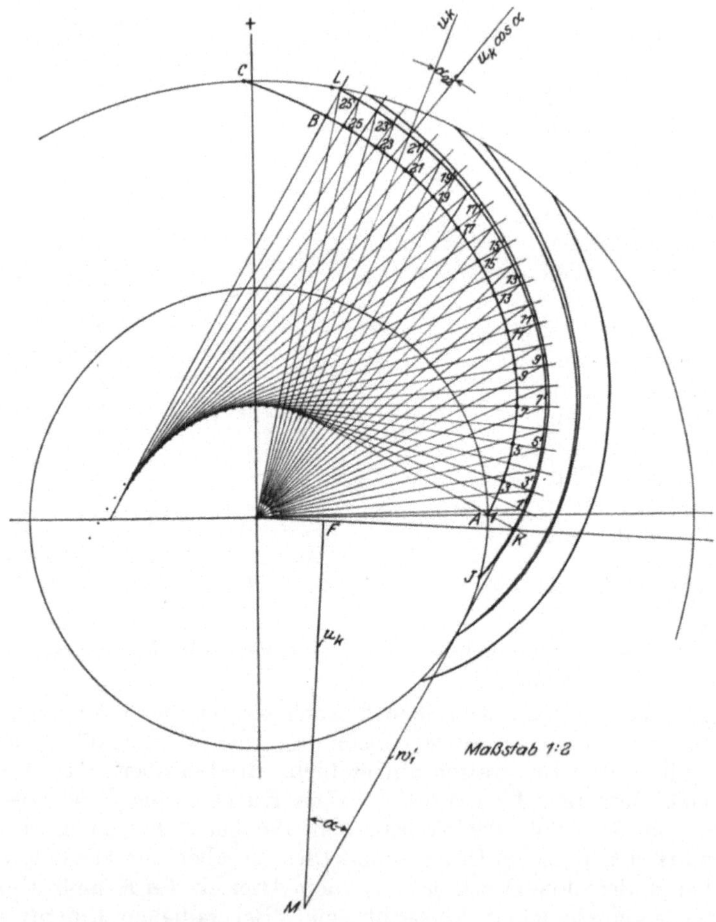

Abb. 66. Konstruktion für endliche Schaufelbreiten nach Dr. Grun.

Die Auswertung geschieht am besten tabellarisch, indem man immer ein Stück auf der Stromlinie weitergeht.

Die so erhaltene Kanalform ist aus Abb. 66 ersichtlich. Den Austritt LBC formt man am besten wieder so, daß in diesem Gebiet keine Druckzunahme stattfindet.

5. Einfluß der endlichen Schaufelzahl.

a) Allgemeines.

Die oben abgeleiteten Beziehungen über den Enddruck eines Laufrades werden durch die endliche Schaufelweite erheblich beeinflußt werden. Es ist ohne weiteres zu erkennen, daß bei sonst gleichbleibenden Verhältnissen der Gesamtdruck kleiner sein wird. Dies ist jedoch das kleinere Übel und kann die Minderleistung im gegebenen Falle mit genügender Genauigkeit vorausberechnet werden, wie in den nächsten Kapiteln gezeigt werden wird. Von größerer Wichtigkeit ist der Einfluß auf den Wirkungsgrad des Laufrades und gerade hier konstatiert man, daß bei kleinen Liefermengen große Verluste auftreten, hervorgerufen durch Ablösung. Außerdem wird durch kleine Schaufelzahlen der bei Turbokompressoren auftretenden Instabilität Vorschub geleistet. Andererseits ist eine zu große Schaufelzahl mit Rücksicht auf große Reibungsverluste nicht angebracht.

b) Strömungen in rotierenden Kanälen.

Im Anschluß an die Berechnungsweise des vorhergehenden Kapitels soll die Differentialgleichung der Strömung in rotierenden Kanälen kurz entwickelt werden. Der Druckunterschied für ein Flüssigkeitselement senkrecht zur Strömungsrichtung, Abb. 63, war ermittelt worden zu

$$\Delta p = \frac{\gamma}{g}\left(\frac{w^2}{\varrho} + \frac{u^2}{r}\cos\beta - 2\,w\cdot\omega\right).$$

Geht man zu unendlich kleinen Breiten über, so erhält man die Differentialgleichung

$$\frac{dp}{dy} = \frac{\gamma}{g}\left(\frac{w^2}{\varrho} + \frac{u^2}{r}\cos\beta - 2\,w\,\omega\right).$$

Bevor diese Gleichung weiter behandelt werden kann, muß noch eine Beziehung zwischen den einzelnen Veränderlichen gefunden werden. Bei der Ermittlung des Spaltdruckes war der statische Druck für irgend einen Punkt des Laufrades berechnet worden.

Wir erhielten

$$h_2 - h_1 = \frac{u_2{}^2 - u_1{}^2}{2\,g} - \frac{w_1{}^2 - w_2{}^2}{2\,g}, \quad \text{d. h.} \quad h = \frac{u^2 - w^2}{2\,g}.$$

Dies ist die Bernoullische Gleichung für Strömungen in rotierenden Kanälen. Wir differenzieren $h = \dfrac{p}{\gamma}$ nach y und erhalten

$$\frac{\partial p}{\partial y} + \frac{\gamma}{g}\left(\frac{\partial w}{\partial y} - u\,\frac{\partial u}{\partial y}\right) = 0.$$

Nun kann die Komponente der Zentrifugalkraft senkrecht zum Strömungswinkel auch durch eine Abhängigkeit von der Veränderlichen z

ausgedrückt werden. Indem man in $\dfrac{u^2}{r}\cos\beta$, $\cos\beta=\dfrac{dr}{dy}$ setzt, gewinnt man

$$\frac{u^2}{r}\cos\beta = u\,\frac{du}{dy}.$$

Obige Gleichung kann deshalb auch geschrieben werden

$$\frac{dp}{\partial y} = -\frac{\gamma}{p}\left(w\,\frac{dw}{dy} - \frac{u^2}{r}\cdot\cos\beta\right).$$

Durch Vergleich mit der vorhin gewonnenen Beziehung folgt

$$\frac{dw}{dy} + \frac{w}{\varrho} - 2\,\omega = 0.$$

Diese Gleichung, die sogenannte Differentialgleichung der Relativströmung, hat eine sehr anschauliche Deutung. $\dfrac{\partial w}{\partial y}$, die Zunahme der Relativgeschwindigkeit in der Richtung y, ist die Drehung des Teilchens gegenüber A—·—B. $\dfrac{w}{\varrho}$ ist ebenfalls eine Winkelgeschwindigkeit. Sie entsteht durch die relative Krümmung der Stromlinien. Nimmt man den Mittelpunkt eines Teilchens als Bezugspunkt, so ist $\dfrac{1}{2}\left(\dfrac{\partial w}{\partial y} + \dfrac{w}{\varrho}\right)$ die gesamte Drehung des Teilchens, die nach obigem gleich ω ist. Dieses Resultat konnte auf Grund dieser Überlegungen auch ohne Rechnung abgeleitet werden.

Eine einfache Lösung hat die Differentialgleichung bei einem Kanal, der von zwei parallelen Wänden gebildet wird und sich bis ins unendliche erstreckt. Die Stromlinien müssen hier gerade Linien sein, so daß das Glied $\dfrac{w}{\varrho}$ wegfällt.

Hiermit wird

$$w = w_1 + 2\,\omega y.$$

Die Geschwindigkeit ist also geradlinig verteilt und ist bei einer Kanalweite a an der einen Wand um $2\,a\,\omega$ größer wie an der anderen. Die Strömung setzt sich aus zwei Bewegungen zusammen: Eine gewöhnliche Durchflußströmung mit der Geschwindigkeit w, und einer reinen Drehbewegung $2\,\omega y$.

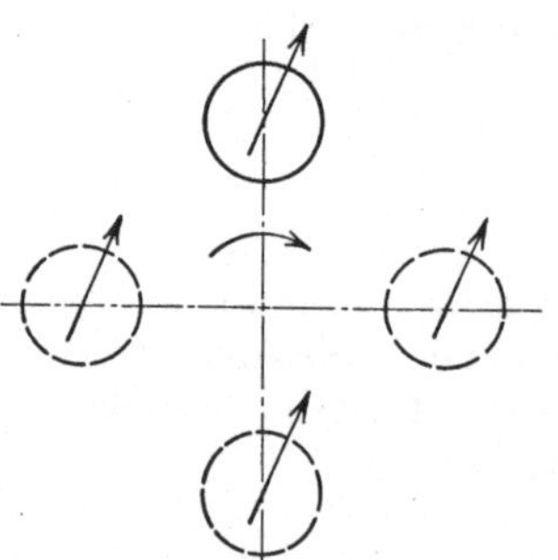

Abb. 67. Orientierung eines Flüssigkeitsteilchens bei Drehung.

Die letzte Beziehung hat etwas Auffälliges. Sie sagt nämlich aus, daß, wenn w_1 unter ein gewisses Maß sinkt, nämlich $w_1 = 2\,\omega a$, an der einen Wand eine rückwärtige Strömung beginnt. Man kann sich hiervon auch leicht eine Vorstellung machen, wenn man bedenkt, daß ein Flüssigkeitsteilchen seine Richtung zum absoluten Raume, Abb. 67, trotz der Drehbewegung beibehält. Für den mitfahrenden Beobachter ist keine Drehung gegenüber dem rotierenden Raume zu erkennen, so daß an einer Kanalwand die Durchflußgeschwindigkeit vergrößert und an der anderen dieselbe verkleinert wird (sogenannter Relativwirbel).

Rückläufige Bewegungen sind in der Hydrodynamik durch die Prandtlsche Grenzschichttheorie bekannt geworden. Doch sind diese beiden Erscheinungen grundsätzlich verschieden, da bei dieser die Reibung die Ursache derselben ist, während hier das Rückströmen durch den Relativwirbel bewirkt wird.

c) Leistungsrückgang bei endlicher Schaufelzahl.

Es ist das große Verdienst Kucharskis, auf diese letzte Erscheinung hingewiesen und die Theorie derselben in einer ausgezeichneten Studie[1] niedergelegt zu haben. Gerade bei Turbokompressoren ist diese Erscheinung von großer Wichtigkeit und sollte bei der Konstruktion der Schaufeln auch hierauf Rücksicht genommen werden. Abb. 69 zeigt z. B. die Rückströmung

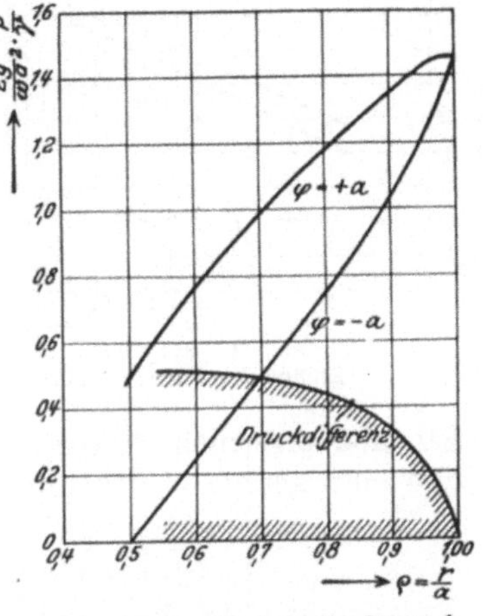

Abb. 68. Druckverlauf auf Vorder- und Hinterseite der Schaufel bei radialen Schaufeln nach Kucharski.

in einem Schaufelkanal, wenn die Fördermenge erheblich unter der normalen liegt. Man erkennt unschwer, daß rückwärts gekrümmte Schaufeln das Rückströmen weniger begünstigen wie nach vorwärts gekrümmte, da bei letzteren die durch die reine Durchflußströmung auftretenden Geschwindigkeitsunterschiede bedeutend größer sind wie bei ersteren. In Abb. 68 sind die Drucke auf den beiden Kanalwänden dargestellt, desgleichen die Druckdifferenz.

Ein weiterer Einfluß der endlichen Schaufelzahl ist die Abnahme

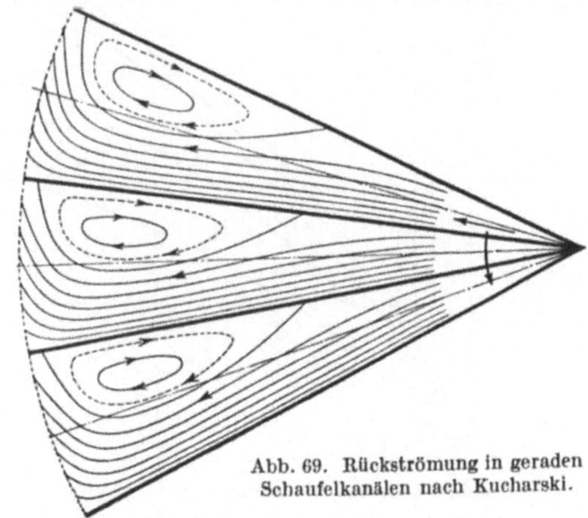

Abb. 69. Rückströmung in geraden Schaufelkanälen nach Kucharski.

der Leistung. Wird theoretisch mit einem Rade mit unendlich vielen Schaufeln ein Druck $H_{th\infty}$ erreicht, so wird bei endlich vielen Schaufeln nur ein Druck $H_{th} = \varepsilon \cdot H_{th\infty}$ erreicht, der von der Schaufelzahl, in ge-

---

[1] Kucharski: Strömungen einer reibungsfreien Flüssigkeit bei Rotation fester Körper. München: R. Oldenbourg.

ringem Maße von Winkeln usw. abhängt. Je nach den Ausführungen kann $\varepsilon = 0{,}7$ bis $0{,}95$ sein. Die exakte Hydrodynamik bietet prinzipiell die Mittel, um die Strömung eines Laufrades genau zu berechnen. Doch sind die Verfahren so umständlich und mühselig, daß dieselben für die Praxis vollkommen ausscheiden.

Einige einfache Formen sind der exakten Berechnung zugänglich. Man kann zunächst die Frage aufwerfen: Welchen Druck kann man mit einer einzelnen

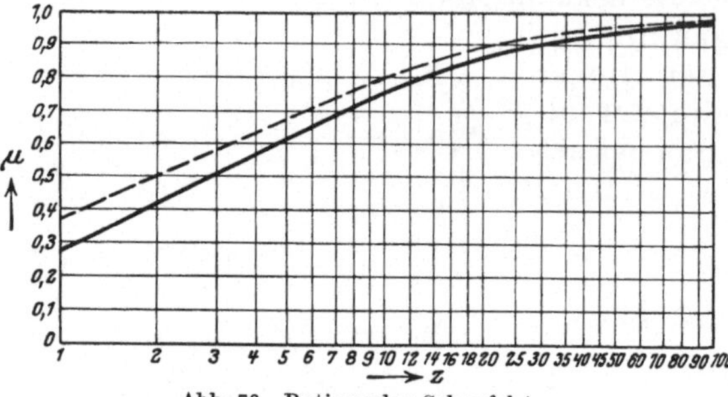

Abb. 70. Rotierender Schaufelstern.
Einfluß der Schaufelzahl nach Kucharski.

Schaufel erreichen; Kucharski hat diese Aufgabe für den Fall gelöst, daß eine gerade Platte um einen ihrer Endpunkte rotiert. Er hat die

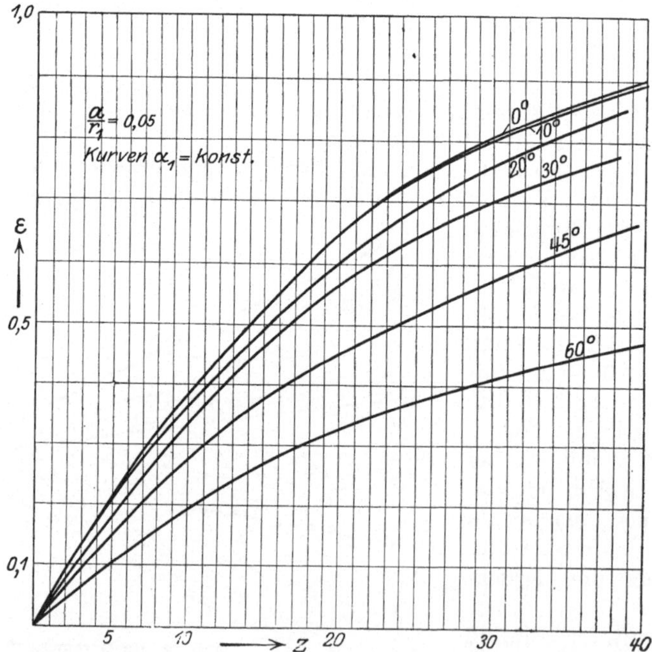

Abb. 71. Einfluß der endlichen Schaufelzahl auf die Druckhöhe nach Eck.

Lösung dann auch auf rotierende Sektoren (Abb. 69) ausgedehnt. Das Ergebnis ist in Abb. 70 dargestellt. 1 stellt den Druck dar, der bei unendlich vielen Schaufeln erreicht wurde. Bei einer Schaufel erhält man nur eine 37,5%-Wirkung, bei 10 Schaufeln erst 80%, bei 50 Schaufeln sind erst 96% erreicht. Man sieht, daß die

Kurve sich sehr langsam dem Wert 1 nähert. Die ausgezogene Kurve gilt für einen außen abgeschlossenen Sektor.

Der Verfasser hat die Kucharskische Theorie erweitert auf eine um einen beliebigen Punkt rotierende Platte[1]. Der Strömung einer derartigen Schaufel wurde die indizierte Störung überlagert, die von den andern Schaufeln herkommt. Auf diese Weise gelang es, auf dem Umwege über die einzelne Schaufel zu mehreren überzugehen. Die Näherung gilt hauptsächlich für kleine Schaufeln. Diese Schaufelformen kommen bekanntlich bei gewissen großen Ventilatoren vor, wofür die dort angegebene Lösung eine brauchbare Näherung darstellen dürfte. Abb. 71 zeigt für einen radialen Anstellwinkel der

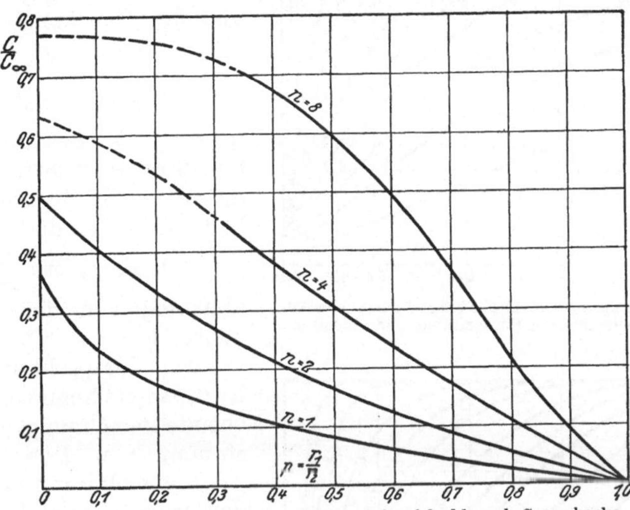

Abb. 72. Leistungsabfall bei endlicher Schaufelzahl nach Spannhacke.

Schaufel von $\alpha = 0^0$; 10^0; 20^0; 30^0; 45^0; 60^0 und einem Verhältnis $\dfrac{a}{r} = 0,05$ die Zunahme des Druckes mit steigender Schaufelzahl.

Spannhacke[2] ist es erstmalig gelungen, die Strömung durch radiale Schaufeln, die nicht bis zu dem Drehpunkte reichen, rechnerisch genau zu erfassen. Auf die sehr verwickelten mathematischen Berechnungen soll hier nicht eingegangen sein, sondern nur das Resultat angegeben werden, das immerhin für den Praktiker sehr interessant ist.

In Abb. 72 ist die prozentuale Minderleistung für 1, 2, 4 und 8 Schaufeln in Abhängigkeit von dem Radienverhältnis $p = \dfrac{r_1}{r_2}$ aufgetragen[3]. Man bemerkt, daß mit höherer Schaufelzahl der Einfluß vor $\dfrac{r_1}{r_2}$ immer mehr zurücktritt, was auch einleuchtet.

---

[1] Eck: Werft, Reederei, Hafen 1925 Beitrag zur Turbinentheorie.

[2] Spannhacke: Hydraulische Probleme. VDI-Verlag.

[3] Die von Spannhacke aufgetragenen Werte unterscheiden sich von $\varepsilon = \dfrac{H_{th}}{H_{th\infty}}$ dadurch, daß Spannhacke stoßfreien Eintritt voraussetzt und nicht die gleichen Fördermengen.

Sörensen[1] und Schultz[2] haben die Theorie von Spannhacke auf gekrümmte Schaufelformen erweitert. Insbesondere letzte Arbeit sei hier erwähnt, die auch die Aufgabe gelöst hat, die Kennlinie bei endlich vielen Schaufeln zu finden. Es wurden logarithmische Schaufeln behandelt. In Abb. 73, 74, 75 sind die Ergebnisse aufgetragen. Die Bedeutung von $\varkappa$ und λ geht aus Abb. 76 und der Gleichung

$$\frac{\varkappa}{\lambda} = \frac{\lambda}{1 - \dfrac{H_{th}}{H_{th\infty}}}$$

hervor. β bedeutet den Schaufelaustrittswinkel, z die Schaufelzahl. Es sei gleich hier bemerkt, daß nur für $\beta = 90^0$ der Wert $\dfrac{H_{th}}{H_{th\infty}}$ unabhängig von der Fördermenge ist.

Eine für praktische Verhältnisse vollkommen ausreichende Berechnungsmethode stammt von Pfleiderer[3].

Wenn man annimmt, daß der Druck, der auf die Schaufeln ausgeübt wird, auf der ganzen Länge konstant ist, so kann man aus der Pumpenleistung die auf die Luft übertragene Energie und damit die richtige mittlere Ablenkung beim Austritt aus dem Laufrad berechnen.

Ist Δh der Druckunterschied auf Vorder- und Rückseite der Schaufel und b die Breite an einer beliebigen Stelle, so ist

$$\gamma \, \Delta h_1 \cdot b_1 = \gamma \, \Delta h_2 \, b_2$$
$$= \varkappa = \text{const.}$$

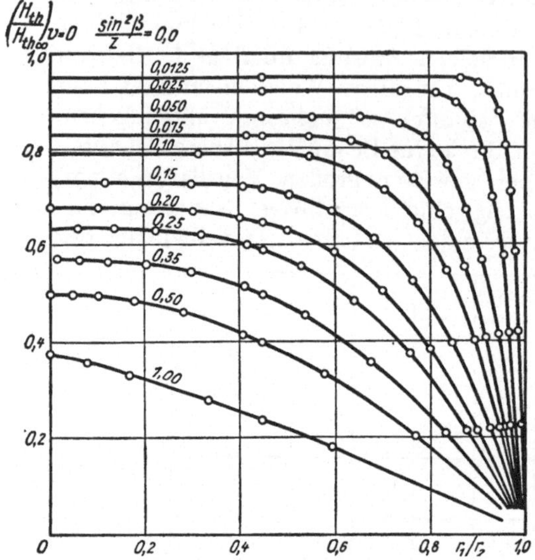

Abb. 73. Abnahme der Druckhöhe bei endlicher Schaufelzahl für verschwindende Fördermenge nach Schultz.

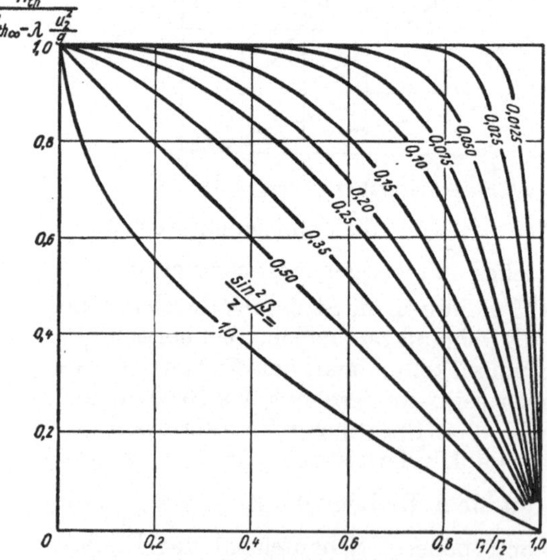

Abb. 74. Abnahme der Druckhöhe bei endlicher Schaufelzahl und beliebiger Fördermenge. Von $H_{th\infty}$ muß, wie aus der Formel ersichtlich, $\lambda\dfrac{u_2^2}{g}$ abgezogen werden, nach Schultz.

[1] Sörensen: Potentialströmungen durch rotierende Kreiselräder. Zeitschr. f. angew. Math. u. Mech. 1927. S. 89.

[2] Schultz: Das Förderhöhenverhältnis radialer Kreiselpumpen. Zeitschr. f. angew. Math. u. Mech. 1928, S. 17.

[3] Pfleiderer: Die Kreiselpumpen. Berlin: Julius Springer.

Auf die radiale Schaufellänge Δx (Abb. 77) entfällt dann unabhängig von ihrem Neigungswinkel gegen den Parallelkreis das Moment

$$dM = \gamma\,\Delta h \cdot b\,dx \cdot r = \varkappa\,dx \cdot r.$$

Sind z Schaufeln vorhanden, so ist das Gesamtmoment

$$M = z \int\limits_{r_1}^{r_2} \varkappa\,d\gamma \cdot r = z\,\varkappa \int\limits_{r_1}^{r_2} r\,dx.$$

Das Integral hat eine sehr einfache Deutung. Es ist das statische Moment des mittleren Wasserfadens bzw. der Schaufel selbst. Bezeichnen wir dasselbe mit S, so erhält man: $M = z \cdot \varkappa \cdot S$.

Dieses Moment berechnet sich aus der sekundlichen Schaufelarbeit

$$\gamma \cdot V' \cdot H_{th}$$

zu

$$M = \frac{\gamma \cdot V' H_{th}}{\omega}.$$

Durch Gleichsetzen erhält man:

$$\varkappa = \frac{\gamma \cdot V' \cdot H_{th}}{\omega},$$

Berücksichtigt man noch

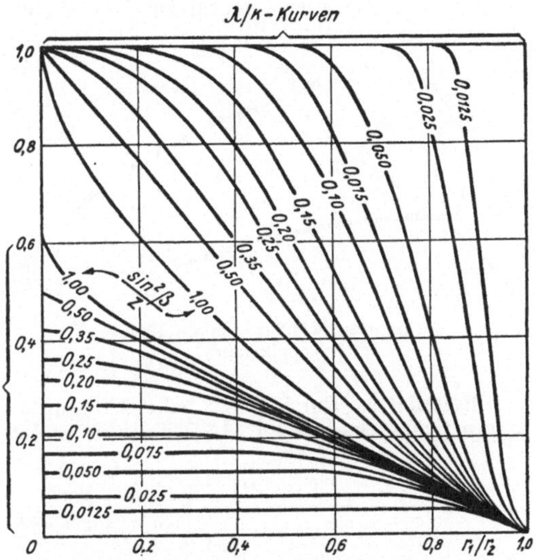

$$V' = 2\,r_2 \cdot \pi\,b_2\,c_{2m} \qquad \text{und} \qquad \omega = \frac{u_2}{r_2},$$

so erhält man für den Schaufeldruck am Austritt

$$\Delta h_2 = \frac{2\,r_2^2 \cdot \pi\,c_{2m} \cdot H_{th}}{2 \cdot S \cdot u_2^2}.$$

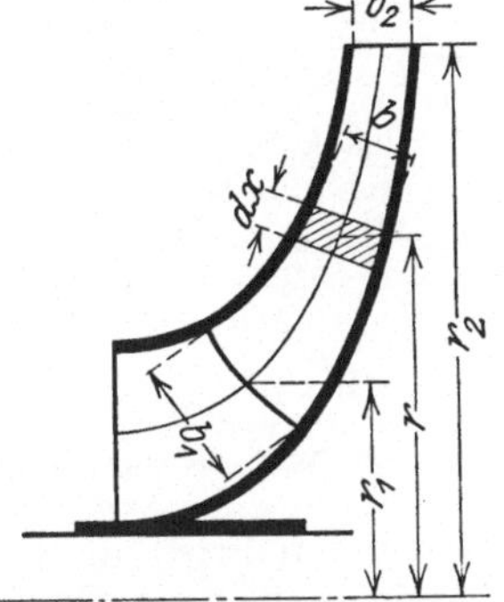

Abb. 75. Konstanten λ und $\varkappa$ in Abhängigkeit von $\frac{r_1}{r_2}$ und $\frac{\sin^2\beta}{z}$ nach Schultz.

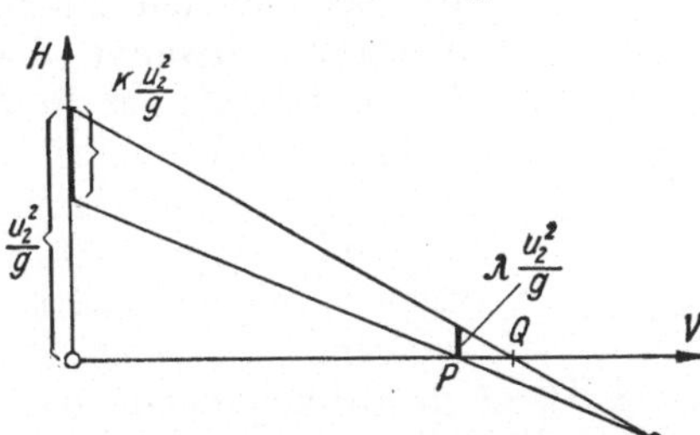

Abb. 76. Kennlinie zur Darstellung der verschiedenen Bezeichnungen nach Schultz.

Abb. 77. Laufrad mit gekrümmter Meridianfläche nach Schultz.

Die aus Abb. 78 erkennbare mittlere Geschwindigkeit w_2 läßt sich nun berechnen. Ist diese sowie ihre Richtung gegeben, so kann die tatsächlich erreichte Druckhöhe ermittelt werden. Als Resultat ergibt sich

$$H_{th} = H_{th\infty}\,\frac{1}{1+\dfrac{\psi\cdot r_2^2}{z\cdot S}} = H_{th\infty}\cdot\varepsilon\,.$$

ε ist ein Faktor, der einer Laufradkonstruktion eigentümlich ist und den prozentualen Leistungsabfall gegenüber unendlicher Schaufelzahl angibt. ψ ist eine Erfahrungszahl, die die Abweichungen der wirklichen Verhältnisse gegenüber der Grundlage dieser Theorie berücksichtigt, und nach Angabe von Pfleiderer für rückwärts gekrümmte Schaufeln zwischen 0,8 und 1,0 schwankt.

Für die Radialschaufel ist

$$S = \frac{1}{2}\left(r_2{}^2 - r_1{}^2\right);$$

hiermit wird

$$\varepsilon = \frac{1}{1 + 2\,\dfrac{\psi}{z}\,\dfrac{r_2{}^2}{r_2{}^2 - r_1{}^2}}\,.$$

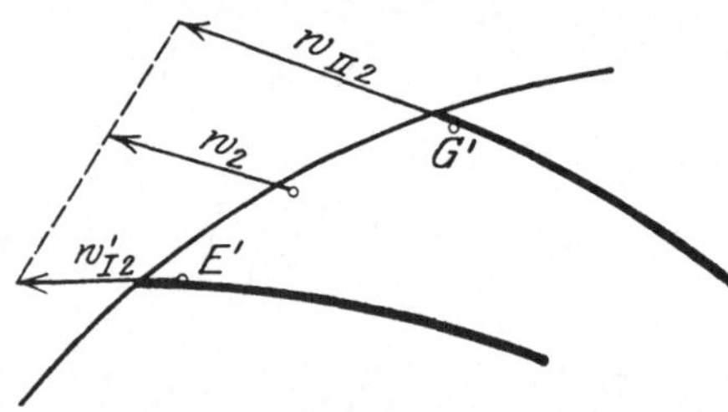

Abb. 78. Geschwindigkeiten am Ende des Schaufelkanales.

Beispiel 6. Ein Laufrad habe 800 mm $\varnothing$ und besitze 20 Schaufeln. Der innere Schaufelradius sei 312 $\varnothing$, hieraus ergibt sich

$$\varepsilon = \frac{1}{1 + 2\,\dfrac{0,9}{20}\cdot\dfrac{800^2}{800^2 - 312^2}} = 0,905\,.$$

In diesem Falle ist also die Minderleistung ca. 10 %. Für ψ wurde ein mittlerer Wert 0,9 eingesetzt.

Um die tatsächliche Förderhöhe zu ermitteln, hat man jetzt den Wert $\dfrac{u_2\cdot c_{2\,u}}{g}$, wie er sich bei unendlich vielen Schaufeln ergibt, mit 0,905 zu erweitern.

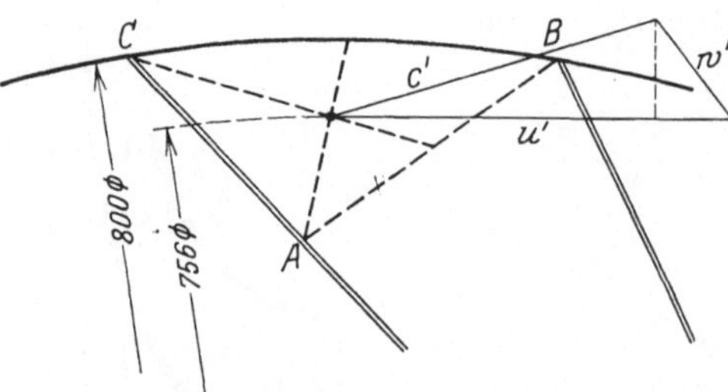

Abb. 79. Wahl des wirksamen Laufraddurchmessers.

d) Näherungsverfahren.

Der Vollständigkeit halber sei hier ein einfaches Verfahren erwähnt, das in der Praxis oft zur Berechnung des Einflusses der endlichen Schaufelzahl angewandt wird. Da die Schaufelenden meist als wirkungslos bezeichnet werden müssen, wird in dem Dreieck ABC (Abb. 79) keine nennenswerte Energie mehr umgesetzt werden. Man kann sich nun ein Laufrad mit kleinerem Durchmesser, jedoch unendlich vielen Schaufeln denken, das bei der gleichen Drehzahl denselben Druck erzeugt. Da im Querschnitt AB der austretende Strahl noch beidseitig geführt ist, wird er bis hierher noch durch das Laufrad beeinflußt. Der „wirksame Durchmesser“, der bei unendlicher Drehzahl denselben Druck erzeugt, muß also zwischen A und B liegen.

Man wählt hierfür nun zweckmäßig den Schwerpunkt des Dreieckes ABC (Abb. 79, Durchmesser 756) und zeichnet für diesen kleineren Durchmesser in üblicher Weise die Geschwindigkeitsdreiecke. Für den Druck erhält man dann $H = \dfrac{c_u' \cdot u'}{g}$.

Wählen wir obiges Beispiel, so ergibt sich $\varepsilon = \dfrac{H}{H_{th\infty}} = 0{,}875$. Man erhält also eine gute Übereinstimmung mit dem Verfahren von Pfleiderer, und dürfte deshalb die mehr gefühlsmäßige Überlegung durch die Untersuchungen von Pfleiderer eine gewisse Bestätigung erhalten.

Es ist auch leicht, durch Rechnung den Zusammenhang mit der Pfleidererschen Formel zu bestätigen. Bezeichnet D' den Durchmesser des Schwerpunktes des betrachteten Dreieckes, so ist $\varepsilon = \left(\dfrac{D'}{D}\right)^2$. Für größere Schaufelzahlen erhält man durch einfache trigonometrische Berechnung hierfür $\varepsilon = \left[1 - \dfrac{\pi}{3} \dfrac{\sin 2\alpha}{z}\right]^2$. Ist der Schaufelwinkel α in der Gegend von 45^0 (was meist zutrifft), so kann man schreiben: $\varepsilon = \left[1 - \dfrac{\pi}{3} \dfrac{1}{z}\right]^2$, d. h. der Einfluß des Schaufelwinkels verschwindet wie bei Pfleiderer. Diese Formel kann man nach dem binomischen Satz entwickeln und erhält $\varepsilon = \dfrac{1}{1 + 2\dfrac{\pi}{3}\dfrac{1}{z}}$, während die Pfleiderersche Formel für $r_1 = 0$ und $\psi = 1$ übergeht in $\varepsilon = \dfrac{1}{1 + 2\dfrac{1}{z}}$. Die in der **Praxis schon lange benutzte Näherung kommt also tatsächlich auf die Theorie von Pfleiderer hinaus.**

Beide Verfahren arbeiten verhältnismäßig einfach und führen ohne umständliche Rechnung zum Ziel, weshalb sie für die Praxis wohl empfohlen werden dürfen.

Es soll hier nicht verschwiegen werden, daß der Wert der exakten Theorien, die sich zur Aufgabe stellen, die Minderleistung infolge der endlichen Schaufelzahlen zu berechnen, für die Praxis ein sehr geringer ist. In den allerseltensten Fällen wird ein erfahrener Konstrukteur bei Neukonstruktionen darum verlegen sein, die richtigen Abmessungen zu finden, um einen vorgeschriebenen Druck auch sicher zu erreichen. Versuche mit geometrisch ähnlichen Laufrädern liegen fast immer reichlich vor, so daß man durch triviale Umrechnungen in den meisten Fällen den gewünschten Enddruck bzw. seine Lage gegenüber der Wirkungsgradkurve mit größerer Treffsicherheit erreichen wird, wie mit umständlichen Berechnungen. Dies dürfte wohl auch der Grund sein, daß Ingenieure der Praxis sich nicht gern mit diesen Methoden, abgesehen von den letzten beiden Verfahren, befreunden. Für sie ist es viel interessanter und wichtiger, von dem Strömungsfachmann und Wissenschaftler Maßnahmen und Mittel zu erfahren, die den Wirkungsgrad und die Verluste beeinflussen.

Prinzipiell anders liegt der Fall bei Schraubenrädern, Propellern usw. Hier kann durch Anwendung der Potentialtheorie ein Konstruktionsoptimum angegeben werden. Dies kommt daher, weil hier ein großer Anteil der Verluste, der sogenannte induzierte Widerstand, nicht unmittelbar durch die Reibung, sondern durch sich ablösende kompakte Wirbel wie bei einem Tragflügel gebildet wird, die sich durch die Theorie der reibungslosen Flüssigkeiten sehr gut erfassen lassen. Hier leistet die exakte Hydrodynamik sehr gute Dienste.

Bei Radialrädern (Gebläse und Kreiselpumpen) sind keine indizierten Verluste vorhanden. Dies ist der tiefere Grund, weshalb derartige Theorien hauptsächlich nur wissenschaftlichen Wert haben. In diesem Sinne ist auch die Ansicht bedeutender Praktiker zu verstehen, die sagen, daß Radialpumpen, Schleuderverdichter usw. von der Hydrodynamik nichts gewinnen können. Gemeint ist hier natürlich die Theorie der reibungslosen Flüssigkeit.

Tatsächlich sind diese Maschinen ohne Zuhilfenahme derartiger Theorien in der Praxis zu einer Vollkommenheit durchgebildet worden, die nur mehr sehr wenig verbesserungsfähig ist.

6. Konstruktion der Leit- und Umkehrschaufeln.

Zur Umsetzung der kurz hinter dem Laufrad vorhandenen hohen Geschwindigkeit in Druck kann in verschiedener Weise verfahren werden. Es genügt eine einfache radiale Erweiterung zwischen zwei parallelen Wänden, doch hat man in diesem Falle sehr große Außendurchmesser notwendig, da die Strömungsrichtung gegenüber der Umfangsrichtung konstant bleibt. Da nach dem Flächensatz $r \cdot c_u$ in jedem Falle konstant bleiben muß, kann auch durch konische Wände nicht viel gewonnen werden. Die sogenannte c_u-Komponente nimmt nur im Verhältnis der Radien ab. Aus diesen Gründen sind glatte Diffusorwände bei Kompressoren fast gar nicht in Gebrauch; ihr Anwendungsgebiet erstreckt sich hauptsächlich auf einstufige Gebläse, wo durch eine etwas andere Aufgabenstellung die Anwendung gegeben ist.

Bewirkt man durch eingebaute Leitschaufeln ein zwangsweises Aufrichten der Stromlinien, so ist es möglich, mit kleinerem Außendurchmesser auszukommen. Ebenso wichtig wie dies ist jedoch die Tatsache, daß durch solche Leitschaufeln Berührungsflächen gewonnen werden, die bei Innenkühlung als Kühlfläche benutzt werden können. Aus diesem Grunde findet man bei Turbokompressoren bedeutend mehr Schaufeln wie bei Kreiselpumpen. Hierdurch ist eine konstruktive Verschiedenheit beider Maschinen bedingt.

Die Leitschaufeln müssen so gebaut werden, daß die Luft stoßfrei eintreten kann. Infolgedessen muß die Eintrittskante die Neigung der Stromlinien haben. Für die weitere Ausbildung ist der Gesichts-

punkt maßgebend, daß bei möglichst geringen Reibungs- und Ab-
lösungsverlusten eine möglichst große Kühlwirkung erzielt wird. Um
die Luft der folgenden Stufe zuzuführen, befinden sich in dem da-
neben liegenden Zwischenraum sogenannte Umkehrschaufeln, die noch
mehr wie die Leitschaufeln zur Kühlung benutzt werden können.

Aus der bei Austritt aus dem Laufrad verbleibenden c_u-Komponente kann für jeden
Radius nach der Formel $c_{u_1} \cdot r_1 = c_{u_2} \cdot r_2$ die
Komponente c_u berechnet werden. Um
auf zeichnerischem Wege c_u zu finden, bedient man sich in der Praxis gerne einer
Konstruktion, die aus Abb. 80 zu erkennen ist.

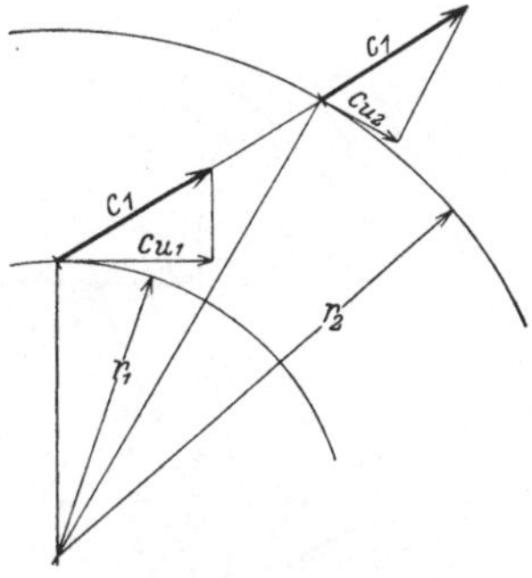

Abb. 80. Graphische Bestimmung
der Geschwindigkeiten in einem
Leitrad.

Das Produkt $r \cdot c_u$, der sog. Drall muß
allerdings unter Berücksichtigung der endlichen Schaufelzahl gebildet werden. Bei
parallelen Seitenwänden besteht für die
c_m-Komponente dasselbe Gesetz $c_{m_1} r_2$
$= c_{m_2} r_2 = \text{const.}$ Die Stromlinien sind also
in diesem Falle logarithmische Spiralen.

Zwischen Laufrad und Leitrad ist ein größerer schaufelloser Dif-
fusorraum aus einem doppelten Grunde notwendig. Infolge der endlichen Schaufelzahl wird die Austrittsrichtung der Luft pulsierend
sein mit der Frequenz $n \cdot z$, wo n die Drehzahl und z die Anzahl
der Schaufeln ist. Bei direkt ansetzenden Leitschaufeln würde also
überhaupt kein stoßloser Zustand zu erreichen sein. Läßt man hingegen hinter dem Laufrad einen schaufellosen Raum, so können diese
Schwankungen sich ausgleichen. Sehr wichtig ist dieser schaufellose
Raum auch zur Vermeidung von Geräuschen. Es hat sich gezeigt,
daß bei Turbokompressoren und Gebläsen ein zu kleiner Abstand der
Leitschaufeln von dem Laufrad geradezu unerträgliche Geräusche verursachen kann. Je nach Durchmesser und Umfangsgeschwindigkeit
sind hier Zwischenräume von 30 bis 150 mm notwendig.

Für die Richtung der Leitschaufeln ist die normale Fördermenge
maßgebend. Es empfiehlt sich jedoch, die Schaufeln etwas mehr
aufzurichten, da in dem schaufellosen Raum infolge der Wandreibung
die größere c_u-Komponente mehr abgebremst wird wie die Meridiankomponente. Infolgedessen wird der Neigungswinkel gegenüber der
Umfangsrichtung mit zunehmendem Radius etwas steigen. Für die
Leitschaufeln findet man deshalb selten Winkel unter 13 bis 15°.

Um genügende Kühlfläche zu erhalten, ist die Schaufelzahl recht
groß, ca. 30 bis 60. Hierbei ergeben sich kleine Schaufelteilungen,
bei denen eine gerade Ausführung der Schaufeln genügt, ohne daß
die Luftführung am Eintritt sehr leidet. Da Leitschaufeln meist
noch von Hand nachgearbeitet werden müssen, ist die gerade Ausführung die gegebene. Selbst bei außen gekühlten Maschinen ist dieser
Gesichtspunkt mit ausschlaggebend, so daß man auch dort vielfach
Leitschaufeln mit gerader Ausführung vorfindet.

Da eine richtige Führung der Luft erst im Querschnitt *1* bzw. *2* vorhanden ist (Abb. 81), muß die Energieumsetzung auf die dort vorhandenen mittleren Geschwindigkeiten bezogen werden. Die Kurve $A-B$ müßte eigentlich als wirkungslose Kurve ausgebildet werden, doch ist bei den großen Schaufelzahlen dieser Umstand ohne Belang. Meist wird dieser Teil, wo sehr große Geschwindigkeiten auftreten, nur geglättet und die Spitze angeschärft. Obschon strömungstechnisch eine abgerundete Kante vorteilhafter wäre, überwiegen hier doch die Herstellungsrücksichten, die bei einer Spitze bedeutend günstiger liegen.

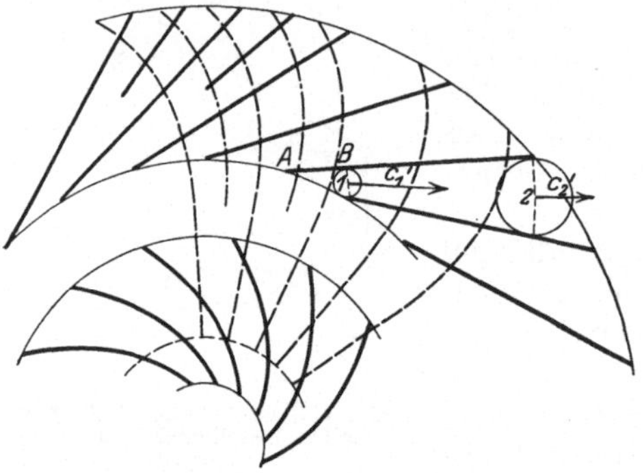

Ist c_1' die Geschwindigkeit im engsten Querschnitt und c_2' die Geschwindigkeit am Austritt, so ist der Druckgewinn

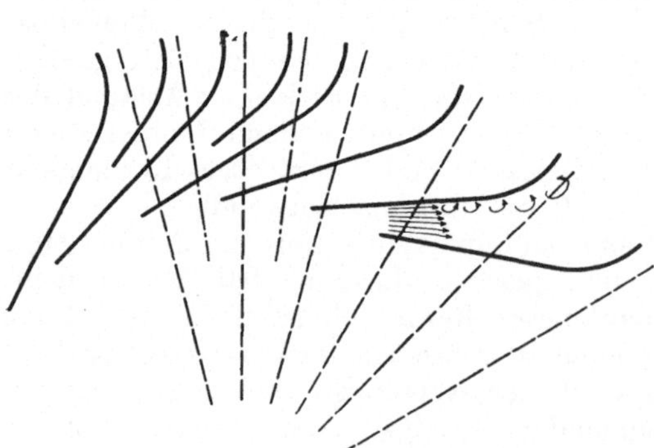

Abb. 81. Leit- und Umkehrschaufeln.
(Leitschaufeln gerade!)

$$\varDelta p = \left(\frac{c_1'^2}{2\,g} - \frac{c_2'^2}{2\,g}\right)\gamma\,.$$

Die Austrittsgeschwindigkeit c_2' wird zweckmäßig so gewählt, daß bis zum Eintritt in das folgende Laufrad keine größeren Beschleunigungen oder Verzögerungen mehr auftreten. Diese Geschwindigkeit c_2' ist deshalb nicht mehr verwertbar. Sie ist zum Materialtransport notwendig und wird außerdem durch die Notwendigkeit eines möglichst guten Wärmeübergangs bestimmt. Denn da der Reibungswiderstand ungefähr mit dem Quadrate und der Wärmeübergang mit der 0,65ten Potenz der Geschwindigkeit wächst, ist bei den hohen Geschwindigkeiten am Eintritt in die Leitschaufeln eine unwirtschaftlichere Ausnutzung der Kühlfläche zu erwarten wie bei den späteren kleineren Geschwindigkeiten. Infolgedessen ist man bestrebt, im Gebiete der kleineren Geschwindigkeiten durch Zwischenschaufeln usw. möglichst viel Kühlfläche zu schaffen. Abb. 82 zeigt z. B., wie bei Leit- und Umkehrschaufeln Zwischenwände eingebaut werden können.

Abb. 82. Leit- und Umkehrschaufeln.
(Umkehrschaufeln gerade!)

Die Richtung der Umkehrschaufeln ist wiederum durch die Bedingung stoßlosen Eintrittes bestimmt. Da zwischen Leit- und Umkehrschaufeln sich ein schaufelloser Raum befindet, gilt der Flächensatz auch hier in der Form $r \cdot c_u = \text{const.}$, so daß aus den Radien die c_u-Komponente sofort berechnet werden kann. Aus den Querschnitten ergibt sich ebenso einfach die Meridiankomponente c_m, so daß aus $\operatorname{tg}\alpha = \dfrac{c_m}{c_u}$ der Winkel α bekannt ist. Aus Herstellungsgründen ist es sehr erwünscht, die gebogenen Umkehrschaufeln durch gerade ersetzen zu können. Dies läßt sich dadurch erreichen, daß man die sonst geraden Leitschaufeln an ihrem Ende so aufrichtet, daß die austretende Luft keine Umfangsgeschwindigkeit hat (Abb. 82). Infolge der endlichen Schaufelzahl müssen die Leitschaufeln etwas über 90^0 aufgerichtet werden.

Bei geraden Leitschaufeln ergibt sich der Erweiterungswinkel im Meridianquerschnitt zu $\dfrac{360}{z}$; bei 40 Schaufeln ergibt sich also 9^0. Da dies eine zu kleine Erweiterung bedeuten würde, führt man die Seitenwände (meist nur eine) konisch aus. Man findet hier Winkel von 5^0 bis 20^0. Um Ablösungs- und Reibungsverluste möglichst gering zu halten, muß die Erweiterung in bestimmten Grenzen gehalten werden (siehe Kapitel Strömungsverluste); andererseits muß überall ein möglichst quadratischer Querschnitt angestrebt werden.

In Abb. 82 ist auch das Geschwindigkeitsprofil im engsten Querschnitt eingezeichnet. In einer geraden Kanalströmung ist dieses Profil nicht stabil und strebt der symmetrischen Form zu. Hierdurch werden Wirbel entstehen im angedeuteten Sinne, die einerseits Reibungsverluste bedingen, andererseits der Grenzschicht Energie zuführen und die Ablösung im erweiterten Kanal verzögern. Infolgedessen werden die durch das instabile Profil bedingten Verluste wohl keine allzu großen sein, wie man verschiedentlich erwähnt findet. Ohne geeignetes Versuchsmaterial ist es allerdings schwer, hierüber ein endgültiges Urteil abzugeben.

7. Kennlinien.

Da im Betriebe ein Gebläse bzw. Kompressor nicht immer mit der Fördermenge arbeitet, für die er gebaut ist, ist es von großer Wichtigkeit, das Verhalten eines rotierenden Gebläses bei Änderung einer Betriebsgröße, z. B. Menge, Druck und Drehzahl kennen zu lernen. Diese Betriebseigenschaften sind bestimmend für die Ausbildung der Regulierung; sie sind wie bei kaum einer anderen Maschine manchmal sogar naturnotwendig durch gewisse für Gebläse typische Vorgänge.

In erster Linie sollen die Verhältnisse untersucht werden, wenn die Drehzahl konstant ist. Hier interessiert die Abhängigkeit des Druckes von der Fördermenge, die sogenannte Kennlinie, die experimentell leicht durch Betätigung eines Drosselschiebers in der Druckleitung bestimmt werden kann. Von großer Bedeutung ist ferner die Änderung, die durch eine Änderung der Drehzahl bedingt ist und anschließend behandelt wird.

a) Druckhöhe bei beliebiger Fördermenge (Drehzahl konstant).

Für den Fall, daß der Eintritt in das Laufrad stoßfrei erfolgt, war auf S. 82 die Förderhöhe eines Laufrades berechnet worden zu

$$H = \frac{u_2\,c_{2u}}{g}.$$

Dies gilt für den Fall, daß kein Eintrittsdrall vorhanden ist, was wir auch hier voraussetzen wollen. Da die Druckhöhe allein durch das Austrittsdiagramm bestimmt ist, genügt es, dieses zu betrachten (Abb. 83). Die sec-Fördermenge V ist prop. c_{2m} und ergibt sich aus der Gleichung

$$c_{2m} = w_2 \sin \beta = \frac{V}{\pi D_2\,b_2}.$$

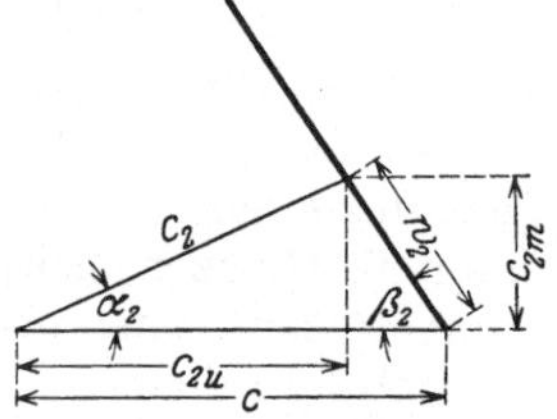

Abb. 83. Austrittsdiagramm.

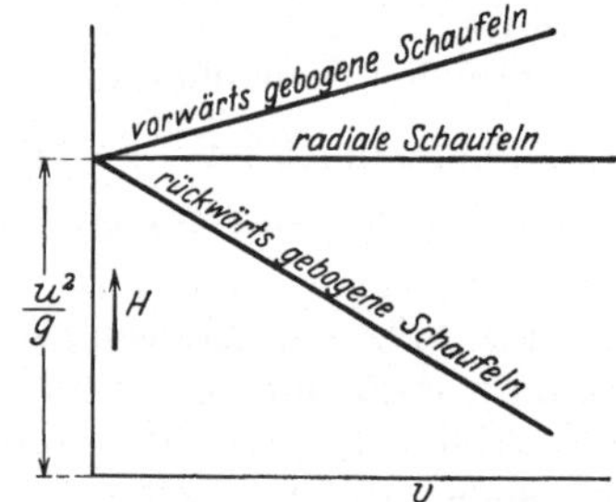

Abb. 84. Kennlinien bei reibungslosen Medien.

Ändert sich nun die Fördermenge, so kann sich die relative Geschwindigkeitsrichtung nicht ändern; sie ist bestimmt durch β_2. Sämtliche Austrittsdreiecke müssen also den Winkel β_2 zum Schenkel haben. Für irgend eine Menge V_x bzw. c_{2mx} erhalten wir

$$c_{2ux} = u_2 - c_{2mx}\,\mathrm{cotg}\,\beta_2,$$

hiermit erhält man

$$H_{th\,\infty} = \frac{u_2^2}{g} - \frac{u_2}{g}\,\frac{V_x\,\mathrm{cotg}\,\beta_2}{\pi D_2\,b_2}.$$

Hiermit ist die Abhängigkeit $H_{th\infty} = f(V_x)$ gewonnen. Man erkennt, daß es sich um gerade Linien handelt. Und zwar ist bei radialen Schaufeln $H = \mathrm{const.}$; bei rückwärts gebogenen Schaufeln eine fallende und bei nach vorwärts gebogenen Schaufeln eine steigende Kennlinie vorhanden (Abb. 84).

Alle Schaufelarten haben bei $V = 0$ denselben Druck. Auffallend ist, daß bei vorwärts gebogenen Schaufeln die Förderhöhe mit der Druckhöhe zunimmt und einen wesentlich höheren Wert hat, wie bei rückwärts gebogenen Schaufeln.

Es sei ausdrücklich hervorgehoben, daß dieses Resultat nur stimmt unter den hier gemachten Voraussetzungen, nämlich Reibungslosigkeit, unendliche Schaufelzahl, keine Stoßverluste usw.

b) Einfluß der endlichen Schaufelzahl.

Zunächst entsteht die wichtige Frage, ob sich bei endlicher Schaufelzahl wieder ein geradliniger Verlauf der Kennlinie ergibt. Dies ist in der Tat der Fall. Der Beweis ist erstmalig dem Verfasser gelungen[1] und später von ihm in einfacheren Formen[2] wiedergegeben worden. Damit ist die Lage dieser Geraden aber noch nicht bestimmt. Es muß noch festgestellt werden, welcher Druck erreicht wird bei $H_{th} = 0$ und welche Menge erreicht wird bei $H = 0$. Die längere Zeit vertretene Ansicht, daß die Kennlinien für endliche und unendliche Schaufelzahl sich schneiden, hat sich durch neuere Untersuchungen als falsch erwiesen. Bei endlichen Schaufelzahlen schneidet die Kennlinie die Achsen früher. Bei $V_{th} = 0$ ist die Minderleistung $\varkappa \dfrac{u^2}{g}$, während bei $H = 0$ ein Rad mit unendlich vielen Schaufeln noch den Druck $\lambda \cdot \dfrac{u_2^2}{g}$ erzeugt (Abb. 85). Man erkennt, daß die Lage des

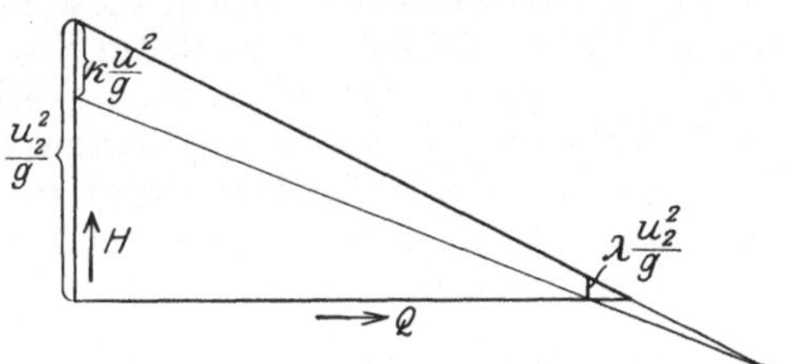

Abb. 85. Einfluß der endlichen Schaufelzahl auf die Kennlinie.

Schnittpunktes der beiden Kennlinien von dem Verhältnis $\dfrac{\varkappa}{\lambda}$ abhängt. In Abb. 73, 74, 75 waren bereits die Werte $\dfrac{H}{H_{th\,\infty}}$; $\dfrac{\varkappa}{\lambda}$ usw. aufgetragen, auf die hier verwiesen sei.

c) Einfluß der Verluste auf die Drosselkurve.

Durch die Reibung in den Schaufelkanälen, sowie die auftretenden Stoßverluste wird der geradlinige Charakter der Kennlinie grundsätzlich geändert. Mit Berücksichtigung dieser beiden Einflüsse erhält man tatsächlich Kennlinien, die mit den aus Versuchen ermittelten qualitativ vergleichbar sind.

α) Reibung in den Schaufelkanälen.

Der Reibungswiderstand, der beim Durchströmen der Schaufel-

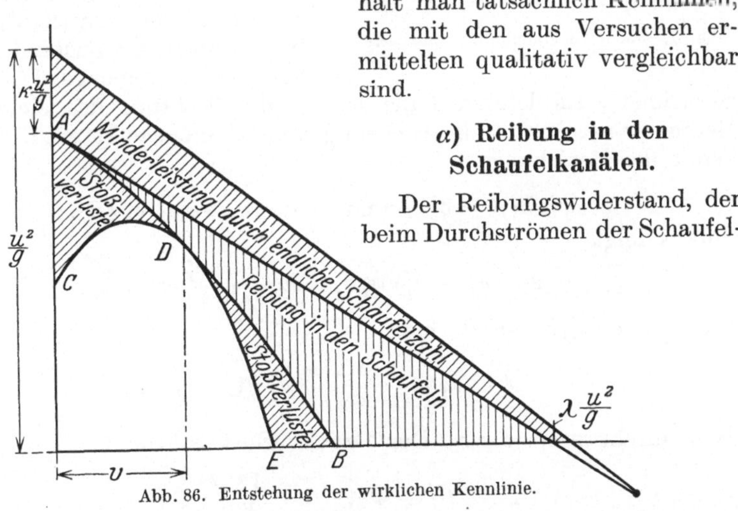

Abb. 86. Entstehung der wirklichen Kennlinie.

---

[1] Eck: Beitrag zur Turbinentheorie. Werft Reederei Hafen 1925, S. 203.
[2] Eck: Wasserkraftmaschinen in Forschung und Theorie. Z. techn. Phys. 1926, Nr. 1.

kanäle entsteht, muß von der Radleistung aufgebracht werden; er wird sich also von H_{th} abziehen. Nehmen wir an, daß dieser Widerstand prop. dem Quadrate der mittleren Geschwindigkeit ist, so ist er auch prop. dem Quadrate der Fördermenge V, da V direkt prop. der mittleren Geschwindigkeit ist, d. h. $H_r = C \cdot V^2$, wo C eine Konstante ist. Dieses H_r ist von H_{th} abzuziehen, wodurch die Kurve AB in Abb. 86 entsteht.

Es ist oft versucht worden, diese Reibung rechnerisch durch Einsetzen der tatsächlichen mittleren Geschwindigkeiten auszurechnen. Wegen des grundsätzlich anderen Verhaltens einer Kanalströmung bei Rotation sowie der mangelhaften Kenntnis, die wir über diese Reibungsverhältnisse besitzen, dürften derartige Rechnungen keine sehr zuverlässigen Resultate gewährleisten, weshalb hier von einem derartigen Versuche abgesehen sei.

β) Stoßverluste.

Weicht die Fördermenge von der normalen ab, so stimmt die Richtung der relativen Eintrittsgeschwindigkeit nicht mehr mit der Schaufelrichtung überein. Die hierdurch auftretenden Stoßverluste lassen sich näherungsweise berechnen. Nach Thoma[1] ist bei plötzlichem Richtungswechsel der Druckverlust

$$H_r' = \varphi\, \frac{s^2}{2\,g},$$

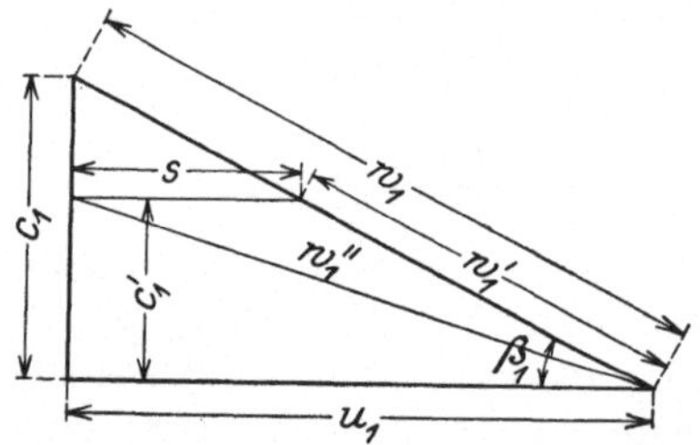

Abb. 87. Eintrittsdiagramm für verminderte Fördermenge.

wo s die geometrische Differenz der beiden Geschwindigkeiten ist. In Abb. 87 ist das Eintrittsdiagramm für den normalen Zustand und eine kleinere Fördermenge V', c', aufgezeichnet. Im letzten Falle ist w'' die Richtung des eintretenden Mediums, welches in die Richtung von w' umgelenkt wird. Man erkennt die Beziehungen

$$w_1' \sin \beta = c_1' \quad \text{und} \quad s = u_1 - w_1' \cdot \operatorname{ctg} \beta_1,$$

woraus folgt

$$s = u_1 - c_1' \operatorname{ctg} \beta_1 = u\left(1 - \frac{c_1'}{u_1'} \operatorname{ctg} \beta_1\right);$$

mit $u_1 = c_1 \operatorname{ctg} \beta_1$ erhält man

$$s = u_1\left(1 - \frac{c_1'}{c_1}\right) = u_1\left(1 - \frac{V_1'}{V_1}\right),$$

da V direkt prop. c ist. Der Druckverlust ist somit

$$H_r' = \varphi\, \frac{u_1^2}{2\,g}\left(1 - \frac{V_1'}{V_1}\right)^2. \quad *$$

---

[1] Siehe Abschnitt: Strömungsverluste.
* Für φ gibt Pfleiderer Werte von 0,58 bis 0,7 an.

Dieser Wert muß wieder von der Kurve AB abgezogen werden. So entsteht CE, eine Parabel, die in D, d. h. dem Punkt der normalen Fördermenge, ihren Scheitel hat.

Die so erhaltenen Kennlinien stimmen mit den bei Versuchen erhaltenen gut überein (Abb. 86). Die Entwicklung der Kennlinie nach diesen Gesichtspunkten darf deshalb, rein qualitativ betrachtet, als befriedigend angesehen werden.

Der genauen rechnerischen Vorausbestimmung stellen sich einstweilen noch sehr große Hindernisse in den Weg, solange nicht bessere Unterlagen für die Behandlung rotierender Strömungen vorliegen.

d) Druckhöhe bei veränderlicher Drehzahl.

Aus den vorhergehenden Betrachtungen geht hervor, daß alle Druckhöhen, Reibungsverluste prop. dem Quadrate der Umfangsgeschwindigkeit sind; ändert sich nun die Drehzahl, so ändern sich alle Größen im Verhältnis $\left(\dfrac{n}{n_1}\right)^2$. Da alle Durchflußgeschwindigkeiten bei sonst gleich bleibenden Verhältnissen prop. der Umfangsgeschwindigkeit sind, ändert sich die Fördermenge prop. $\dfrac{n}{n_1}$. Hieraus ergibt sich,

daß aus einer Kennlinie alle anderen durch Umrechnungen gewonnen werden können. Diese Tatsache bedeutet eine wesentliche Erleichterung bei Versuchsauswertungen, wo die Drehzahl wegen irgendwelchen Einflüssen geschwankt hat. Man kann so leicht alle Versuchswerte auf eine Drehzahl reduzieren. Außerdem folgt, daß alle Punkte, für die die Strömungsverhältnisse geometrisch ähnlich sind, auf Parabeln liegen (Abb. 88). Auf der Wirkungsgradkurve muß also A eine ähnliche Lage zum Scheitel haben wie B. Wenn insbesondere bei A der

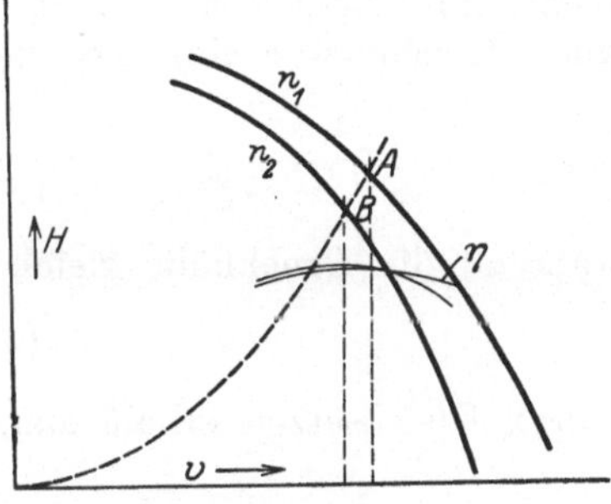
Abb. 88. Kennlinien bei Änderung der Drehzahl.

beste Wirkungsgrad liegt, muß er auch bei B liegen. Es ist natürlich nicht gesagt, daß bei A und B der Wirkungsgrad derselbe ist. Infolge der Drehzahländerung können sich nämlich andere Verluste, z. B. Lagerreibung, Radreibung, nach anderen Gesetzen ändern, so daß eine Veränderung der absoluten Größe des Wirkungsgrades eintritt. Dieses ist bekanntlich der Fall, so daß für jede Maschine eine Drehzahl existiert, für die die Wirkungsgradkurve am höchsten liegt.

Da die Wirkungsgradkurve eine parabelartige Kurve ist, gibt es bei jeder Drehzahl immer 2 Punkte verschiedener Fördermengen, für die der Wirkungsgrad denselben Wert hat, eine besondere Eigentümlichkeit der Kreiselmaschinen. Dies kommt daher, weil für kleinere Mengen die Stoßverluste, bei größeren dagegen die Reibungsverluste überwiegen.

8. Druckerhöhung im Kreiselrad.

a) Allgemeine Formeln.

Die vorausgehenden Betrachtungen dienten der Berechnung der sogenannten Druckhöhe. Es wurde gefunden, daß diese Druckhöhe, die gleichbedeutend war mit der Energie, die 1 kg beim Durchgang durch das Laufrad erhält, unabhängig ist von dem Stoff selbst, d. h. für Flüssigkeiten und Gase genau dieselbe ist. Die dort gewonnenen Ergebnisse gelten also in gleicher Weise für Kreiselpumpen und Gebläse. Für erstere ist diese Druckhöhe gleichzeitig identisch mit dem erzeugten Druck. Nicht so bei Gasverdichtern. Während der Druckerhöhung ändern die Gase bekanntlich ihr Volumen und damit ihr spez. Gewicht. Die Gleichung $\Delta p = H \cdot \gamma$ gilt hier also nur, wenn für γ ein Mittelwert eingesetzt wird, der zwischem dem Werte beim Eintritt und beim Austritt des Laufrades sich ergibt. Dieser Mittelwert ist aber ohne weiteres nicht anzugeben.

Die Zustandsänderung, die das Gas im Laufrad selbst erfährt, ist polytropisch; die Kühlung durch die Laufradscheibe ist bekanntlich von vernachlässigbarer Größe. Nun ist durch obige Theorie die Arbeit, die 1 kg Gas erhält, aus Umfangsgeschwindigkeit genau berechenbar. Diese Arbeit setzt sich also in polytropische Verdichtung um. Hierfür war eingangs die Formel gefunden worden

$$L = \frac{n}{n-1} p_1 v_1 \left[\left(\frac{p_2}{p_1} \right)^{\frac{n-1}{n}} - 1 \right],$$

während die Druckhöhe gleich ist:

$$H_{th} = \varepsilon \frac{u_2 c_{2u}}{g}.$$

Durch Gleichsetzen erhält man also

$$\frac{n}{n-1} p_1 v_1 \left[\left(\frac{p_2}{p_1} \right)^{\frac{n-1}{n}} - 1 \right] = \varepsilon \frac{u_2 c_{2u}}{g} = H_{th}.$$

Eine andere Form für L ist $L = c_p (T_2 - T_1)$. Bei rein adiabatischer Verdichtung würde nur die Temperaturerhöhung $T_2' - T_1$ erfolgt sein. Nun ist — wie oben abgeleitet — durch diese Temperaturen der Wirkungsgrad bestimmt

$$\eta_{ad} = \frac{T_2' - T_1}{T_2 - T_1}$$

oder auch

$$L_{ad} = \eta_{ad} \cdot L = \frac{\varkappa}{\varkappa - 1} p_1 v_1 \left[\left(\frac{p_2}{p_1} \right)^{\frac{\varkappa-1}{\varkappa}} - 1 \right].$$

Hiermit erhalten wir

$$\frac{\varkappa}{\varkappa - 1} p_1 v_1 \left[\left(\frac{p_2}{p_1} \right)^{\frac{\varkappa-1}{\varkappa}} - 1 \right] = \eta_{ad} \cdot \varepsilon \cdot \frac{c_{2u} u_2}{g}$$

oder

$$L_{ad} = \eta_{ad} \cdot H_{th}.$$

Durch diese Formel ist ein einfacher Weg gefunden, um die Druckerhöhung zu berechnen. Aus den Abmessungen des Laufrades wird zunächst die theoretische Druckhöhe H_{th} (unter Berücksichtigung der endlichen Schaufelzahl) berechnet. Dann schätzt man η_{ad}, d. h. den reinen Wirkungsgrad des Laufrades, der je nach Ausführung 0,7 bis 0,9 betragen dürfte, und berechnet aus obiger Gleichung die adiabatische Arbeit. Hieraus kann man den Druck ausrechnen, oder auch unter Verwendung der Hinz'schen Tafeln den Enddruck sofort bestimmen.

Beispiel 7. Für ein Laufrad sei die theoretische Druckhöhe zu 3000 m ermittelt worden. Der Anfangszustand der Luft betrage 15° C und 1 ata. Der Schaufelwirkungsgrad sei

$$\eta_{ad} = 0{,}86\,,$$

dann ist

$$L_{ad} = 0{,}86 \cdot 3000 = 2580 \text{ mkg/kg}\,,$$

nun ist

$$\frac{\varkappa}{\varkappa - 1}\, p_1\, v_1 \left[\left(\frac{p_2}{p_1} \right)^{\frac{\varkappa - 1}{\varkappa}} - 1 \right] = 2580\,,$$

hieraus ergibt sich

$$p_2 = 1{,}341 \text{ ata.}$$

b) Druckberechnung bei vielstufiger Ausführung.

Bei mehrstufiger Anordnung kann so vorgegangen werden, daß man von Stufe zu Stufe obiges Verfahren wiederholt. Wird große Genauigkeit verlangt, so wird man diese Methode auch anwenden. Handelt es sich um gekühlte Kompressoren, so muß außer dem Druck die Temperatur vor jeder Stufe genau bekannt sein. Sehr von Vorteil ist auch die Auftragung des ganzen Zustandsverlaufes in einem Entropiediagramm.

Man wird sich hier meistens auf Versuchswerte von ähnlichen Maschinen stützen.

Ist jedoch — was fast immer der Fall ist — der thermodynamische Wirkungsgrad einigermaßen bekannt, so kann man auch folgende einfache Rechnung durchführen. Man bildet $\sum H_{th}$, indem man sämtliche Druckhöhen von allen Rädern zusammenzählt. Dann berechnet man die gesamte adiabatische Arbeit aus

$$L_{ad} = \eta_{ad\,ges} \sum H_{th}$$

und rechnet sich aus L_{ad} das gesamte Druckverhältnis aus. Handelt es sich um gekühlte Maschinen, so muß statt der adiabatischen die isotherme Arbeit zugrunde gelegt werden. Die Ausrechnung von $\sum H_{th}$ ist um so leichter, da bei vielen Stufen aus wirtschaftlichen Gründen nur wenige Gruppen Räder vorhanden sind, die jeweils denselben Durchmesser, dieselben Schaufelwinkel und die gleiche Schaufelzahl haben. Dieses Verfahren setzt nur die genaue Kenntnis des Gesamtwirkungsgrades voraus. Diese Schwierigkeit entfällt aber in den meisten Fällen, weil infolge der heutigen sehr scharfen Garantiebedingungen der Konstrukteur den Wirkungsgrad seiner Maschinen meist mit einer Toleranz von nur 2 bis 3% kennt. Hat eine Ausführung größere Abweichungen gegenüber vorhandenen Typen, so ist immer eine genaue Durchrechnung noch obiger Vorschrift zu empfehlen.

c) Unterschied der Kennlinien gegenüber Kreiselpumpen.

Trägt man über der Fördermenge die theoretische Druckhöhe H_{th} auf, so muß sich für Wasser und Luft dieselbe Kennlinie ergeben. Wählt man jedoch — was meistens gemacht wird — den Überdruck bzw. das Druckverhältnis als Ordinate, so ändert sich die Kennlinie in erheblichem Maße. Dies kommt daher, weil die Druckhöhe H bzw. die adiabatische oder isotherme Arbeit nicht direkt prop. dem Druckverhältnis sind, was ja aus den Gleichungen

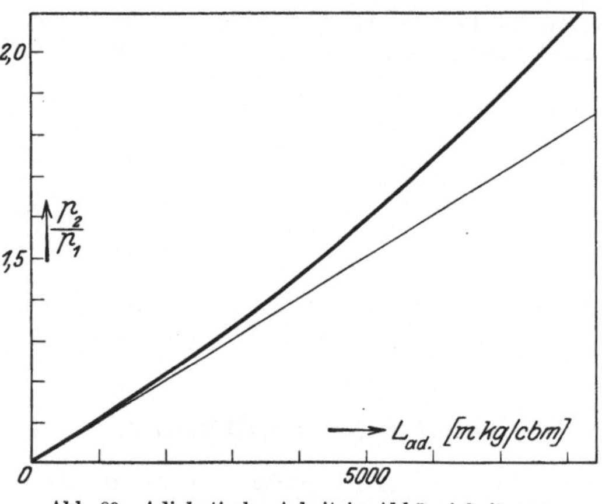

Abb. 89. Adiabatische Arbeit in Abhängigkeit vom Druckverhältnis.

$$L_{ad} = \frac{\varkappa}{\varkappa - 1} \, p_1 v_1 \left[\left(\frac{p_2}{p_1} \right)^{\frac{\varkappa - 1}{\varkappa}} - 1 \right]$$

und $\quad L_{isoth} = p_1 \, v_1 \ln \frac{p_2}{p_1}$

auch ohne weiteres hervorgeht. In Abb. 89 ist L_{ad} in Abhängigkeit von $\frac{p_2}{p_1}$ aufgetragen. Man erkennt die Abweichung von der Geraden. In Abb. 90 ist in ähnlicher Weise für diese Isotherme

$$L_{isoth} = f \left(\frac{p_2}{p_1} \right)$$

aufgetragen. Bei höheren Drükken, z. B. 7 atü, sind die Abweichungen ziemlich erheblich. Das Druckverhältnis wächst wesentlich stärker wie die Arbeit pro Gewicht- bzw. Volumeneinheit bezogen auf Ansaugezustand.

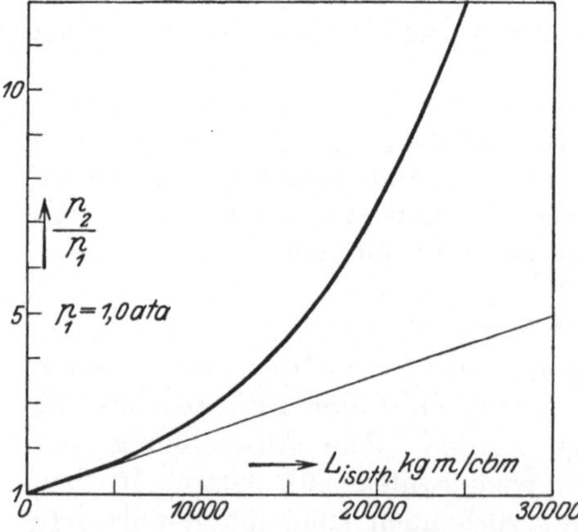

Abb. 90. Isotherme Arbeit in Abhängigkeit vom Druckverhältnis.

Hierdurch ergibt sich, wenn als Kennlinie $\frac{p_2}{p_1} = f(V)$ aufgetragen wird, ein ganz anderes Aussehen. Der Abfall ist fast geradlinig. In Abb. 91 ist die Versuchskurve eines 35000-m³-Kompressors für 7fache Verdichtung aufgetragen. Nun wurde für jeden Punkt dieser Kurve auch die iso-

therme Arbeit ausgerechnet und in Abb. 91 aufgetragen. Damit der qualitativ andere Charakter der beiden Kurven besser erkannt werden kann, sind die Maßstäbe so gewählt, daß beide Höchstwerte ungefähr zusammenfallen. Die letzte Kurve ist eine normale Kennlinie, wie sie bei Kreisel-
pumpen vorhanden ist. Bei der Analysierung der Kennlinie nach den in Abschnitt IV 7 entwickelten Gesichtspunkten muß hierauf Rücksicht genommen werden. Es ist also nicht möglich, eine Druck-Volumen-Kurve eines Kompressors unmittelbar zu der dort erwähnten Zerlegung zu benutzen.

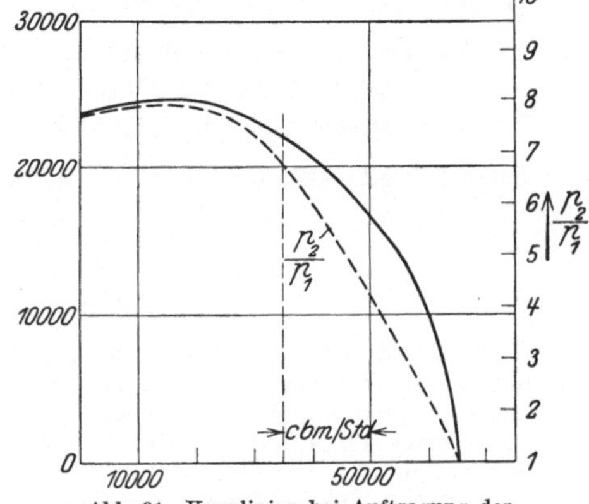

Abb. 91. Kennlinien bei Auftragung der Druckhöhe und des Druckes.

d) Bedeutung der Kennzahl $\sum u^2$.

Wie bereits entwickelt, kann die Druckhöhe einer Stufe in der Form wiedergegeben werden $H = \varphi \dfrac{u^2}{g}$. Für mehrere Stufen erhält man dann die Summenformel

$$H = \varphi_1 \frac{u_1^2}{g} + \varphi_2 \frac{u_2^2}{g} + \cdots.$$

Wählt man nun für φ_1; $\varphi_2 \ldots$ einen derartigen Mittelwert, daß die Gesamtsumme nicht verändert wird, so kann man schreiben:

$$H_{ges} = \frac{\varphi}{g} \sum u^2.$$

φ hängt hier von Schaufelwinkel, Schaufelzahl, Anzahl der Stufen und der Fördermenge ab, ist also sehr von der Bauart abhängig. Bei Maschinen, für die diese Verhältnisse ungefähr ähnlich sind, kann man deshalb sagen, daß der Enddruck fast nur durch $\sum u^2$ bedingt ist. Hierdurch gewinnt der Ausdruck $\sum u^2$ die Bedeutung einer Kennzahl. Diese Darstellungsweise wurde aus dem Dampfturbinenbau übernommen und dort zuerst von Parsons benutzt. Es ist nicht zu bestreiten, daß dieser Zahl eine anschauliche Bedeutung fehlt, zumal sie nicht dimensionslos ist. Trotzdem wird mit dem Werte in der Praxis viel gearbeitet.

Soll z. B. in Anlehnung an eine vorhandene erprobte Ausführung eine neue Maschine entworfen werden, die einen anderen Druck hat, so kann man davon ausgehen, daß die adiabatischen bzw. isothermen Arbeiten sich verhalten müssen wie die Summe der Umfangsquadrate. Auf diese Weise kann sehr schnell der notwendige Raddurchmesser bzw. Drehzahl ermittelt werden. Vorausgesetzt ist natürlich, daß keine allzu große Genauigkeit verlangt wird.

Beispiel 8. Es soll die notwendige Umfangsgeschwindigkeit ermittelt werden für ein Gebläse von 5000 m³/st, das einen Enddruck von 1,4 atü haben soll. Ein vorhandenes Gebläse ähnlicher Bauart mit den Werten 4000 m³/st; 9400 Umdr./min, $D = 430$ mm $\oslash$, habe einen Enddruck von 1,32 ata ergeben.

Für letzteres ergibt sich ein $u_2 = 211$ m/sec; $u_2{}^2 = 44\,600$ m²/sec²,

adiabatische Arbeit für 1 bis 1,32 ata; $L_2 = 2890$ mkg/m³,

adiabatische Arbeit für 1 bis 1,4 ata; $L_1 = 3500$ mkg/m³.

Hieraus ergibt sich für das neue Gebläse ein

$$u_1{}^2 = u_2{}^2 \frac{L_1}{L_2} = 44\,600 \cdot \frac{3500}{2800} = 54\,000 \,,$$

$$u_1 = 232 \text{ m/sec} \,.$$

Hieraus kann dann mit Rücksicht auf hier nicht zu erörternde Gesichtspunkte D und n berechnet werden. Hat eine Neukonstruktion derartige Änderungen, daß diese Umrechnung keine zuverlässigen Werte gibt, so ist man doch imstande, einen gewissen Anhalt für die Größe von $\sum u^2$ zu gewinnen, wodurch man für den ersten Entwurf eine wertvolle Stütze erhält. Dies um so mehr, als sich die meisten Firmen Zusammenstellungen dieser Werte von allen ausgeführten Maschinen anfertigen, so daß man in den meisten Fällen eine obere und untere Grenze für $\sum u^2$ anzugeben vermag. Da diese Zahlenwerte sehr von der Bauart der Maschine, Schaufelausbildung usw. abhängen, hat es keinen Zweck, Zahlenangaben zu machen, die nur für eine bestimmte Bauart gelten.

e) Einfluß von Dichte und Temperatur auf den Enddruck.

Der große Vorteil der bereits früher (S. 27) besprochenen Berechnungsweise nach Volumen statt nach Gewicht tritt deutlich zutage bei der Druckberechnung von Gasen. Die adiabatischen bzw. isothermen Arbeiten pro m³ und pro kg stehen bekanntlich in der Beziehung:

$$L_{ad}^{\text{kg}} \cdot \frac{1}{v_1} = L_{ad}^{\text{m}^3}; \qquad L_{isoth}^{\text{kg}} \frac{1}{v_1} = L_{isoth}^{\text{m}^3} \,.$$

Die Bezugseinheiten pro m³ sind nun unabhängig von Temperatur und Dichte. Bei der Isothermen ist gem. der Formel

$$L_{isoth}^{\text{m}^3} = p_1 \ln \frac{p_2}{p_1}$$

die Arbeit nur abhängig von dem Anfangsdruck und unabhängig von der Natur des Gases. Bei der Adiabate hingegen ist außer dem Anfangsdruck der Exponent $\varkappa$ mit von Einfluß gem. der Formel:

$$L_{ad}^{\text{m}^3} = \frac{\varkappa}{\varkappa - 1} p_1 \left[\left(\frac{p_2}{p_1} \right)^{\frac{\varkappa - 1}{\varkappa}} - 1 \right] \,.$$

Bei Gebläsen, die ohne Kühlung arbeiten, kann also keine einheitliche Tabelle für die Berechnung der Idealleistung entworfen werden, sondern muß dieselbe von Fall zu Fall besonders berechnet werden. Da jedoch bei den in der Praxis vorkommenden Gasen der Exponent $\varkappa$ wenig von 1,4 (Luft) abweicht, pflegt man oft auch hier nach den für Luft entworfenen Tabellen zu arbeiten. Bei genaueren Berechnungen muß indes auf diesen Punkt geachtet werden.

Prinzipiell kann bei Gasen genau so vorgegangen werden wie bei Luft. Da jedoch für Luft umfangreiche Tabellen usw. vorliegen, ist es von Vorteil, die bei Verwendung dieser Tabellen notwendigen Umrechnungen zu kennen. Aus obigem geht hervor, daß bei demselben Druckverhältnis und demselben Anfangsdruck die Druckhöhen H bzw. $\sum u^2$ sich umgekehrt verhalten wie die Dichten. Ist die Luftdichte γ_L und die für das Druckverhältnis $\dfrac{p_2}{p_1}$ notwendige Summe $\sum u^2 = \sum_L$, so ist bei einem Gas von der Dichte γ_G zur Erzielung desselben Druckverhältnisses $\dfrac{\gamma_L}{\gamma_G} \cdot \sum_L$ notwendig. Hieraus kann dann sofort die Stufenzahl berechnet werden im Verhältnis zu einem entsprechenden Luftgebläse.

Auch für ein und dasselbe Gas gilt obige Regel, daß die Druckhöhen sich wie die spez. Gewichte verhalten oder auch die umgekehrte Regel — für die Anwendungen die wichtigste — daß bei konstanten Druckhöhen (konstante Drehzahl) die Arbeitseinheiten sich wie die Dichten verhalten. Bei einem Gase ändert sich die Dichte nun auch durch Temperaturänderungen. Nimmt man für die hier vorkommenden relativ kleinen Änderungen eine lineare Abhängigkeit des Druckverhältnisses von der Arbeit pro m³ an, so wird bei einer Änderung der Temperatur um $\varDelta T$ das Druckverhältnis sich um $\dfrac{dT}{T}\dfrac{p_2}{p_1}$, d. h. bei normalen Anfangstemperaturen wird bei Änderung der Temperatur von 3% das Druckverhältnis sich um ca. 1% ändern. Vorausgesetzt ist hierbei, daß die Druckhöhe H dieselbe ist, d. h. die Drehzahl muß unverändert bleiben.

V. Das Messen von Luft- und Gasmengen.

1. Hauptformeln zur Berechnung.

Zur Bestimmung der von einem Gebläse oder Turbokompressor geförderten Gasmenge kommt fast ausschließlich die Verwendung von Düsen oder Staurädern in Frage. Da zur Berechnung des Wirkungsgrades einer Anlage die genaue Messung der Luftmenge wesentlich ist, ist es notwendig, an dieser Stelle ausführlich hierauf einzugehen.

An und für sich könnte jede Verengung in der Rohrleitung zur Mengenmessung benutzt werden, da der dort entstehende Druckabfall in irgendeiner Weise vom dynamischen Druck abhängen muß. Es wären allerdings umständliche Eichversuche notwendig, entweder durch vorgeschaltete Düsen oder an geometrisch ähnlichen Kanalformen.

In einer für Meßzwecke benutzten Verengung wird sich die Geschwindigkeit des Gases erhöhen und eine adiabatische Expansion eintreten. Die entstandene kinetische Energie wird auf Kosten der Spannungsenergie gewonnen.

Ist w die Geschwindigkeit in der Düse, so ergibt sich aus dem Energiesatze die Beziehung $w = \sqrt{2\,g\,L_a}$, wenn L_a die adiabatische

Arbeit pro kg bedeutet. Auf S. 11 war für dieselbe ermittelt worden
$L_a = p \cdot v \dfrac{\varkappa}{\varkappa - 1}\left[1 - \left(\dfrac{p_0}{p}\right)^{\frac{\varkappa - 1}{\varkappa}} \right]$. Setzt man diesen Wert ein, so erhält man

$$w = \sqrt{2\,g\,R\,T_1 \frac{\varkappa}{\varkappa - 1}\left[1 - \left(\frac{p_0}{p_1}\right)^{\frac{\varkappa - 1}{\varkappa}} \right]}.$$

Hieraus ergibt sich die durchfließende Menge zu

$$V = F \cdot \sqrt{2\,g\,R\,T_1 \frac{\varkappa}{\varkappa - 1}\left[1 - \left(\frac{p_0}{p_1}\right)^{\frac{\varkappa - 1}{\varkappa}} \right]}.$$

Dies ist die Gasmenge, bezogen auf den Zustand in der Düse (Abb. 92).

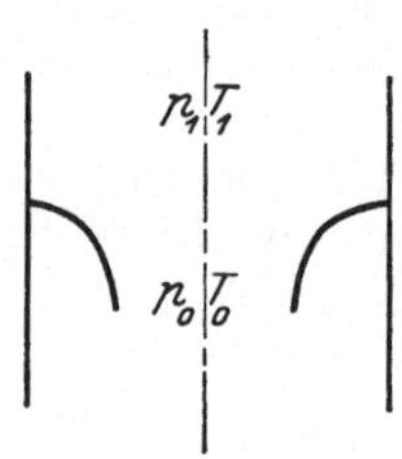

Abb. 92. Düse in einer Rohrleitung.

Da jedoch die Temperatur in der Düse sehr schwer meßbar ist, ermittelt man die Temperatur von der Düse und bezieht die Luftmenge auf die dortige Temperatur und den Druck in der Düse. Aus dem Druckverhältnis $\dfrac{p_0}{p_1}$ läßt sich bei bekanntem t_1 die Temperatur t_0 berechnen.

Bezogen auf den Zustand vor der Düse ändert sich das Volumen um $\left(\dfrac{p_0}{p_1}\right)^{\frac{1}{\varkappa}}$:

$$V' = V\left(\frac{p_0}{p_1}\right)^{\frac{1}{\varkappa}} = F\sqrt{2\,g\,R\,T_0 \frac{\varkappa}{\varkappa - 1}\left[\left(\frac{p_0}{p_1}\right)^{\frac{2}{\varkappa}} - \left(\frac{p_0}{p_1}\right)^{\frac{\varkappa + 1}{\varkappa}} \right]},$$

bezogen auf den Druck in der Düse muß V' mit $\dfrac{p}{p_0}$ erweitert werden:

$$V_{p_0;\,t} = F\sqrt{2\,g\,R\,T_1 \frac{\varkappa}{\varkappa - 1}\left(\frac{p_1}{p_0}\right)^{\frac{\varkappa - 1}{\varkappa}}\left[\left(\frac{p_1}{p_0}\right)^{\frac{\varkappa - 1}{\varkappa}} - 1 \right]}.$$

In dieser Form gestalten sich die Auswertungen am einfachsten, da die Wurzel eine sehr brauchbare Entwicklung gestattet:

$$\frac{\varkappa}{\varkappa - 1}\left(\frac{p_1}{p_0}\right)^{\frac{\varkappa - 1}{\varkappa}}\left[\left(\frac{p_1}{p_0}\right)^{\frac{\varkappa - 1}{\varkappa}} - 1 \right] = g\left(1 - \frac{3 - 2\varkappa}{\varkappa}g + \frac{7 - 5\varkappa}{6\varkappa^2}g^2 + \cdots \right).$$

Sehr angenehm ist das Verschwinden des 3. Gliedes für $\varkappa = 1{,}4$. Selbst das 2. Glied ist so klein, daß es ohne Bedenken weggelassen werden kann. Läßt man einen Fehler von $^1/_2\%$ zu, so wird derselbe erreicht bei alleiniger Verwendung des 1. Gliedes mit 700 mm W.-S., bei 2 Gliedern mit 3200 mm W.-S. Für je 280 mm W.-S. beträgt der Fehler ca. 1 vT, so daß man in der Praxis nur mit folgender Näherungsformel arbeitet, die bereits früher von Hinz abgegeben wurde:

$$V_{p_0;\,t} = F\sqrt{2\,g\,R\,T_1 \frac{h}{p_0}}\ \ \text{m}^3/\text{sec}.$$

Das Messen des durch eine Düse bzw. Staurand erzeugten Unterdruckes geschieht gewöhnlich mit ∪-Röhren. Um hier mit gewöhnlichen Maßstäben genaue Ablesungen machen zu können, muß man mindestens eine Druckdifferenz von 100 mm zur Verfügung haben, was sich fast immer ermöglichen läßt. Andernfalls muß man mit Präzisionsmanometern arbeiten.

Vom Verein deutscher Ingenieure sind die für Meßzwecke zu verwendenden Düsen und Stauränder normalisiert worden.

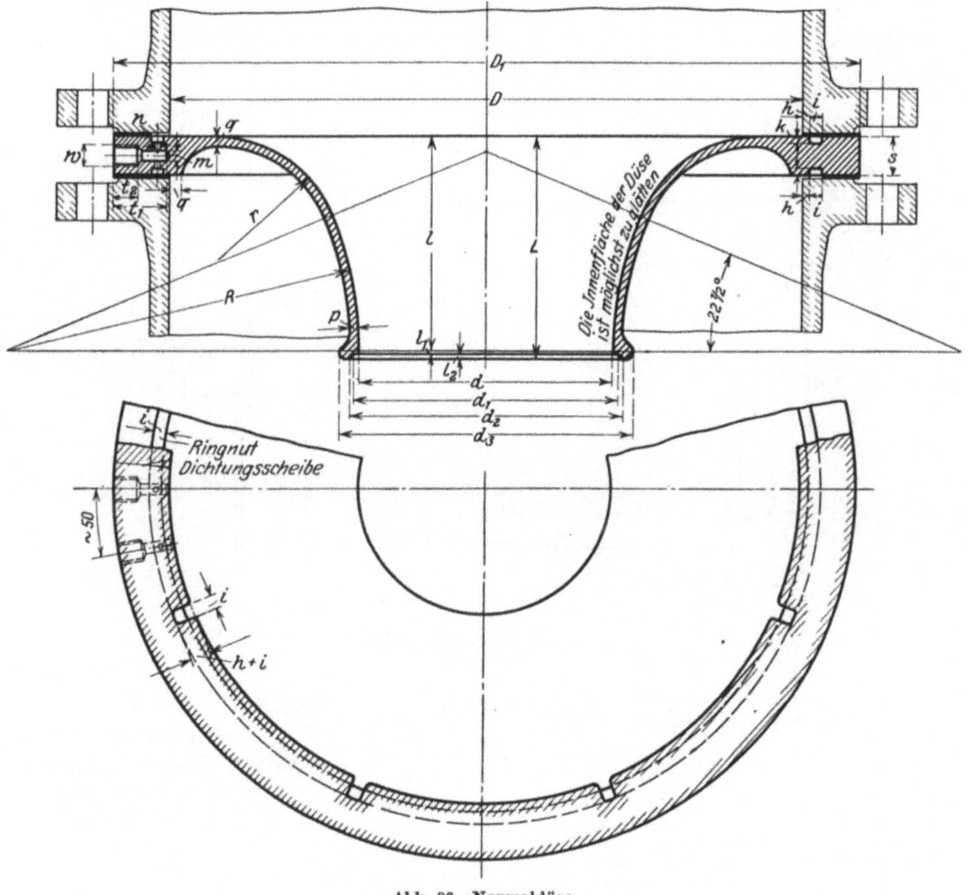

Abb. 93. Normaldüse.

2. Die Normaldüse.

Abb. 93 zeigt die jetzt übliche Düsenform und Abb. 94 die Ausführung für Stauräder. Die Abrundung der Düse besteht aus einem Korbbogen mit $R = 1,4\,d$ auf $22\frac{1}{2}°$ und $r = 0,5\,d$ von $22,5°$ auf $90°$. Eingehende Versuche von Jakob und Erk ergaben die Druckflußziffer zu 0,96. Dies gilt für eine Reynoldsche Zahl zwischen $R = 100\,000$

bis 300000. Bei höheren Werten $R = 1000000$ sind von Jakob und Erk Durchflußzahlen bis 0,99 beobachtet worden. In der Durchflußziffer μ, die durch

$$V = \mu \cdot F \sqrt{2\,g\,R\,T\,\frac{h}{p_0}} \ \ \mathrm{m^3/sec}$$

definiert ist, ist auch noch der

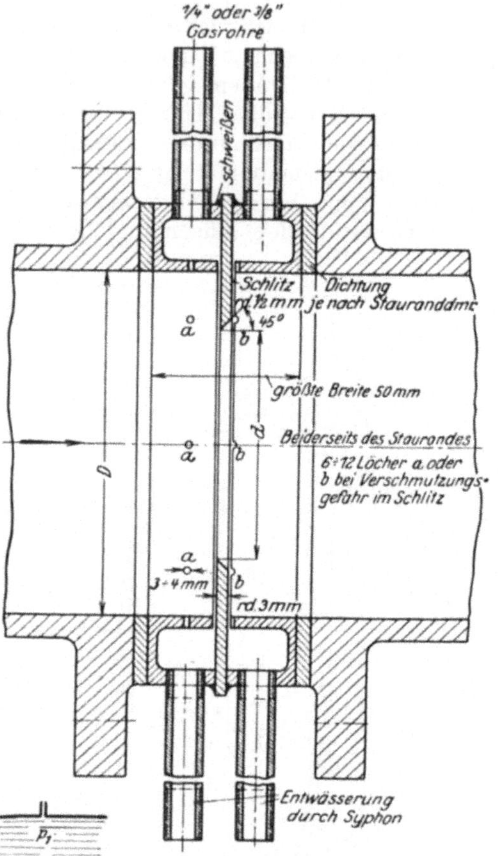

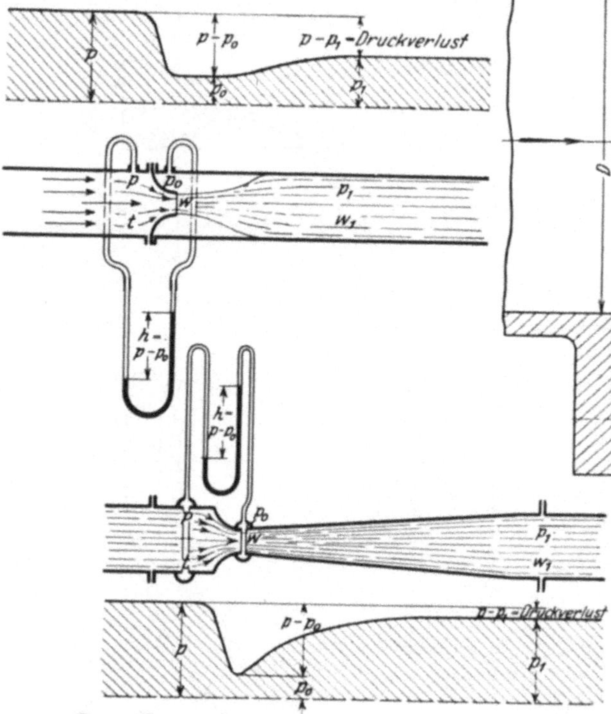

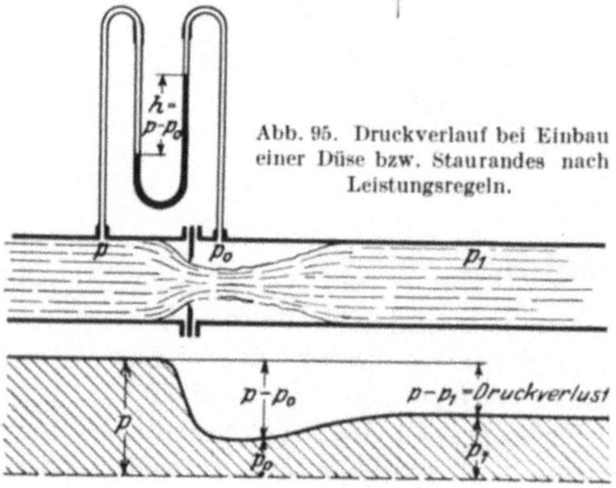

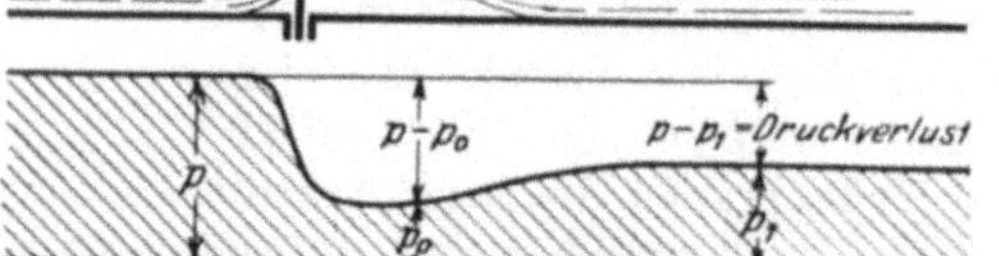

Abb. 95. Druckverlauf bei Einbau einer Düse bzw. Staurandes nach Leistungsregeln.

Abb. 94. Staurand nach Normen.

Einfluß der Zuströmungsgeschwindigkeit enthalten. Dieser hängt von dem Verhältnis $\dfrac{\text{Düsendurchmesser}}{\text{Rohrdurchmesser}}$ ab. Wie man leicht zeigen kann, wird er dadurch berücksichtigt, daß man den Düsenkoeffizienten, der sich für Ausfluß aus unendlich großem Gefäß zu 0,948 ergibt, mit

$$\frac{1}{\sqrt{1 - \left(\dfrac{d}{D}\right)^4}}$$

erweitert. So entsteht für die

Normaldüse allgemein:

$$\mu = \frac{0,948}{\sqrt{1 - \left(\dfrac{d}{D}\right)^4}}.$$

Ist eine Düse bzw. Staurand in einem Rohr eingebaut, so setzt sich ein Teil des in Geschwindigkeit umgesetzten Druckes wieder in Druck um. Der theoretische Wiedergewinn ergibt sich nach dem Impulssatze zu

$$p_1 - p_0 = \frac{\gamma}{g} w_1 (w_2 - w_1),$$

so daß der theoretische Druckverlust

$$p - p_1 = \frac{\gamma}{g} \frac{(w - w_1)^2}{2}$$

ist.

Abb. 95 und Abb. 96, die den Leistungsregeln für Ventilatoren und Kompressoren entnommen sind, zeigen in anschaulicher Weise den Energieumsatz für Düsen, Stauränder und Venturinrohre längs der Rohrmittellinie.

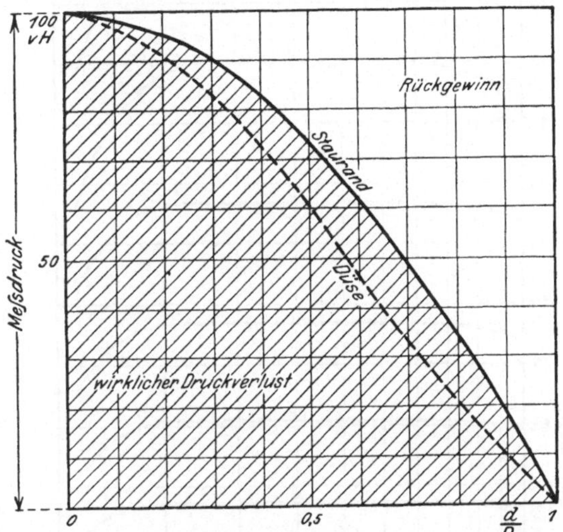

Abb. 96. Druckumsetzung hinter einer Düse und einem Staurand nach Leistungsregeln.

3. Der Staurand.

Für größere Rohrleitungen ist die Herstellung von Normaldüsen ziemlich kostspielig, auch macht ihr Einbau immer den Ausbau von Rohrleitungen erforderlich. Der Staurand ist dagegen sehr einfach herzustellen und kann bequem zwischen eine Flauschdichtung geschoben werden. Allerdings ist nach dem jetzigen Stande der Erkenntnisse mit Staurändern nicht die Meßgenauigkeit zu erzielen wie mit Düsen.

Beim Staurand tritt eine erhebliche Einschnürung des Querschnittes ein, da der Strahl an der scharfen Kante aus physikalischen Gründen nicht plötzlich umbiegen kann, sondern einen stetig gekrümmten Verlauf nehmen muß. Der theoretisch genau berechenbare Wert des Kontraktionskoeffizienten für Ausströmungen aus einem großen Gefäß ist 0,61, so daß beim Einbau in Rohre unter Berücksichtigung der Zuströmungsgeschwindigkeit sich ein Durchflußkoeffizient ergeben müßte von

$$\alpha = \frac{0,61}{\sqrt{1 - \left(\dfrac{d}{D}\right)^4}}.$$

Nun zeigen aber alle Versuche große Abweichungen von diesen Werten bei Veränderung des absoluten Maßes des Rohrdurchmessers. Es tritt strömungstheoretisch gesprochen ein Einfluß der Reynold-

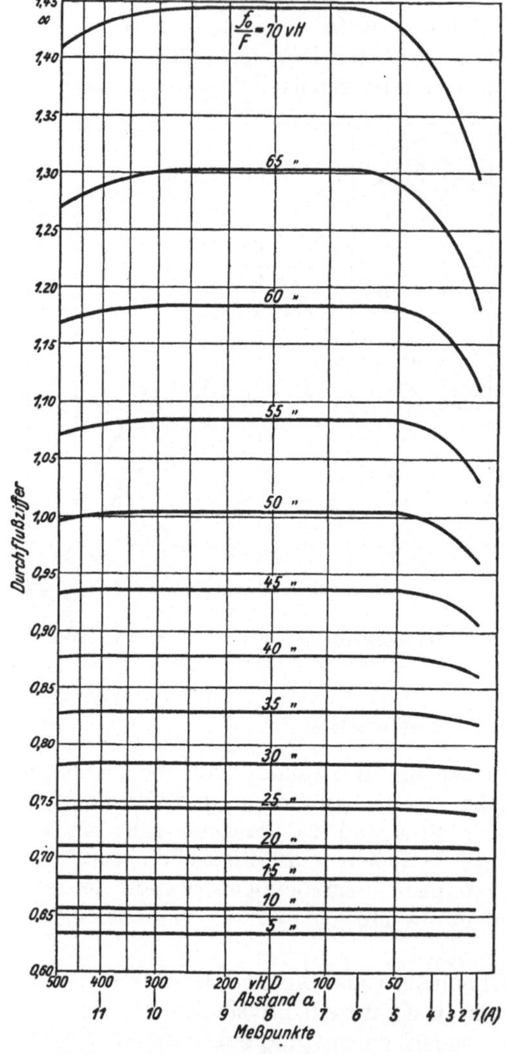

Abb. 97 Abstände der vorderen Druckmeßstellen in Hundertteilen des Rohrdurchmessers. Hintere Druckmeßstelle bei B_{12} nach Spitzglas.

Tabelle 5.
Durchflußziffer α.

m	Rohrdurchmesser (mm)		
	100	200	300
0,05	0,625	0,625	0,625
0,1	0,620	0,620	0,620
0,15	0,615	0,615	0,615
0,2	0,620	0,620	0,615
0,25	0,630	0,630	0,625
0,3	0,640	0,640	0,635
0,35	0,655	0,655	0,650
0,4	0,675	0,670	0,665
0,45	0,695	0,690	0,685
0,5	0,720	0,710	0,705
0,55	0,745	0,735	0,730
0,6	0,775	0,765	0,755
0,65	0,815	0,805	0,795
0,7	0,870	0,855	0,840
0,75	0,950	0,930	0,910

m	Rohrdurchmesser (mm)		
	400	500	600
0,05	0,625	0,625	0,625
0,1	0,615	0,615	0,615
0,15	0,610	0,610	0,610
0,2	0,615	0,610	0,610
0,25	0,625	0,615	0,615
0,3	0,630	0,630	0,625
0,35	0,645	0,640	0,635
0,4	0,660	0,655	0,650
0,45	0,680	0,675	0,665
0,5	0,695	0,690	0,680
0,55	0,720	0,710	0,700
0,6	0,745	0,735	0,725
0,65	0,780	0,770	0,755
0,7	0,825	0,810	0,795
0,75	0,890	0,870	0,850

schen Kennzahl $R = \dfrac{v \cdot d}{v}$ hinzu. Und zwar findet man bei größeren Rohrdurchmessern durchweg größere Kontraktion wie bei kleineren

Rohren $\left(\dfrac{d}{D} = \text{const.}\right)$. Diese Einflüsse sind im einzelnen bis heute noch nicht voll aufgeklärt. Indes vermag man einen plausiblen Grund für diese Erscheinung wohl anzugeben. Bei kleineren Rohren ist die Grenzschicht im Verhältnis zum Rohrdurchmesser größer wie bei größeren Rohren. Hierdurch haben große Teile der Randpartie, die bei der Einschnürung durch ihre Fliehkräfte die Kontraktion bewirken sollen, kleinere Geschwindigkeit, werden also nicht in dem

Maße eine Krümmung hervorrufen können wie bei großen Rohren, wo die Reibung der Wand verhältnismäßig gering ist und eine große Geschwindigkeit der äußeren Teilchen in der Diskontinuitätsfläche vorhanden sein wird.

In Tabelle 5 sind die Meßwerte enthalten, die sich aus Versuchen von Jakob und Kretzschmer ergeben haben. Für größere Rohrdurchmesser wie 600 mm $\varnothing$ ist also Extrapalation nötig.

Sehr eingehende Versuche über Stauränder wurden im Institut für Mengenmessung in Chikago von Spitzglas gemacht, auf die hier kurz eingegangen sei[1]. Genaue Druckmessungen vor und hinter dem Staurand gestatteten, auch den Einfluß der Meßstelle genau zu untersuchen.

Die Druckmessungen vor dem Staurand (Abb. 97) zeigen eine starke Abnahme des Druckes kurz vor dem Staurand, dort wo nach den deutschen Vorschriften die Meßstelle angebracht sein soll.

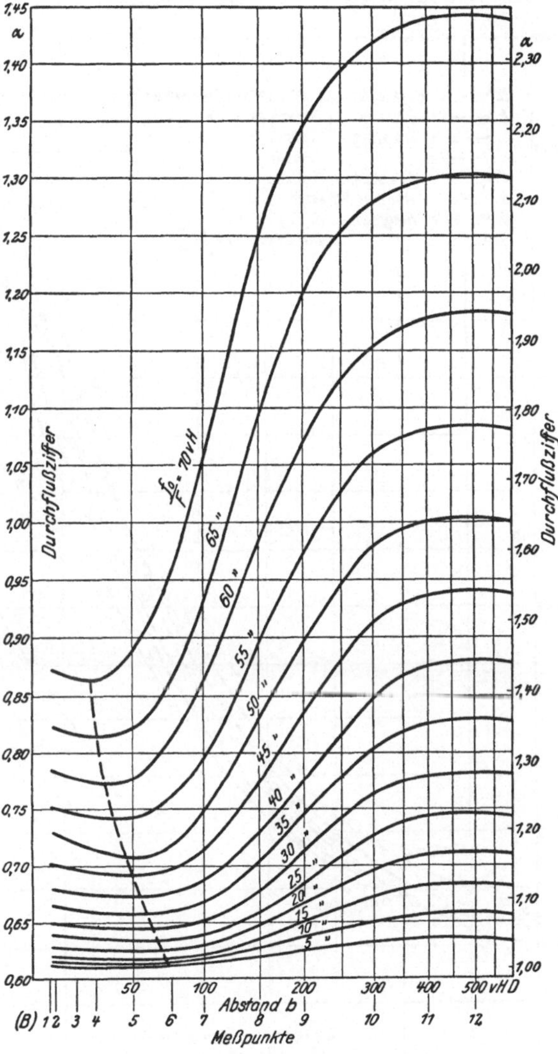

Abb. 98. Vordere Druckmeßstelle A_6 bis A_9,
hintere Druckmeßstelle $B_1 \ldots B_n$.
Linker Maßstab gilt für $\alpha = 0{,}61$ bei $m = 0{,}1$,
rechter „ „ „ $\alpha = 1$ „ $m = 0{,}1$.
Nach Spitzglas.

Spitzglas empfiehlt deshalb, diese Meßstelle in einer Entfernung 0,75 bis $2\,D$ hinter dem Staurand anzubringen. Abb. 98 zeigt den

---

[1] Dogerloh, L.: Die Staurandversuche von Spitzglas, verglichen mit deutschen Messungen. Z. V. d. I. 1927, S. 703.

Druckverlauf hinter dem Staurand. Man erkennt, daß ein konstanter Druck erst nach $4^{1}/_{2}$ Durchmessen erzielt wird. Auf dieser verhältnismäßig kurzen Strecke spielt sich die Umsetzung der Geschwindigkeit in Druck wieder ab. Man sieht ein, daß strömungstechnisch die richtige Stelle für das Anbringen der Meßstelle nicht direkt vor und hinter dem Staurand, sondern 0,75 bis 1,0 D vor und ca. $4^{1}/_{2}$ D hinter dem Staurand zu suchen ist. Indes sind alle bekannten Versuchsergebnisse auf Messungen unmittelbar am Staurand bezogen.

Abb. 99 zeigt eine Zusammenstellung von Messungen bekannter Forscher. Die theoretische Kurve $\alpha = 0,61$ ist auch dort eingetragen. Obschon die Versuchswerte große Abweichungen zeigen, erkennt man doch wenigstens für kleinere Rohrdurchmesser die Annäherung an den theoretischen Wert. Abb. 100 zeigt den großen Einfluß verschiedener Rohrdurchmesser nach Versuchen von Spitzglas und anderen Forschern. Verschiedene Überlegungen führen dazu, den Kurven von Spitzglas eine große Wahrscheinlichkeit zuzuschreiben.

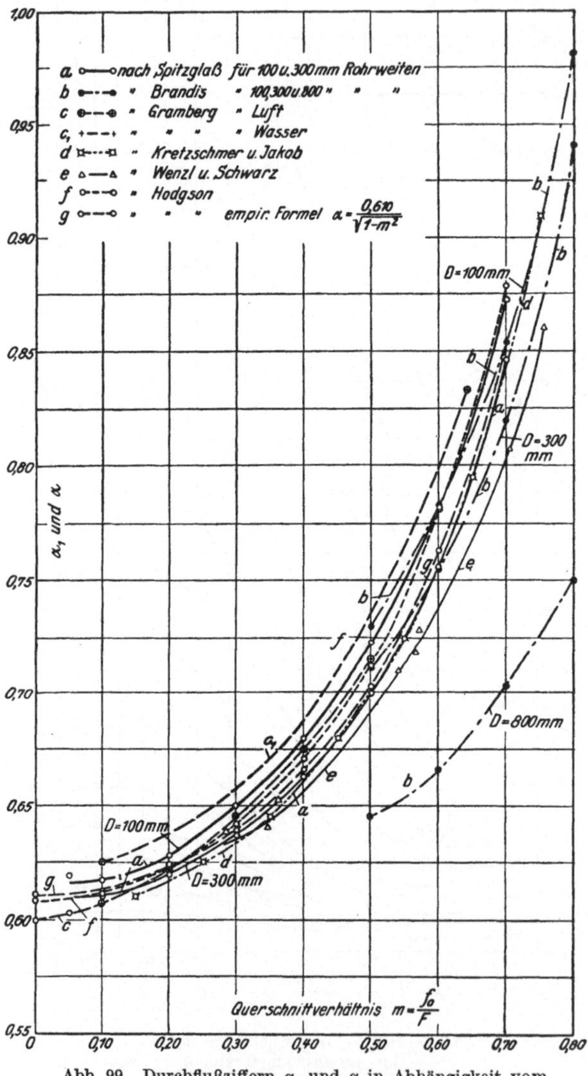

Abb. 99. Durchflußziffern α_1 und α in Abhängigkeit vom Querschnittsverhältnis m nach Spitzglas.

Man erkennt jedenfalls, daß vor allem bei großen Rohrdurchmessern die Staurandversuche eine ziemliche Unsicherheit besitzen. Selbst im Bereiche der kleineren Rohrdurchmesser schätzen Jakob und Kretzschmer die absolute Genauigkeit ihrer Versuchswerte auf nur 2%, während die Abhängigkeit vom Rohrdurchmesser gern als linear angenommen wird. Sowohl bei abgerundeten Düsen, wie bei Staurändern, wird der Beiwert durch die Geschwindigkeit beeinflußt. Mit höheren Geschwindigkeiten tritt bei Staurändern eine Verkleinerung und bei Düsen eine Vergrößerung des Beiwertes ein. Es liegt nahe, die Ähnlichkeitsmechanik zur systematischen Klärung dieser Frage heranzuziehen. Dies ist in jüngster Zeit zum ersten Male von Witte[1] mit Erfolg versucht worden. Für die verschiedensten Durchmesserverhältnisse wurde der Beiwert in Abhängigkeit von der Reynoldschen Zahl aufgetragen. Die Versuche wurden ausgeführt für Dampf, Wasser und Öl. In Abb. 101 befinden sich für $m = 0{,}059$; $(0{,}115$ und $0{,}191)$ die Versuchswerte von Witte für Staurand und eine Düse (sog. I.G.-Meßdüse). Man stellt zuerst mit Befriedigung fest, daß auch hier das Ähnlichkeitsgesetz erfüllt wird. Als weiteres Ergebnis erkennt man die große Änderung der Beiwerte für kleine Reynoldsche Zahlen. Die Düse zeigt sogar zwischen $R = 10^3$ bis 10^5 ein gewisses labiles Verhalten, während der Staurand stetige Kurven ergibt. Hieraus folgt, daß für diesen

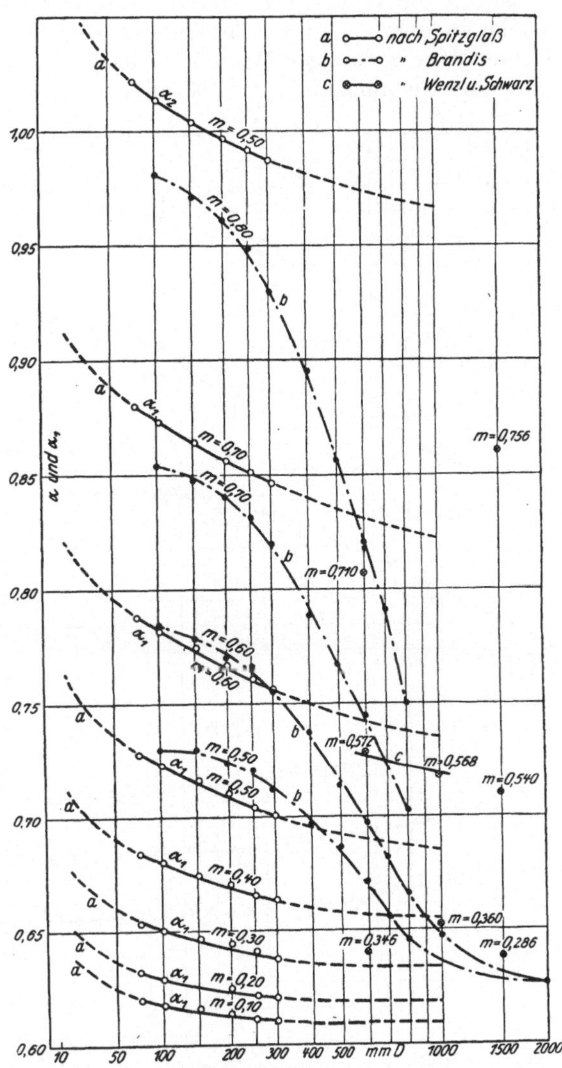

Abb. 100. Einschnürungsziffer μ in Abhängigkeit vom Rohrdurchmesser D nach Spitzglas.

Bereich eine Düse unter allen Umständen zu vermeiden ist. Bei der VDI-Düse wird dieser kritische Wert wahrscheinlich bedeutend höher liegen. Für größere Reynoldsche Zahlen scheint tatsächlich keine

---

[1] Witte: Durchflußbeiwerte der I.G.-Meßmündungen für Wasser, Öl, Dampf und Gas. Z. V. d. I. 1928, S. 1493.

nennenswerte Veränderung der Beiwerte mehr einzutreten. Dieses Gesetz gilt natürlich nur für geometrisch ähnliche Anordnungen, d. h. für dasselbe m und für die gleiche Anlaufstrecke. Diese Ergebnisse sind auch für Luft zutreffend, wie anschließende Versuche von Witte bestätigten. Durch diese Versuche ist eine große Lücke in der bisherigen Theorie der Düsenmessungen ausgefüllt. Die Genauigkeit derartiger Messungen darf deshalb mit Recht — Witte gibt eine Genauigkeit von $^1/_2\%$ an — als gesteigert angesehen werden.

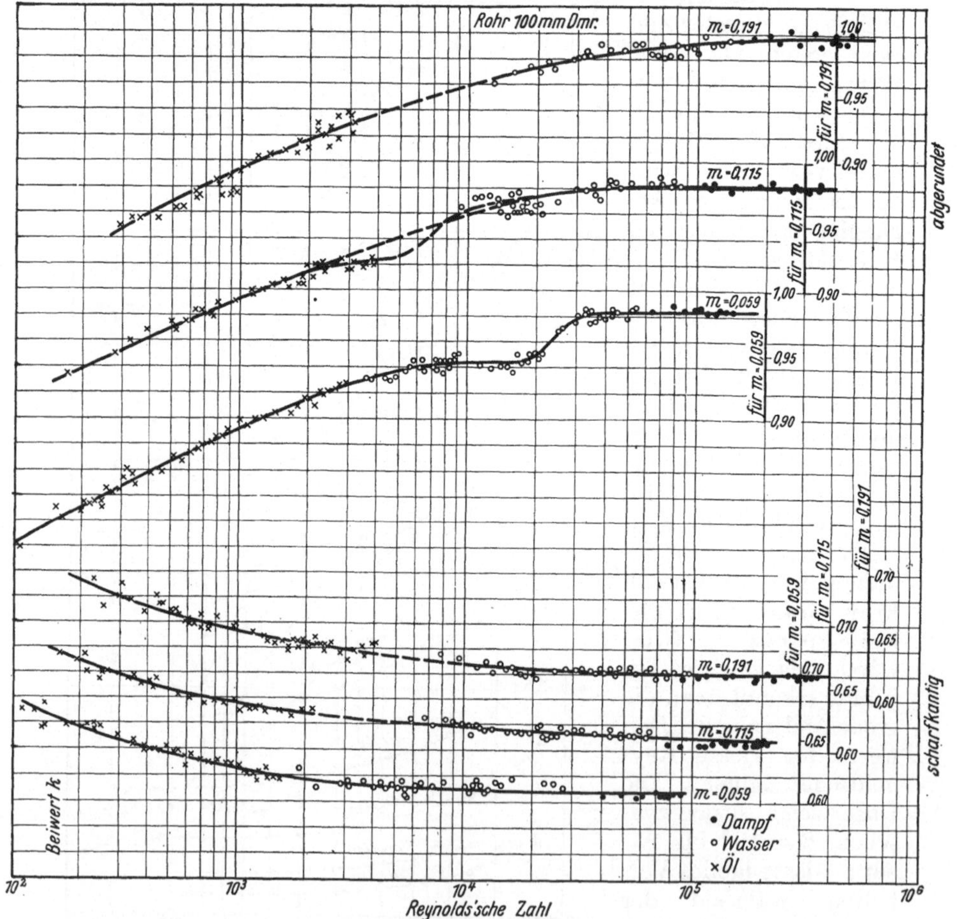

Abb. 101. Beiwerte von Düsen und Staurändern in Abhängigkeit von der Reynoldschen Zahl nach Versuchen von Witte.

4. Messungen durch Druckabfall in glatten Rohren.

Wie bereits auf S. 35 dargelegt, ist man über den Strömungswiderstand in glatten Rohren durch umfangreiche Versuche genau unterrichtet. Man kann mit ziemlicher Genauigkeit die von Blasius vorgeschlagene Formel für den Widerstandskoeffizienten ansetzen

$$\lambda = 0{,}1582 \cdot \left(\frac{\nu}{2 \cdot c \cdot d}\right)^{0{,}25}; \qquad H_r = \lambda \frac{l}{d} \frac{c^2}{2\,g}.$$

Hierdurch ergibt sich nun auch umgekehrt die Möglichkeit, aus dem Reibungswiderstande eines glatten Rohres die mittlere Geschwindigkeit bzw. die Durchflußmenge zu bestimmen, ein Verfahren, das zuerst von Jakob angewandt wurde. Steht ein für diese Zwecke geeignetes glattes Rohr von genügender Länge (mindestens 50 bis 80 D) zur Verfügung, so lassen sich mit diesen Messungen ziemliche Genauigkeiten, ca. 1%, erreichen. Bei sehr großen Rohrdurchmessern wird man oft den Vergleich mit glatten Rohren anstellen können. Weil dort das Verhältnis $\dfrac{\text{Unebenheiten}}{\text{Rohrdurchmesser}}$ sehr klein ausfällt.

5. Messungen mit Stauröhren.

Erfordert eine Messung große Genauigkeit oder ist der Einbau einer Düse oder eines Staurandes unmöglich, so wird man oft dazu übergehen, die Geschwindigkeitsverteilung in einem Querschnitt von Punkt zu Punkt zu messen. Solche Messungen sind möglich mit Staugeräten, die in der verschiedensten Form ausgeführt werden. Abb. 102 zeigt die bekannte Ausführung von Prandtl. Das Instrument gibt einen Druckunterschied an, das gleich dem

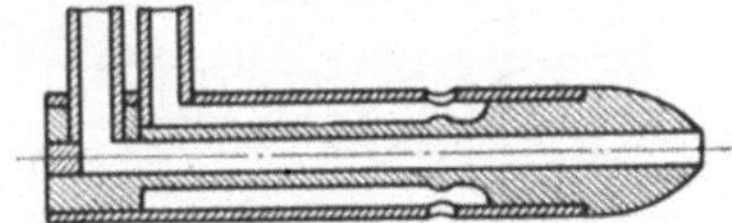

Abb. 102. Pitotrohr mit dem Beiwert 1.

dynamischen Druck $\dfrac{\gamma}{2\,g} c^2$ ist ohne irgendeinen Beiwert. Schiefstellungen bis zu 10^0 sind ohne wesentlichen Einfluß auf die Messung.

Ist eine lange gerade Rohrleitung vorhanden, so kann man oft mit ziemlicher Sicherheit annehmen, daß man eine hydrodynamisch ausgebildete Strömung vor sich hat, d. h. es ist ein Geschwindigkeitsprofil zu erwarten, das nach früheren Bemerkungen durch das sogenannte 1/7-Gesetz bestimmt ist. Es genügt dann eine Messung in der Mitte des Rohres. Der sogenannte Staudruck läßt sich auf den Staudruck der mittleren Geschwindigkeit umrechnen. Für eine Parabel 7. Ordnung ergibt sich für $\dfrac{u_{\text{mitt}}}{u_{\text{max}}} = \dfrac{49}{60} = 0{,}815$, so daß die Staudrücke sich verhalten wie $\left(\dfrac{49}{60}\right)^2$. Bei Messung von v_{max} ist also v_{mitt} sofort bekannt. Messungen von Kirsten für Reynoldsche Zahlen von 10 000 bis 50 000 ergaben durchweg für $\dfrac{u}{u_{\text{max}}} = 0{,}81$, d. h. hinreichende Übereinstimmung mit dem theoretischen Wert. Für hohe Reynoldsche Zahlen muß allerdings nach den neuesten Messungen von Nikuradse[1] mit einer Parabel 8. Ordnung gerechnet werden, natürlich

---

[1] Nikuradse: Forschungsheft. VDI Verlag.

so, daß mit steigenden Reynoldschen Zahlen ein stetiger Übergang von einer Parabel 7. Ordnung zur Parabel 8. Ordnung stattfindet.

Für praktische Messungen kommt diese Meßmethode selten in Frage, da selten in der Nähe der Maschine so lange gerade Rohrstücke vorhanden sind, daß man eine hydrodynamisch ausgebildete Rohrströmung vorliegen hat. An langen geraden Leitungen sind hauptsächlich die Druckleitungen der Druckluftanlagen vorhanden. Die hier vorhandenen hohen Drücke (bis 7 atü) erschweren die Messungen von so kleinen Drücken wie der dynamische Staudruck sehr, da die allergeringsten Undichtigkeiten an den Meßinstrumenten zu den größten Ungenauigkeiten Anlaß geben können.

6. Anordnung der Düsen.

Die beste Anordnung der Düsen bzw. Stauränder ist die in der Ansaugeleitung. Will man die Gewähr haben, daß die Verhältnisse mit einer ausgebildeten Rohrströmung einigermaßen übereinstimmen, so muß vor der Düse mindestens 15 bis 20 D Rohrlänge vorgeschaltet werden. Hinter der Düse kann man sich mit kleineren Rohrlängen begnügen, da der Druckabfall in der Düse hierdurch kaum beeinflußt werden dürfte. Sehr oft findet man bei praktischen Versuchen die Einlaufdüse ohne vorgeschaltetes Rohr angeordnet. Da der Ansaugestutzen von vielen Maschinen unter Keller liegt, ist die Anordnung größerer Rohrleitungen oft unmöglich. Wieviel sich der Düsenkoeffizient hierdurch ändert, läßt sich noch nicht mit Sicherheit voraussagen. Da bei dieser Anordnung der Druck in der Düse steigt, der

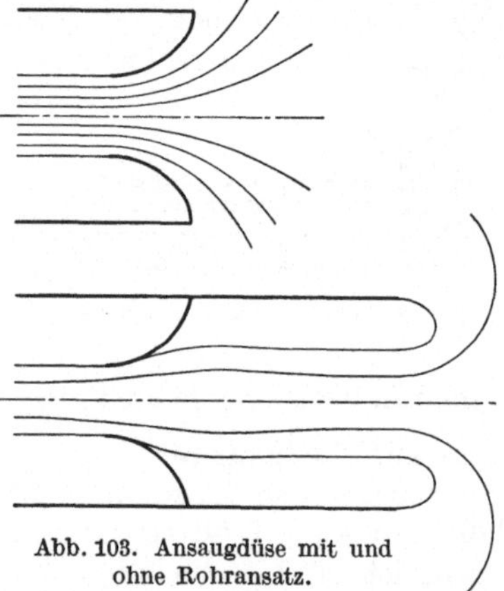

Abb. 103. Ansaugdüse mit und ohne Rohransatz.

gemessene Druckabfall also größer wird, muß der Düsenkoeffizient kleiner werden. Verschiedentliche Versuche des Verfassers, die darin bestanden, daß das vorgeschaltete Rohr abmontiert wurde, zeigten, daß bei kleinen Druckdifferenzen kaum meßbare Unterschiede nachzuweisen sind. Größer dürfte der Fehler sein, wenn man nach Abb. 103 nur ein sehr kurzes Rohrstück etwa 2 bis 3 D vorschaltet. Am Eintritt entsteht hier eine sehr starke Kontraktion $\left(\frac{f_m}{F} = 0{,}5\right)$, wodurch unmittelbar vor dem Einlauf in die Düse ein deutlich meßbarer Unterdruck entsteht. Unbedenklich ist dagegen eine Düse am Ende der Druckleitung ohne Anordnung eines nachfolgenden Rohres.

Die Anordnung von Düsen oder Staurändern in der Druckleitung selbst ist in der Praxis mit Recht nicht sehr beliebt. Aus den oben schon erwähnten Gründen können sehr leicht große Meßfehler auftreten, wenn nicht auf laboratoriumsgemäße Ausführung geachtet wird.

Mit Recht wird deshalb, wenn derartige Messungen garantiert werden müssen, größere Toleranz verlangt, wie bei Messungen in der Saugleitung.

VI. Festigkeitsberechnungen.

1. Festigkeit der Laufräder.

Allgemeines.

Das Druckverhältnis eines Laufrades ist proportional dem Quadrate der Umfangsgeschwindigkeit, wie bereits eingangs abgeleitet wurde. Um die Anschaffungskosten der Maschine zu verringern und bis zu einem gewissen Grade auch Fundament- und Gebäudekosten, ist man bestrebt, die Stufenzahl durch Anwendung hoher Umfangsgeschwindigkeiten so klein wie möglich zu halten. Seit Einführung der Turbokompressoren kann man diese Entwicklung nach immer höheren Geschwindigkeiten deutlich verfolgen. So geht man schon heute bei vielen Konstruktionen bis an die Grenze des Möglichen, die durch die vorhandenen Materialien und die Rücksicht auf Schwingungserscheinungen bedingt ist. Außer der Umfangsgeschwindigkeit ist die Drehzahl noch von Bedeutung. Beide Probleme sind im modernen Turbokompressorenbau von allergrößter Wichtigkeit und müssen beim Entwurf neuer Modelle sorgfältigst behandelt werden.

a) Ableitung der Hauptgleichung für rotierende Scheiben.

In Abb. 104 ist das Ringelement einer Scheibe veränderlicher Dicke herausgegriffen. Das Element sei durch zwei Kreisbögen und zwei Radien begrenzt.

Bezeichnungen:

r Radius an irgendeinem Punkt in cm,

b Breite auf dem Radius r in cm,

σ_r Radialspannung in kg/cm^2,

σ_t Tangentialspannung in kg/cm^2,

γ spez. Gewicht des Scheibenmaterials in kg/cm^3,

$\mu = \dfrac{\gamma}{g}$ Massendichte,

g Erdbeschleunigung in cm/sec^2 (981 cm/sec^2),

ω Winkelgeschwindigkeit 1/sec,

m Poissonsche Konstante der Querdehnung

$$= \frac{\text{Dehnung in Richtung der Spannung}}{\text{Dehnung senkrecht zur Spannung}} = \text{Querkontraktion.}$$

Im allgemeinen nimmt die Scheibe nach der Nabe erheblich an Stärke zu, so daß die äußere Kontur nach dem Mittelpunkt zu stark gekrümmt ist. Dies hat zur Folge, daß außer Radial- und Tangentialspannungen noch Axialspannungen auftreten. Es soll hier davon abgesehen werden, diese Spannungen mit in die Rechnung einzusetzen. Es läßt sich zeigen, daß durch diese Lösung 1. Näherung die Bedürfnisse der Praxis genügend befriedigt und die Abweichungen nicht sehr bedeutend sind.

Das in Abb. 104 dargestellte Element hat die Masse $\frac{\gamma}{g} b \cdot r \, d\varphi \cdot dr$. Hierauf wirkt die Zentrifugalkraft $\frac{\gamma}{g} r^2 \omega^2 b \, dr \, d\varphi$. Auf dem Radius r greift eine radiale Kraft an, die gleich dem Produkt aus der Radialspannung und der Fläche ist.

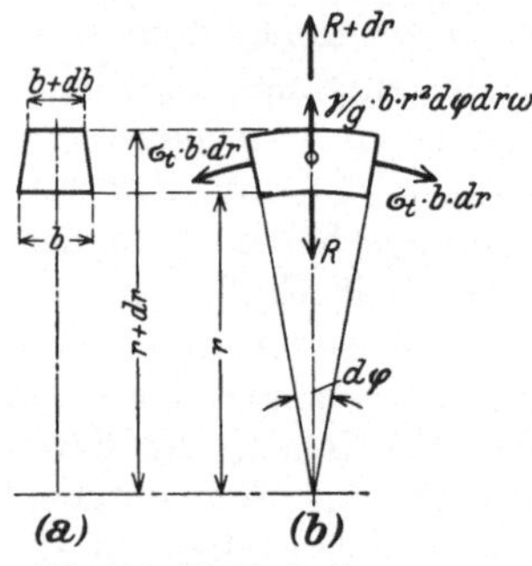

Abb. 104. Element einer Laufradscheibe.

$$R = r \, d\varphi \cdot b \cdot \sigma_r.$$

In gleicher Weise findet man auf dem Radius $r + dr$ die Kraft

$$R + dR = (r + dr)(b + db)(\sigma_r + d\sigma_r) \, d\varphi.$$

An den radialen Schnittflächen greifen die Tangentialspannungen an $b \cdot dr \cdot \sigma_t$, die, wie aus Abb. 104 leicht zu erkennen ist, eine radiale Komponente haben.

Das Gleichgewicht der Kräfte in radialer Richtung bedingt die Gleichung

$$(r + dr)(b + db)(\sigma_r + d\sigma_r) \, d\varphi - r \cdot b \cdot \sigma_r \cdot d\varphi + \frac{\gamma}{g} \omega^2 r^2 b \, dr \, d\varphi$$
$$- b \cdot dr \cdot \sigma_t \cdot d\varphi = 0.$$

Mit einigen leichten Umformungen gewinnt man hieraus die Differentialgleichung:

$$\frac{d}{dr}(r \cdot b \cdot \sigma_r) - b \sigma_t + \frac{\gamma}{g} \omega^2 r^2 b = 0.$$

Um die Gleichung auf eine verwertbare Form zu bringen, müssen noch die Beziehungen zwischen Spannung und Dehnung eingesetzt werden.

Wir wollen die radiale Verschiebung, die irgendein Punkt auf dem Radius r im Spannungszustande gegenüber dem ungespannten Zustande erfährt, mit ξ bezeichnen. Die radiale Dehnung ist dann $\frac{d\xi}{dr}$. Die tangentiale Dehnung ergibt sich zu $= \frac{2\pi(r + \xi) - 2\pi r}{2\pi r} = \frac{\xi}{r}$. Nach bekannten Grundgesetzen ist

$$E \frac{d\xi}{dr} = \sigma_r - \frac{1}{m} \sigma_t$$

und

$$E \frac{\xi}{r} = \sigma_t - \frac{1}{m} \sigma_t.$$

Durch diese Beziehungen gelingt es, die Spannungen σ_r und σ_t als

Funktion der Deformation ξ auszudrücken:

$$\sigma_r = \frac{E}{1 - \dfrac{1}{m^2}} \left(\frac{\xi}{r} \cdot \frac{1}{m} + \frac{d\xi}{dr} \right),$$

$$\sigma_t = \frac{E}{1 - \dfrac{1}{m^2}} \left(\frac{\xi}{r} + \frac{1}{m} \frac{d\xi}{dr} \right).$$

Setzen wir σ_r und σ_t in obige Gleichung ein, so ergibt sich:

$$\frac{d}{dr} \left\{ \frac{r \cdot b \cdot E}{1 - \dfrac{1}{m^2}} \left(\frac{1}{m} \frac{\xi}{r} + \frac{d\xi}{dr} \right) \right\} - \frac{b E}{1 - \dfrac{1}{m^2}} \left(\frac{\xi}{r} + \frac{1}{m} \frac{d\xi}{dr} \right) + \frac{\gamma}{g} \omega^2 r^2 b = 0.$$

Durch Ausführung der Differentiation erhält man:

$$\frac{d^2\xi}{dr^2} + \frac{d\xi}{dr} \left(\frac{1}{b} \frac{db}{dr} + \frac{1}{r} \right) + \xi \left(\frac{1}{m \cdot r} \cdot \frac{1}{b} \cdot \frac{db}{dr} - \frac{1}{r^2} \right) + \frac{\dfrac{\gamma}{g} \omega^2 r \left(1 - \dfrac{1}{m^2} \right)}{E} = 0,$$

oder auch

$$\frac{d^2\xi}{dr^2} + \frac{d\xi}{dr} \left(\frac{d}{dr} (\ln b) + \frac{1}{r} \right) + \xi \left(\frac{1}{m \cdot r} \frac{d(\ln b)}{dr} - \frac{1}{r^2} \right) + \frac{\dfrac{\gamma}{g} \omega^2 r \left(1 - \dfrac{1}{m^2} \right)}{E} = 0.$$

Diese Gleichung ist ganz allgemein und unabhängig davon, wie die Breite b sich mit dem Radius r verändert.

In einigen Fällen, die im folgenden behandelt werden sollen, ist eine genaue Lösung dieser Gleichung möglich.

b) Scheibe gleicher Dicke.

Hier ist $b = $ const., d. h. $\dfrac{db}{dr} = 0$. Die letzte Gleichung nimmt hiermit die Form an:

$$\frac{d^2\xi}{dr^2} + \frac{1}{r} \frac{d\xi}{dr} - \frac{\xi}{r^2} + \frac{\dfrac{\gamma}{g} \omega^2 r \left(1 - \dfrac{1}{m^2} \right)}{E} = 0.$$

Diese Differentialgleichung ist leicht zu lösen durch Einführung einer neuen Veränderlichen $\xi = \zeta + a r^3$:

$$\frac{d\xi}{dr} = \frac{d\zeta}{dr} + 3 a r^2,$$

$$\frac{d^2\xi}{dr^2} = \frac{d^2\zeta}{dr^2} + 6 a r.$$

Dies setzen wir ein und erhalten:

$$\frac{d^2\zeta}{dr^2} + \frac{1}{r} + \frac{d\zeta}{dr} - \frac{\zeta}{r^2} = 0.$$

Die Konstante a muß hier so bestimmt werden, daß

$$8\,a\,r + \frac{\dfrac{\gamma}{g}\,\omega^2\,r\left(1 - \dfrac{1}{m^2}\right)}{E} = 0$$

oder

$$a = -\,\frac{\dfrac{\gamma}{g}\,\omega^2\left(1 - \dfrac{1}{m^2}\right)}{8\,E}.$$

Die letzte Differentialgleichung kann durch folgenden Ansatz befriedigt werden $\zeta = C \cdot r^{\psi}$, wo C und ψ Konstanten sind

$$\frac{d\zeta}{dr} = C\,\psi\,r^{\psi - 1},$$

$$\frac{d^2\zeta}{dr^2} = C\,(\psi^2 - \psi)\cdot r^{\psi - 2}.$$

Setzen wir dies in die Differentialgleichung ein, so erhalten wir

$$\psi^2 - 1 = 0; \quad \text{d. h.} \quad \psi = \pm 1, \; \zeta = C_1 \cdot r \quad \text{und} \quad \zeta = \frac{C_2}{r}$$

sind also 2 Lösungen obiger Gleichung. Die völlständige Lösung ist somit

$$\xi = a\,r^3 + C_1\,r + C_2\,\frac{1}{r}.$$

Diesen Wert setzt man in die Gleichungen für die Spannungen ein und erhält

$$\sigma_r = \frac{E}{1 - \dfrac{1}{m^2}}\left\{a\,r^2\left(3 + \frac{1}{m}\right) + C_1\left(1 + \frac{1}{m}\right) - \frac{C_2}{r^2}\left(1 - \frac{1}{m}\right)\right\},$$

$$\sigma_t = \frac{E}{1 - \dfrac{1}{m^2}}\left\{a\,r^2\left(1 + \frac{3}{m}\right) + C_1\left(1 + \frac{1}{m}\right) + \frac{C_2}{r^2}\left(1 - \frac{1}{m}\right)\right\}.$$

Diese Gleichungen gelten allgemein für eine Scheibe gleicher Dicke. Die Spannungen hängen, außer von m, von den Konstanten a, C_1, C_2 ab.

a ist eine Funktion des spezifischen Gewichtes, der elastischen Eigenschaften, sowie der Umdrehungszahl. C_1 und C_2 sind von den Randbedingungen abhängig.

c) Glatte Scheibe ohne Bohrung.

Randbedingungen.

1. Für $r = 0$ muß die Dehnung $\xi = 0$ sein.
2. Für $r = r_a$ ist $\sigma_r = 0$.

Da

$$\xi = a\,r^2 + C_1\,r + \frac{C_2}{r},$$

muß für $\xi = 0$ auch $r = 0$ sein. Dies ist aber nur möglich, wenn gleichzeitig auch $C_2 = 0$ ist.

$$\sigma_r = \frac{E}{1 - \frac{1}{m^2}}\left\{ar^2\left(3 + \frac{1}{m}\right) + C_1\left(1 + \frac{1}{m}\right)\right\} \quad \Big| \quad \sigma_r = 0 \text{ für } r = r_a,$$

$$C_1 = \frac{a \cdot r_a^2\left(3 + \frac{1}{m}\right)}{1 + \frac{1}{m}}.$$

Setzen wir diesen Wert in die Gleichung für σ_r und σ_t ein, so ergibt sich

$$\sigma_r = \frac{3 + \frac{1}{m}}{8}\,\frac{\gamma}{g}\,\omega^2\left(r_a^2 - r^2\right),$$

$$\sigma_t = \frac{\gamma}{g}\,\frac{\omega^2}{8}\left\{\left(3 + \frac{1}{m}\right)r_a^2 - \left(1 + \frac{3}{m}\right)r^2\right\}.$$

Man erkennt, daß die Spannungen im Mittelpunkt der Scheibe am größten sind. Setzt man für Stahl $\frac{1}{m} = \frac{3}{10}$ (mittlerer Wert) und führt die Umfangsgeschwindigkeit $u = r_a \cdot \omega$ ein, so erhält man für die größten Spannungen

$$\sigma_{r\,\text{max}} = \frac{\gamma}{g}\,u^2\,\frac{3 + \frac{1}{m}}{8} = 0{,}4125\,\frac{\gamma}{g}\,u^2,$$

$$\sigma_{t\,\text{max}} = 0{,}4125\,\frac{\gamma}{g}\,u^2.$$

d) Scheibe gleicher Dicke mit Bohrung in der Mitte.

Es sei r_0 der innere und r_a der äußere Radius. Die Grenzbedingungen sind hier dadurch gegeben, daß σ_r am äußeren und inneren Radius verschwinden muß.

Hieraus ergibt sich

$$C_1 = a\left(\frac{3 + \frac{1}{m}}{1 + \frac{1}{m}}\right)\cdot\left(r_a^2 - r_0^2\right),$$

$$C_2 = -\,a\,r_a^2\,r_0^2\cdot\left(\frac{3 + \frac{1}{m}}{1 - \frac{1}{m}}\right).$$

Durch Einsetzen in die Gleichungen für σ_r und σ_t erhält man

$$\sigma_r = \frac{\gamma}{g}\,\omega^2\,\frac{3 + \frac{1}{m}}{8}\left[r_0^2 + r_a^2 - \frac{r_0^2 r_a^2}{r^2} - r^2\right],$$

$$\sigma_t = \frac{\gamma}{g}\,\frac{\omega^2}{8}\left(3 + \frac{1}{m}\right)\left[r_0^2 + r_a^2 - \frac{r_0^2 \cdot r_a^2}{r^2} - \left(1 + \frac{3}{m}\right)r^2\right];$$

setzt man für Stahlscheiben wieder $\dfrac{1}{m} = \dfrac{3}{10}$, so entsteht

$$\sigma_r = \frac{\gamma}{g}\, u^2 \cdot 0{,}4125 \left[1 + \left(\frac{r_0}{r_a}\right)^2 - \left(\frac{r_0}{r}\right)^2 - \left(\frac{r}{r_a}\right)^2\right]$$

$$= \frac{\gamma}{g}\, u^2\, \frac{1}{8} \left[\left(1 + \left(\frac{r_0}{r_a}\right)^2 + \left(\frac{r_0}{r_a}\right)^2\right) 3{,}3 - 1{,}9 \left(\frac{r}{r_a}\right)^2\right].$$

Der Haupteinfluß einer Bohrung in der Mitte besteht darin, daß das Maximum der Tangentialspannung sehr vergrößert wird. Selbst wenn die Bohrung sehr klein ist, bleibt dieser Anstieg von σ_t bestehen; denn setzen wir in der letzten Gleichung $r = r_0$ und lassen r_0 sehr klein werden, so erhalten wir:

$$\sigma_t = \frac{\gamma}{g}\, u^2\, \frac{3 + \dfrac{1}{m}}{4} = 0{,}825 \cdot \frac{\gamma}{g}\, u^2,$$

$$\sigma_r = 0.$$

Ein anderer Grenzfall der Scheibe gleicher Dicke ist der frei rotierende dünne Ring; in ihm ist die Tangentialspannung wegen der geringen Stärke konstant. Man erhält hier für das Gleichgewicht in radialer Richtung, Abb. 105,

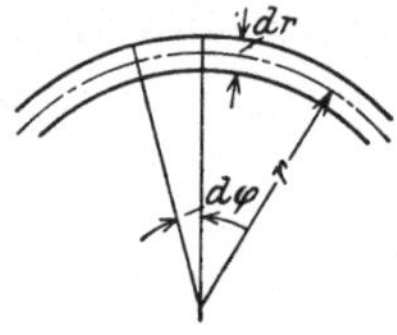

Abb. 105. Frei rotierender Ring.

$$\sigma_t\, dr \cdot b \cdot d\varphi = \frac{\gamma}{g}\, dr\, r^2\, d\varphi\, b\, \omega^2,$$

$$\sigma_t = \frac{\gamma}{g}\, u^2.$$

Wegen seiner Einfachheit und seiner anschaulichen Bedeutung wird dieser Fall gerne als Vergleichsbasis herangezogen.

Eine glatte Scheibe ohne Bohrung hat eine max. Spannung, die ca. 41% derjenigen des mit derselben Umfangsgeschwindigkeit rotierenden Ringes ist.

Eine Scheibe mit kleiner Bohrung hat ca. 82% der Spannung des freien Ringes.

Geschmiedete Stahlscheiben sind niemals homogen und weisen fast immer feine Vertiefungen an verschiedenen Stellen auf. Es ist nicht mit Sicherheit zu sagen, ob solche kleine Gefügetrennungen denselben Einfluß haben wie kleine Bohrungen in der Mitte, d. h. daß die maximale Spannung verdoppelt wird. Daß viele Firmen mit der Verstärkung der Scheibe ohne Bohrung nicht rechnen, geht daraus hervor, daß bei vielen aus dem vollen gedrehten Turbinenläufern eine Bohrung durch die Achse vorgesehen wird, um hauptsächlich den Materialzustand im Inneren des Schmiedestückes feststellen zu können[1].

In Abb. 106 ist für verschiedene Abmessungen das Verhältnis der größten Spannung zu der des freien Ringes aufgetragen. Für die Scheibe

---

[1] Allerdings ist bei neuzeitigen Turbinen die Umfangsgeschwindigkeit so gering, daß meist die Festigkeit des frei rotierenden Ringes genügt.

ohne Bohrung ist die Spannung an einem beliebigen Punkt dargestellt, während für die Scheibe mit Bohrung für verschiedene Verhältnisse $\varepsilon = \dfrac{r_0}{r_a}$ die Spannungen aufgetragen sind.

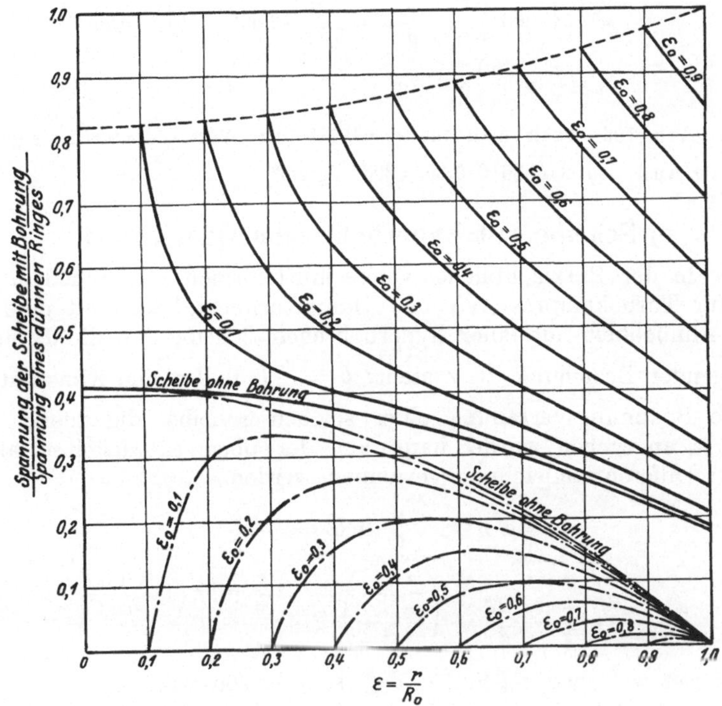

Abb. 106. Spannungen in einer glatten Scheibe mit Bohrung in der Mitte.

Ist $\sigma_0 = \dfrac{\gamma}{g}\, u^2$ die Spannung eines rotierenden Ringes, so erhält man für die in Abb. 106 dargestellten Werte

$$\frac{\sigma_r}{\sigma_0} = \frac{3 + \dfrac{1}{m}}{8}\left(\varepsilon_0{}^2 + 1 - \frac{\varepsilon_0{}^2}{\varepsilon} - \varepsilon^2\right),$$

$$\frac{\sigma_t}{\sigma_0} = \frac{1}{8}\left\{\left(3 + \frac{1}{m}\right)\left(\varepsilon_0{}^2 + 1 + \left(\frac{\varepsilon_0}{\varepsilon}\right)^2\right) - \left(1 + \frac{3}{m}\right)\varepsilon^2\right\}.$$

Hier ist

$$\varepsilon_0 = \frac{r_0}{r_a},$$

$$\varepsilon = \frac{r}{r_a}.$$

Die ausgezogenen Linien zeigen σ_t und die punktierten σ_r.

Beispiel 9. Es sollen die Hauptspannungen in dem Deckblech eines Laufrades berechnet werden, dessen Außendurchmesser 400 mm $\varnothing$ und dessen Innendurchmesser 150 mm ist. Die Umdrehungszahl sei 10 000/min.

$$u = \pi\,\frac{10\,000}{30}\cdot 0{,}2 = 209{,}3 \text{ m/sec,}$$

$$u^2 = 43\,900\,\frac{\text{m}^2}{\text{sec}^2}\,;\quad \frac{\gamma}{g}\,u^2 = \frac{7{,}85}{9{,}81}\cdot 43{,}900 = 3510 \text{ kg/cm}^2,$$

$$\varepsilon_0 = \frac{r_0}{r_a} = \frac{150}{400} = 0{,}375\,.$$

Aus Abb. 106 erhält man für $\varepsilon_0 = 0{,}375$ den Wert $\dfrac{\sigma_r}{\sigma_0} = 0{,}85$; die größte Spannung wird also sein $3510\cdot 0{,}85 = 2980$ kg/cm².

e) Scheibe mit hyperbolischem Querschnitt.

Die in der Praxis üblichen Querschnittsformen von Scheiben wie z. B. für Turbokompressoren und Dampfturbinen haben oft eine gewisse Ähnlichkeit mit einer hyperbolischen Scheibe, wo die Breite b in folgender Beziehung zu r steht: $b = \dfrac{c}{r^a}$ (c und a sind Konstanten).

Die Spannungsverteilung einer solchen Scheibe, die zuerst von Stodola angegeben wurde, kann aus der oben entwickelten allgemeinen Differentialgleichung gewonnen werden.

$$b = c\cdot r^{-a};\quad \frac{d}{dr}\,(\ln b) = -\frac{a}{r}\,,$$

$$\frac{d^2\xi^2}{dr^2} + \left(\frac{1-a}{r}\right)\cdot\frac{d\xi}{dr} - \left(\frac{\dfrac{a}{m}+1}{r^2}\right)\cdot\xi + \frac{\dfrac{\gamma}{g}\,\omega^2 r\left(1-\dfrac{1}{m^2}\right)}{E} = 0$$

eliminieren wir wieder $\xi = \zeta + a\,r^3$, so erhalten wir

$$\frac{d^2\zeta}{dr^2} + \frac{1-a}{r}\frac{d\zeta}{dr} - \frac{\dfrac{a}{m}+1}{r^2}\cdot\zeta = 0\,,$$

a muß hier so bestimmt werden, daß

$$a\left[8 - \left(3 + \frac{1}{m}\right)a\right] = -\frac{\left(1 - \dfrac{1}{m^2}\right)\dfrac{\gamma}{g}\,\omega^2}{E}\,;\quad\text{d. h.}\quad a = \frac{-\left(1 - \dfrac{1}{m^2}\right)\dfrac{\gamma}{g}\,\omega^2}{E\left[8 - \left(3 + \dfrac{1}{m}\right)\right]\alpha}\,.$$

Die Gleichung ist durch den Ansatz $\zeta = C\cdot r^\psi$ zu befriedigen, wo C und ψ Konstanten sind

$$\psi^2 - a\,\psi - \left(1 + \frac{a}{m}\right) = 0,$$

hieraus ergeben sich 2 Lösungen für ψ

$$\psi_1 = \frac{a}{2} + \sqrt{\frac{a^2}{4} + \frac{a}{m} + 1}\,,$$

$$\psi_2 = \frac{a}{2} - \sqrt{\frac{a^2}{4} + \frac{a}{m} + 1}\,.$$

Die vollkommene Lösung lautet also

$$\xi = a\,r^3 + C_1\,r^{\psi_1} + C_2\,r^{\psi_2}.$$

In die Gleichungen für die Spannungen setzen wir nun $\dfrac{\xi}{r}$ und $\dfrac{d\xi}{dr}$ ein und erhalten

$$\sigma_r = \frac{E}{1 - \dfrac{1}{m^2}}\left[\left(3 + \frac{1}{m}\right)a\,r^2 + \left(\psi_1 + \frac{1}{m}\right)C_1\,r^{\psi_1-1} \right.$$
$$\left. + \left(\psi_2 + \frac{1}{m}\right)C_2\cdot r^{\psi_2-1}\right].$$

$$\sigma_t = \frac{E}{1 - \dfrac{1}{m^2}}\left[\left(1 + \frac{3}{m}\right)a\,r^2 + \left(1 + \frac{\psi_1}{m}\right)C_1\,r^{\psi_1-1} \right.$$
$$\left. + \left(1 + \frac{\psi_2}{m}\right)C_2\cdot r^{\psi_2-1}\right].$$

Die Konstanten C_1 und C_2 spielen dieselbe Rolle wie bei der Scheibe gleicher Dicke. Sie werden durch die Randbedingungen genau festgelegt. An Hand von Beispielen soll die Verwendbarkeit dieser Gleichungen gezeigt werden.

f) Berechnung der Spannungen in Laufrädern.

Laufräder können ihrem Aufbau nach in 2 Klassen eingeteilt werden, je nachdem die Hauptlaufradscheibe aus einem Stück geschmiedet ist oder eine glatte Scheibe auf eine geschmiedete Nabe aufgesetzt ist. Für beide Fälle sollen im folgenden die Spannungen berechnet werden.

Abb. 107 zeigt ein derartig zusammengesetztes Laufrad. Es besteht aus der Nabe B, der aufgenieteten Scheibe A, dem Deckblech C und den dazwischenliegenden Schaufeln.

Bei Berechnung der Spannungen soll angenommen werden, daß die durch die Laufschaufeln verursachte Zentrifugalkraft ganz von der Scheibe A aufgenommen wird und daß von dem Deckblech keine Spannungen auf die Laufradscheibe übertragen werden. Dies setzt natürlich die stillschweigende Annahme voraus, daß die radialen Dehnungen beider Scheiben genau gleich sind.

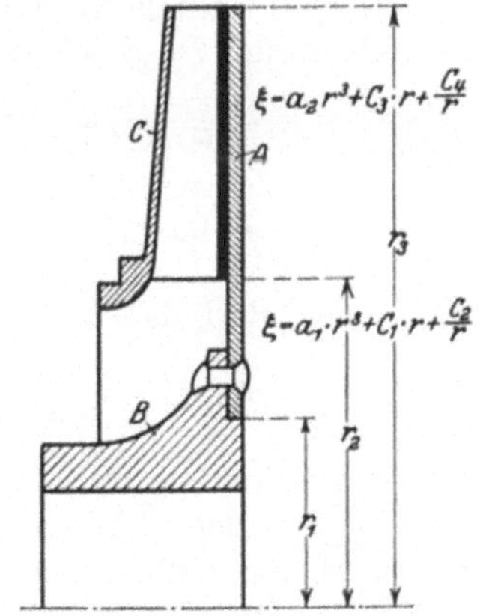

Abb. 107. Zusammengenietetes Laufrad.

Die Scheibe A ist also außer durch ihr Eigengewicht noch durch die Zentrifugalkraft der Schaufeln beansprucht, wodurch abgesehen von einer hier zu vernachlässigenden leichten Verbiegung dieselbe Wirkung eintritt, als wenn das spezifische Gewicht auf der Länge $r_3 - r_2$ vergrößert wäre. Es ist leicht zu übersehen, wie das vergrößerte spezifische Gewicht berechnet werden kann oder die entsprechende vergrößerte Scheibendicke. Letztere ist in Abb. 107 schwarz ausgezogen.

Nun ist die Aufgabe zu lösen, die Spannungen einer Scheibe zu berechnen, bei der sich bei r_2 sprunghaft die Dichte bzw. die Dicke ändert. Da es sich um Scheiben konstanter Dicke handelt, können die oben abgeleiteten Formeln verwendet werden. Die Aufgabe wird dadurch allerdings erschwert, daß die Befestigung auf der Nabe nicht als eine so unbedingt feste angesehen werden kann, wie wenn beide Teile aus einem Stück bestehen.

Die Verschiebung des inneren Teiles ist

$$\xi = a_1\, r^3 + C_1\, r + \frac{C_2}{r},$$

diejenige am äußeren Teil

$$\xi = a_2\, r^3 + C_3\, r + \frac{C_4}{r},$$

wo die Konstante

$$a = -\,\frac{\dfrac{\gamma}{g}\cdot\omega^2\left(1 - \dfrac{1}{m^2}\right)}{8\,E}$$

ist. C_1, C_2, C_3, C_4 werden durch folgende Bedingungen festgelegt:

1. Die Radialspannung bei r_1 ist Null

$$a_1\, r_1{}^2\left(3 + \frac{1}{m}\right) + C_1\left(1 + \frac{1}{m}\right) - \frac{C_2}{r_1{}^2}\left(1 - \frac{1}{m}\right) = 0.$$

2. Die Radialspannung an der äußeren Peripherie des inneren Scheibenteiles ist gleich der nämlichen Spannung für den äußeren Teil

$$a_1\, r_2{}^2\left(3 + \frac{1}{m}\right) + C_1\left(1 + \frac{1}{m}\right) - \frac{C_2}{r_2{}^2}\left(1 - \frac{1}{m}\right)$$
$$= a_2\cdot r_2{}^2\left(3 + \frac{1}{m}\right) + C_3\left(1 + \frac{1}{m}\right) - \frac{C_4}{r_2{}^2}\left(1 - \frac{1}{m}\right).$$

3. Die Radialspannung am Umfang der Scheibe muß verschwinden

$$a_2\, r_3{}^2\left(3 + \frac{1}{m}\right) + C_3\left(1 + \frac{1}{m}\right) - \frac{C_4}{r_3{}^2}\left(1 - \frac{1}{m}\right) = 0.$$

4. Die radiale Dehnung am äußeren Umfang des inneren Teiles r_2 muß gleich der nämlichen Verschiebung des äußeren Teiles sein, d. h. die beiden Scheiben müssen zusammenpassen.

$$a_1\, r_2{}^3 + C_1\, r_2 + \frac{C_2}{r_2} = a_2\, r_2{}^3 + C_3\, r_2 + \frac{C_4}{r}.$$

Die Lösung dieser vier linearen Gleichungen gibt uns die Konstanten C_1, C_2, C_3, C_4. Sind diese bekannt, so können auch die Spannungen berechnet werden.

g) Laufrad mit voller Scheibe.

Abb. 108 zeigt einen Schnitt durch eine solche Scheibe. Die Laufradscheibe ist aus einem Stück geschmiedet, während Deckblech und

Schaufeln wie unter f) sind. Bei der Laufradscheibe kann man drei Teile unterscheiden. Eine Nabe mit konstanter Dicke b_1, eine äußere Scheibe mit konstanter Dicke b_3*, ein Zwischenstück mit stark veränderlichem Querschnitt. Meist krümmt man dieses Stück nach einem Kreis.

Der einfachen Rechnung halber ersetzen wir den Kreisbogen durch die in Abb. 108 angedeutete Hyperbel $E\,H$, wodurch etwas zu hohe Spannungen berechnet werden. Eine Methode, um den wirklichen Verlauf gut anzunähern, ist in einem Beispiele ausgeführt. b_2 wird als effektive Breite auf dem Radius r_2 angenommen. Es sei $b = c_2 \cdot r^{-a}$ die Gleichung dieser Hyperbel.

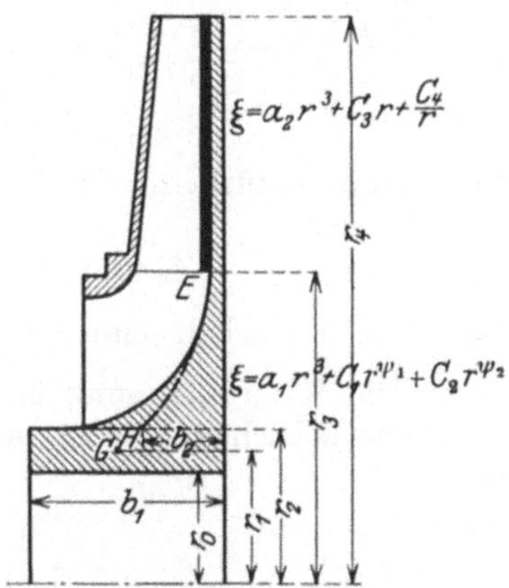

Abb. 108. Laufrad mit Scheibe gleicher Dicke.

Die radiale Dehnung für eine solche Scheibe wurde bereits oben ermittelt zu

$$\xi = a_1 r^3 + C_1 r^{\psi_1} + C_2 r^{\psi_2}.$$

Die innere Nabe könnte als Scheibe gleicher Dicke behandelt werden; doch ist ihre radiale Stärke so klein im Verhältnis zum Durchmesser, daß es genügt, mit einer mittleren Spannung zu rechnen.

Durch das Aufpressen bzw. warme Aufziehen des Rades auf die Welle entsteht an der inneren Bohrung eine radiale Spannung, die wir mit p bezeichnen wollen. Der genaue Wert ist schwer zu bestimmen, doch genügt hier in den meisten Fällen eine grobe Annahme, da p im Verhältnis zu den anderen Spannungen klein ist.

σ_{r_2} und σ_{r_3} seien die Radialspannungen auf dem Radius r_2 und r_3.

Die vier Randbedingungen sind hier folgende:

1. Die Spannung an der Nabe muß mit der Scheibenspannung auf dem Radius r_2 übereinstimmen.

Die Beanspruchungen des Nabenringes sind wie folgt:

a) Zentrifugalkraft $2\,\dfrac{\gamma}{g}\,(r_2 - r_0)\,b_1\,\omega^2\,r_2{}^2$,

b) Aufschrumpfspannung $2\,p_0 \cdot b_1 \cdot r_0$,

c) äußere Radialspannung $2\,\sigma_{r_2} \cdot b_2 \cdot r_2$.

Hieraus ergibt sich eine mittlere Beanspruchung

$$\frac{1}{b_1\,(r_2 - r_0)}\left(p_0\,b_1 \cdot r_0 + \sigma_{r_2}\,b_2\,r_2 + \frac{\gamma}{g}\,(r_2 - r_0)\,b_1\,\omega^2\,r_1{}^2\right).$$

---

* In den meisten Fällen läßt man auch in diesem Teil die Dicke langsam nach außen abnehmen. Man erkennt, daß durch diese Maßnahme die Spannungen vermindert werden und daß obige Berechnung einen oberen Wert der Spannungen ergibt, der bestimmt nicht überschritten wird. Siehe auch S. 114.

Für die entsprechende Dehnung können wir setzen:

$$\xi_2' = \frac{r_2}{E\,b_1\,(r_2 - r_0)}\,(p_0\,b_1\,r_0 + \sigma_{r_2}\cdot b_2\cdot r_2) + \frac{\dfrac{\gamma}{g}\,\omega^2\,r_1{}^2\,r_2}{E}\,.$$

Andererseits können wir für die Radialspannungen schreiben, wenn wir den inneren Durchmesser des hyperbolischen Stückes ins Auge fassen:

$$\sigma_{r_2} = \frac{E}{1 - \dfrac{1}{m^2}}\left\{\left(3 + \frac{1}{m}\right)a_1\,r_2{}^2 + \left(\psi_1 + \frac{1}{m}\right)C_1\,r_2{}^{\psi_2 - 1} + \left(\psi_2 + \frac{1}{m}\right)C_2\,r_2{}^{\psi_2 - 1}\right\}.$$

Nun muß natürlich, damit der Zusammenhang bestehen bleibt, $\xi_2 = \xi_2'$ sein

$$\xi_2 = a_1\,r_2{}^3 + C_1\,r_2{}^{\psi_1} + C_2\,r_2{}^{\psi_2}\,.$$

Auf diese Art erhält man eine Bestimmungsgleichung für C_1 und C_2.

2. Die Radialspannung bei r_3 muß dieselbe sein, ob man von der hyperbolischen Scheibe ausgeht oder von der Scheibe gleicher Dicke

$$\left(3 + \frac{1}{m}\right)a_1\,r_3{}^2 + \left(\psi_1 + \frac{1}{m}\right)C_1\,r_3{}^{\psi_1 - 1} + (\psi_2 + \sigma)\,C_2\,r_3{}^{\psi_2 - 1}$$

$$= \left(3 + \frac{1}{m}\right)a_2\,r_3{}^2 + \left(1 + \frac{1}{m}\right)C_3 - \left(1 - \frac{1}{m}\right)\frac{C_4}{r_3{}^2}\,.$$

3. In gleicher Weise müssen die Dehnungen an derselben Stelle übereinstimmen.

$$a_1\cdot r_3{}^3 + C_1\cdot r_3{}^{\psi_1} + C_2\,r_3{}^{\psi_2} = a_2\,r_3{}^3 + C_3\,r_3 + \frac{C_4}{r_3}\,.$$

4. Die Radialspannung am äußeren Umfange muß verschwinden.

$$a_2\,r_4{}^2\left(3 + \frac{1}{m}\right) + C_3\left(1 + \frac{1}{m}\right) - \frac{C_4}{r_4{}^2}\left(1 - \frac{1}{m}\right) = 0\,.$$

Die Lösung dieser vier Gleichungen ergibt $\dot{C}_1 \dots C_4$. Diese Konstanten setzt man in die Formel für die Spannungen und Dehnungen ein und erhält so alles, was von Interesse ist.

h) Spannungen in einem Laufrad mit verjüngter Scheibe.

Die Laufradscheibe nehme nach außen in der Stärke ab, wie in Abb. 109 zu erkennen ist. Das Profil kann hier mit großer Annäherung durch eine Hyperbel ersetzt werden, indem man bei dem stärker gekrümmten Nabenstück wieder eine hyperbolische Ersatzkurve annimmt. Wäre die Unstetigkeit der Belastung durch die Schaufeln nicht vorhanden, so könnten zur Berechnung der Spannungen die bereits entwickelten Gleichungen verwertet werden. Um diesen Einfluß mit zu berücksichtigen, müssen wir die Scheibe in zwei Teilen behandeln, so daß an der Trennungsstelle Spannungen und Verschiebungen übereinstimmen. Wir beschränken uns hier darauf, die vier Randbedingungen anzuschreiben.

1. Die Radialverschiebung bei r_2 muß für Nabe und Scheibe gleich sein

$$\frac{r_2}{E \cdot b_1 \, (r_2 - r_0)} \left(p_0 \cdot b_1 \cdot r_0 + \sigma_{r_2} \, b_2 \, r_2 \right) + \frac{\frac{\gamma}{g} \, \omega^2 \, r_1^{\,2} \, r_2}{E} = a_1 \, r_2^{\,3} + C_1 \, r_2^{\,\psi_1} + C_2 \, r_2^{\,\psi_2}.$$

σ_{r_2} kann ersetzt werden durch:

$$\sigma_{r_2} = \frac{E}{1 - \frac{1}{m^2}} \left\{ \left(3 + \frac{1}{m} \right) a_1 \, r_2^{\,2} + \left(\psi_1 + \frac{1}{m} \right) C_1 \, r_2^{\,\psi_1 - 1} + \left(\psi_2 + \frac{1}{m} \right) \cdot C_2 \, r_2^{\,\psi_2 - 1} \right\}.$$

2. Die Radialspannungen bei r_3 müssen für beide Scheibenteile gleich sein.

$$\left(3 + \frac{1}{m} \right) a_1 \, r_3^{\,2} + \left(\psi_1 + \frac{1}{m} \right) C_1 \, r_3^{\,\psi_1 - 1} + \left(\psi_2 + \frac{1}{m} \right) C_2 \cdot r_3^{\,\psi_2 - 1}$$

$$= \left(3 + \frac{1}{m} \right) a_2 \, r_3^{\,2} + \left(\psi_1 + \frac{1}{m} \right) C_3 \cdot r_3^{\,\varphi_1 - 1} + \left(\psi_2 + \frac{1}{m} \right) C_4 \cdot r_4^{\,\psi_2 - 1}.$$

3. Die Radialverschiebungen bei r_3 müssen für beide Scheibenteile gleich sein

$$a_1 \cdot r^3 + C_1 \, r_3^{\,\psi_1} + C_2 \cdot r_3^{\,\psi_2} = a_2 \cdot r_3^{\,3} + C_3 \cdot r_3^{\,\psi_1} + C_4 \cdot r_3^{\,\psi_2}.$$

4. Am äußeren Umfange müssen die Radialspannungen verschwinden.

$$\left(3 + \frac{1}{m} \right) a_2 \, r_4^{\,2} + \left(\psi_1 + \frac{1}{m} \right) C_3 \cdot r_4^{\,\psi_1 - 1}$$

$$+ \left(\psi_2 + \frac{1}{m} \right) C_4 \, r_4^{\,\psi_2 - 1} = 0.$$

Die hier behandelten drei Fälle umfassen natürlich nicht alle in der Praxis vorkommenden Fälle, doch geben sie ebenso wie die nachfolgenden Beispiele die Hauptrichtlinien an, die bei Behandlung solcher Aufgaben mit Vorteil verwendet werden.

Beispiel 10. In Abb. 110 sind die Hauptabmessungen eines Laufrades zu erkennen. Das Rad hat 20 Schaufeln. Jede Schaufel wiegt 0,1372 kg. Die Umdrehungszahl ist 9400/min. Es sollen die Hauptspannungen in der Laufradscheibe und in dem Deckblech berechnet werden.

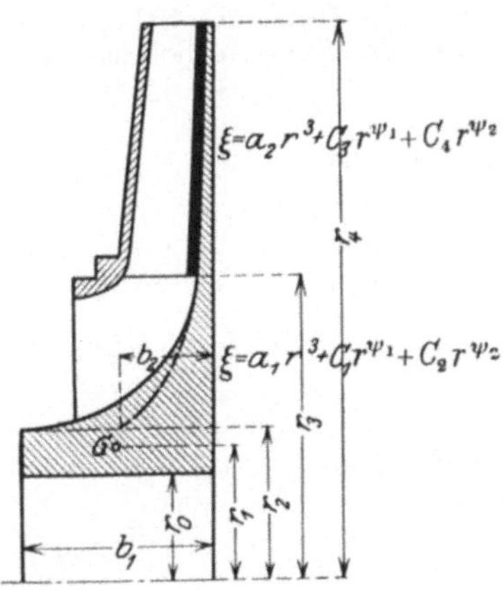

Abb. 109. Laufrad mit verjüngter Scheibe.

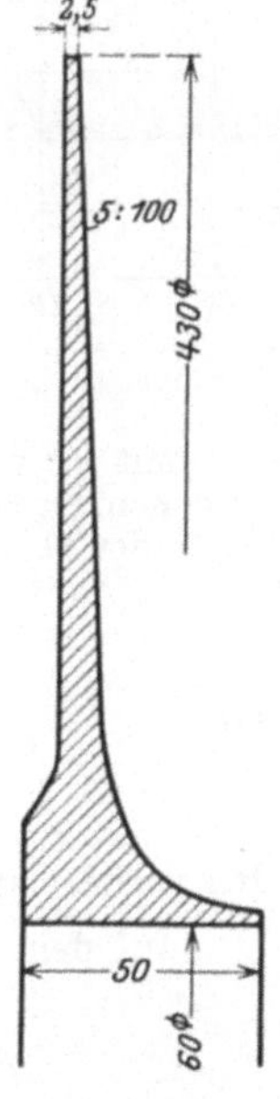

Abb. 110.
Laufradscheibe für große Umfangsgeschwindigkeiten.

Es handelt sich um ein Laufrad, wie es unter h) behandelt wurde. Zuerst müssen wir im Sinne der vorherigen Berechnungen die zusätzliche Gewichtsbelastung der Scheibe infolge der Zentrifugalkraft der Schaufeln berechnen.

Die Neigung der Schaufeln bezogen auf die Tangente ändert sich verhältnismäßig wenig, so daß wir keinen großen Fehler begehen, wenn wir den Massenbelag pro Radiuseinheit konstant annehmen. m sei diese Masse und n die Anzahl der Schaufeln. Ein Ringelement der Scheibe hat das Volumen $2\,\pi\,r\cdot b\cdot dr$. Bei der Winkelgeschwindigkeit ω ist die gesamte Zentrifugalkraft

des Ringes $2\,\pi\,\dfrac{\gamma}{g}\,b\cdot\omega^2\,r^2\,dr$, wenn γ das spezifische Gewicht des Materiales ist.

In gleicher Weise erzeugen die Schaufeln auf demselben Ringelement die Kraft $n\cdot m\cdot\omega^2\,r\cdot dr$.

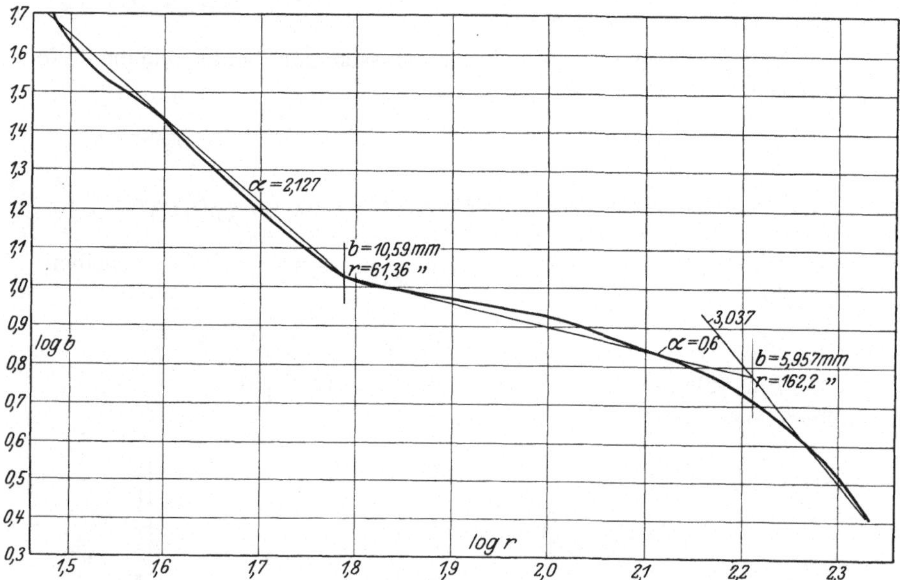

Abb. 111. Logarithmische Auftragung einer Laufradscheibe.

Mit ϱ_1 wollen wir nun die scheinbare spezifische Masse der Scheibe bezeichnen, wenn die Schaufeln hinzugerechnet werden. Diese ergibt sich aus folgender Gleichung:

$$\frac{\gamma}{g}\,2\,\pi\,b\,\omega^2\,r^2\,dr = 2\,\pi\,\frac{\gamma}{g}\,b\,\omega^2\,r^2\,dr + n\cdot m\cdot\omega^2\,r\cdot dr$$

oder

$$\varrho_1 = \varrho + \frac{n\cdot m}{2\,\pi\,b\cdot r}, \qquad \text{d. h.} \qquad \varDelta\gamma = \frac{m\cdot g\cdot n}{2\,\pi\,b\cdot r}.$$

Bei vorliegendem Beispiele erhalten wir z. B.:

Auf dem Radius 430 ⌀

$$\varDelta\gamma_1 = \frac{4{,}06\cdot 20}{\pi\cdot 0{,}25\cdot 43} = 2{,}41 \text{ kg/dcm}^3.$$

Auf dem Radius 175 ⌀

$$\varDelta\gamma_2 = \frac{7{,}07\cdot 20}{\pi\cdot 17{,}5\cdot 0{,}887} = 2{,}9 \text{ kg/dcm}^3.$$

Wenn wir einen Mittelwert von $\Delta\gamma = 2,65$ annehmen, dürften genügend genaue Resultate zu erwarten sein. Hiermit $\gamma_1 = 7,85 + 2,65 = 10,5$. Für den inneren schaufellosen Teil der Scheibe ist

$$a_1 = \frac{-\dfrac{\gamma}{g}\,\omega^2\left(1 - \dfrac{1}{m^2}\right)}{8\,E}, \qquad \text{wo} \qquad \frac{\gamma}{g} = \frac{7,85\cdot 10^{-3}}{981} = 0,8\cdot 10^{-5} \text{ ist.}$$

Die Scheibe soll in ihrem gekrümmten Verlauf durch Hyperbeln angenähert werden. Um die Konstanten dieser Näherungskurven zu erhalten, ist in Abb. 111 der log des Radius über dem log der Dicke aufgetragen. Man erkennt deutlich drei Bereiche, die durch eine Gerade angenähert werden können. Von der Nabe bis $r = 6,14$ cm ist $\alpha_1 \sim 2,127$; von dort bis $r = 16,22$ ist $\alpha_2 = 0,6$; dann bis zum Rande ($r_a = 21,5$ cm) ist $\alpha_3 = 3,04$. Die Gleichungen dieser Stücke lauten also:

$$b_1 = \frac{C_1}{r^{2,127}}, \qquad b_2 = \frac{C_2}{r^{0,6}}; \qquad b_3 = \frac{C_3}{r^{3,04}}.$$

Die Pressung, mit der die Scheibe auf die Welle befestigt ist, sei $p_0 = 50$ kg cm². Für die Ausrechnung sind verschiedene Konstanten nötig, die zuerst ausgerechnet werden sollen.

$$a = \frac{\dfrac{\gamma}{g}\,\omega^2\left(1 - \dfrac{1}{m^2}\right)}{E\left[8 - 3\left(3 + \dfrac{1}{m}\right)\alpha\right]}; \qquad \psi = \frac{\alpha}{2} \pm \sqrt{\left(\frac{\alpha}{2}\right)^2 + \frac{\alpha}{m} + 1}.$$

$$\alpha_1 = 2,13; \qquad \psi_1 = 2,73; \qquad \psi_2 = -0,6; \qquad a_1 = -\frac{7,35}{E} \quad r_2 = 3,$$

$$\alpha_2 = 0,6; \qquad \psi_3 = 1,43; \qquad \psi_4 = -0,872; \qquad a_2 = -\frac{1,615}{E} \quad r_3 = 6,14;$$

$$\alpha_3 = 3,04; \qquad \psi_5 = 3,57; \qquad \psi_6 = -0,53; \qquad a_3 = -\frac{4,87}{E} \quad r_4 = 16,22;$$

$$r_5 = 21,5.$$

Aufstellung der Randbedingungen. 1. Die Radialverschiebungen an der Nabe müssen mit der anschließenden Scheibe übereinstimmen. Erstere sind nach früheren Ableitungen:

$$\xi_2' = \frac{r}{E\,b_1\,(r_2 - r_0)}\left(p_0\cdot b_1\cdot r_0 + \sigma_{r_2}\cdot b_2\cdot r_2\right) + \frac{\dfrac{\gamma}{g}\,\omega^2 r_1{}^2 r_2}{E};$$

mit

$$p_0 = 50; \qquad r_0 = 2,4; \qquad r_2 = 3; \qquad r_1 = 2,7; \qquad b = 5$$

erhalten wir

$$\xi_2' = \frac{775}{E} + \frac{\sigma_{r_2}\cdot 15}{E};$$

nun ist

$$\sigma_{r_2} = \frac{E}{1 - \sigma^2}\left\{-\left(3 + \frac{1}{m}\right)a_1\,r_2{}^2 + \left(\psi_1 + \frac{1}{m}\right)C_1\cdot r_2{}^{\psi_1 - 1} + \left(\psi_2 + \frac{1}{m}\right)C_2\cdot r_2{}^{\psi_2 - 1}\right\},$$

hieraus

$$\sigma_{r_2} = -240 + 22,3\cdot C_1\,E - 0,0571\cdot C_2\,E;$$

dies setzen wir ξ_2' ein und erhalten:

$$\xi_2' = -\frac{2825}{E} + 334\,C_1 - 0,856\cdot C_2. \tag{a}$$

Andererseits ist die Dehnung der hyperbolischen Scheibe:

$$\xi_2 = a_1\, r_2{}^3 + C_1\, r_2{}^{\psi_1} + C_2\, r_2{}^{\psi_2} = -\frac{198{,}5}{E} + 20\, C_1 + 0{,}518\, C_2. \quad \text{(b)}$$

Durch Gleichsetzen von (a) und (b) ergibt sich:

$$C_1 = \frac{8{,}35}{E} + 0{,}004\,375 \cdot C_2, \qquad\qquad \text{(I)}$$

zwei weitere Bestimmungsgleichungen ergeben sich aus der Forderung, daß für

$$r_3 = 6{,}14\ \text{cm}$$

Dehnungen und Spannungen für beide hyperbolischen Scheiben gleich sein müssen.

$$a_1\, r_3{}^3 + C_1\, r_3{}^{\psi_1} + C_2\, r_3{}^{\psi_2} = a_2\, r_3{}^3 + C_3\, r_3{}^{\psi_3} + C_4\, r_3{}^{\varphi_4};$$

hieraus

$$-\frac{1319}{E} + C_1 \cdot 138 + C_2\, 0{,}338 = C_3\, 13{,}2 + C_4 \cdot 0{,}223$$

$$\left(3 + \frac{1}{m}\right) \cdot a_1\, r_3{}^2 + \left(\psi_1 + \frac{1}{m}\right) C_1 \cdot r_3{}^{\psi_1-1} + \left(\psi_2 + \frac{1}{m}\right) C_2\, r_3{}^{\psi_1-1}$$

$$= \left(3 + \frac{1}{m}\right) a_2\, r_3{}^2 + \left(\psi_3 + \frac{1}{m}\right) C_3 \cdot r_3{}^{\psi_3-1} + \left(\psi_4 + \frac{1}{m}\right) C_4 \cdot r_3{}^{\psi_4-1}, \quad \text{(II)}$$

hieraus

$$-\frac{713}{E} \cdot 69{,}4\, C_1 - 0{,}016\,65\, C_2 = 3{,}76\, C_3 - 0{,}0193\, C_4. \qquad \text{(III)}$$

Für $r_4 = 16{,}22$ ergeben die gleichen Forderungen wiederum zwei Gleichungen

$$a_2\, r_4{}^3 + C_3\, r_4{}^{\psi_3} + C_4\, r_4{}^{\psi_4} = a_3\, r_4{}^3 + C_5\, r_4{}^{\psi_5} + C_6\, r_4{}^{\psi_6},$$

hieraus

$$-\frac{27\,600}{E}\, 53{,}7 \cdot C_3 + 0{,}1\, C_4 = 20\,900\, C_5 + 0{,}233\, C_6$$

$$\left(3 + \frac{1}{m}\right) a_3\, r_4{}^2 + \left(\psi_3 + \frac{1}{m}\right) C_3\, r_4{}^{\psi_3-1} + \left(\psi_4 + \frac{1}{m}\right) C_4\, r_4{}^{\psi_4-1}$$

$$= \left(3 + \frac{1}{m}\right) a_3\, r_4{}^2 + \left(\psi_5 + \frac{1}{m}\right) C_5 \cdot r_4{}^{\psi_5-1} + \left(\psi_6 + \frac{1}{m}\right) C_6 \cdot r_4{}^{\psi_6-1}, \quad \text{(IV)}$$

$$-\frac{5630}{E} + 5{,}72\, C_3 - 0{,}003\,25\, C_4 = 5000\, C_5 - 0{,}003\,24\, C_6. \qquad \text{(V)}$$

Die letzte Gleichung entsteht aus der Forderung, daß am Rande, d. h. für $r = 21{,}5$ keine Radialspannung vorhanden sein darf,

$$\left(3 + \frac{1}{m}\right) a_3\, r_5{}^2 + \left(\psi_5 + \frac{1}{m}\right) C_5 \cdot r_5{}^{\varphi_5-1} + \left(\psi_6 + \frac{1}{m}\right) C_6 \cdot r_6{}^{\psi_6-1} = 0,$$

$$C_6 = \frac{35\,400}{E}\, 10^2 + C_5 \cdot 48\,400 \cdot 10^2. \qquad \text{(VI)}$$

Hiermit sind sechs lineare Bestimmungsgleichungen für $C_1 \ldots C_6$ gewonnen.

Man erhält folgende Werte

$$C_1 = \frac{29,79}{E}; \qquad C_2 = \frac{4900}{E}; \qquad C_3 = \frac{336}{E}; \qquad C_4 = \frac{82,3}{E};$$

$$C_5 = -\frac{0,725}{E}; \qquad C_6 = \frac{34000}{E}.$$

Setzt man diese Konstanten in die Gleichungen für die Spannungen, so erhält man:

$$\sigma_{t_1} = -138 + 59,6 \cdot r^{1,73} + 4410\, r^{-1,6}$$

$$\sigma_{t_2} = -3,37 \cdot r^2 + 527,5\, r^{0,43} + 68 \cdot r^{-1,82}$$

$$\sigma_{t_3} = 10,15\, r^2 - 1,65 \cdot r^{2,57} + 31,400 \cdot r^{-1,53}.$$

Die 3 Gleichungen gelten in den 3 verschiedenen Einteilungen, die für die Scheibe vorgenommen wurden. In Abb. 112 sind die sich aus diesen Gleichungen ergebenden Spannungen in Abhängigkeit von r aufgetragen. Die größte Spannung ist zirka 1100 kg/cm²; als Drehzahl ist angenommen $\omega = 1000$, d. h. 9550/min. Hierbei tritt eine Umfangsgeschwindigkeit von 215 m/sec auf.

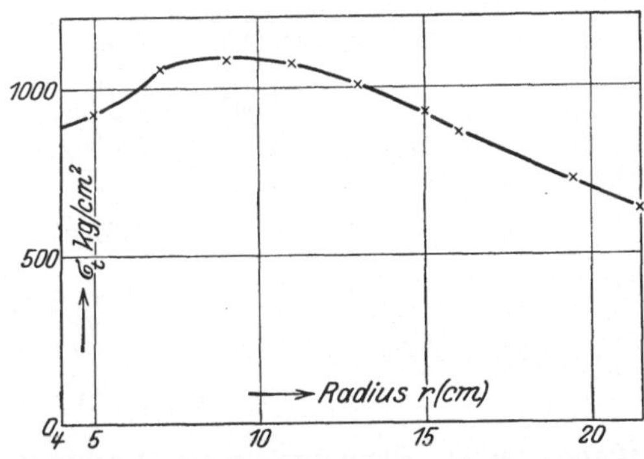

Abb. 112. Tangentialspannungen einer Laufradscheibe.

Die Radialspannungen sind, wie schon ein Blick auf die entsprechenden Formeln lehrt, immer kleiner wie die Tangentialspannungen und deshalb ohne Interesse.

Da bei einem gegebenen Laufrad die Höchstspannung immer prop. dem Quadrate der Umfangsgeschwindigkeit ist, kann auch die Frage leicht beantwortet werden, bis zu welcher Umfangsgeschwindigkeit man gehen kann. So ist z. B. bei 250 m/sec die Höchstspannung

$$\sigma_{\mathrm{max}} = 1100 \left(\frac{250}{215}\right)^2 = 1490 \text{ kg/cm}^2,$$ also noch unbedenklich. Führt man

wie im vorliegenden Falle kräftige Naben aus, so wird es in den meisten Fällen möglich sein, für die Laufradscheibe die genügende Festigkeit zu erhalten[1].

i) Berechnung der Deckscheibe.

Die seitliche Begrenzung des Laufrades geschieht meist durch eine Blechscheibe, die zwecks Verstärkung und zur Ausbildung von Laby-

---

[1] Anders ist der Fall, wenn durch sehr breite Schaufeln, wie sie z. B. bei Gebläsen vorkommen, eine erhebliche Mehrbelastung durch die Schaufeln auftritt, oder auch wenn das Laufrad doppelseitig ausgebildet wird. Bei hohen Umfangsgeschwindigkeiten muß hier auf die Scheibenausführungen besonders geachtet werden.

rinthdichtungen am inneren Durchmesser einen dickeren Ring trägt,
der entweder mit dem Blech selbst vernietet oder mit der Scheibe
aus einem Stücke gedreht ist, was bei hohen Umfangsgeschwindigkeiten immer notwendig ist.

α) Scheibe mit aufgenietetem Ring.

Würden Scheibe und Ring nicht miteinander verbunden sein, so
könnte man jedes Stück für sich behandeln und erhielte:

Scheibe:

$$\xi = a \cdot r^3 + C_1 r + C_2 \frac{1}{r},$$

$$\sigma_r = \frac{E}{1-\sigma^2}\left\{ a\, r^2 \left(3 + \frac{1}{m}\right) + C_1 \left(1 + \frac{1}{m}\right) - \frac{C_2}{r_2}\left(1 - \frac{1}{m}\right)\right\},$$

$$a = - \frac{\frac{\gamma}{g}\,\omega^2 \left(1 - \frac{1}{m^2}\right)}{8\,E}.$$

Ring:

$$\xi = \frac{r}{E}\,\frac{\gamma}{g}\,u_1{}^2,$$

$$\sigma_t = \frac{\gamma}{g}\,u_1{}^2.$$

Wenn beide Elemente ohne Verbindung mit derselben Drehzahl
rotieren, so wird die radiale Verschiebung natürlich verschieden sein,
d. h. die beiden Teile werden dann klaffen. Wir bringen nun an den
Trennfugen beider Teile solche Radialspannungen an, daß keine
Trennung stattfindet.

Dehnung eines radial belasteten Ringes.

$\bar\sigma_r$ sei die radiale Belastung pro Längeneinheit. Ein Element des
Ringes, dessen Winkelbreite $\Delta\varphi$ ist, wird dann von folgenden Kräften
im Gleichgewicht gehalten (Abb. 113):

1. Tangentialkräfte

$$\sigma_t \cdot \Delta r \cdot b.$$

2. Radiale Belastung

$$r \cdot \Delta\varphi \cdot \bar\sigma_r.$$

3. Zentrifugalkräfte

$$\frac{\gamma}{g}\, b\,\Delta r \cdot r\,\Delta\varphi \cdot r \cdot \omega^2.$$

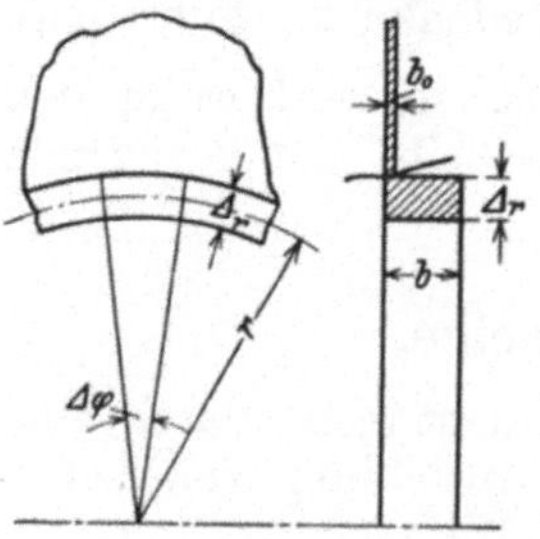

Abb. 113. Deckblech mit
Verstärkungsring.

Für das Gleichgewicht in radialer Richtung
erhält man:

$$\sigma_t \cdot \Delta r \cdot b \cdot \Delta\varphi = \bar\sigma_r \cdot r \cdot \Delta\varphi - \frac{\gamma}{g}\,b \cdot \Delta r \cdot r \cdot \Delta\varphi \cdot r\,\omega^2,$$

hieraus ergibt sich

$$\sigma_t = \frac{\gamma}{g}\, r^2\, \omega^2 + \frac{\bar{\sigma}_r \cdot r}{\varDelta r \cdot b}\,.$$

Die durch die Gesamtbelastung auftretende radiale Verschiebung ξ steht mit der tangentialen Dehnung $e_t = \frac{\sigma_t}{E}$ in der Beziehung $e_t = \frac{\xi}{r}$.

Hierdurch entsteht:

$$\xi = \frac{r}{E}\left[\frac{\gamma}{g}\, r^2\, \omega^2 + \frac{\bar{\sigma}_r\, r}{\varDelta r \cdot b}\right].$$

Dehnung des radial belasteten Bleches.

Für die Scheibe war der Wert der Radialspannung bereits oben angegeben. Es sind nur noch die Konstanten so zu bestimmen, daß

1. für $r = r_2$

$$\sigma_r = 0$$

wird und 2. für $r = r_1$

$$a \cdot r_1{}^3 + C_1\, r_1 + \frac{C_2}{r_1} = \frac{r_2}{E}\left[\frac{\gamma}{g}\, r_1{}^2\, \omega^2 + \frac{\sigma_r \cdot r \cdot b_0}{b}\right].$$

Hier wurde für $\bar{\sigma}_r = \sigma_r \cdot b_0$ eingesetzt, wo b_0 die Scheibenbreite und σ_r die radiale Spannung bedeutet. Ferner wurde $\varDelta r \cdot b_0 = f$ (Ringfläche) eingesetzt.

Ist C_1 und C_2 bekannt, so erhält man durch Einsetzen σ_r und σ_t.

Beispiel 11. Für das oben behandelte Laufrad soll auch die Deckscheibe berechnet werden. Der Innendurchmesser d_1 ist zirka 200 mm, die Blechdicke 0,15 mm und die Fläche des Verstärkungsringes 3,45 cm².

$$a = -\frac{\dfrac{\gamma}{g}\, \omega^2 \left(1 - \dfrac{1}{m^2}\right)}{8\,E} = -\frac{0,91}{E} \quad \text{für} \quad \omega = 1000/\text{sec}.$$

Hieraus wird:

$$\sigma_r = -330 + 143\, E \cdot C_1 - E \cdot C_2 \cdot 0,0077;$$

dies setzen wir in die eben gefundene Gleichung ein

$$a \cdot r_1{}^3 + C_1\, r_1 + \frac{C_2}{r_2} = \frac{r_1}{E}\left[\frac{\gamma}{g}\, r_1{}^2\, \omega^2 + \frac{\sigma_r \cdot r \cdot b_0}{b}\right]$$

und erhalten

$$\frac{10}{E}\left[8 \cdot 100 + \frac{10 \cdot 0,15}{3,45}\left(-330 \cdot 1,43\, E \cdot C_1 - 0,0077\, E\, C_2\right)\right]$$

$$= -\frac{0,91}{E}\, 1000 + C_1 \cdot 10 + \frac{C_2}{10},$$

hieraus

$$\frac{7475}{E} - 3,79\, C_1 - 0,1335\, C_2 = 0\,.$$

Die 2. Gleichung entsteht durch die Randbedingung

$$r = r_2; \qquad \sigma_r = 0;$$

$$a \cdot r_2{}^2 \left(3 + \frac{1}{m}\right) + C_1 \left(1 + \frac{1}{m}\right) - \frac{C_2}{r_2{}^2}\left(1 - \frac{1}{m^2}\right) = 0,$$

hieraus

$$\frac{7475}{E} - 3,79\,C_1 - 0,1335 \cdot C_2 = 0\,.$$

Dies sind 2 lineare Gleichungen für C_1 und C_2

$$C_1 = \frac{1095}{E}; \qquad C_2 = \frac{24900}{E}\,.$$

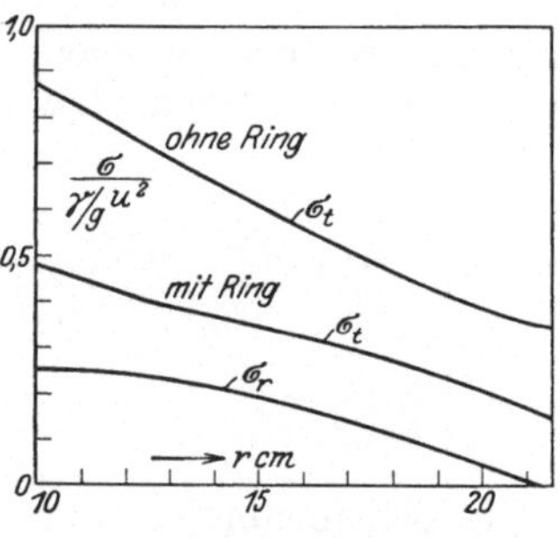

Abb. 114. Spannungen im Deckblech.

Setzt man diese Werte in die Gleichungen für σ_r und σ_t ein, so erhält man:

$$\sigma_r = -3,3\,r^2 + 1565 - \frac{33000}{r^2},$$

$$\sigma_t = -1,9\,r^2 + 1565 - \frac{33000}{r^2}\,.$$

Ein dünner Ring, der mit der Umfangsgeschwindigkeit der Scheibe rotiert, hat die Beanspruchung

$$\sigma_t{}' = \frac{\gamma}{g}\,u^2 = 3700\ \text{kg/cm}^2\,.$$

In Abb. 114 ist $\dfrac{\sigma_r}{\sigma_t{}'}$ und $\dfrac{\sigma_t}{\sigma_t{}'}$ in Abhängigkeit vom Radius aufgetragen; zum Vergleich ist auch die Deckscheibe ohne Verstärkungsring behandelt. Man erkennt den bedeutenden Einfluß des aufgenieteten Ringes, ohne den die Scheibe nicht mehr als betriebsicher anzusehen wäre. Die Tangentialspannung geht auf 46 % der freien Ringspannung herunter, d. h. auf 1700 kg/cm².

Die tangentiale Belastung des Ringes berechnet sich nach obiger Formel zu:

$$\sigma_t = \frac{\gamma}{g}\,(r\,\omega)^2 + \sigma_r\,\frac{r \cdot b_0}{\varDelta r \cdot b}\,,$$

$$= 800 + 262 = 1062\ \text{kg/cm}^2,$$

d. h. verhältnismäßig gering. Der 1. Teil ist die freie Ringbeanspruchung, während 262 kg/cm² hinzukommen durch die Belastung infolge der Blechscheibe.

Sehr wesentlich ist für das Deckblech seine Befestigung mit dem Ring. Die hier vorhandenen Nieten werden fast immer bis an die Grenze des Zulässigen beansprucht.

Die gesamte am Umfange $r = 10$ cm zu übertragende radiale Kraft berechnet sich zu:

$$\sigma_r \cdot b_0 \cdot 2 \cdot \pi \cdot 10 = 905 \cdot 0,15 \cdot 2\,\pi \cdot 10 = 8540\ \text{kg}.$$

Der Ring ist mit 60 Nieten à 3 mm $\varnothing$ befestigt. Die Schubbeanspruchung der Nieten ergibt sich hieraus zu

$$\sigma_\gamma = \frac{8540}{60\,\dfrac{\pi}{4}\cdot 0{,}3^2} = 2000\ \text{kg/cm}^2.$$

Hier ergibt sich also bei dieser Konstruktion die größte Beanspruchung, und man erkennt aus den vorliegenden Daten, daß eine höhere Umfangsgeschwindigkeit nicht mehr zulässig ist.

β) Gesamtes Laufrad.

Bei den bisherigen Berechnungen war angenommen worden, daß die Laufradscheibe die Schaufeln vollkommen trägt und das Deckblech sich lediglich selbst zu halten hat. Dies stimmt natürlich nur dann, wenn die radialen Verschiebungen von beiden gleich sind. Inwieweit das der Fall ist, vermögen wir jetzt nachzurechnen. Für $r = 10$ cm ist die Verschiebung des Deckbleches

$$\xi = a\,r^3 + C_1 r + \frac{C_2}{r} = -\frac{0{,}91\cdot 10^3}{E} + \frac{1095\cdot 10}{E} + \frac{24\,900}{10\,E},$$

$$\xi = \frac{13\,530}{E}\ \text{cm}.$$

Die Verschiebung der entsprechenden Stelle der Laufradscheibe gewinnen wir, wenn wir ξ für den mittleren hyperbolischen Teil ausrechnen

$$\xi = a_2\,r^3 + C_3\,r^{\psi_3} + C_4\,r^{\psi_4},$$

$$\xi = -\frac{1{,}615}{E}\,10^3 + \frac{336}{E}\,r^{1{,}43} + \frac{82{,}3}{E}\,r^{-0{,}827},$$

$$\xi = \frac{7447}{E}\ \text{cm}.$$

Die Verschiebung ist also beinahe nur halb so groß. Da beide Teile zusammengenietet sind, müssen sie natürlich dieselben Verschiebungen haben abzüglich kleinerer Verschiebungen, die die Schaufeln aufnehmen können[1]. Dies hat zur Folge, daß die Laufradscheibe mehr belastet und das Deckblech entlastet wird. Da im letzteren fast immer die größere Beanspruchung auftritt, dürfte dieser Ausgleich zu begrüßen sein. Man kann bei praktischen Rechnungen ohne Gefahr annehmen, daß die wirklich auftretende größte Beanspruchung zwischen beiden Werten liegt. Die genauere rechnerische Verfolgung ist überaus schwierig und auch nicht nötig, da obere und untere Grenze in einem verhältnismäßig engen Intervall bekannt ist.

γ) Aus dem Vollen gedrehte Deckscheibe.

Um die hoch beanspruchte Befestigung von genieteten Deckblechen zu umgehen, wählt man bei höheren Umfangsgeschwindigkeiten Deckblech und Ring aus einem Stück.

---

[1] Bei sehr breiten Schaufeln dürfte der größte Teil der oben entstandenen Differenz durch eine Deformation der Schaufeln aufgenommen werden.

Für die Deckscheibe eines Kompressorlaufrades soll eine Durchrechnung erfolgen. Das Deckblech besteht aus 2 konisch gedrehten Teilen sowie einem inneren Ring von 7,92 cm² Querschnittsfläche; die Abmessungen gehen aus Abb. 115 hervor. Die mathematische Behandlung ist prinzipiell dieselbe wie vorhin. Zuerst werden Deckblech und Ring getrennt behandelt, dann an den Trennfugen so große Radialspannungen angebracht, daß beide Teile zusammenkommen.

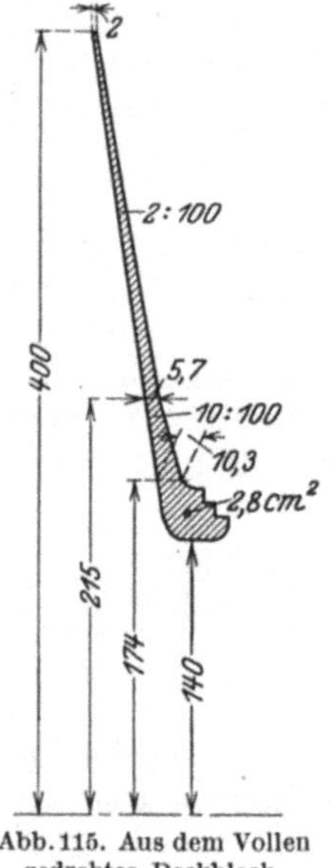

Abb. 115. Aus dem Vollen
gedrehtes Deckblech.

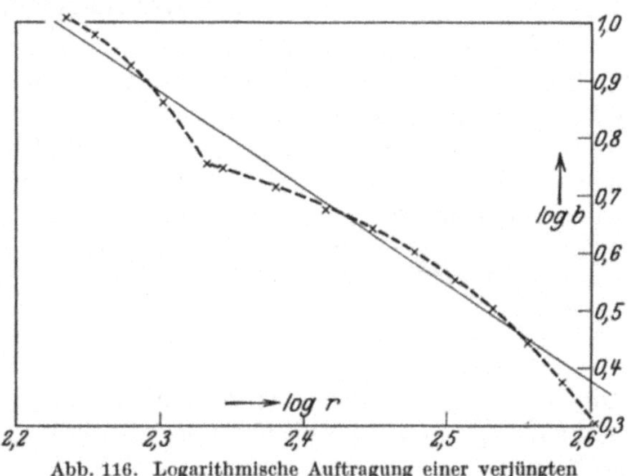

Abb. 116. Logarithmische Auftragung einer verjüngten
Deckscheibe.

Das aus 2 konischen Teilen bestehende Stück soll durch eine hyperbolische Kurve von der Form $b = \dfrac{C}{r^\alpha}$ angenähert werden. Zur Ermittlung von α ist in Abb. 116 $\log b$ in Abhängigkeit von $\log r$ aufgetragen. Die ausgezogene Grade gibt den Verlauf mit genügender Genauigkeit wieder. Sie entspricht einem Exponenten von $\alpha = 1,665$.

Dehnung und Spannung der hyperbolischen Scheibe.

$$\sigma_r = \frac{E}{1 - \dfrac{1}{m^2}}\left\{\left(3 + \frac{1}{m}\right)a\,r^2 + \left(\psi_1 + \frac{1}{m}\right)C_1\,r^{\psi_1 - 1} + \left(\psi_2 + \frac{1}{m}\right)C_2\,r^{\psi_2 - 2}\right\}.$$

$$\xi = a\,r^3 + C_1\,r^{\psi_1} + C_2 r^{\psi_2},$$

$$\psi = \frac{\alpha}{2} \pm \sqrt{\left(\frac{\alpha}{2}\right)^2 + \frac{\alpha}{m} + 1}\,; \quad \psi_1 = 2,328\,; \quad \psi_2 = -0,6425\,;$$

$$a = -\frac{\dfrac{\gamma}{g}\,\omega^2\left(1 - \dfrac{1}{m^2}\right)}{E\left[8 - \left(3 + \dfrac{1}{m}\right)\alpha\right]} = -\frac{2,9}{E} \quad \text{für} \quad \omega = 1000\ \text{sec},$$

hiermit erhält man:

$$\sigma_r = -3170 + 128,5 \cdot C_1\,E - 0,00343 \cdot C_2 \cdot E,$$

$$\xi = -\frac{15130}{E} + 766\,C_1 + 0,2275\,C_2.$$

Für den Ring erhält man wie oben

$$\xi' = \frac{r}{E}\left[\frac{\gamma}{g}\,r^2\,\omega^2 + \sigma_r\,\frac{r\,b_0}{f}\right],$$

$$\xi' = \frac{41\,750}{E} + 37{,}1\,\sigma_r,$$

für σ_r setzt man den Wert an der Scheibe ein

$$\xi' = -\frac{65\,750}{E} + 4760\cdot C_1 - 0{,}127\,C_2.$$

Durch Gleichsetzen der Dehnungen $(\xi = \xi')$ erhält man

$$-\frac{65\,750}{E} + 4760\,C_1 - 0{,}127\,C_2 = -\frac{15\,130}{E} + 766\,C_1 + 0{,}2275\,C_2$$

$$-\frac{50\,620}{E} + 3994\cdot C_1 - 0{,}3545\,C_2 = 0.$$

Durch die Forderung, daß die Radialspannungen für den Außendurchmesser verschwinden müssen, erhält man eine weitere Bestimmungsgleichung

$$-\frac{15\,340}{E} + 340\,C_1 - 0{,}000\,803\,C_2 = 0.$$

Hieraus ergibt sich:

$$C_1 = \frac{46}{E}; \qquad C_2 = \frac{0{,}375\cdot 10^6}{E}$$

Durch C_1 und C_2 sind nun die Spannungsgleichungen bestimmt.

$$\sigma_t = -6{,}06\cdot r^2 + 85{,}7\cdot r^{1,33} + 0{,}333\cdot 10^6\cdot r^{-1,67}$$

$$\sigma_r = -10{,}5\cdot r^2 + 133\cdot r^{1,33} - 0{,}1415\cdot 10^6\cdot r^{-1,67}.$$

Die freie Ringspannung am Außendurchmesser ist $\frac{\gamma}{g}\,u^2 = \sigma'$; in Abb. 117 ist $\frac{\sigma_r}{\sigma'}$ und $\frac{\sigma_t}{\sigma'}$ aufgetragen. Man erkennt vor allem, daß an dem höchst belasteten Punkt (innerer Durchmesser) $\frac{\sigma_t}{\sigma'}$ auf 0,395 heruntergegangen ist gegenüber 0,461 bei dem oben behandelten Beispiel. Die Scheibe war für eine Umfangsgeschwindigkeit von 238 m/s bestimmt. Hierbei ist die freie Ringspannung

$$\sigma' = \frac{\gamma}{g}\,u^2 = 4525 \text{ kg/cm}^2.$$

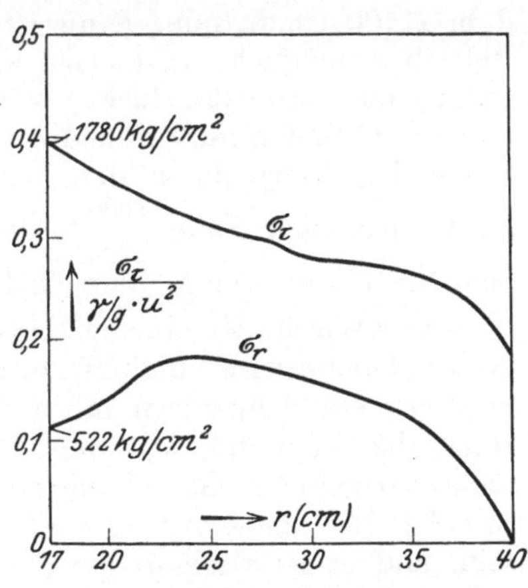

Abb. 117. Spannungen bei einem aus dem Vollen gedrehten Deckblech.

Die tatsächliche Beanspruchung am inneren Durchmesser ist somit

$$0{,}395\cdot 4525 = 1780 \text{ kg/cm}^2.$$

Dies sind Beanspruchungen, die ohne weiteres noch als zulässig erkannt werden können.

Gibt man dem Ring eine noch größere Querschnittsfläche, so kann die Spannung natürlich noch etwas gemindert werden. Doch ist man hier sehr schnell an einer Grenze, da das Gewicht des Laufrades unzulässig hoch wird und hierdurch eine unerwünschte Verstärkung der Welle notwendig wird.

k) Höchste Umfangsgeschwindigkeiten.

Man kann die Frage stellen, bei welcher Umfangsgeschwindigkeit ein Laufrad ohne dauernde Dehnungen laufen kann. Die obigen Ausführungen haben erkennen lassen, daß die höchst beanspruchte Stelle meist der innere Durchmesser der Deckscheibe ist. Es genügt also, die dortigen Verhältnisse zu betrachten. Die letzthin behandelte Deckblechscheibe dürfte einer nicht mehr viel verbesserungsfähigen Ausführung entsprechen, weshalb wir obige Verhältnisse zugrunde legen wollen. Das Deckblech ist aus Spezial-S.-M.-Stahl mit 1% Nickel hergestellt. Die Qualitätsziffern sind: 70 kg/mm Zerreißfestigkeit; 50 kg Streckgrenze und 22% Dehnung. Da die Spannungen sich wie die Quadrate der Umfangsgeschwindigkeiten verhalten, ist die Umrechnung einfach. Nimmt man als äußerste Grenze die Streckgrenze an, so ergibt sich folgende Umfangsgeschwindigkeit:

$$u = 238 \cdot \sqrt{\frac{5000}{1780}} = 399 \text{ m/sec.}$$

Dies entspricht einer Drehzahl von 9550/min, während 5700 die Betriebsdrehzahl ist. Zerreißen würde die Scheibe erst bei $u = 466$ m/sec, d. h. 11100 Umdr./min. Nun ist aber schon die Streckgrenze für den Betrieb unmöglich, da hierbei an der Nabe so große Dehnungen auftreten, daß das Rad locker wird. Aus diesen sowie noch anderen triftigen Gründen muß unbedingt gefordert werden, daß eine 3 fache Sicherheit gegenüber der Streckgrenze vorhanden ist. Dies wäre im vorliegenden Falle $\frac{5000}{3} = 1666$ kg/cm². Diese Beanspruchung ist oben auch nur wenig überschritten.

Die Kreiselräder werden bekanntlich vor Inbetriebnahme oft mit großer Übergeschwindigkeit ausgeschleudert. Oft wird von den Abnehmern ein Schleudern mit 50% Überdrehzahl verlangt. Hierdurch steigt die Spannung auf den 2,25 fachen Wert. Hierbei läßt es sich nicht vermeiden, daß an einzelnen Stellen, z. B. den Nietlöchern, die Streckgrenze überschritten wird. Eine große Lockerung wird die Folge sein, und es ist deshalb die Frage, ob ein derartig starkes Schleudern vom Standpunkte des Abnehmers aus ratsam erscheint.

Es ist noch der Vorschlag gemacht worden, die Scheiben dadurch zu verstärken, daß man sie vor Fertigstellung so ausschleudert, daß die Streckgrenze überschritten wird. Hierdurch wird bekanntlich die Elastizitätsgrenze erhöht. Da bei diesem Ausschleudern große bleibende Dehnungen auftreten, muß die endgültige Bearbeitung nach dem Ausschleudern geschehen.

l) Graphische Scheibenermittlung.

Für viele Fälle, wo keine sehr große Genauigkeit erzielt zu werden braucht, leistet ein graphisches Verfahren gute Dienste, das zuerst von Heller[1] angegeben und später von Mises vervollständigt wurde. Als Ausgangspunkt dient die zuerst ermittelte Gleichung (S. 104), die in der allgemeinen Form lautet

$$\frac{d\sigma}{dr} = \frac{\tau}{r} - \frac{\sigma}{r} - \frac{1}{b_n}\frac{db_n}{dr}\cdot\sigma = \frac{\gamma}{g}\,u^2\cdot\frac{b_b}{b_n}$$

und

$$\frac{d\tau}{dr} = \frac{1+\dfrac{1}{m}}{\dfrac{1}{m}}\,(\sigma - \tau) + \frac{1}{m}\frac{d\sigma}{dr}\,.$$

b_n ist die jeweilige Breite der Scheibe, während b_b eine Breite bedeutet, die dem Gewicht Scheibe $+$ Schaufeln entspricht.

Kennt man nun für den inneren Durchmesser die Spannungen, so kann man schrittweise, durch obige Differentialgleichung die nächsten Werte erhalten, indem man die Gleichung als Differenzengleichung betrachtet. σ ist an der Nabe bekannt, während τ dort geschätzt werden muß. Geht man dann um ein Stück $\varDelta r$ weiter, so ist

$$\varDelta\sigma = \varDelta r\left[\frac{\tau}{r} - \frac{\sigma}{r} - \frac{1}{b_n}\frac{db_n}{dr}\cdot\sigma - \frac{\gamma}{g}\,u^2\,\frac{b_b}{b_n}\right],$$

weiter erhält man

$$\varDelta\tau = \varDelta r\left\{\frac{1+\dfrac{1}{m}}{\dfrac{1}{m}}\,(\sigma - \tau) + \frac{1}{m}\frac{\varDelta\sigma}{\varDelta r}\right\}.$$

So rechnet man für jedes weitere $\varDelta r$ die Änderung von σ und τ aus. Am Rande erhält man so eine von Null verschiedene Radialspannung. Dies muß ja auch sein, da die Tangentialspannung an der Nabe willkürlich angenommen war. Nun läßt sich aber der ungefähre Wert von τ angeben. Wir stellen uns vor, daß in den einzelnen Radien so große Tangentialspannungen auftreten würden, wie der jeweiligen freien Ringspannung entspricht, nämlich $\tau = \dfrac{\gamma}{g}\,u^2$. Dann rechnen wir uns den Mittelwert all dieser Spannungen aus

$$\tau_m = \frac{\sum \varDelta b\,\tau}{\sum \varDelta b}\,.$$

Durch diese Mittelwertbildung werden die durch Einführung der Ringspannung vernachlässigten Radialspannungen gewissermaßen summarisch berücksichtigt. Für die Scheibe konstanter Dicke erhält man so

$$\tau_m = \frac{\gamma}{g}\,u^2\,\frac{1}{3}\left[\left(\frac{r_1}{r_2}\right)^2 + \frac{r_1}{r_2} + 1\right].$$

---

[1] Schw. Bauzg. Bd. 54, S. 307. 1909.

Es sei bemerkt, daß diese Formel bereits eine sehr gute Näherung darstellt. Nun wählt man diesen Wert von τ_m als Ausgangspunkt für obige Differenzenrechnung. Je nachdem man dann einen positiven oder negativen Wert von σ_r bei $r = r_a$ erhält, muß man mit einem größeren oder kleineren Wert nochmals probieren.

Einen wesentlich feineren Weg hat von Mises angegeben. Man schätzt auch hier τ an der Nabe ganz willkürlich und führt obige Rechnung durch. Hierbei ergebe sich z. B. am Rande ein σ'_{r2} und die Tangentialspannung τ'. Dann führt man dieselbe Rechnung nochmals aus ohne das Glied $\frac{\gamma}{g} u^2 \frac{b_b}{b_n}$. Hierdurch erhält man den Belastungszustand einer ruhenden, am Außenrande radial beanspruchten Scheibe. Hierbei ergebe sich ein σ''_{r2} und τ''. Da die wirkliche Randspannung gleich Null ist, ergibt sich

$$\sigma_r = \sigma'_r + k \cdot \sigma''_r ; \qquad k = -\frac{\sigma'_{r2}}{\sigma''_{r2}}.$$

Die tatsächlichen Beanspruchungen erhält man nun durch die Gleichung:

$$\sigma_t = \sigma'_t + k \cdot \sigma''_t .$$

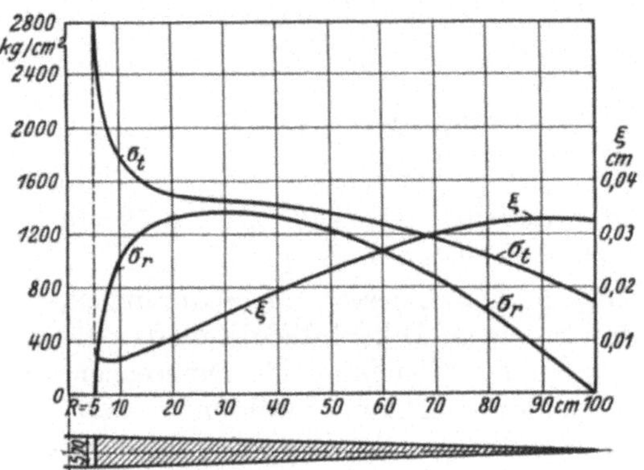

Abb. 118. Spannungen in einer umlaufenden konischen Scheibe mit kleiner Bohrung nach Honegger.

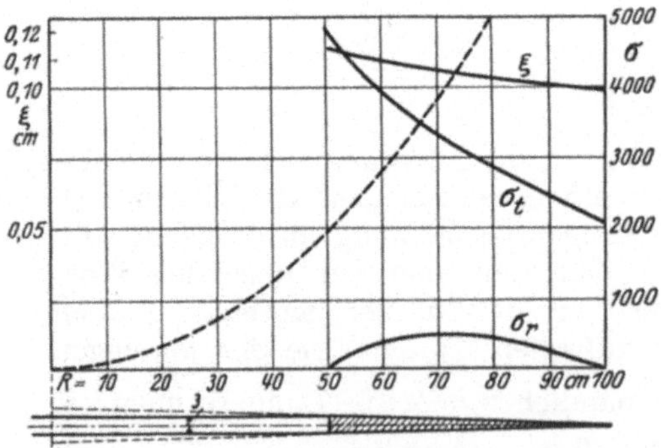

Abb. 119. Spannungen in einer konischen Scheibe mit großer Bohrung nach Honegger.

m) Strenge Lösung für konische Scheiben.

Da konische Scheiben wegen ihrer leichten Bearbeitung sehr gerne verwendet werden, besteht das Bedürfnis nach einer genauen mathematischen Lösung. Honegger[1] ist es nun gelungen, für die Lösung der Differentialgleichung der konischen Scheibe eine Reihenentwicklung anzugeben, deren numerische Behandlung keinen sehr großen Zeitaufwand erfordert. Für vier konische Scheiben mit verschiedenen Bohrungen und demselben Außendurchmesser und derselben Neigung sind in Abb. 118, 119, 120, 121 die Spannungen und radialen Dehnungen bei derselben Drehzahl aufgetragen. Die Abbildungen sind der Honeggerschen Arbeit entnommen. Die Höchstspannung wächst von 1900 kg/cm²

---

[1] Honegger: Festigkeitsberechnung rotierender konischer Scheiben. Z. ang. Math. Mech. 1927, S. 127.

(ohne Bohrung) bis 2800 und 4800 kg/cm² bei der Scheibe mit 1000 mm ⌀ Innendurchmesser. Zum Vergleich ziehen wir wieder im Sinne unserer bisherigen Betrachtungen die freie Ringspannung heran, da das Verhältnis beider eine dimensionslose Zahl ist und angibt — unabhängig von der jeweiligen Drehzahl —, welche prozentual höhere Festigkeit man bei einer gewissen Konstruktion gegenüber dem frei rotierenden Ring erreichen kann.

Man erhält für die 4 Scheiben

$$\varepsilon = \frac{1120}{7650} = 0,1462;$$

$$= \frac{1900}{7650} = 0,25;$$

$$\varepsilon = \frac{2800}{7650} = 0,376;$$

$$\varepsilon = \frac{4800}{7650} = 0,63.$$

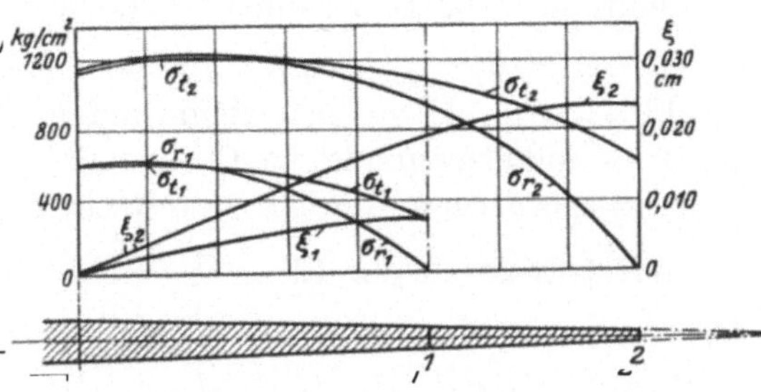

Abb. 120. Spannungen in einer konischen Scheibe ohne Bohrung, Steigung 1 : 30, nach Honegger.

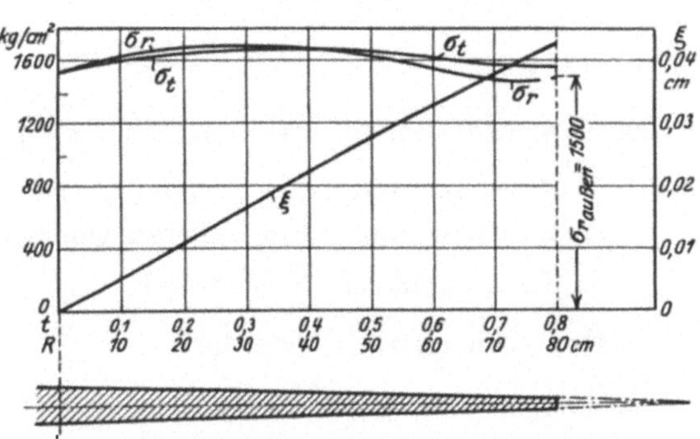

Abb. 121. Spannungen in einer konischen Scheibe ohne Bohrung, Steigung 1 : 100, nach Honegger.

Bemerkenswert ist, daß bei konischen Scheiben die Höchstspannung sehr von dem inneren Durchmesser abhängt, während bei der gleich starken Scheibe nur eine Zunahme von 0,825 bis 1,0 stattfand.

n) Laufräder mit nur radialen Schaufeln.

Soll in einer Stufe ein möglichst hohes Druckverhältnis erzielt werden, ohne daß der Wirkungsgrad eine ausschlaggebende Rolle spielt, so wählt man mitunter einfache radiale Schaufeln ohne seitliche Deckscheiben. Abb. 122 zeigt einen solchen Läufer. Derartige Gebläse sind öfters verwandt worden, um bei Flugmotoren die Leistungsabnahme mit der Höhe zu verhindern, werden aber auch neuerdings von Rateau bei normalen Turbokompressoren verwendet. Der ganze Läufer ist aus dem Vollen gearbeitet. Die Schaufeln sind so verjüngt, daß die Spannung in jedem

Abb. 122. Laufrad mit nur radialen Schaufeln nach Rateau.

Querschnitt dieselbe ist. Die folgenden Berechnungen gelten auch für die von Eck vorgeschlagenen Röhrchen mit abnehmender Wandstärke an Stelle der vollen Schaufeln (siehe Abb. 152).

Es sei F der Querschnitt auf dem Radius r.

Es sei $F + \Delta F =$ Querschnitt auf dem Radius $r + \Delta r$.

$\sigma_r =$ Radialspannung im Querschnitt r.

$\gamma =$ spezifisches Gewicht des Baustoffes.

Wir betrachten ein Element von der Größe

$$\frac{\gamma}{g} \cdot F \cdot \Delta r ,$$

dieses erzeugt eine Zentrifugalkraft

$$\frac{\gamma}{g} \omega^2 F \cdot dr \cdot r .$$

Die Gesamtkräfte, die an dem Element angreifen, sind folgende:

1. Radialspannung am inneren Querschnitt $\sigma_r (F + dF)$.
2. Radialspannung am äußeren Querschnitt $\sigma_r F$.
3. Zentrifugalkraft $\dfrac{\gamma}{g} \omega^2 F dr \cdot r$.

Das Gleichgewicht erfordert:

$$\sigma_r F + \sigma_r \cdot dF + \frac{\gamma}{g} \omega^2 F dr \cdot r = \sigma_r \cdot F ,$$

hieraus

$$\frac{dF}{F} = - \frac{\gamma \omega^2 r \, dr}{g \cdot \sigma_r} ; \qquad F = C \cdot e^{-\frac{\gamma \omega^2 r^2}{2 g \, \sigma_r}} ,$$

wo C eine Konstante ist. Sind F_1 und F_2 die Querschnitte auf den Radien r_1 und r_2, so erhält man

$$\frac{F_1}{F_2} = e^{\frac{\gamma}{2 g} \frac{\omega^2}{\sigma_r} (r_2{}^2 - r_1{}^2)}$$

oder

$$2{,}3 \cdot \log \frac{F_1}{F_2} = \frac{\gamma}{2 g} \frac{\omega^2}{\sigma_r} (r_2{}^2 - r_1{}^2) = \frac{1}{2} \frac{\gamma}{g} \frac{u^2}{\sigma_r} \left[1 - \left(\frac{r_1}{r_2} \right)^2 \right] .$$

(Vorausgesetzt ist hier, daß die Radialspannung konstant ist.) Ist r_2 der äußere Radius und ist F_2 endlich, so muß natürlich dort die Radialspannung verschwinden, d. h. die angenommenen Spannungsverhältnisse sind nicht ganz richtig erfüllt. Nehmen wir andererseits an, daß die Schaufel vollkommen zugespitzt ist, d. h. $F_2 = 0$, so ist nach obiger Formel die Spannung an jedem anderen Radius unbestimmt. Schließt man jedoch einen kleinen Bereich der Spitze von den Betrachtungen aus, so sind mit obigen Formeln für die Praxis hinlänglich genaue Ergebnisse zu erzielen.

Die resultierende Tangentialspannung der Nabe setzt sich aus 2 Bestandteilen zusammen:

a) **Spannungen vermöge der eigenen Schwere.** Man kann leicht zeigen, daß die Beanspruchung durch die Eigenmasse den Wert hat

$$\sigma_t' = \frac{\gamma\,\omega^2}{3\,g}\left(r_1{}^2 + r_1\,r_0 + r_0{}^2\right).$$

b) **Tangentialspannungen hervorgerufen durch die Schaufeln.** Der mittlere Wert dieser Spannungen ist gleich der Summe der Komponenten der Radialkräfte geteilt durch die Gesamtfläche der Nabe:

$$\sigma_{tm} = \frac{R_1 \sin\alpha + R_2 \sin\alpha_2 + \cdots}{2\,b\,(r_1 - r_0)}.$$

Nun ist $R_1 = R_2 = \sigma_r\,F$, so daß wir erhalten

$$\sigma_{tm} = \frac{\gamma\,w^2}{3\,g}\left(r_1{}^2 + r_1\,r_0 + r_0{}^2\right) + \frac{\sigma_r\,F\,(\sin\alpha_1 + \sin\alpha_2 + \cdots)}{2\,b\,(r_1 - r_0)}.$$

o) Spannungen im Betriebe und mögliche Umfangsgeschwindigkeit.

Im folgenden sind die wichtigsten physikalischen Eigenschaften von Stahl und Stahllegierungen, die für die Laufradkonstruktionen in Frage kommen, zusammengestellt.

Material	Streckgrenze kg/cm	Dehnung $v \cdot H$
S.-M.-Stahl	4550	20
3% nickelhaltig	6350	18
5% „	5800	20
5% „	6300	25

Betr. der zulässigen Betriebsspannungen ist zu beachten, daß nicht nur die auftretenden Höchstspannungen ziemlich genau festgelegt sind, sondern auch die Belastung als solche fast genau konstant ist und nicht schwankt. Deshalb ist ein kleinerer Sicherheitsfaktor hier gerechtfertigt. Für große Turbinenscheiben empfiehlt der englische Turbinenkonstrukteur K. Baumann eine 4fache Sicherheit bezogen auf die Streckgrenze bei normaler Betriebsdrehzahl. Für kleinere Scheiben, die besser durchgeschmiedet sind und größere Gewähr für homogene Beschaffenheit bieten, kommt man auch mit $\mathfrak{S} = 3$ aus.

So erhält man für normalen S.-M.-Stahl eine Beanspruchung von 1260 kg/cm² und für 5% Nickelstahl 1840 kg/cm². Bei diesen hohen Beanspruchungen muß die höchst zulässige Drehzahl ziemlich eng begrenzt sein; denn bei 10% Übergeschwindigkeit steigen die Beanspruchungen schon um 21%.

Die Scheibe, die im Beispiel von S. 115 zugrunde gelegt wurde, muß bereits als schwereres Schmiedestück bezeichnet werden. Die Umfangsgeschwindigkeit war 170 m/sec, während die größte Spannung mit 705 kg/cm² als sehr niedrig angesehen werden muß. Da die Spannungen prop. dem Quadrate der Umfangsgeschwindigkeiten wachsen, würde man bei 1840 kg/cm² Größt-Beanspruchung eine Umfangsgeschwindigkeit von 274 m/sec erreichen. Dies dürfte wohl auch schon eine Grenze sein, die von einschlägigen Firmen fast gar nicht mehr verwendet wird. Im allgemeinen findet man 240 bis 250 m/sec als Höchstgeschwindigkeit im Turbokompressorenbau vor.

2. Berechnung der Welle.

a) Die kritische Drehzahl.

Die Welle eines Turbokompressors ist rein statisch wie jede andere Welle durch das Scheibengewicht und das Eigengewicht belastet. Die hierdurch auftretenden Biegebeanspruchungen sind nach bekannten Regeln berechenbar. Indes ist bei Turbokompressoren und Gebläsen diese Beanspruchung so gering, daß man sie ruhig unberücksichtigt lassen kann.

Maßgebend ist hier die dynamische Beanspruchung, worunter man bei Wellen die evtl. auftretenden Schwingungen, kritische Drehzahl usw. versteht. Beobachtungen zeigen, daß Kreiselläufer bei ganz bestimmten Drehzahlen in heftige Schwingungen geraten, die oft betriebsgefährdende Formen annehmen und bei längerer Dauer sämtliche Labyrinthdichtungen ausschlagen können. Dieser Erscheinung ist bei Turbokompressoren die allergrößte Sorgfalt zuzuwenden, zumal diese Maschinen die einzige Großmaschinen darstellen, die überkritisch laufen. Bekanntlich verwendet der Dampfturbinenbau fast ausschließlich starre Wellen, denen, rein betriebstechnisch immer der Vorzug zu geben ist. Nun läßt sich bei Turbokompressoren eine Verstärkung der Welle nicht so leicht durchführen wie bei Dampfturbinen. Da rings um die Welle die Luft in das Laufrad eintritt, wird bei stärkeren Wellen der Eintrittsquerschnitt weiter nach außen gerückt. Hiermit werden die Eintrittsgeschwindigkeiten größer und der Wirkungsgrad schlechter.

Es soll zunächst eine gewichtslose Welle betrachtet werden, die in der Mitte durch eine Scheibe belastet sei. Um zunächst die Durchbiegung durch das Eigengewicht auszuschalten, lassen wir die Welle nach Abb. 123 vertikal laufen. Der Schwerpunkt der Scheibe befinde sich im Abstande e von der Drehachse. Bei Umdrehung tritt infolge der Exzentrizität eine Zentrifugalkraft auf, die die Welle um ein Stück y durchbiegt. Und zwar ist

$$m(y + e)\,\omega^2 = P.$$

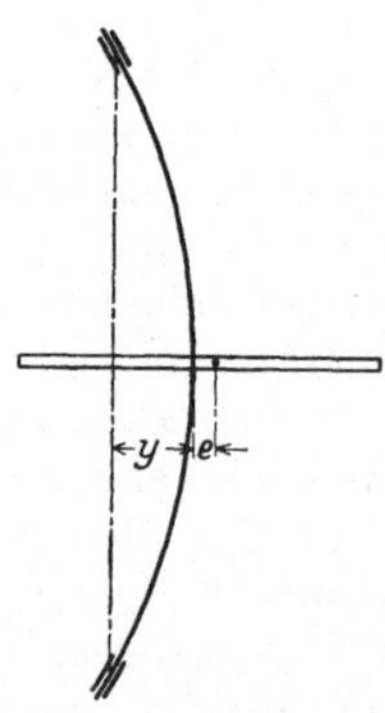

Abb. 123. Schwingende Welle mit exzentrischer Scheibe.

Diese Kraft wird im Gleichgewicht gehalten von der elastischen Rückwirkung der Welle, die bekanntlich dem Ausschlag y prop. ist und sich berechnet nach $P = \alpha \cdot y$, wo α eine Konstante ist.

Hiermit wird

$$m\,(y + e)\,\omega^2 = \alpha\,y, \qquad y = \frac{m\,e\,\omega^2}{\alpha - m\,\omega^2}.$$

Man erkennt, daß mit wachsender Drehzahl y größer wird und sogar den Wert unendlich erreichen kann. Dies ist der Fall für $\alpha - m\,\omega^2 = 0$, d. h. $\omega = \sqrt{\dfrac{\alpha}{m}}$. Diese Drehzahl nennt man die kritische. In Wirklichkeit treten natürlich keine unendlich großen Ausschläge auf, sondern man beobachtet einen unruhigen Gang der Maschine, der unter Umständen sehr gefährlich werden kann.

α ist die Kraft, die die Welle 1 cm durchbiegt. Diese Werte sind aus der Festigkeitslehre bekannt.

1. Frei aufliegende, in der Mitte belastete Welle

$$\frac{1}{\alpha} = \frac{l^3}{48\,JE}; \qquad n_{kr} = \frac{30}{\pi}\sqrt{\frac{\alpha}{m}} = \frac{30}{\pi}\sqrt{\frac{JE\,48\,g}{l^3\cdot G}}.$$

2. An beiden Seiten eingespannte, in der Mitte belastete Welle

$$\alpha = \frac{192\,JE}{l^3}; \qquad n_{kr} = \frac{30}{\pi}\sqrt{\frac{JE\,192\,g}{l^3\cdot G}}.$$

3. Freiliegende, am Ende belastete Welle

$$\alpha = \frac{J\cdot E\cdot 3}{l^3}; \qquad n_{kr} = \frac{30}{\pi}\sqrt{\frac{3\,g\,JE}{l^3\cdot G}}.$$

Von besonderer Wichtigkeit ist das Verhalten nach Überschreiten der kritischen Drehzahl. Obige Gleichung gibt auch hierauf die Antwort:

$$y = \frac{m\cdot e\,\omega^2}{\alpha - m\,\omega^2} = \frac{e}{\dfrac{\alpha}{m\,\omega^2} - 1}.$$

Überschreitet ω den kritischen Wert, so wird y negativ, d. h. der Schwerpunkt liegt jetzt zwischen Drehachse und Wellenmittel; mit steigendem ω nähert sich, wie

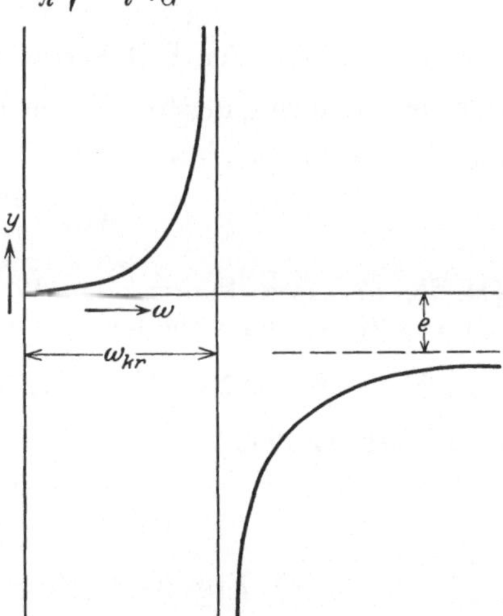

Abb. 124. Ausschlag einer Welle mit Einzellast.

Abb. 124 zeigt, z immer mehr dem Werte e, d. h. der Schwerpunkt kommt in die Drehachse. Hierdurch tritt quasi ein Selbstauswuchten der Scheibe ein. Wie auch die Erfahrung lehrt, wird der Lauf oberhalb der kritischen Drehzahl merklich ruhiger. Es handelt sich um eine stabile Gleichgewichtslage, die überaus betriebssicher ist.

b) Schwingungen einer Welle ohne Belastung.

Bei obigen Berechnungen war das Eigengewicht der Welle vernachlässigt worden. Der andere wichtige Grenzfall ist eine schwere unbelastete Welle.

Wir gehen aus von der Gleichung für das Biegemoment, die zu der Durchbiegung in der Beziehung steht $JE\dfrac{d^2y}{dx^2} = M$. Durch zweimalige Differentiation erhält man $JE\dfrac{d^4y}{dx^4} = \dfrac{d^2M}{dx^2}$. Nun ist aber $\dfrac{dM}{dx} = Q$ die Querkraft und $\dfrac{dQ}{dx} = \dfrac{d^2M}{dx^2} = p$ die Belastung der Welle pro Längeneinheit. Diese Belastung ist die Zentrifugalkraft eines Wellenstückes von der Länge 1

$$p = \frac{\gamma}{g}\, F\, y \left(\frac{\pi\, n}{30}\right)^2.$$

Durch Einsetzen entsteht:

$$JE\frac{d^4y}{dx^4} = \frac{\gamma}{g}\, F \left(\frac{\pi\, n}{30}\right)^2 y.$$

Die Gleichung hat vier partikuläre Integrale von der Form

$$y = C_1 \cdot \sin \alpha x; \qquad y = C_2 \cos \alpha x \ldots;$$

hier ist

$$\alpha^4 = \frac{\gamma}{g}\, F \left(\frac{\pi\, n}{30}\right)^2 \frac{1}{JE}.$$

Wir wollen nun den Fall betrachten, daß zwischen den beiden Lagern sich ein Schwingungsbauch ausbildet, hierfür ist $\alpha \cdot l = \pi$; $\alpha = \dfrac{\pi}{l}$; hiermit ergibt sich für

$$n_{kr} = \frac{\pi^2}{l^2}\, \frac{15}{2}\, \pi \sqrt{\frac{E\, g}{\gamma}}.$$

Da die in Frage kommenden Wellen grundsätzlich aus gutem Stahl hergestellt werden, können die entsprechenden Werte

$$E = 2{,}15 \cdot 10^6 \qquad \text{und} \qquad \gamma = 7{,}85 \cdot 10^{-3}\,\text{kg/cm}^3$$

eingesetzt werden.

$$n_{kr} = 12{,}15 \cdot 10^6\, \frac{d_{\text{cm}}}{l^2_{\text{cm}}}\, /\, \text{min.}$$

c) Eigenschwingungszahl der Welle.

Jedes elastisches Gebilde ist — in geeigneter Weise gestützt — schwingungsfähig. Der Klang, der beim Anschlag an ein Werkstück entsteht, ist ein Beweis für diese Tatsache. Bringen wir z. B. die Welle nach Abb. 123 etwa durch Verbiegen aus der Gleichgewichtslage, so führt sie Schwingungen aus, deren Gleichung ist:

$$m\frac{d^2y}{dt^2} = -\,\alpha y.$$

Die Lösung dieser Gleichung besteht aus zwei periodischen Funktionen $y = A \sin \omega t + B \cos \omega t$; hierin ist $\omega^2 = \dfrac{\alpha}{m}$, d. h. dieselbe Schwingungszahl, die sich für die kritische Drehzahl ergeben hat.

Mithin ist die Bestimmung der Tonhöhe (Grundton) ein Mittel zur experimentellen Ermittlung der kritischen Drehzahl. Dieses Mittel läßt sich z. B. mit Erfolg anwenden bei Turbinenscheiben, während bei Wellen selten ein einwandfreier Grundton zu erkennen ist.

d) Einfluß der Kreiselkräfte.

Von großer Bedeutung sind die Trägheitskräfte, die die Scheiben selbst auf die Welle ausüben, wenn die Richtung der Drehachse sich ändert infolge von Schwingungen. Die Laufräder haben ziemlich hohe Trägheitsmomente und werden deshalb wie Kreisel wirken, Abb. 125. Die sich hierdurch ergebenden Bewegungen lassen sich nach den Gesetzen der Mechanik genau übersehen. Eine gleichmäßig mit Scheiben besetzte Welle wird bei schwingungsfreier Bewegung so rotieren, daß für jede Scheibe die Tangente an die elastische Linie die

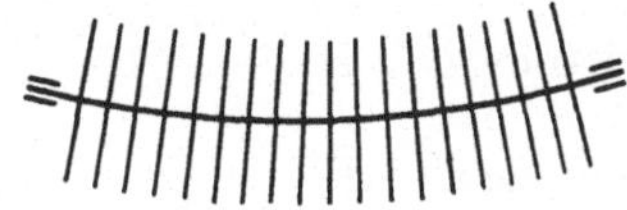

Abb. 125. Dünne Welle, mit vielen Scheiben besetzt.

Drehachse bildet. Liegt nun — was praktisch immer der Fall ist — der Schwerpunkt nicht genau in der Achse, so wird die Welle irgendwelche Schwingungen ausführen, so daß sich die momentane Drehachse der einzelnen Scheiben dauernd ändert. Ein Punkt des Wellenmittels wird so kreisförmige bzw. elliptische Bahnen durchlaufen, wobei diese Bewegung nicht notwendig gleichläufig mit der Umdrehung der Welle zu sein braucht. Beide Bewegungsformen können durch die Kreiselkräfte der Scheiben sogar erzwungen werden. Man hat hierfür die Bezeichnungen eingeführt: „Präzession im Gleichlauf", und „Präzession im Gegenlauf". Dabei ist nicht mal erforderlich, daß diese Präzessionen mit der Frequenz der Welle identisch sind.

e) Präzession im Gleichlauf.

Der Einfachheit halber betrachten wir eine freifliegende Scheibe. Die Scheibe habe die Welle um z durchgebogen, während e der Schwerpunktsabstand von dem Wellenmittelpunkt sei. Die Winkelgeschwindigkeit der Welle sei ω und in der angedeuteten Richtung, Abb. 126. Außerdem rotiere das Wellenmittel mit z als Radius mit derselben Umdrehzahl und in derselben Richtung. τ sei der Neigungswinkel der elastischen Linie an der Scheibe. Die Verhältnisse

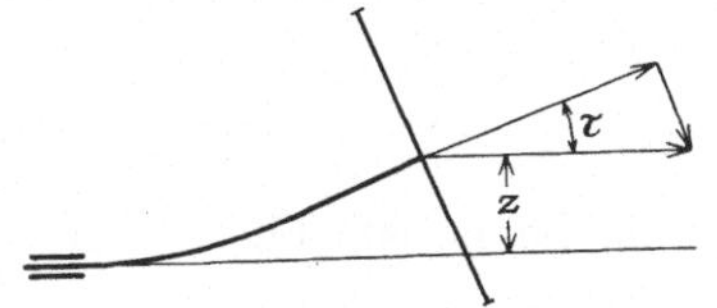

Abb. 126. Fliegend angeordnete Scheibe.

lassen sich am besten durch Betrachtung des Dralles übersehen. Der Drall der Scheibe ist $\Theta_y \cdot \omega = D$ und ist senkrecht gerichtet zur Scheibe. Nun ist die zeitliche geometrische Änderung des Dralles das auftretende Moment und gleichzeitig auch die Richtung des Momentes. Eine parallele Verschiebung des Drallvektors verursacht bekanntlich kein Moment. Durch die Rotation des Wellendurchstoßpunktes um

z als Radius tritt nun eine Richtungsänderung von D auf. Projizieren wir D in Richtung der Achse, so ist die Änderung leicht zu erkennen, $\varDelta D = D \cdot \sin \tau \cdot \omega \cdot \varDelta \tau$; da τ sehr klein ist, kann $\sin \tau \sim \tau$ gesetzt werden; hiermit wird $M = \dfrac{dD}{dt} = \Theta \cdot \omega^2 \cdot \tau$. Das Moment wirkt entgegen der Zentrifugalkraft und sucht die Durchbiegung zu verkleinern. Nach bekannten Regeln der Festigkeitslehre gelten nun für die Deformation der Welle folgende Beziehungen:

$$z = \frac{1}{JE}\left[\frac{Pl^3}{3} - \frac{Ml^2}{2}\right]; \qquad \tau = \frac{1}{JE}\left[\frac{Pl^2}{2} - M \cdot l\right];$$

hieraus: $\qquad P = \dfrac{JE}{l^3}\left[12\,z - 6\cdot l\,\tau\right]; \qquad M = \dfrac{JE}{l^2}\left[6\,z - 4\,l\,\tau\right];$

nun ist: $\qquad P = m\,(z + e)\,\omega^2 \quad$ und $\quad M_b = \Theta\,\omega^2\,\tau;$

hieraus ergeben sich 2 lineare Bestimmungsgleichungen für z und τ

$$z\,(2\,\alpha^2 - \omega^2) - \tau \cdot l \cdot \alpha^2 = e\,\omega^2,$$

$$z \cdot 3 \cdot \beta - (2\,\beta^2 + \omega^2)\,l \cdot \tau = 0;$$

hier bedeuten

$$\alpha^2 = \frac{6\,JE}{m\,l^3}; \qquad \beta^2 = \frac{2\,JE}{\Theta\,l}\,.$$

Nun interessieren in erster Linie solche Fälle, wo z und $\tau \cdot l$ unendlich groß werden, d. h. wo Instabilitäten auftreten. Dieses ist dann der Fall, wenn die Hauptdeterminante des Gleichungssystems verschwindet, d. h. es muß sein

$$\omega^4 + 2\,(\beta^2 - \alpha^2)\,\omega^2 - \alpha^2\,\beta^2 = 0\,.$$

Diese Gleichung hat nur eine reelle Lösung für ω

$$\omega_{\mathrm{gl}}^2 = -\,(\beta^2 - \alpha^2) + \sqrt{(\beta^2 - \alpha^2) + \alpha^2\,\beta^2}\,.$$

Zwei Grenzfälle sind zu unterscheiden:

1. Es ist kein Einfluß der Kreiselkräfte vorhanden, d. h. $\Theta = 0$; hiermit wird

$$\beta^2 = \infty \qquad \text{und} \qquad \omega_\varkappa^2 = \frac{\alpha^2}{2} = \frac{3\,JE}{m\,l^3}\,,$$

d. h. die bereits oben behandelte normale kritische Drehzahl.

2. Die Kreiselkräfte überwiegen $\Theta = \infty$; es wird

$$\beta = 0 \qquad \text{und} \qquad \omega_{kr}^2 = 2\,\alpha^2 = \frac{12\,JE}{m\,l^3}\,,$$

d. h. die Drehzahl ist doppelt so groß wie bei der gewöhnlichen kritischen Drehzahl.

Da eine Scheibe mit unendlich großem Trägheitsmoment bei einer kleinen Winkeländerung sehr große Kräfte hervorrufen würde, wird sie eine Lage einnehmen, wo bei einer kleinen Änderung des Winkels τ

die kleinsten Dralländerungen auftreten. Dies ist der Fall, wenn die Drehachse der Scheibe senkrecht auf der ursprünglich horizontalen Richtung steht. Tatsächlich kann man an einfachen Modellen zeigen, daß frei rotierende Scheiben sich um 90^0 gegen die Drehachse einstellen.

f) Präzession im Gegenlauf.

Nun soll gegenüber obigem Beispiel die Scheibe mit dem entgegengesetzten Umlaufsinn mit z als Radius rotieren. Hierdurch treten die Kreiselkräfte mit anderem Vorzeichen auf. Das Drehmoment, das bei der gegenläufigen Präzession entsteht, ist aber bedeutend größer wie bei gleichlaufender. Dies kommt daher, weil gegenüber einer mit Präzessionsgeschwindigkeit umlaufenden Ebene die einzelnen Scheibenteilchen eine Relativgeschwindigkeit besitzen und so Corioliskräfte erzeugen[1]. Es ergibt sich hier ein dreimal größeres Moment wie oben.

$$M = 3\,\Theta \cdot \omega^2\,\tau; \qquad P = m \cdot z \cdot \omega^2.$$

Man kann zeigen, daß Exzentrizität und Lockerungswinkel keinen Einfluß haben; sie sollen deshalb hier vernachlässigt werden. Man erhält nun unter Berücksichtigung der Vorzeichen:

$$2\,(\alpha^2 - \omega^2)\,2 - \alpha^2\,l\,\tau = 0,$$
$$3\,\beta^2 \cdot z + (3\,\omega^2 - 2\,\beta^2) \cdot l\,\tau = 0,$$
$$3\,\omega^4 - 2\,(3\,\alpha^2 + \beta^2)\,\omega^2 + \alpha^2\,\beta^2 = 0,$$
$$\omega^2_{\text{gegen}} = \frac{1}{3}\left[(3\,\alpha^2 + \beta^2) \pm \sqrt{(3\,\alpha^2 + \beta^2) - 3\,\alpha^2\,\beta^2}\right].$$

Man findet hier also zwei kritische Werte. Die erste Form entspricht der für Gleichlauf festgestellten, während die zweite Form einer Bewegungsform nach Abb. 127 entspricht. Stodola hat zuerst auf diese sehr eigenartige Schwingungsform hingewiesen.

Abb. 127. Schwingungsform bei Präzession im Gegensatz.

Entwickelt man in ω_{gegen} die Wurzeln nach Potenzen von $\frac{\alpha}{\beta}$, so erhält man die angenäherten Werte:

$$\omega^2_{\text{gegen 1}} = \frac{\alpha^2}{1}\left(1 - \frac{9}{4}\frac{\alpha^2}{\beta^2}\right); \quad \omega^2_{\text{gegen 2}} = \frac{2}{3}\left(\frac{9}{4}\alpha^2 + \beta^2\right); \quad \omega^2_{\text{gl}} = \frac{\alpha^2}{2}\left(1 + \frac{3}{4}\frac{\alpha^2}{\beta^2}\right).$$

Die Reihenfolge ist also folgende: tiefere Gegenlauf-, normale kritische Geschwindigkeit, Gleichlauf-Präzession und höhere Gegenlauf-Präzession.

Verschiedentliche Beobachtungen deuten darauf hin, daß die gegenläufige Präzession durch lockere Scheiben evtl. erzwungen werden kann. Es ist indes noch nicht bekannt, wie die Entstehung dieser Schwingungen zu erklären ist.

Die Berücksichtigung der Kreiselkräfte hat gezeigt, daß die angegebene Regel, daß die Eigenschwingungszahl mit der kritischen

---

[1] Siehe Stodola: Dampfturbinen.

Drehzahl zusammenfällt, bei größeren Trägheitsmomenten der Laufräder nicht mehr stimmt. Es bilden sich kritische Zustände aus, die zum großen Teil durch die Kreiselkräfte beherrscht werden. Es fragt sich nun, welchen Einfluß haben die Kreiselkräfte bei einer mit sehr vielen Scheiben besetzten Welle. Grammel[1] hat in einer klassischen Studie diese Vorgänge genauer untersucht und ist dabei zu sehr wesentlichen Resultaten gekommen. Bei einer einzelnen Scheibe gibt es nur eine Präzession im Gleichlauf und zwei Präzessionen im Gegenlauf. Bei einer mit n Scheiben besetzten Welle gibt es höchstens n gleichläufige und höchstens $2\,n$ gegenläufige Präzessionen. Die Anzahl der kritischen Zustände ist um so geringer, je größer das Trägheitsmoment der Scheiben ist. **Bei verhältnismäßig kurzen Wellen mit Scheiben von großem Trägheitsmoment können die Kreiselkräfte das Zustandekommen eines kritischen Zustandes überhaupt verhindern.** Besonders das letzte Resultat ist sehr bemerkenswert.

g) Die Formel von Dunkerley.

Für eine mit beliebig vielen Scheiben besetzte Welle hat Dunkerley als Ergebnis vieler Versuche eine in der Praxis gern angewandte Formel aufgestellt:

$$\frac{1}{n_{kr}^2} = \frac{1}{n_1^2} + \frac{1}{n_2^2} + \frac{1}{n_3^2} + \cdots;$$

hierin ist n_{kr} die kritische Drehzahl der Welle mit allen Scheiben, n_1 die kritische Drehzahl, wenn nur die Masse 1 auf der Welle ist; n_2 gilt nur für die Masse 2 usw.

Blaess[2] ist es gelungen, einen math. Beweis für diese Formel zu erbringen, wobei bemerkt werden soll, daß der Satz nicht streng richtig ist, doch ist der auftretende Fehler so gering, daß man ihn ohne weiteres in Kauf nehmen kann.

h) Höhere kritische Drehzahlen.

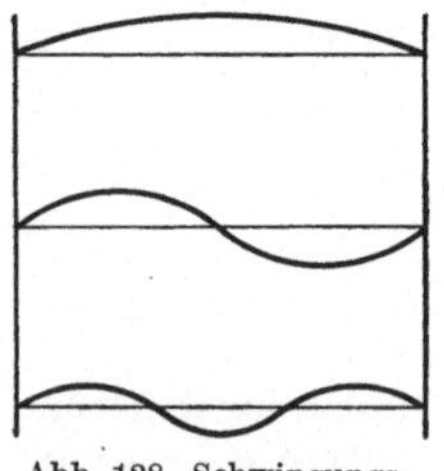

Abb. 128. Schwingungsformen einer Welle.

Von der schwingenden Seite ist bekannt, daß sie außer ihrem Grundton eine Reihe Obertöne erzeugt, deren Schwingungszahlen in einem ganzen Vielfachen zu der Grundschwingung stehen. Ähnliche Verhältnisse treten auf bei Biegungsschwingungen von Wellen. Abb. 128 zeigt z. B. mögliche Bewegungsformen einer kugelig gelagerten Welle. Da die Schwingungsgleichung die Form hatte $y = \sin \alpha x$, läßt sich leicht ermitteln, in welchem Verhältnis die höheren Schwingungsformen zur Grundschwingung stehen.

---

[1] Neuere Untersuchungen über kritische Zustände rasch umlaufender Wellen. Naturwissensch. 1922.

[2] Blaess: Z. V. d. I. 1914, S. 188.

Für die glatte Welle hatten wir ermittelt:

$$\alpha^4 = \frac{\gamma}{g}\, F \left(\frac{\pi\, n}{30}\right)^2 \frac{1}{JE}.$$

Für die Grundschwingungen ist:

$$\alpha \cdot l = \pi, \quad \text{d. h.} \quad \alpha = \frac{\pi}{l};$$

für die nächste Schwingungsform mit einem Knoten in der Mitte ist $\alpha \cdot l = 2\,\pi$, allgemein

$$\alpha \cdot l = k \cdot \pi \quad (k = 1,\ 2,\ 3,\ \ldots);$$

die entsprechenden kritischen Drehzahlen werden sich also wie die Quadrate der ganzen Zahlen verhalten:

$$n_{kr_1} : n_{kr_2} : n_{kr_3} : \ldots n_{kr_n} = 1^2 : 2^2 : 3^2 : \ldots, n^2.$$

α) Beidseitig eingespannte Welle.

Hier ändern sich die Ausgangsgleichungen, da andere Randbedingungen zu erfüllen sind.

$$x = 0, \qquad y = 0, \qquad \frac{dy}{dx} = 0,$$

$$x = l, \qquad y = 0, \qquad \frac{dy}{dx} = 0.$$

Nach Stodola ergeben sich hier die Werte:

$$n_{kr_1} : n_{kr_2} : \ldots = 3^2 : 5^2 : 7^2 : \ldots = 1,0 : 2,8 : 5,4 : 9 \ldots$$

Merkwürdig ist, daß dieses Ergebnis sich nicht verändert, wenn die Welle mit der Hauptachse einen kleinen Winkel einschließt.

β) An einem Ende eingespannte, am anderen Ende kugelig gelagerte Welle.

Man erhält:

$$n_{kr_1} : n_{kr_2} : \ldots = 5^2 : 9^2 : 13^2 = 1 : 3,23 : 6,75 : \ldots.$$

γ) Freiliegende, einseitig eingespannte Welle.

Es ergibt sich:

$$n_{kr_1} : n_{kr_2} : n_{kr_3} : \cdots = 1,194^2 : 3^2 : 4^2 \cdots$$

$$= 1 : 4,38 : 17,5 \cdots$$

i) Graphische Bestimmung der kritischen Drehzahl.

Für viele praktische Fälle ist die rechnerische Ermittlung der kritischen Drehzahl wegen der verschiedenen Durchmesser, der stets sich ändernden Gewichte usw. fast unmöglich. Es ist deshalb sehr zu begrüßen, daß ein sehr einfaches graphisches Verfahren diese Lücke ausfüllt.

Benutzt wird hierbei der Satz, daß in der kritischen Drehzahl die Welle sich bei jeder Durchbiegung im Gleichgewicht befindet, wenn die Exzentrizitäten aller Massen im Wellenmittel liegen. Die Aufgabe ist also, eine Drehzahl zu finden, bei der die elastischen Kräfte sich mit den Zentrifugalkräften im Gleichgewicht befinden. Ist z. B. bei einer Durchbiegung y' Gleichgewicht vorhanden, so muß auch bei der n-fachen Durchbiegung Gleichgewicht bestehen, da die Zentrifugalkräfte genau in demselben Verhältnis wachsen.

Man geht aus von den Durchbiegungen y, die durch das Eigengewicht entstehen, dann rechnet man für eine beliebige Drehzahl n_0 die zugehörigen Zentrifugalkräfte aus, die den Auslenkungen durch das Eigengewicht entsprechen. Diese Zentrifugalkräfte erzeugen eine Durchbiegung y'. y und y' werden natürlich nicht zusammenfallen, da n_0 ja nicht die kritische Drehzahl war. Nun verändern wir n_0 so, daß wenigstens in der Mitte die beiden elastischen Linien zusammenfallen. Hieraus bestimmt sich eine Drehzahl $n_{kr} = n_0 \sqrt{\dfrac{y}{y'}}$, die mit der kritischen dann identisch wäre, wenn beide elastische Linien durch Multiplikation mit $\dfrac{y}{y'}$ zusammenfallen würden. Dieses wird in der Regel nicht der Fall sein, und mit der zuletzt erhaltenen elastischen Linie sind erneut die Zentrifugalkräfte und die zugehörigen Durchbiegungen zu bestimmen. So wird die Annäherung immer genauer. Indes ist in den allermeisten Fällen die Annäherungslinie mit der Durchbiegungslinie vollkommen ausreichend.

Zur Bestimmung der elastischen Linie benutzen wir den Mohrschen Satz, daß die Beziehung $M = JE \dfrac{d^2 y}{dx^2}$ durch eine Seilpolygonkonstruktion gewonnen werden kann. Da weiter $\dfrac{d^2 M}{dx^2} = q$ (Belastung pro Längeneinheit) ist, kann durch zwei aufeinander folgende Seilpolygonkonstruktionen die elastische Linie gezeichnet werden. Zuerst trägt man die Belastung q auf und erhält durch ein Seilpolygon die Momentenfläche. Als zweiter Schritt wäre nach obiger Formel $\dfrac{M}{JE}$ als Belastung aufzutragen. Dies ist sehr willkommen, weil hierdurch ungleichen Durchmessern der Welle Rechnung getragen werden kann. Bezeichnet man z. B. das größte Trägheitsmoment mit J_m, so vergrößert man die Momentenfläche im Verhältnis $\dfrac{J}{J_m}$, wo J der Wert des Trägheitsmomentes an der betreffenden Stelle ist. Diese sogenannte reduzierte Momentenfläche betrachtet man als Belastungsfläche für die folgende Seilpolygonkonstruktion. Die sich dann ergebende Linie ist die elastische Linie im verzerrten Maßstabe.

Besonderes Augenmerk ist auf die benutzten Maßstäbe zu richten. Im folgenden soll für ganz beliebige Maßstäbe die Umrechnungsformel an Hand eines Beispieles entwickelt werden. In Abb. 129 sind die notwendigen Operationen graphisch dargestellt. Oben erkennt man die Welle, deren Durchmesser eingetragen sind. Die durch Laufräder und Welle entstehenden Belastungen sind über den einzelnen Schwerpunkten eingetragen. Als Polabstand H_1 wurde 100 kg gewählt. Das sich hieraus ergebende Seilpolygon, die Momentenfläche, wurde an den Stellen kleineren Wellendurchmessers mit $\frac{J_m}{J}$ erweitert. Diese Fläche wurde in einem zweiten Seilpolygon als Kraft aufgetragen. Hier wurde als

Beispiel 11.

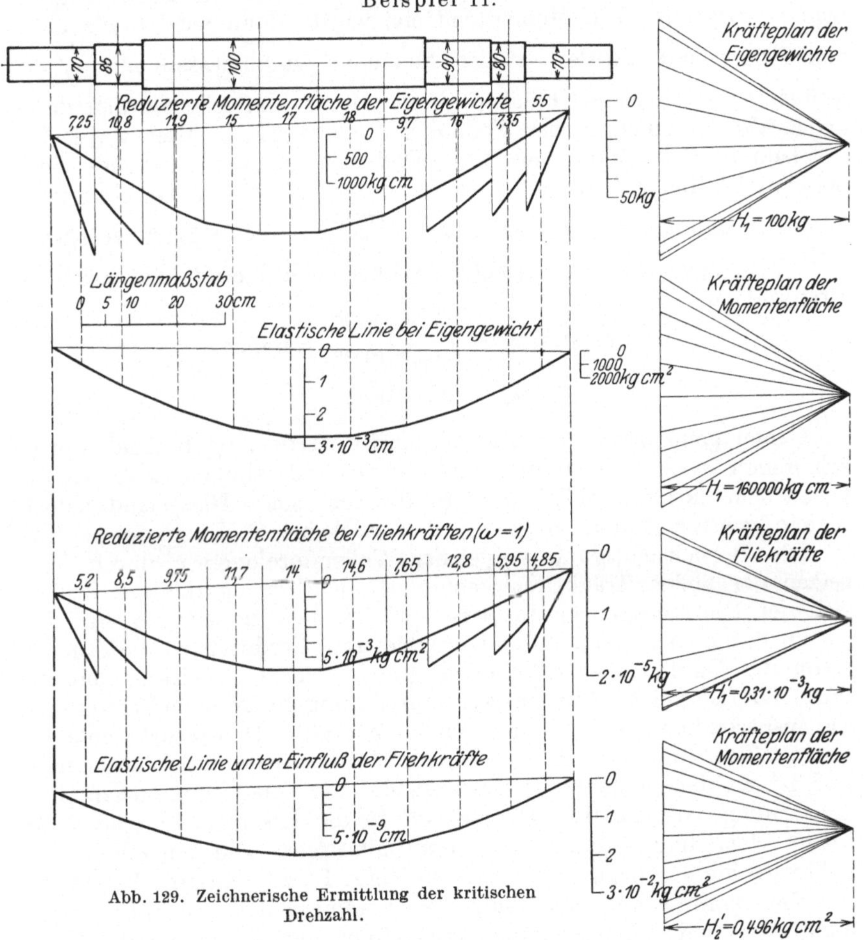

Abb. 129. Zeichnerische Ermittlung der kritischen Drehzahl.

Polabstand $H_2 = 160\,000$ kgcm gewählt. Dieses Seilpolygon liefert die elastische Linie im verzerrten Maßstabe. Ist m der Längenmaßstab der Zeichnung, so ist die Durchbiegung $y = \frac{H_2 \cdot m}{J_m \cdot E} \cdot y'$, wo y' die aus der Zeichnung entnommene Durchbiegung ist. Mit $J_m = 491\ \mathrm{m}^3$ ergibt sich $y = y'\ 0{,}607$ cm. Die entsprechenden Maßstäbe sind in Abb. 129 überall eingezeichnet. Als größte Durchbiegung ergibt sich $0{,}273 \cdot 10^{-2}$ cm.

Nun wurden die Zentrifugalkräfte ausgerechnet, die die einzelnen Massen bei dieser Durchbiegung erzeugen, wenn die Winkelgeschwindigkeit gleich 1 ist. Als Polabstand wurde $0{,}31 \cdot 10^{-3}$ kg gewählt. Diese etwas willkürlich aussehenden Zahlen entstehen dadurch, daß man auf dem Zeichenblatte für den Polabstand gern ein einfaches Maß, z. B. 10 cm, wählt und nachher umrechnet. Dies hat den Vorteil, daß man die gesamte Rechnung erst am Ende der Zeichnung zu machen braucht. Die Momentenfläche wurde dann wieder wie oben konstruiert und an den Stellen kleineren Durchmessers mit $\dfrac{J_m}{J}$ erweitert. Die einzelnen Flächen dieser Momentenfläche wurden dann als Kräfte in einem neuen Seilpolygon aufgetragen. Hier wurde als Polabstand $0{,}496$ kgm² gewählt. Das sich hieraus ergebende Seilpolygon ist die endgültige elastische Linie. Ist y' die Durchbiegung in der Zeichnung, so ist wieder $y = y' \dfrac{m \cdot H_2}{J_m \cdot E} = 0{,}676 \cdot 10^{-8}$ cm. Nach der oben angegebenen Formel errechnet sich hiermit die kritische Drehzahl zu

$$\omega_k = \omega_0 \sqrt{\frac{y}{y'}} = 1 \cdot \sqrt{\frac{0{,}274 \cdot 10^{-2}}{67{,}6 \cdot 10^{-10}}} = 635/\text{sec},$$

$$n_{kr} = 6060/\text{min}.$$

Genau genommen muß zuerst geprüft werden, ob die beiden oben erhaltenen elastischen Linien auch geometrisch ähnlich sind. Es ergeben sich hier tatsächlich geringe Abweichungen. Diese sind jedoch in den meisten Fällen so gering, daß sie keine Rolle spielen.

Die Berücksichtigung ungleicher Wellendurchmesser durch Einsetzen der vollen Trägheitsmomente ist nicht streng richtig. Ändert sich der Durchmesser sprungweise, wie es fast immer der Fall ist, so wird sich naturgemäß die Durchbiegung hierdurch so ändern, als wenn der Durchmesser allmählich größer würde. Verfasser hat die durch eine plötzliche Durchmesservergrößerung auftretende Versteifung, die insbesondere für aus dem Vollen gedrehte Dampfturbinenläufer von großem Interesse ist, experimentell und theoretisch[1] untersucht und ist zu dem Ergebnis gekommen, daß die Versteifung erst in einer Entfernung von ca. $0{,}25\,D$ merklich in die Erscheinung tritt. Bei obiger Rechnung rechnet man somit günstiger. Die kritische Drehzahl wird hierdurch unter Umständen einige Prozent zu groß berechnet.

Man könnte auf den Gedanken kommen, daß die aufgesetzten Laufräder und Büchsen eine Versteifung der Welle verursachten. Die auch für diesen Fall durchgeführten Berechnungen haben ergeben, daß diese Versteifung unbedingt zu vernachlässigen ist, selbst wenn es sich um sehr breite Radnaben handelt.

Aus den obigen Untersuchungen geht hervor, daß die Durchbiegung der Welle durch das Eigengewicht in einem Zusammenhang mit der kritischen Drehzahl stehen muß. Für einfache Fälle, z. B. glatte

---

[1] Eck: Versteifender Einfluß der Turbinenscheiben auf die Durchbiegung des Läufers. Z. V. d. I. Bd. 72, S. 51. 1928.

Welle, durch Eigengewicht belastet, glatte Welle mit Einzellast usw. läßt sich aus den Ergebnissen von S. 133 auch eine direkte Formel hierfür ableiten. So ergibt sich für die glatte Welle, die nur durch das Eigengewicht belastet ist, $\omega_{kr}^2 = \dfrac{1{,}275 \cdot g}{y_0}$, wo y_0 die größte Durchbiegung ist. Diese Formel wurde bereits von Stodola abgeleitet. Für die in der Praxis vorkommenden Läufer wird sich eine ähnliche Formel ergeben, nur daß je nach Konstruktion der Zahlenfaktor verschieden ist.

Von dem englischen Turbinenkonstrukteur K. Baumann stammt die Formel $\omega_{kr}^2 \sim \dfrac{1{,}07 \cdot g}{y_0}$, die für Gleichdruckturbinen brauchbar sein soll. Bei Turbokompressoren kann man mit der Formel

$$\omega_{kr}^2 = \frac{(1{,}08 \text{ bis } 1{,}09)\, g}{y_0}$$

rechnen.

k) Praktische Erfahrungen über kritische Drehzahlen.

Es liegen umfangreiche Modellversuche vor, die die einfachen der Rechnung zugänglichen Fälle zu prüfen gestatten. In dem bekannten Buch von Stodola über Dampfturbinen findet man hierüber reichliche Angaben. Die Versuche sind meistens durchgeführt mit dünnen Wellen von 10 bis 30 mm $\varnothing$, für deren Antrieb normale Laboratoriumseinrichtungen ausreichen. Über ausgeführte Maschinen findet man nur hier und da einige Hinweise, die kein klares Bild erkennen lassen.

Bei den meisten Modellversuchen findet man die durch die Rechnung gefundenen Aussagen bestätigt. Es handelt sich meist um Versuche mit wenigen Gewichten, die selten ausgeführten Rotoren geometrisch ähnlich sind; z. B. fehlen noch vollkommen eingehendere Versuche mit sehr vielen Scheiben, die im Hinblick auf die Grammelsche Theorie sehr erwünscht wären.

Für Turbokompressoren ist dieses Gebiet von allergrößter Wichtigkeit, da dieselben fast ausschließlich in überkritischen Gebieten laufen. Verfasser hatte Gelegenheit, eine große Anzahl Turbokompressoren auf ihr Verhalten im überkritischen Gebiet hin zu prüfen. Bei vielen Maschinen macht sich in der kritischen Drehzahl ein gewisser unruhiger Gang bemerkbar, der in den allerwenigsten Fällen eine gefährliche Gestalt annimmt, sofern man nicht die Maschine längere Zeit in diesem Zustande laufen läßt. Bemerkenswert ist, daß bei einigen Ausführungen die kritische Drehzahl überhaupt nicht zu bemerken und ohne weiteres ein Dauerbetrieb in denselben möglich war. Die größte Gefahr scheint nicht die Schwingung als solche zu sein, sondern die indirekten Folgen. Die Welle wird bei Schwingungen an die Dichtungsspitzen anlaufen, sich hier einseitig erwärmen und so vollkommen krumm werden. Durch die krumme Welle tritt dann eine größere Schwerpunktsverlagerung auf, die den Weiterlauf der Maschine unmöglich macht. Auf diese Weise bog sich z. B. die Welle einer größeren Maschine um ca. $^3/_4$ mm. Der Lauf der Maschinen oberhalb der kritischen Drehzahlen war in den meisten Fällen einwandfrei.

Für die Dimensionierung der Welle ist es sehr wesentlich, in welchem Gebiet oberhalb der 1. kritischen Drehzahl die Welle am besten läuft. Hierüber sind nach dem jetzigen Stande der Erkenntnisse noch keine theoretischen Aussagen zu machen. Verfasser neigt der Ansicht zu, daß außer der kritischen Drehzahl noch das Verhältnis $\frac{\text{kritische Drehzahl des Läufers}}{\text{kritische Drehzahl der Welle allein}}$ von großer Bedeutung für den ruhigen Lauf oberhalb der kritischen Drehzahl ist. Für eine größere Anzahl Maschinen wurden diese kritischen Drehzahlen ausgerechnet und in der nebenstehenden Tabelle zusammengestellt (Tabelle 6). Hierin ist auch die Betriebsdrehzahl enthalten. Es wurde die Beobachtung gemacht, daß in den Fällen, wo

$$\frac{n_{kr}\ \text{Rotor}}{n_{kr}\ \text{Welle}} \leqq \frac{1}{1,5\,\text{bis}\,1,8}$$

ist, ein besonders ruhiges Laufen erzielt wurde[1]. Das Verhältnis

$$\frac{\text{Betriebsdrehzahl}}{\text{kritische Drehzahl}}$$

schwankt in den meisten Fällen zwischen 1,3 bis 2,8. Darüber hinaus sind wohl noch

Tabelle 6. Kritische Drehzahlen schnellaufender Wellen.

Welle n'_{kr}	Rotor n'_{kr}	$\dfrac{n'_{kr}}{n'_{kr}}$	Betriebsdrehzahl n norm	$\dfrac{n\ \text{norm}}{n'_{kr}}$
2720	1470	1,85	3400	2,3
2420	1740	1,39	2980	1,715
2260	1560	1,44	2950	1,88
5240	3450	1,5		
3570	2700	1,325	4100	1,52
2240	1670	1,35	3000	1,795
8350	6260	1,254	15000	2,4
2410	1490	1,62	4100/4300	2,75
7380	4470	1,665	7000	1,575
2870	1780	1,61	4100	2,3
3900	3000	1,3	12000	4,0
4690	3780	1,24	12000	3,17

keine größeren Maschinen gebaut worden, da man hier sehr nahe an der 2. kritischen Drehzahl liegt.

Die Anwendung noch größerer Drehzahlen, d. h. Gebiete zwischen 2. und 3. kritischer Drehzahl sind für kleine Turbokompressoren eine Lebensfrage. Bei kleinen Fördermengen muß wegen der Radreibung und zwecks Erzielung nicht zu kleiner Durchschnittsquerschnitte der Raddurchmesser stark verkleinert werden. Da andererseits die $\sum u^2$ ziemlich konstant bleiben muß, ergeben sich sehr hohe Drehzahlen (10000 bis 20000/min), bei denen die Wellen, mit 8 bis 12 Stufen besetzt, in ein sehr hohes kritisches Gebiet kommen. Verfasser hat zur Klärung dieser Frage in der Frankfurter Maschinenbau A.-G. umfangreiche Versuche mit Wellen von 60 bis 80 mm $\varnothing$ ausgeführt, die mit einer Reihe Einzelscheiben oder auch ohne Belastung untersucht wurden. Eine gleichmäßig mit Laufrädern besetzte Welle zeigte folgendes Verhalten: Die 1. kritische Drehzahl war sehr schwach bemerkbar. Darüber lief der Läufer einwandfrei bis ca 0,8 $n_{2\,kr}$. Hier

---

[1] Sämtliche Maschinen waren nach denselben Methoden und mit derselben Sorgfalt ausgewuchtet.

begann eine sehr große Unruhe, die bei weiteren Drehzahlsteigerungen anhielt und selbst bei 1,4 $n_{2\,kr}$ unverändert anhielt. Eine weitere Steigerung war nicht möglich. Eine besonders ausgeprägte Störung bei $n_{1\,kr}$ war nicht festzustellen. Von 0,8 $n_{2\,kr}$ an war die Welle überhaupt nicht mehr zur Ruhe zu bekommen und ein Experimentieren überaus gefährlich, da der Läufer, der offen lief, Ausschläge von 3 bis 6 mm aufwies. Zur weiteren Klärung wurde eine glatte Welle von 70 mm $\varnothing$ angefertigt, die ohne jede Belastung auf ihr Verhalten hin geprüft wurde. Auch hier war die 1. kritische Drehzahl sehr schwach zu erkennen. Es war ohne weiteres möglich, bei $n_{1\,kr}$ dauernd laufen zu lassen. Über der 1. kritischen Drehzahl lief die Welle auch vollkommen ruhig. Die Ausschläge wurden durch besondere Taster genau gemessen. Bei 0,9 $n_{2\,kr}$ begann dann eine sehr große Unruhe, die selbst bei größter Drehzahlsteigerung, ca. 1,6 $n_{2\,kr}$, nicht verschwand. Es wurden nun auf derselben Welle zwei Gewichte in $^{1}/_{4}$ l angebracht, damit die 1. Oberschwingung sich besser ausbilden konnte. Hierdurch gelang es tatsächlich, die Unruhe auf ein engeres Gebiet (in der Nähe der 2. kritischen Drehzahl) zu beschränken und darüber hinaus ein leidlich gutes Laufen zu erzielen. In der 2. kritischen Drehzahl waren die Ausschläge größer wie vorher, doch trat bei Drehzahlsteigerung sofort eine Beruhigung ein. Die Gewichte waren im Verhältnis zum Wellengewicht schwer.

Bei kleineren Gewichten trat diese spätere Beruhigung nicht ein. Diese Versuche deuten darauf hin, daß bei großen Verhältnissen $\dfrac{n_{kr}\cdot \text{Rotor}}{n_{kr}\cdot \text{Welle}}$ zwischen den einzelnen kritischen Zuständen ein viel ruhigeres Laufen möglich ist, als bei solchen Ausführungen, bei denen die Wellenmasse den Hauptausschlag gibt. Man kann auch ohne weiteres erkennen, daß es ein großer Unterschied für die Welle ist, wenn ihre Masse ausschlaggebend ist oder nicht. Über der kritischen Drehzahl soll theoretisch ein Selbstauswuchten des Läufers stattfinden, d. h. der Rotor wird um seinen Schwerpunkt sich drehen müssen. Betrachten wir nun eine dicke schwere Welle für sich, die eine große Schwerpunktsverlagerung haben soll. Um den Schwerpunkt in die geometrische Drehachse zu bringen, sind hier sehr große Formänderungsarbeiten aufzubringen, die die Welle evtl. bis zur Streckgrenze beanspruchen. Anders bei einer sehr dünnen Welle, für die z. B. eine Scheibe in der Mitte die ausschlaggebende Masse ist. Befindet sich hier der Schwerpunkt nicht in der Mitte, so wird die Welle bei sehr kleinen Spannungen die Verschiebung des Schwerpunktes zur Mitte aufnehmen können. Eine derartige Einstellung findet sehr geringen Widerstand.

Da bei kleineren Maschinen das Wellengewicht im Verhältnis zum ganzen Rotorgewicht ziemlich stark zunimmt, hat man mit Verhältnissen $\dfrac{n_{kr}\cdot \text{Welle}}{n_{kr}\cdot \text{Rotor}}$ zu rechnen, die sehr nahe bei 1 sind. Bei derartigen Maschinen konnte beobachtet werden, daß ein betriebssicheres Laufen oberhalb der 2. kritischen Drehzahl überhaupt nicht möglich war.

Das vorliegende wenige Versuchsmaterial reicht natürlich bei weitem nicht aus, um ein abschließendes Urteil über diese wichtige Frage zu gewinnen.

Seitdem der Dampfturbinenbau fast nur mehr unterkritisch laufende Maschinen ausführt, ist der Turbokompressor augenblicklich die einzige Großmaschine, die überkritisch läuft. Infolgedessen ist leider nur ein beschränkter Kreis an dieser wichtigen Frage interessiert, für die Weiterentwicklung tatsächlich ein großer Nachteil.

VII. Kühlung und Wärmeübergang.

Um den Kraftbedarf von Verdichtern möglichst zu verringern, ist eine ziemlich erhebliche Kühlung notwendig. Die Güte der Kühlung beeinflußt den Wirkungsgrad eines Kompressors — wie bereits eingangs festgestellt wurde — in großem Maße. Da die Schwierigkeiten, die notwendigen Kühlflächen unterzubringen, oft ziemlich erhebliche sind, ist es notwendig, die physikalischen Vorgänge genau zu untersuchen.

1. Wärmeübergang.

Verursacht durch die übergroße Bedeutung, die den Problemen des Wärmeüberganges zukommt, hat in den letzten Jahren auf diesem Gebiete ein sehr intensives Arbeiten von seiten der Ingenieure und Physiker eingesetzt, das bereits sehr nennenswerte Resultate gezeitigt hat. Nachdem man längere Zeit auf die Hifsmittel der reinen Empirie angewiesen war, versucht man hier ebenso wie in der Hydrodynamik gewisse Gesetzmäßigkeiten festzustellen und durch plausible Theorien zu stützen. Da die Lehre vom Wärmeübergang sehr eng mit der Hydrodynamik verbunden ist, ist es klar, daß der große Fortschritt der neuzeitigen Hydrodynamik auch für die Wärmelehre von großem Vorteil war.

Findet zwischen räumlich getrennten Körpern ein Wärmeaustausch statt, so ist dies auf drei physikalisch verschiedene Arten möglich, nämlich durch Strahlung, Leitung und Konvektion. Alle drei Möglichkeiten spielen praktisch eine Rolle und sind je nach den Verhältnissen oft für sich allein ausschlaggebend.

a) Wärmestrahlung.

Bekanntlich kann zwischen räumlich entfernten Körpern ein Wärmeaustausch entstehen, auch ohne daß ein materielles Bindeglied irgendwelcher Art besteht (z. B. Erde und Sonne). Diesen Wärmeübergang nennt man Strahlung. Rein physikalisch betrachtet sind diese sog. Wärmestrahlen nichts anderes wie Lichtstrahlen mit längeren Wellenlängen. Von einer gewissen Wellenlänge an (jenseits des rot) hört die Sichtbarkeit für unsere Augen auf. Diese Strahlen zeichnen sich durch großen Wärmetransport aus.

Die Wärmemenge, die ein Körper ausstrahlt, ist physikalisch ziemlich genau berechenbar. Es sei hier nur bemerkt, daß sie nach dem Stefan-Boltzmannschen Gesetz prop. der 4. Potenz der absoluten Temperatur ist.

Für Turbokompressoren und Gebläse spielt die Wärmeübertragung durch Strahlung quantitativ keine große Rolle, weshalb von weiteren Ausführungen hier abgesehen sei.

b) Wärmeleitung.

Unter Wärmeleitung versteht man den Wärmetransport in festen Körpern und ruhenden flüssigen sowie gasförmigen Medien. Die Wärme wandert quasi von einem Teilchen zum anderen, wenn zwischen denselben eine Temperaturdifferenz vorhanden ist.

Die einzelnen Stoffe zeigen ziemlich erhebliche Unterschiede in der Wärmeleitung bei sonst gleichen äußeren Bedingungen; und zwar kann man durchweg die Beobachtung machen, daß alle Stoffe, die gute Wärmeleiter sind, auch gute Elektrizitätsleiter sind.

Physikalisch sind die Vorgänge der Wärmeleitung durch die kinetische Gastheorie leidlich geklärt worden. Dieselbe nimmt an, daß die molekulare Struktur der Stoffe sich in dauerndem Schwingungszustande befindet. Hieraus ergibt sich, daß alle physikalischen Eigenschaften von Körpern, wie z. B. Temperatur, Druck usw., durch Bewegungsvorgänge hervorgerufen werden und sich auch rechnerisch in befriedigender Weise ermitteln lassen. So ist die Temperatur eines Körpers direkt abhängig von der mittleren Schwingungszahl der einzelnen Moleküle. Hat nun ein Teil eines Körpers eine höhere Temperatur wie ein anderer, so werden sich diese Partien auch in verschieden schneller Bewegung befinden. Dies bewirkt aber, da alle Teilchen dem Massenanziehungsgesetz unterworfen sind, daß die Teilchen mit langsamer Bewegung beschleunigt und die anderen verzögert werden. Es findet ein Energietransport statt, der sich technisch in einer Wärmeübertragung äußert.

Der Wärmetransport durch eine Wand von der Dicke δ und der Fläche F ist, wenn auf beiden Seiten die Temperaturen ϑ_1 und ϑ_2 herrschen, durch den Ansatz zu berechnen

$$Q = \frac{\lambda}{\delta}(\vartheta_2 - \vartheta_1)\,F \ \text{WE/st.}$$

In der nebenstehenden Tabelle sind für einige Materialien die Wärmeleitzahlen zusammengestellt in WE (m, st, ° C).

Bei Gasen beobachtet man erklärlicherweise eine starke Abhängigkeit von der Temperatur, während der Druck ohne Einfluß ist.

Für Luft und Wasserdampf sind folgende empirische Formeln in Gebrauch:

$$\lambda\,\text{Luft} = 0{,}01894\,(1 + 0{,}00228\,t),$$
$$\lambda\,\text{Wasserdampf} = 0{,}01405\,(1 + 0{,}00369\,t).$$

Tabelle 7.

Eis	1,5
Eisen	56
Kalkstein	0,8
Kupfer	320
Maschinenöl	0,1
Sandstein	1,44
Wasser	0,5
Messing	50 bis 100

Bei festen Körpern ändert sich λ auch etwas mit der Temperatur. Die Abweichungen sind indes so geringe, daß sie praktisch vernachlässigt werden können.

c) Konvektion.

Unter Wärmeübertragung durch Konvektion versteht man ein Forttragen der Wärme durch Bewegung einzelner makroskopischer Teilchen. Teile von höherer Temperatur dringen z. B. in eine Gegend von niedriger Temperatur ein und geben dann dort ihre Wärme ab.

Da eine makroskopische Verschiebung nur bei gasförmigen und flüssigen Medien vorkommen kann, ist eine Konvektion nur hier möglich. Sie findet vor allem statt, wenn Flüssigkeiten oder Gase an einer festen Wand vorbeistreichen, wie es bei den in der Praxis vorkommenden Kühlproblemen ausschließlich der Fall ist. Die hier behandelte Art des Wärmeüberganges ist somit sehr eng verbunden mit der Bewegung der einzelnen Teilchen, d. h. mit der Strömung längs der Kühlflächen. Es wird also sehr wesentlich darauf ankommen, wie die kleinen Flüssigkeits- oder Gasteilchen sich in der Nähe der Wand bewegen. Die genaue Kenntnis dieser Vorgänge, die hauptsächlich hydrodynamischen Charakter haben, ist für den Wärmeübergang von fundamentaler Wichtigkeit.

Der Wärmeübergang an einer Wand wird um so intensiver sein, je mehr sich die Flüssigkeitsteilchen in der Nähe der Wand mischen, d. h. je öfter sie Gelegenheit haben, die an der Wand durch Leitung aufgenommene Wärme wieder an kältere Teilchen abzugeben. Eine derartige Mischung fanden wir aber bei der turbulenten Bewegungsform, und zwar entstehen hier wirkliche Querbewegungen, die für unseren Wärmeübergang sehr willkommen sind. Die Anzahl der Teilchen pro Flächeneinheit (senkrecht zur Strömungsrichtung), die querströmen, ist nun um so größer, je größer der Widerstand ist, der durch die Strömung längs der Wand erzeugt wird. Aus diesem Grunde wird auch der Wärmeübergang um so stärker sein, je größer der Strömungswiderstand ist. Schon hieraus erkennt man, daß die Probleme des Wärmeüberganges sehr eng mit der modernen Hydrodynamik verwandt sind. Und in der Tat sind die modernen Forschungen auf diesem Gebiete alle auf den von Prandtl und von Kármán aufgestellten Grundwahrheiten über die Grenzschicht usw. aufgebaut.

2. Ähnlichkeitsgesetz.

Bei der Behandlung der Reibung war durch den Ansatz

$$\varDelta p = \lambda \frac{\gamma}{g} \frac{v^2}{2}$$

die Reibung in einer dimensionslosen Zahl erfaßt worden. Nun ist die hier in Frage kommende Wärmeübergangszahl α nicht dimensionslos. Aus einer Längenabmessung l_0 und der Wärmeleitungszahl λ ist aber eine dimensionslose Zahl $\alpha \cdot \dfrac{l_0}{\lambda}$ zu gewinnen, die wir weiter behandeln wollen. Wir wollen uns auch hier fragen, unter welchen Bedingungen 2 Temperaturfelder bei geometrisch ähnlichen Verhältnissen ähnlich sind. Wir setzen dabei voraus, daß die beiden Strömungsfelder genau ähnlich sind, d. h. daß die Reynoldschen Zahlen konstant sind. Man kann hier analoge Betrachtungen anstellen wie bei Gewinnung der Reynoldschen Zahl. Es[1] ergibt sich, daß dann 2 Wärmeübergangsvorgänge ähnlich sind, wenn

$$\frac{w_1\, l_1 \cdot c_{p1}\, \gamma_1}{\lambda_1} = \frac{w_2\, l_2 \cdot c_{p2}\, \gamma_2}{\lambda_2}$$

ist. Oder auch in der üblichen Abkürzung

$$Pé = \frac{w_1\, l_1}{a_1} = \frac{w_2\, l_2}{a_2}, \quad \text{wo} \quad a = \frac{\lambda}{c_p \cdot \gamma}$$

ist. Dieses ist die sogenannte Péclet'sche Zahl und wird mit $Pé$ bezeichnet.

Für die Ähnlichkeit zweier Temperaturfelder (geometrisch ähnliche Anordnungen vorausgesetzt) ist also nötig und hinreichend, daß die Pécletsche und die Reynoldsche Kennzahl konstant ist. Für die Wärmeübergangsgleichung gilt also die Gleichung $\alpha\, \dfrac{l_0}{\lambda} = f(Ré,\, Pé)$. Das Ähnlichkeitsgesetz gibt uns natürlich noch keine Aussage, wie diese Funktion aussieht. Diese Aufgabe war bisher fast nur durch den Versuch zu lösen. Die Auswertung der Versuche ist jedoch bedeutend vereinfacht, da hierdurch die Zahl der Veränderlichen auf 2 bzw. 1 zurückgeführt ist.

Nun ist die Reynoldsche Zahl nicht unabhängig von der Pécletschen. Die kinetische Gastheorie lehrt nämlich, daß λ und η von einander abhängen.

$$\lambda = \varepsilon \cdot \eta \cdot c_p \cdot g\,.$$

ε ist hier ein dimensionsloser Faktor, der für einen bestimmten Stoff konstant ist und von Druck und Temperaturen abhängig ist. Hiermit wird

$$Ré = \frac{\gamma\, w\, d}{\eta\, g} = \varepsilon\, \frac{\gamma\, w\, d \cdot c_p}{\lambda} = \varepsilon \cdot Pé\,.$$

Hierdurch vereinfacht sich nun obige Gleichung auf

$$\alpha \cdot \frac{l_0}{d} = \varepsilon \cdot Pé\,.$$

Diese Gleichung gilt indes nur, wenn bei den Vergleichen dasselbe Gas zugrunde gelegt wird.

3. Wärmeübergang und Druckverlust.

Schon oben wurde angedeutet, daß Druckverlust und Wärmeübergang eng miteinander verbunden sind. Betrachten wir z. B. eine

---

[1] Näheres siehe ten Bosch: Die Wärmeübertragung. Berlin: Julius Springer.

Rohrströmung, so war im Falle der turbulenten Strömung eine Geschwindigkeitsverteilung, die in der Nähe der Wand nach dem $^1/_7$-Gesetz zunimmt. Diese Geschwindigkeiten sind aber nur die mittleren Werte. Man beobachtet bei der turbulenten Strömung sehr heftige Querströmungen derart, daß Teile der Grenzschicht nach der Rohrmitte kommen und dort beschleunigt werden und Teilchen aus der Mitte in die Grenzschicht gelangen und dort verzögert werden. Durch diese heftigen Querbewegungen wird die Reibung ähnlich wie bei Erschütterungen fester Körper fast aufgehoben, und für den Druckverlust ist der Impulsverlust maßgebend, der durch die Querbewegungen entsteht. Die Sekundärbewegung vermittelt nun auch den Wärmeübergang. Die Grenzschichtteilchen werden durch Leitung an der Rohrwand erwärmt, kommen durch die Querbewegung von der Grenzschicht in kältere Zonen und geben dort ihre Wärme wieder ab. Andererseits kommen von hier kältere Teilchen in die wärmere Grenzschicht und erwärmen sich dort. Der Mechanismus der turbulenten Wärmeübertragung ist also der, daß die einzelnen Teilchen der Strömung abwechselnd zwischen den warmen und kalten Stellen der Strömung wandern und so die Wärme im wahrsten Sinne des Wortes transportieren.

Osborne Reynolds[1] war durch derartige Betrachtungen bereits zu dem Schlusse gekommen, daß der Wärmeübergang prop. dem Druckverlust ist. Es sei angenommen, daß G die Flüssigkeitsmenge ist, die in der Zeiteinheit in der Grenzschicht ihre Bewegungsgröße (gerechnet auf die mittlere Geschwindigkeit w) abgibt. Dann ist nach dem Impulssatz der Strömungswiderstand $H_r = \dfrac{G}{g}\, w$. Die übertragene Wärme ist $Q = G \cdot c_p \cdot \Delta \vartheta$ kal/sec, wenn $\Delta \vartheta$ der Temperaturunterschied zwischen Rohrwand und der mittleren Temperatur im Rohre ist. Hiermit wird

$$\alpha = \frac{Q}{F \cdot \Delta \vartheta} = \frac{G \cdot c_p \cdot \Delta \vartheta}{F},$$

nun ist

$$G = \frac{H_r \cdot g}{w},$$

hiermit

$$\alpha = 3600 \, \frac{H_r \cdot c_p \cdot g}{F \cdot w}.$$

Wärmeübergang und Druckverlust sind also bei konstanter Geschwindigkeit direkt prop. Diese Tatsache ist überaus wertvoll, weil hierdurch die sehr sorgfältigen, vielen Versuche über Druckverluste direkt verwertet werden können.

In anderer Schreibweise lautet obige Gleichung

$$\alpha \cdot \frac{d}{\lambda} \sqrt[4]{\varepsilon} = 0{,}0395 \, (P\acute{e})^{0{,}75}, \qquad \alpha = \frac{f}{F} \cdot c_p \cdot g \, \frac{\Delta p}{w} \, [\mathrm{cal/m^2/s/^0C}]$$

(f Querschnitt des Rohres, F Mantelfläche des Rohres).

---

[1] Phil. Trans. Bd. 90, S. 82.

Die Formel kann z. B. dazu verwendet werden, um aus den bekannten
Formeln über den Druckverlust α auszurechnen. Z. B. ergibt sich
aus der von Blasius für glatte Rohre gewonnenen Beziehung

$$\zeta = \frac{0,3164}{\sqrt[4]{Re}}, \qquad \alpha = \frac{d}{\lambda}\sqrt[4]{\varepsilon} = 0,395\,(P\acute{e})^{0,75}.$$

Als weiteres wichtiges Ergebnis dieser Zusammenhänge folgt die
Tatsache[1], daß bei gleichen Randbedingungen das Temperaturfeld
dem Geschwindigkeitsfeld ähnlich ist. In einer ausgebildeten Rohrströmung wird also auch die Temperatur nach dem $^1/_7$-Gesetz zu-
bzw. abnehmen. Vorausgesetzt ist allerdings, daß wenn bei Eintritt in
das Rohr die Geschwindigkeit konstant ist, auch die Temperatur konstant
ist. Der Anlaufstreckeneffekt, der weiter oben für die Strömungsverhältnisse diskutiert wurde, gilt also auch für die Temperatur. In
der Anlaufstrecke, d. h. bei hydrodynamisch nicht ausgebildeter Strömung, wird ein stärkerer Druckabfall und somit auch größerer Wärmeübergang stattfinden.

4. Mittlere Temperaturdifferenz.

Der allgemeine Ansatz des Wärmeüberganges $Q = \varkappa \cdot F \cdot \Delta\vartheta$ setzt
voraus, daß man Flächenstücke vorliegen hat, für die die Temperaturdifferenz konstant ist. Dies
wird im allgemeinen nicht der
Fall sein. In einem Kühler
wird sich das kältere Medium
erwärmen bzw. das wärmere
einen Temperaturabfall aufweisen. Für einige einfache
Fälle soll im folgenden die
mittlere Temperaturdifferenz
berechnet werden.

a) Gleichstrom.

Luft und Wasser treten
an derselben Stelle in den
Kühler ein und fließen in derselben Richtung durch den
Kühler, Abb. 130. Die Tem-

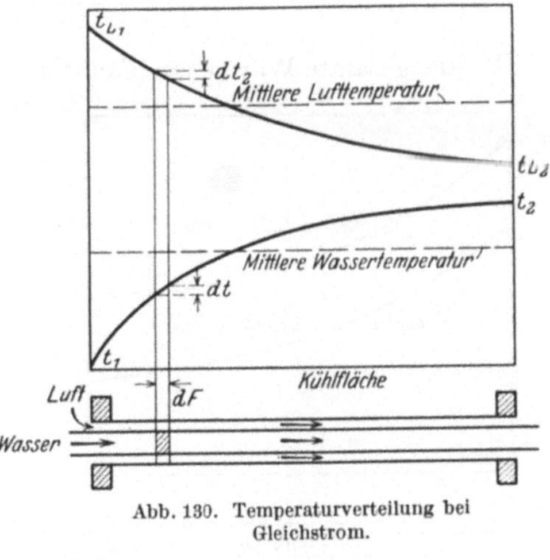

Abb. 130. Temperaturverteilung bei
Gleichstrom.

peraturdifferenz ist deshalb anfangs groß und wird dann bei guter
Kühlwirkung am Austritt des Kühlers ungefähr gleich Null sein.

Es sei

G_L Luftgewicht/Stunde,

G_w Wassergewicht/Stunde,

c_p spez. Wärme der Luft.

---

[1] Siehe ten Bosch: Die Wärmeübertragung. Berlin: Julius Springer.

Wir betrachten ein beliebiges Kühlelement dF. Die Wassertemperatur steige für dieses Element um dt, die Lufttemperatur um dt_L an. Wenn k der Wärmeübergangskoeffizient ist, so erhält man

$$k\,(t_L - t)\,dF = G_L \cdot c_p \cdot \varDelta t_l = G_w \cdot \varDelta t,$$

hieraus erhält man

$$F = \frac{G_L \cdot c_p}{k} \int_{t_{L_2}}^{t_{L_1}} \frac{dt_L}{t_L - t} \quad \text{bzw.} \quad F = \frac{G}{k} \int_{t_1}^{t_2} \frac{dt}{t_L - t}.$$

Diese beiden Integrale können nicht direkt gelöst werden, da in jedem Ausdruck noch 2 Unbekannte auftreten.

Führen wird die veränderliche Temperatur t und t_L ein, so können wir obige Gleichung auch schreiben

$$G_L \cdot c_p\,(t_1 - t_L) = G\,(t - t_1),$$

hieraus

$$t_L = t_{L_1} + \frac{G}{G_L \cdot c_p}\,(t_1 - t).$$

Diesen Wert setzen wir in das Integral ein und erhalten:

$$F = \frac{G_w}{k\left(1 + \dfrac{G}{G_L \cdot c_p}\right)} \cdot \log\left(\frac{t_{L_1} - t_1}{t_{L_2} - t_2}\right)$$

Da die gesamte Wärme an das Wasser übergegangen ist, können wir die mittlere Temperaturdifferenz durch folgende Gleichung definieren:

$$t_m = \frac{G_w\,(t_2 - t_1)}{F \cdot k}.$$

F können wir nun aus beiden Integralen ausrechnen und eliminieren; so erhalten wir

$$t_m = \frac{(t_2 - t_1) + (t_{L_1} - t_{L_2})}{2{,}3\,\log\left(\dfrac{t_{L_1} - t_1}{t_{L_2} - t_2}\right)}.$$

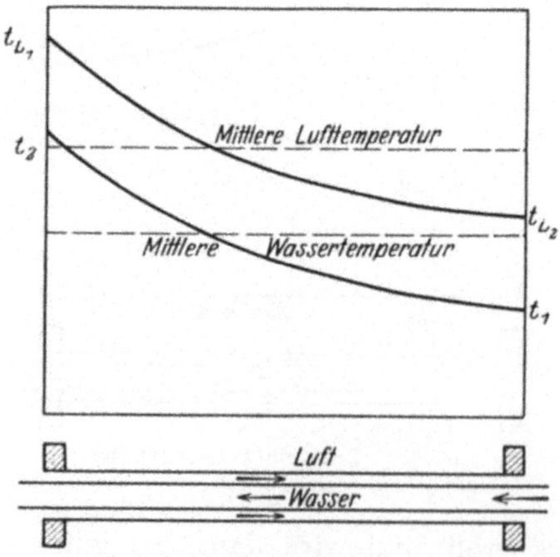

Abb. 131. Temperaturverteilung bei Gegenstrom.

b) Gegenstrom.

Tritt die Luft an der Stelle in den Kühler, wo das erwärmte Wasser austritt und umgekehrt, so spricht man von Gegenstrom. Abb. 131. Durch analoge Betrachtungen findet man hier

$$t_m = \frac{(t_{L_1} - t_{L_2}) - (t_2 - t_1)}{2{,}3\,\log\dfrac{t_{L_1} - t_2}{t_{L_2} - t_1}}.$$

Beide Formeln können in einer einfachen Regel zusammengefaßt werden. Mittlere Temperaturdifferenz

$$= \frac{\text{Temperatur-Diff. (Kühler Eintritt)} - \text{Temperatur-Diff. (Kühler Austritt)}}{\ln \dfrac{\text{Temp.-Diff. (Kühler Eintritt)}}{\text{Temp.-Diff. (Kühler Austritt)}}}$$

c) Gemischte Strömung.

In der Mehrzahl der praktischen Anwendungen ist ein reiner Gleichstrom oder Gegenstrom nicht zu verwirklichen. Es ist meist teilweise Gleichstrom und teilweise Gegenstrom vorhanden. Z. B. bei Gehäusekühlung ist das Temperaturfeld symmetrisch zur Welle, während das Kühlwasser von unten nach oben strömt. Bei den unten liegenden Leitschaufeln ist also Gegenstrom, bei den oberen Gleichstrom vor-

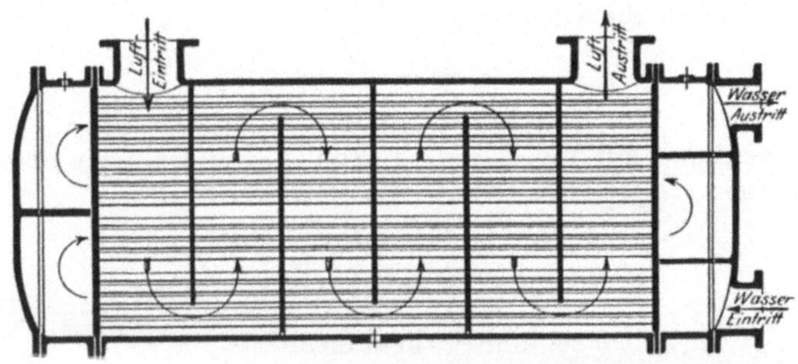

Abb. 132. Aufbau eines Zwischenkühlers.

handen. Bei den Umkehrschaufeln ist es gerade umgekehrt. Bei allen Schaufeln, die in einer horizontalen Ebene liegen, ist eine Definition im obigen Sinne überhaupt nicht möglich. Ähnlich liegen die Verhältnisse bei einem Röhrenkühler, Abb. 132, bei dem durch Querbleche der Wasserstrom oft gewendet wird. In solchen Fällen berechnet man am besten die mittlere Temperatur-Differenz nach der Formel

$$\frac{t_{L_1} + t_{L_2}}{2} - \frac{t_1 + t_2}{2}.$$

Wie groß die Abweichung gegen obige Formel ist, d. h. bei reinem Gegenstrom oder Gleichstrom, soll in folgender Tabelle 8 gezeigt werden:

Tabelle 8.

$t_1 - t_2$	= 1	1,5	2	3	4	5	10	100
$t_{L_1} - t_{L_2}$	=	$^2/_3$	$^1/_2$	$^1/_3$	$^1/_4$	$^1/_5$	$^1/_{10}$	$^1/_{100}$
$\dfrac{t_{m\,angen.}}{t_{m\,genau}}$	= 1	1,014	1,038	1,099	1,154	1,21	1,41	2,35

5. Wärmeübergangszahlen.

Die in der Praxis verwendeten Kühler bestehen meist aus einem Bündel Rohre, die von der Luft senkrecht angeströmt werden, doch so, daß die Luft mehrmals umgelenkt wird. Das Kühlwasser selbst wird auch gezwungen, mehrmals durch verschiedene Gruppen Kühlrohre zu fließen, so daß die Kühlflächentemperatur einen ziemlich konstanten Mittelwert aufweist.

Der Wärmeübergang wird beherrscht von den Strömungsverhältnissen, die bei senkrecht angeströmten Rohren auftreten. Eingehende Versuche über den Wärmeübergang an senkrecht angeströmten Rohren stammen von Reiher[1]. Er hat sowohl einzelne Rohre sowie Rohrbündel eingehend untersucht und dabei auch die Temperaturverteilung über der Rohroberfläche eingehend untersucht. Im folgenden seien kurz einige Resultate mitgeteilt.

Für ein einzelnes Rohr lassen sich die Versuchsergebnisse gut darstellen durch die Gleichung

$$\alpha \cdot \frac{d}{\lambda} = 0{,}39 \ (P\acute{e})^{0,56}.$$

Diese Beziehung gilt für Pécletsche Zahlen von 1000 bis 100000. So ist z. B. bei

$$\vartheta = 0^{0}\,\text{C}\,; \qquad p = 1\ \text{ata}\,,$$

$$\lambda = 0{,}203\,; \quad c_{p} = 0{,}241\,; \quad \gamma = 1{,}25\,,$$

$$(\alpha_{n})_{0}^{1\,\text{at}} = 18{,}85\ w^{0,56} \cdot \text{kcal/m}^{2}/\text{h}/^{0}\text{C}\,.$$

Sind nun mehrere Rohre in einer Reihe vorhanden, so wird bei gleicher Geschwindigkeit vor bzw. hinter dem Rohrbündel in den Rohrspalten eine größere Geschwindigkeit und auch eine größere Durchwirbelung vorhanden sein. Hierdurch wird der Wärmeübergang erhöht werden. Nach den vorliegenden Versuchen kann man dieses durch einen sogenannten Wirbelfaktor X berücksichtigen, mit dem man dann α erweitert. Folgende Werte werden für die Praxis angeraten:

$$2\ \text{Rohrreihen} \ \ldots \ldots \ X = 1{,}1\,,$$
$$3 \qquad \text{,,} \qquad \ldots \ldots \ X = 1{,}18\,,$$
$$4\ \text{und mehr Reihen}\ X = 1{,}26\,.$$

Beispiel 12. Der Zwischenkühler eines Kompressors bestehe aus mehreren Rohrreihen von 20 mm Außendurchmesser, die mittlere Geschwindigkeit in den Rohrspalten betrage 8,5 m/sec, die Kühlwassertemperatur sei 25⁰ C. Die Spannung im Kühler sei 3 ata.

Lösung:

$$\frac{\alpha \cdot d}{\lambda} = X \cdot 0{,}39\ (P\acute{e})^{0,56}\,,$$

---

[1] Reiher, Dr.-Ing. H.: Wärmeübertragung von strömender Luft an Rohre und Rohrbündel im Kreuzstrom. Mitt. Forsch.-Arb. 1925, H. 269.

$$\gamma = \frac{30\,000}{29{,}3 \cdot 298} = 3{,}56 \ \mathrm{kg/m^3} \ c_p = 0{,}241 \,; \quad \lambda = 0{,}21 \,,$$

$$a = \frac{\lambda}{c_p \cdot \gamma} = \frac{0{,}021}{0{,}241 \cdot 3{,}56} = 0{,}0244 \,,$$

$$P\acute{e} = \frac{w\,d}{a} = \frac{8{,}5 \cdot 0{,}02 \cdot 3600}{0{,}0244} = 25\,100 \,,$$

$$P\acute{e}^{\,0{,}56} = 5276 \,,$$

$$X = 1{,}26 \ \text{(mehrere Reihen)} \,,$$

$$\alpha = \frac{\lambda}{\alpha} \, X \cdot 0{,}39 \ (P\acute{e})^{0{,}56} \,,$$

$$= \frac{0{,}021}{0{,}02} \cdot 1{,}26 \cdot 0{,}39 \cdot 276 = 142{,}5 \ \mathrm{kcal/m^2/h/^{\circ}C} \,.$$

Streng genommen gelten die oben abgeleiteten Beziehungen nur, wenn die Anordnung der Kühlrohre geometrisch ähnlich den entsprechenden Versuchseinrichtungen sind. Insbesondere ist von Wichtigkeit, ob die Rohrreihen versetzt sind oder direkt hintereinander stehen. Indes sind die Abweichungen nicht so groß, daß man alle diese Einflüsse berücksichtigen müßte, zumal die für die Berechnung angenommenen mittleren Werte von Geschwindigkeit usw. nur angenähert gelten. Auch sind Abweichungen zu erwarten infolge der scharfen Luftablenkungen in den einzelnen Kühlkammern. Allein hierdurch dürfte der Wärmeübergang um ca. 10% verbessert werden.

VIII. Einstufige Gebläse.

Einstufige Gebläse sind mit Recht wegen ihres einfachen Aufbaues sehr beliebt. Für kleine Ausführungen genügt ein freiliegendes Rad mit zentralem Eintritt der Luft. Zur Abführung der verdichteten Luft dient zweckmäßig eine spiralige Erweiterung. Da sich derartige Ausführungen im Kreiselpumpenbau selbst bei hohen Drücken (Kesselspeisepumpen) bewährt haben, liegt ihre Verwendung auch im Gebläsebau sehr nahe. Nun ist man hier aber bei normalen Laufradkonstruktionen aus Festigkeitsrücksichten sehr schnell an einer Grenze. Trotzdem haben bemerkenswerte Konstruktionen gezeigt, daß es bei sorgfältiger Ausführung möglich ist, einen Druck von 0,55 atü in einem einstufigen Gebläse betriebssicher zu erzielen. Doch wird abgesehen hiervon bei hohen Drücken der Wirkungsgrad schlecht ausfallen, wenn man nicht der Ausführung der Leitvorrichtungen die allergrößte Sorgfalt zuwendet. Da bei z. B. 0,55 atü die Luft mit nahezu Schallgeschwindigkeit aus dem Laufrad austritt, sind bei unsachgemäßer Ausführung sehr große Verluste zu erwarten. Diese beiden Gründe dürften dazu geführt haben, daß die meisten Firmen dem einstufigen Gebläsebau (d. h. für $\varDelta p > 0{,}3$ atü) keine Aufmerksamkeit geschenkt haben. Wie eingehende Versuche und daraufhin aufgebaute Konstruktionen des Verfassers bewiesen haben, lassen sich die oben erwähnten Schwierigkeiten in vollkommen

einwandfreier Weise überwinden und sind so Gebläse herstellbar, die
den mehrstufigen Ausführungen unter Umständen sogar überlegen sind.
Die Grundlagen zu diesen Konstruktionen sollen im folgenden entwickelt werden.

1. Theorie der Spiralgebläse.

a) Allgemeines.

Da die Laufräder hier unter denselben Bedingungen arbeiten wie
bei mehrstufigen Gebläsen, gelten für ihren Entwurf dieselben Grundsätze, die bereits oben entwickelt wurden. Grundsätzlich anders gestalten sich hier jedoch die Verhältnisse hinter dem Laufrade. Hier
ist die Luft einmal zu verzögern und gleichzeitig in einem Querschnitt,
an den sich eine Rohrleitung anschließt, zu sammeln. Diese beiden Aufgaben erfüllt man in bekannter Weise durch einen spiralförmigen Ring-
raum, der entweder direkt sich um das Laufrad ausbildet, oder unter
Zwischenschaltung eines Leitrades bzw. Leitringes. Da, wie oben erwähnt, in diesen Teilen bei hohen Enddrücken sehr hohe Geschwindigkeiten auftreten, ist die Ausbildung dieser Teile für derartige Gebläse
von allergrößter Bedeutung. Gerade die geringe Beachtung, die oft in
der Praxis diesem Punkte zugewandt wird, dürfte ein Grund sein für
viele entmutigende Mißerfolge in dieser Richtung.

Da das Laufrad vollkommen achsensymmetrisch gebaut ist, sind
die günstigsten Umsetzungsverhältnisse zu erwarten, wenn die Strömung
ebenfalls achsensymmetrisch ist, d. h. am Laufradaustritt müssen überall dieselben Geschwindigkeiten vorhanden sein. Dies ist die Grundlage für den Entwurf der Spirale. Dieselbe muß an jeder Stelle bezogen auf ein konstantes Bogenstück dieselbe Luftmenge aufnehmen.
Als 1. Näherung muß der Querschnitt der Spirale dann prop. dem
Beaufschlagungsbogen wachsen. Dies setzt voraus, daß in allen Querschnitten dieselbe Mittelgeschwindigkeit herrscht. Dies ist aber eine
sehr grobe Annahme. Weil die Stromlinien stark gekrümmt sind, werden
auf die außenliegenden Teile Zentrifugalkräfte ausgeübt, die eine
Drucksteigerung und Geschwindigkeitsverminderung für außenliegende
Luftteilchen erzeugen. Hierdurch wird die mittlere Geschwindigkeit
nach dem Austritt der Spirale zu stark vermindert. Es wird also
eine bedeutend stärkere Erweiterung notwendig, wie dem mit dem
Bogen prop. Anwachsen entspricht.

Die notwendige Erweiterung kann nach dem Impulssatze genau
berechnet werden. Da nach Austritt aus dem Laufrad keine Energie
mehr aufgenommen wird, muß der Drall der Flüssigkeit konstant
sein. Dies führt zu der bekannten Gleichung $r \cdot c_u = $ const. Dieser
Satz gilt aber nur dann, wenn die Geschwindigkeiten auf einem Kreisumfange dieselben sind. Diese Forderung ist nur zu erfüllen, wenn
die Seitenflächen Rotationsflächen irgendwelcher Art sind. Wird
hierauf, wie bei vielen Ausführungen der Praxis, nicht geachtet, so
sind Abweichungen von obigem Gesetze zu erwarten. Durch Über-

schlagsrechnungen kann man indes zeigen, daß die Abweichungen bei den in der Praxis üblichen Formen keine sehr großen sind und im allgemeinen vernachlässigt werden können. Zwingende Gründe für diese Ausführung z. B. konstruktiver Art liegen hier nicht vor. Die Modellherstellung ist z. B. bei Beibehaltung der Rotationsseitenflächen sogar einfacher.

Bei Annahme obiger Regel ist die Konstruktion der Spirale eine reine mathematische Angelegenheit. Für einfache Formen, z. B. Kreis, Trapez und Rechteck, läßt sich sogar eine Formel für den äußeren Durchmesser entwickeln.

b) Parallele Seitenwände.

Es sei angenommen, daß die Spirale sich nur nach außen erweitern soll. Die Seitenwände sind dann parallel. Die Tangentialkomponenten der Geschwindigkeit berechnen sich nach der Formel $c_u = \dfrac{c_{u_0} \cdot r_0}{r}$. Die Meridiankomponente c_m ergibt sich aus der Kontinuitätsgleichung zu $c_m = \dfrac{c_{m_0} \cdot r_0}{r}$. Bezeichnet α den Neigungswinkel der Absolutsgeschwindigkeit gegen die Tangente, so ist $\operatorname{tg}\alpha = \dfrac{c_m}{c_u} = \dfrac{c_{m_0}}{c_{u_0}} = \text{const.}$ Die Stromlinien sind also logarithmische Spiralen. Eine beliebige Stromlinie kann man als äußere Begrenzung benutzen, **so daß also auch die Spirale eine logarithmische Kurve ist.**

c) Konische Seitenwände.

Die Seitenwände sollen nun einen Winkel $2\,\delta$ einschließen, so daß konische Wände entstehen. Für den Fall, daß die äußere Begrenzung eine gerade Linie ist, läßt sich die Spirale genau berechnen.

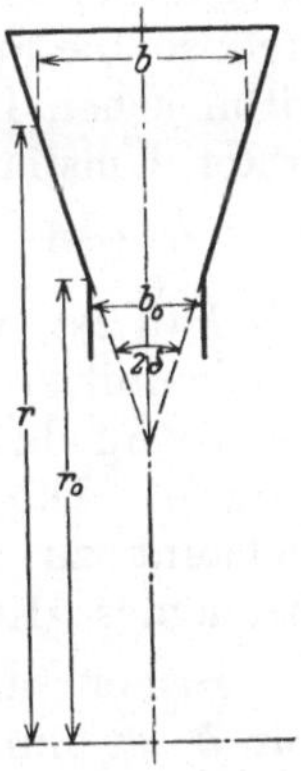

Die Tangentialkomponente ist wie vorhin

$$c_u = \frac{c_{u_0} \cdot r_0}{r}.$$

Die Meridiankomponente berechnet sich aus der Kontinuitätsgleichung

Abb. 133. Spirale mit konischen Seitenwänden.

$$c_m \cdot r \cdot b = c_{m_0} r_0 b_0; \qquad c_m = \frac{c_{m_0} \cdot r_0 \cdot b_0}{r \cdot b}.$$

b läßt sich nun durch r ausdrücken. Aus Abb. 133 erkennt man

$$b = b_0 + 2\,(r - r_0)\,\operatorname{tg}\delta;$$

hiermit

$$c_m = \frac{c_{m_0} r_0 b_0}{[b_0 + 2\,(r - r_0)\,\operatorname{tg}\delta] \cdot r}.$$

Hieraus ergibt sich die Neigung α der Stromlinien gegen die Tangente zu

$$\operatorname{tg} \alpha = \frac{c_m}{c_u} = \frac{c_{m_0}\, b_0}{c_{u_0} \cdot [b_0 + 2\,(r - r_0)\,\operatorname{tg} \delta]}.$$

Ist φ der laufende Winkel in Polarkoordinaten, Abb. 134, so erkennt man

$$\frac{dr}{r \cdot d\varphi} = \operatorname{tg} \alpha,$$

$$\frac{dr}{r \cdot d\varphi} = \frac{c_{m_0}\, b_0}{c_{u_0}\,[b_0 + 2\,(r - r_0)\,\operatorname{tg} \delta]};$$

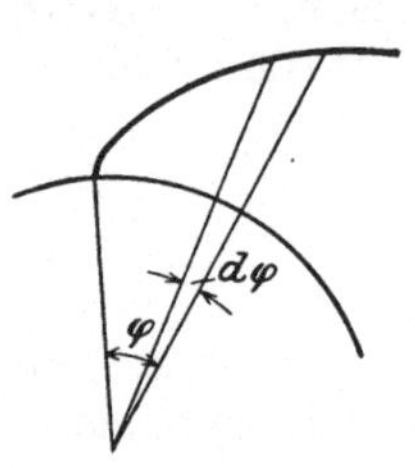
Abb. 134. Beginn einer Spirale.

hieraus entsteht die Differentialgleichung

$$\frac{dr}{r}\left[1 + 2\,\frac{r_0}{b_0}\left(\frac{r}{r_0} - 1\right)\operatorname{tg} \delta\right] = \operatorname{tg} \alpha_0 \cdot d\varphi,$$

indem

$$\frac{c_{m_0}}{c_{u_0}} = \operatorname{tg} \alpha_0$$

eingesetzt wurde.

Die Lösung dieser Gleichung ist:

$$\varphi = \frac{1}{\operatorname{tg} \alpha_0}\left\{\left(1 - 2\,\frac{r_0}{b_0}\operatorname{tg} \delta\right)\ln \frac{r}{r_0} + 2\,\frac{r_0}{b_0} \cdot \left(\frac{r}{r_0} - 1\right)\operatorname{tg} \delta\right\}.$$

Aus dieser Gleichung kann man φ in Abhängigkeit von r ermitteln und so die Spirale aufzeichnen. Die Spirale besteht aus einem logarithmischen Teil, zu dem eine lineare Funktion hinzukommt. Nun kann unter Umständen der logarithmische Teil verschwinden, nämlich für $1 - 2\,\dfrac{r_0}{b_0}\operatorname{tg} \delta = 0$. Aus Abb. 133 erkennt man, daß das gerade dann der Fall ist, wenn die Spitzen der konischen Seitenwände sich in dem Wellenmittel berühren. In diesem Falle wächst die äußere Berandung der Spirale tatsächlich prop. dem Beaufschlagungsbogen. Diese einfache Beziehung, die in der Literatur noch nicht bekannt zu sein scheint, ist für einfache Spiralkonstruktionen ein bequemes Hilfsmittel.

Bisher war der Winkel δ beliebig angenommen worden. Die Grenze für δ ist nun dadurch gegeben, daß ein Stromfaden in der Spirale keinen zu großen Erweiterungswinkel haben darf, um Ablösungen zu vermeiden[1]. Dieser Winkel muß natürlich in Richtung der absoluten Strömung gemessen werden, ist also wesentlich kleiner wie δ selbst. Nun liegen aber die in der Praxis üblichen Winkel fast alle in dem zulässigen Bereich. Zudem dürften kleine Abweichungen keinen großen Einfluß haben, da die Luft nach Austritt aus dem Laufrad sehr turbulent ist und sicherlich größere Erweiterungen zulässig sind, wie

---

[1] Der tatsächliche Erweiterungswinkel φ ist mit Hilfe der sphär. Trigonometrie genau berechenbar. Ist α die Neigung der abs. Stromlinien gegen die Tangente, so ist $\cos \varphi = \cos \delta \cdot \sin^2 \alpha + \cos^2 \alpha$.

unter Strömungsverluste angegeben wurde. Auch ist anzunehmen, daß bei zu großem δ nur die Umsetzung der kleinen Meridiankomponente c_m in Mitleidenschaft gezogen wird.

Beispiel 13. Für ein Beispiel wurde eine derartige Spirale durchgerechnet. Die Ergebnisse befinden sich in Abb. 135. Es war

$$\alpha_0 = 13^0; \quad r = 200\,\text{mm}; \quad b = 20\,\text{mm}; \quad \delta = 30^0.$$

Nun ist die hier behandelte Trapezform für den Querschnitt der Spirale sowohl gußtechnisch wie strömungstechnisch wegen der scharfen Ecken nicht geeignet. Diese Ecken wird man zweckmäßig abrunden, oder auch — ein oft angewandtes Verfahren — man ersetzt die gerade Mantellinie durch einen flachen Kreisbogen. Auch hier läßt sich obiges Verfahren gut anwenden. Sind die Trapezquerschnitte genau ermittelt, so ersetzt man die äußere gerade Linie derart durch einen

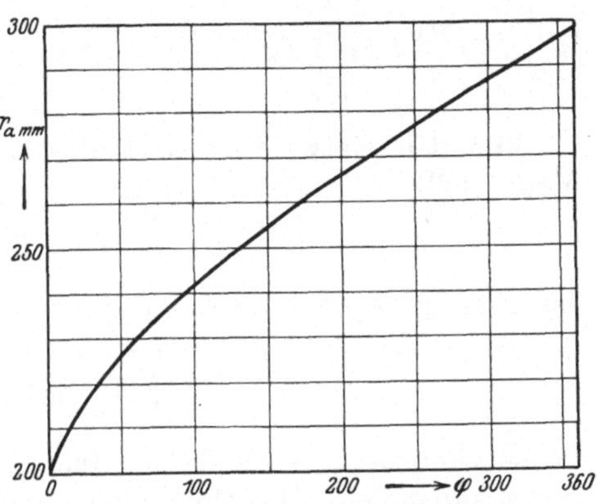
Abb. 135. Außendurchmesser einer Spirale mit konischen Seitenwänden.

Kreisbogen, daß die Querschnittsflächen gleich sind. Bei genügend großem Maßstab läßt sich diese Operation nach dem Augenmaß bequem ausführen. Die Fehler, die dadurch entstehen, daß man die beiden Flächen gleichsetzt, d. h. an verschieden großen Radien gleiche Geschwindigkeiten annimmt, liegen innerhalb der Toleranz, die gußtechnisch gefordert werden müssen.

d) Kreisförmiger Querschnitt.

Obschon streng genommen der Kreis als Grundform der Spirale keine achsensymmetrische Strömung ergibt, findet man diese Form sehr oft wegen der einfachen Herstellbarkeit. Die Berechnung[1] soll indes unter der Voraussetzung geschehen, daß das Gesetz $r \cdot c_u = \text{const.}$ erfüllt ist.

Aus Abb. 136 erkennt man zunächst die Beziehung:

$$\left(\frac{b}{2}\right)^2 + (r - a)^2 = \varrho^2.$$

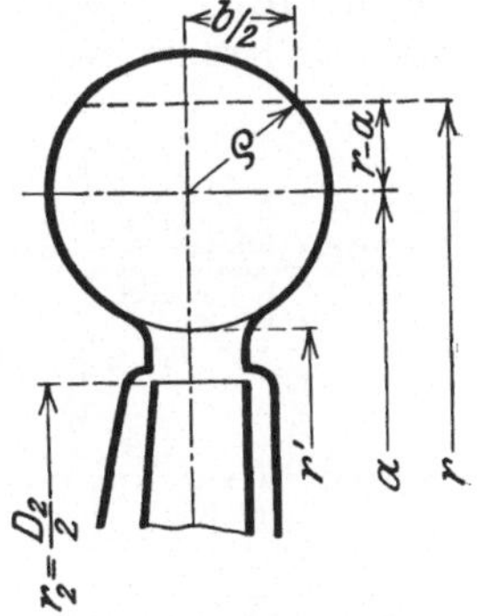
Abb. 136. Spirale mit kreisförmiger Spirale.

Die Bedingung, daß prop. dem Beaufschlagungsbogen φ_0 die Fördermenge v wächst, ergibt $v_\varphi = \frac{\varphi_0}{360}\,v$, wo v das gesamte Volumen bedeutet.

---

[1] Siehe auch Pfleiderer: Kreiselpumpen. Berlin: Julius Springer.

Nun ist

$$v = \int c_u\, dF; \qquad c_u = \frac{c_{u_0}\cdot r_0}{r}; \qquad dF = b\, dr;$$

$$v = \int \frac{c_{u_0}\cdot r_0}{r}\, b\, dr \qquad \text{oder} \qquad \varphi_0 = \frac{360}{v}\, c_{u_0}\, r_0 \int \frac{b\, dr}{r}.$$

Setzen wir b aus obiger Gleichung ein, so entsteht

$$\varphi = \frac{360}{v}\, c_{u_0}\, r_0 \int\limits_{a-\varrho}^{a+\varrho} \sqrt{\varrho^2 - (r-a)^2}\, dr = \frac{360}{v}\, c_{u_0}\, r_0\, 2\,\pi \left(a - \sqrt{a^2 - \varrho^2}\right).$$

Für den Entwurf ist nun die Beziehung $\varrho = b\,(\varphi)$ vorteilhafter. Man erhält

$$\varrho = \sqrt{a\,\varphi\, \frac{v}{720\,\pi\, c_{u_0}\, r_0} - \varphi^2 \left(\frac{v}{720\,\pi\, c_{u_0}\, r_0}\right)^2}.$$

Ist ϱ klein gegen a bzw. r', so vereinfacht sich die Formel zu

$$\varrho = \sqrt{a\,\varphi\, \frac{v}{360\,\pi\cdot c_{u_0}\, r_0}}.$$

Wäre a konstant, so würde der Querschnitt prop. dem Beaufschlagungsbogen zunehmen. Die Zunahme ist hier jedoch prop. $a\cdot\varphi$, eine Regel, mit Hilfe der man bei Kenntnis von a und eines Querschnittes, z. B. des Endquerschnittes, sofort alle übrigen Querschnitte berechnen kann. Für viele Zwecke genügt es, zuerst den Verlauf von a ungefähr zu schätzen.

e) Einfluß der Reibung auf die Dimensionierung der Spiralen.

Bei obiger Betrachtung war vorausgesetzt, daß die am Umfange des Laufrades austretende Luftmenge prop. dem Beaufschlagungsbogen ist. Außerdem war der Druck an einem Kreisumfange als konstant angenommen worden. Es fragt sich, inwieweit diese Annahmen mit der Wirklichkeit übereinstimmen. Da dahingehende Versuche in der Literatur nicht gefunden werden konnten, hat der Verfasser systematisch die Strömungsvorgänge in einer Spirale untersucht. Rings am Umfange wurden einmal an einem Gebläse die statischen Drücke

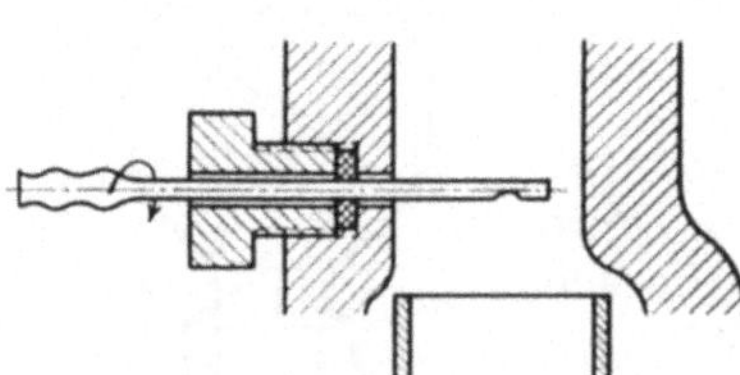

Abb. 137. Messung von Geschwindigkeit und Druck hinter einem Laufrad.

durch Anbohrungen gemessen. Zur Bestimmung des Gesamtdruckes wurden drehbare Röhrchen eingeführt, die so eingestellt werden konnten, daß die Öffnung der Strömungsrichtung entgegen gerichtet (Abb. 137) war. Der Druck wurde durch einen Gummischlauch auf ein mit Wasser gefülltes U-Rohr geleitet. Da der Druck am größten ist, wenn die Öffnung der Strömung entgegen gerichtet ist, konnte man durch Beobachtung des max. Ausschlages leicht die richtige

Stellung finden. Diese Meßstellen befanden sich unmittelbar hinter dem Laufrad (zirka 2 bis 5 mm). Bei einem Gebläse, dessen Spirale nach obigen Grundlagen dimensioniert war, wurden nun für verschiedene Fördermengen die Drücke usw. gemessen. Es zeigte sich das verblüffende Ergebnis, daß nicht einmal für die normale Fördermenge der Druck am Umfang des Laufrades annähernd konstant war. Nun hängen Druck und Fördermenge eines Laufrades infolge der Kennlinie in qualitativ bekannter Weise voneinander ab. Bei einer Steigerung des Druckes tritt sofort eine Verminderung der Fördermenge ein und umgekehrt. Ist nun der Druck am Umfange eines Laufrades nicht konstant, so kann auch die Fördermenge, bezogen auf die Bogeneinheit, nicht konstant sein. Das Laufrad ist also ungleichmäßig beaufschlagt. Da sowohl über wie unter der normalen gleichmäßigen Fördermenge der Wirkungsgrad abfällt, wird ein ungleichmäßig beaufschlagtes Laufrad immer einen schlechteren Wirkungsgrad haben. Derartige Verhältnisse sind also schon für das Laufrad sehr schädlich und beeinflussen den Wirkungsgrad deshalb in zweifacher Beziehung.

Da die Druckdifferenzen, die sich am Umfange ausbildeten, bei verschiedenen Gebläsetypen bis zu 100% ausmachten, schien eine eingehende Untersuchung angebracht. Es zeigte sich dann bald durch Druckmessungen an verschiedenen Radien, daß das oben benutzte Gesetz $r \cdot c_u = $ const. nicht genau zutraf. Die ersten Versuche wurden durchgeführt mit einstufigen Gebläsen von 1500 m³/st, die auf 0,42 atü verdichteten. Die Umlaufsgeschwindigkeit des Laufrades war hierbei zirka 240 m/sec. Die hierdurch in der Spirale auftretenden hohen Geschwindigkeiten von zirka 180 m/sec legten nun den Gedanken nahe, daß die Wandreibung in der verhältnismäßig engen Spirale eine sehr große Rolle spielen könnte. Eine einfache Überlegung zeigt nun, daß bei großer Reibung große Abweichungen von der theoretischen Form der Spirale bedingt sind, wenn der statische Druck am inneren Kreisumfange konstant gehalten werden soll.

Man stelle sich zunächst ein kreisförmig gebogenes Rohr vor, durch welches eine konstante Luftmenge durchgedrückt wird. Infolge der Reibung wird der statische Druck in Richtung der Strömung abnehmen. Will man nun für diesen Fall trotzdem längs des Rohres einen konstanten Druck erzielen, so kann man dies durch eine gleichmäßige konische Erweiterung erzwingen. Der Erweiterungswinkel muß so groß sein, daß die Druckzunahme infolge der Verzögerung gerade gleich ist der Druckabnahme infolge der Reibung. Dieser Erweiterungswinkel kann leicht ausgerechnet werden. In Abb. 138 sei ein abgewickelter Ausschnitt des Rohres von der Länge l betrachtet, dessen Endquerschnitte F_1 und F_2 seien. Unter der Annahme, daß die Reibung durch die mittlere Geschwindigkeit $\frac{v_1 + v_2}{2}$ festgelegt sei, gilt für den

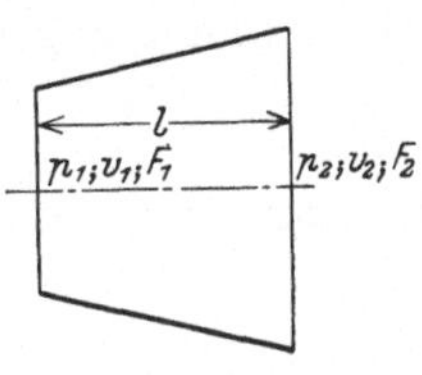

Abb. 138. Element eines konischen Rohres.

Reibungsverlust

$$\varDelta p = \lambda \frac{l}{d}\, v^2\, \frac{\gamma}{2\,g}\,.$$

Nach dem Bernoullischen Satz ist nun

$$p_1 + \frac{\gamma}{g}\, \frac{v_1{}^2}{2\,g} = p_2 + \frac{\gamma}{g}\, \frac{v_2{}^2}{2\,g}\,,$$

hieraus

$$p_2 - p_1 = \frac{\gamma}{2\,g}\,(v_1{}^2 - v_2{}^2)\,.$$

Aus der Kontinuitätsgleichung folgt

$$v_1\, F_1 = v_2\, F_2\,.$$

Dies setzen wir ein und erhalten

$$p_2 - p_1 = \frac{\gamma}{2\,g}\, v_1{}^2 \left(1 - \frac{F_1}{F_2}\right)\,.$$

Soll kein Druckverlust eintreten, so muß

$$\varDelta p = p_2 - p_1$$

sein; hieraus

$$\frac{\gamma}{2\,g}\, v_1{}^2 \left(1 - \frac{F_1}{F_2}\right) = \lambda \cdot \frac{l}{d}\, \frac{v_1 + v_2}{2}\,.$$

Unter der vereinfachenden Annahme

$$v_1 \sim \frac{v_1 + v_2}{2}$$

ist

$$\left(1 - \frac{F_1}{F_2}\right) = \lambda \frac{l}{d_m}\,.$$

Da nun

$$\frac{F_1}{F_2} = \left(\frac{d_1}{d_2}\right)^2,$$

erhalten wir

$$\frac{(d_2 - d_1)\,(d_2 + d_2)}{d_2{}^2} = \lambda \frac{l}{d_m}\,;$$

da es sich um geringe Erweiterungen handelt, kann man setzen

$$d_m \sim d_2\,.$$

Hiermit erhält man für den Erweiterungswinkel

$$\operatorname{tg} \alpha = \frac{\lambda}{2}\,;\quad \alpha \sim \frac{\lambda}{2}\,.$$

Der Erweiterungswinkel ist also gleich dem halben Reibungskoeffizienten. Für rauhe Wände ergibt sich so zirka 1^0.

Handelt es sich nun in unserem Falle um eine Spirale, so werden ähnliche Verhältnisse auftreten; soll der Druck am Umfange des Laufrades konstant sein, so muß nach dem Austritte zu eine immer stärker wachsende Vergrößerung der Spiralquerschnitte vorhanden sein, wie nach der rein theoretischen Dimensionierung notwendig wäre. Durch die der Spirale ständig zuströmende Luft werden die Verhältnisse erheblich verwickelter und eine exakte Ausrechnung unmöglich.

α) Reibung in einer kreisförmigen Spirale.

Ist die Grundquerschnittsform der Spirale ein Kreis, so läßt sich eine angenäherte Rechnung durchführen. Die mittlere Geschwindigkeit in der Spirale sei c, der Beaufschlagungsbogen φ (siehe Abb. 139). Für ein Element ds ergibt sich ein Reibungsverlust

$$dH_r = \lambda \frac{ds}{d} \frac{c^2}{2g};$$

hierdurch tritt ein kleiner Verlust an kinetischer Energie auf, derart daß

$$dH_r = \frac{dc^2}{2g} = -\frac{c\,dc}{g}.$$

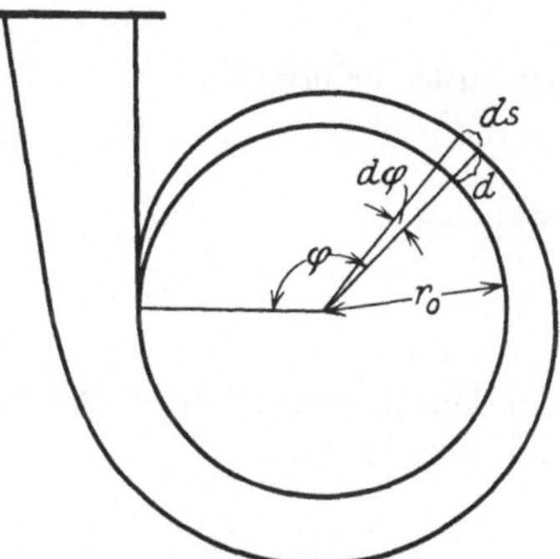

Abb. 139. Schematische Darstellung einer Spirale.

Durch Gleichsetzen ergibt sich

$$\frac{c}{g}\,dc = -\lambda \frac{ds}{d}\frac{c^2}{2g}; \qquad \frac{dc}{c} = -\frac{\lambda}{2}\frac{ds}{d}.$$

Mit der Annahme, daß gleiche Beaufschlagungsbogen dieselbe Ergiebigkeit haben, entsteht

$$\frac{\pi d^2}{4} \cdot c = \frac{V \cdot \varphi}{360}; \qquad d = \sqrt{\frac{\varphi}{c}}\sqrt{\frac{4}{\pi}\frac{V}{360}},$$

dies setzen wir in obige Gleichung ein und erhalten

$$\frac{dc}{c^{3/2}} = -\lambda \sqrt{\frac{1}{\varphi}}\frac{ds}{2A}; \qquad A = \sqrt{\frac{4}{\pi}\frac{V}{360}}.$$

In 1. Näherung[1] kann

$$ds = r_0\,d\varphi\,\frac{\pi}{180}$$

gesetzt werden.

$$\frac{dc}{c^{3/2}} = \lambda \frac{d\varphi}{\sqrt{\varphi}}\frac{r_0\,\pi}{2\cdot180\cdot A}.$$

Durch Integration entsteht:

$$-2\left[\frac{1}{\sqrt{c_2}} - \frac{1}{\sqrt{c_1}}\right] = -2\frac{\lambda\,r_0\,\pi}{2\,A\cdot180}\left[\sqrt{\varphi_2} - \sqrt{\varphi_1}\right].$$

Die Randbedingung ist $c = \bar{c}_u$ für $\varphi = 0$, indem die Meridiankompo-

---

[1] Bei großen Gebläsen ist oft d im Verhältnis zu r ziemlich groß, so daß für diese Fälle obige Annahme einen zu kleinen Reibungsweg ergibt.

nente c_m vernachlässigt werde.

$$\left[\frac{1}{\sqrt{c}} - \frac{1}{\sqrt{\bar{c}_u}}\right] = \frac{\lambda\, r_0 \cdot \pi}{360\, A}\, \sqrt{\varphi},$$

$$\frac{1}{\sqrt{c}} = \frac{\lambda \cdot r_0 \cdot \pi}{360\, A}\, \sqrt{\varphi} + \frac{1}{\sqrt{\bar{c}_u}}.$$

Dies setzen wir nun wieder in obige Gleichung

$$d = \sqrt{\frac{\varphi}{c}} \cdot A$$

ein und erhalten

$$d = \sqrt{\varphi} \cdot A \left[\frac{\lambda\, r_0 \cdot \pi}{360 \cdot A} + \frac{1}{\sqrt{\bar{c}_u}}\right].$$

Nun ist

$$d = \sqrt{\frac{\varphi}{c}} \cdot A$$

der Durchmesser ohne Reibung bei unveränderter mittlerer Geschwindigkeit, so daß

$$d_0 = d\, \sqrt{\frac{\bar{c}_u}{c_u}}$$

der Durchmesser ist, wenn keine Reibung vorhanden ist.

$$d = d_0 \sqrt{\frac{c_u}{\bar{c}_u}} \left[1 + \frac{\pi\, \sqrt{\varphi}\, \sqrt{\bar{c}_u} \cdot \lambda \cdot r_0}{360 \cdot A}\right] = d_0 \sqrt{\frac{c}{\bar{c}_u}} \left[1 + 0{,}1465\, \sqrt{\frac{\varphi \cdot \bar{c}_u}{V}}\, \lambda\, r_0\right].$$

So ist eine einfache Formel gewonnen, die die durch die Reibung notwendige Korrektur berechnen läßt. Für d_0 hat man die Werte zu setzen, die sich nach der reibungslosen Theorie ergeben.

Der Entwurf einer Spirale ist also in zwei Schritte zerlegt:

1. Berechnung der Querschnitte bei reibungsloser Flüssigkeit.
2. Korrektur infolge der Reibung.

Schreiben wir das Ergebnis in der Form

$$d = d_0\, (1 + \alpha)\, \sqrt{\frac{c_u}{\bar{c}_u}},$$

so gibt

$$(1 + \alpha)\, \sqrt{\frac{c_u}{\bar{c}_u}}$$

die prozentual notwendige Vergrößerung des Durchmessers der Spirale an

$$\alpha = 0{,}1465 \cdot \lambda \cdot r_0 \sqrt{\frac{\varphi \cdot \bar{c}_u}{V}}.$$

Die notwendige Erweiterung wächst also prop. der Wurzel aus dem Beaufschlagungsbogen φ, wenn $\sqrt{\frac{c}{\bar{c}_u}} = 1$ gesetzt werden kann, d. h. bei großen Gehäusedurchmessern und dünnen Spiralen (kleine Fördermengen).

Da r_0, d usw. konstant bleiben, erhält man das entsprechende α für andere Winkel, indem man α prop. der Wurzel aus dem Beaufschlagungsbogen umrechnet. Tab. 9 zeigt eine Zusammenstellung dieser Zwischenwerte für ein ausgerechnetes Beispiel.

Tabelle 9.

φ	ϱ_{th}	$\sqrt{\dfrac{\bar{c}_u}{c_u}}$	$\alpha \cdot \sqrt{\dfrac{\varphi}{360}}$	$1 + \alpha \sqrt{\dfrac{\varphi}{360}}$	$\dfrac{F}{F_{th}}$
22,5	11,85	1,025	0,115	1,115	1,18
45	17	1,04	0,1625	1,163	1,25
90	24,5	1,06	0,23	1,23	1,33
135	30,4	1,073	0,277	1,277	1,42
180	35,5	1,082	0,326	1,326	1,5
225	40	1,093	0,366	1,366	1,563
270	44,2	1,1	0,4	1,4	1,62
315	48	1,11	0,43	1,43	1,66
36	51,6	1,114	0,46	1,46	1,72

Beispiel 14: Für ein einstufiges Spiralgebläse von 4000 m³/st und 0,4 atü sei die Spirale zu entwerfen. Der Raddurchmesser sei 430 mm, der Grundkreisdurchmesser der Spirale $2\,r_0 = 535$ mm. Aus den Laufraddiagrammen folgt $\bar{c}_u = 136$ m/sec; λ sei gleich 0,045 gewählt. Hiermit ergibt sich für den Endquerschnitt $\varphi = 360^0$

$$\alpha_{360} = 0,1465 \cdot 0,045 \cdot 0,2675 \cdot \sqrt{\frac{360 \cdot 136 \cdot 3600 \cdot 1,22}{4000}} = 0,46\,;$$

ferner ist

$$\frac{c_u}{\bar{c}_u} = \frac{1}{1,26}\,; \qquad \sqrt{\frac{c_u}{\bar{c}_u}} = \frac{1}{1,123}\,,$$

Hiermit wird

$$\sqrt{\frac{c_u}{\bar{c}_u}}\,(1 + \alpha) = 1,46\,\frac{1}{1,123} = 1,3\,.$$

Der Faktor 1,22 berücksichtigt die durch die Verdichtung entstehende Verkleinerung des Volumens. **Der Enddurchmesser muß also um 30% vergrößert werden,** d. h. der Endquerschnitt um 69%. Bei Gebläsen dieser Art ist mithin der Einfluß der Reibung ziemlich erheblich. So ist es nicht verwunderlich, daß bei Ausführungen mit dem reinen theoretischen Querschnitt so erhebliche Abweichungen entstehen.

Wenn auch der Rechnung gewisse Vereinfachungen anhaften, so dürfte das Ergebnis doch der Größenordnung nach richtig sein, wie auch die unten angeführten Versuche zeigen.

Schreiben wir α in der Form

$$\alpha = 0,1465\,\lambda \cdot r_0 \sqrt{\frac{r_0\,c_{u_0}}{V}}\,,$$

so bezeichnet $r_0\,c_u$ den Drall, der prop. der Druckhöhe ist. Wir können also schreiben

$$\alpha\ \text{prop}\cdot \sqrt{\frac{H}{V}} \cdot r_0\,.$$

Der Einfluß der Reibung ist also um so größer, je größer die Druckhöhe und je kleiner die Fördermenge ist. r_0 hängt im wesentlichen von der gewählten Drehzahl ab.

β) Beliebige Querschnittsformen der Spirale[1].

Es zeigt sich, daß obige Berechnungsmethode auch auf geometrisch ganz beliebige Querschnitte ausgedehnt werden kann, wenn alle nachfolgenden Querschnitte geometrisch ähnlich sind.

Nach den Regeln der Hydraulik kann man die Reibung in beliebigen Querschnittsformen dadurch ermitteln, daß man in die Formel für den Widerstand im Kreisrohr den Durchmesser durch den 4 fachen hydraulischen Radius ersetzt. Hierunter versteht man das Verhältnis $\dfrac{F}{u} = a$; an Stelle obiger Gleichung

$$H_r = \frac{\lambda\,d\,s}{d}\,\frac{c^2}{2\,g}$$

tritt also hier

$$d\,H_r = \frac{\lambda\,d\,s}{4\,a}\,\frac{c^2}{2\,g}.$$

Ist c die mittlere Geschwindigkeit im jeweiligen Querschnitt, so ist der Verlust an kinetischer Energie

$$d\,H_r = -\,\frac{c\,dc}{2\,g},$$

hieraus

$$\frac{dc}{c} = -\,\frac{\lambda}{4\,a}\,\frac{ds}{2}.$$

Die Annahme, daß die Ergiebigkeit der Spirale prop. dem Beaufschlagungsbogen wächst, ergibt

$$F \cdot c = \frac{V \cdot \varphi}{360}.$$

Da alle Querschnitte geometrisch ähnlich sind, gilt für einen beliebigen Querschnitt

$$F = C' \cdot a^2, \quad \text{wo} \quad C' = \frac{u_0^{\,2}}{F_0}$$

ist und bei einem beliebigen Querschnitt ausgerechnet werden kann. Analog zu obigem ergibt sich

$$c \cdot a^2 \cdot C' = \frac{V\,\varphi}{360},$$

$$a = \frac{\sqrt{\varphi}}{\sqrt{c}} \cdot A'; \quad A' = \sqrt{\frac{V}{360 \cdot \varphi}}.$$

---

[1] Beim Abschluß dieser Untersuchungen erschien eine Arbeit von Pfleiderer: „Untersuchungen aus dem Gebiete der Kreiselpumpen“, Forschungsheft 295, in der auch auf den großen Einfluß der Reibung in Spiralgehäusen und Leitringen hingewiesen wird. Pfleiderer berechnet die notwendige Erweiterung, die infolge der Reibung an geraden Seitenwänden notwendig wird. Der Einfluß der Mantelfläche wird hierbei vernachlässigt. Bei Spiralen mit beliebigen Querschnittsformen entstehen hier jedoch Schwierigkeiten, da dann in der Festlegung der Mantelfläche eine gewisse Willkür besteht. Für diese Zwecke erscheint das Rechnen mit dem Querschnitt bzw. dem hydraul. Radius zweckmäßiger.

Durch Einsetzen in obige Gleichung entsteht

$$\frac{dc}{c^{3/2}} = - \frac{\lambda \, ds}{8 \sqrt{\varphi} \, A'} \cdot$$

Nehmen wir wieder als Reibungsweg den inneren Durchmesser der Spirale an, so ist

$$ds = r_0 \cdot d\varphi \cdot \frac{\pi}{180},$$

hiermit

$$\frac{dc}{c^{3/2}} = - \frac{\lambda \cdot r_0 \cdot d\varphi \cdot \pi}{8 \cdot \sqrt{\varphi} \cdot A' \cdot 180} \cdot$$

Die Integration ergibt

$$\frac{1}{\sqrt{c}} = \frac{\lambda \cdot r_0 \cdot \pi}{8 \cdot A' \cdot 180} \sqrt{\varphi} + \frac{1}{\sqrt{c_u}} \cdot$$

Dies setzen wir in die Gleichung von a ein und erhalten

$$a = \sqrt{\varphi} \, A' \left[\frac{\lambda \cdot r_0 \, \pi}{8 \, A' \cdot 180} \sqrt{\varphi} + \frac{1}{\sqrt{c_u}} \right],$$

beachten wir hier

$$d = \sqrt{\frac{\varphi}{c}} \cdot A$$

als den Durchmesser ohne Reibung bei gleicher Mittelgeschwindigkeit, so ist

$$a = a_0 \sqrt{\frac{c}{c}} \left[1 + \frac{\sqrt{\varphi \cdot c_u} \cdot \lambda \cdot r_0 \, \pi}{8 \, A' \cdot 180} \right],$$

$$u = a_0 \sqrt{\frac{c}{c}} \left[1 + 0{,}0413 \, \lambda \cdot r_0 \sqrt{\frac{\varphi \cdot c_u}{V}} \cdot \sqrt{C'} \right].$$

In Wirklichkeit ist es nun nicht möglich, bei anderen als Kreisformen und rechteckigen Formen geometrische Ähnlichkeit zu erhalten, weil die Anfangsbreite ja durch die Laufradbreite bestimmt ist. Man kann sich aber dadurch helfen, daß man für a_0 einen mittleren Querschnitt zugrunde legt. Aus der letzten Formel rechnet man dann a bzw. F aus. Dann legt man die Begrenzungslinien so, daß jeweils das berechnete F vorhanden ist. Die hierbei auftretenden geringen Unterschiede in der geometrischen Ähnlichkeit dürften das Resultat nur sehr wenig beeinflussen.

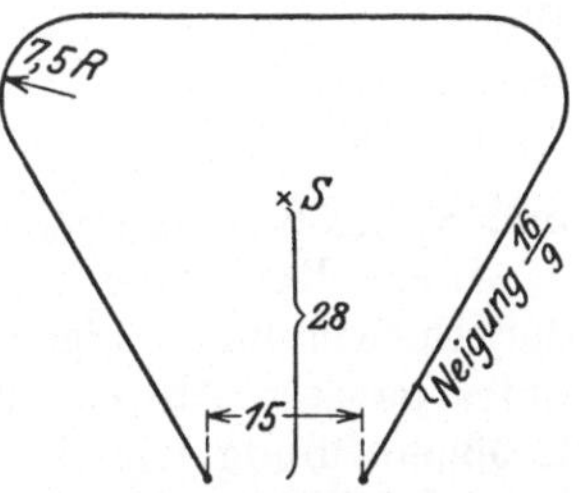

Abb. 140. Bildungsform des Spiralquerschnittes.

Beispiel 15: Für obiges Gebläse soll eine Spirale entworfen werden, deren Bildungsform aus Abb. 140 zu erkennen ist. Die Konstante $C' = \dfrac{u^2}{F}$ ergibt sich für einen mittleren Querschnitt zu $C' = 18$, bei $\varphi = 360$ berechnet sich

$$a_{360} = a \sqrt{\frac{c}{c}} \, (1 + 0{,}55) \cdot$$

Die exakte Bestimmung von $\sqrt{\dfrac{c}{\bar{c}}}$ ist nun sehr umständlich. Für den Zweck der vorliegenden Berechnung dürfte es indes genügen, wenn man

$$\frac{c}{\bar{c}} \sim \frac{r_m}{r_0}$$

setzt, wo r_m der Radius des Schwerpunktes der Spiralquerschnittsfläche ist, die gerade betrachtet wird. Die Ergebnisse dieser Rechnungen sind in folgender Tabelle 10 zusammengestellt.

Tabelle 10.

φ	$\dfrac{c_u}{\bar{c}_u}$	$0{,}55 \cdot \sqrt{\dfrac{\varphi}{360}}$	$\sqrt{\dfrac{c_u}{\bar{c}_u}}\left(1 + 0{,}0413 \cdot \lambda\, r_0 \cdot \sqrt{\dfrac{\varphi\,\bar{c}_u}{V}} \cdot \sqrt{C'}\right)$	$\left(\dfrac{d}{d_{th}}\right)^2 = \dfrac{F}{F_{th}}$
22,5	1,062	0,1382	1,105	1,222
45	1,094	0,194	1,141	1,302
90	1,14	0,275	1,192	1,42
135	1,175	0,336	1,23	1,512
180	1,205	0,389	1,261	1,591
225	1,228	0,434	1,29	1,664
270	1,25	0,476	1,321	1,75
315	1,272	0,513	1,34	1,797
360	1,29	0,55	1,365	1,862

Gegenüber dem kreisförmigen Querschnitt ist hier also eine etwas größere Erweiterung notwendig. Dies kommt daher, weil die Reibung in kreisförmigen Querschnitten bekanntlich am geringsten ist. Für $\varphi = 360^0$ ist der Unterschied $\dfrac{1{,}862}{1{,}716} = 1{,}086$, d. h. ca. 8,5%.

Der Gang der Rechnung ist nun der, daß man für die angenommene Querschnittsform die Spirale berechnet, wie es die reibungslose Flüssigkeit verlangt. Dann berechnet man nach obigen Angaben die Werte

$$\left(\frac{d_0}{d}\right)^2 = \frac{F}{F_{th}}$$

und vergrößert die Querschnitte entsprechend.

Diese Rechnung dürfte für praktische Zwecke genügen. Die bei der Entwicklung obiger Theorie gemachten Vereinfachungen bedingen indes gewisse Abweichungen. Dieselben sind ungefähr von derselben Größenordnung wie die Fehler, die dadurch entstehen, daß der Reibungskoeffizient für die ganze Spirale als konstant angenommen ist. Außerdem ist die Größe von λ nicht mit absoluter Treffsicherheit anzugeben, da die Oberflächenbeschaffenheit in der Spirale hierauf einen großen Einfluß ausübt.

2. Versuche mit Spiralgebläsen.

Auf Abb. 141 und Abb. 142 befinden sich die Versuchsergebnisse eines der ersten Spiralgebläse, das nach der oben entwickelten Theorie entworfen wurde. Es war für eine normale Leistung von 30 000 m³/st bei einem Überdruck von 2000 mm W.-S. bestimmt. Durch einfache

Anbohrungen wurde der statische Druck unmittelbar hinter dem Laufrade und in radialer Verlängerung am äußeren Umfange der Spirale gemessen. Insgesamt waren 5 Meßstellen auf dem Umfange verteilt.

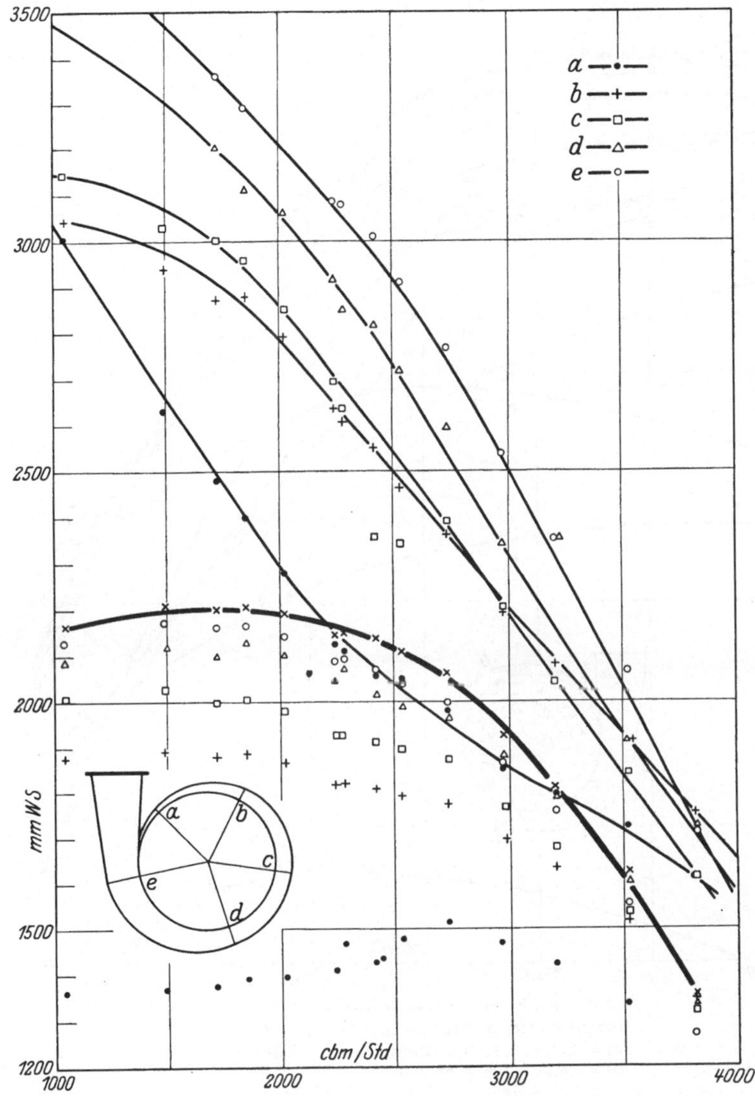

Abb. 141. Kennlinie und Drücke am Umfang der Spiralen.

Von 10000 bis 40000 m³ wurden für eine Reihe Punkte die Drücke ermittelt und in Abb. 141 und 142 aufgetragen. Die stark ausgezogene Linie ist die Kennlinie des Gebläses. Die anderen Kurven zeigen den Druckverlauf für verschiedene Stellen der Spirale an.

Man erkennt, wie am äußerem Umfange die Drücke sich allmählich
dem Enddrucke nähern. Die Drücke am Laufradumfange sind bei
kleinen Fördermengen sehr verschieden, und zwar wachsen sie mit
steigenden Beaufschlagungsbogen, was darauf schließen läßt, daß die

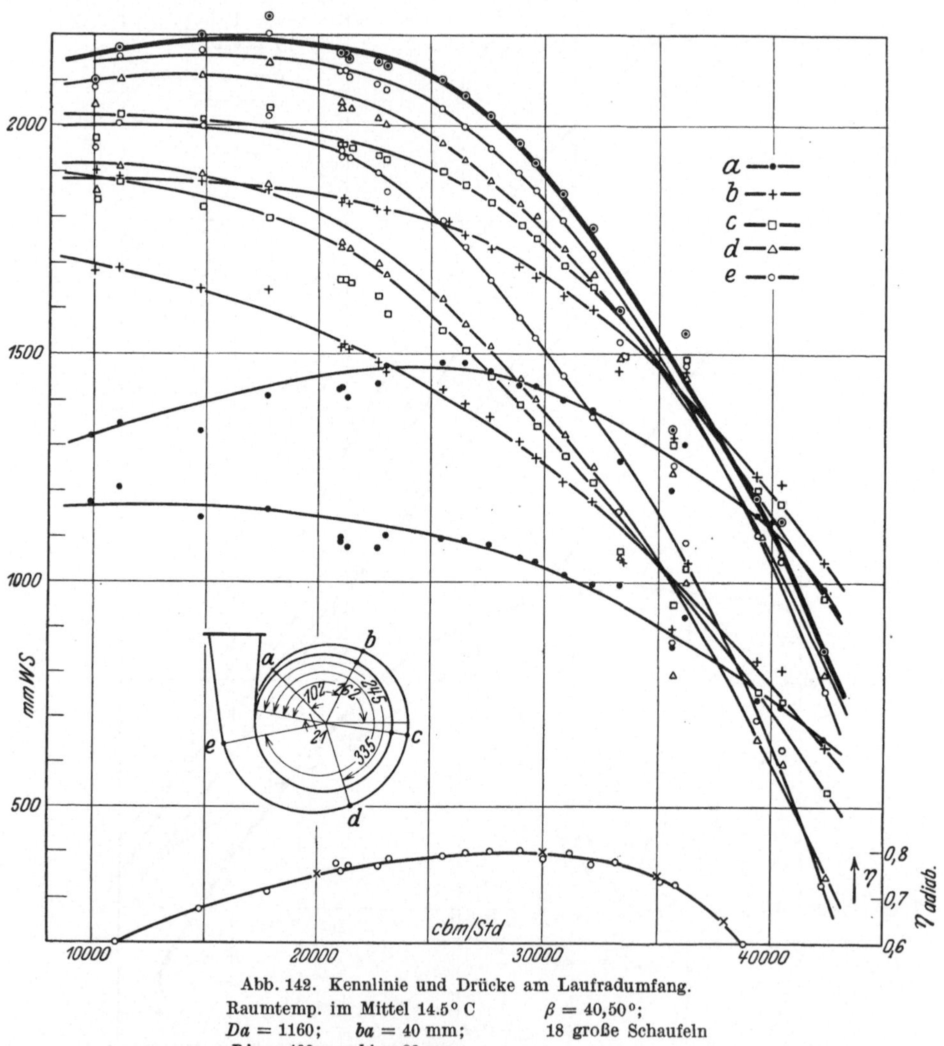

Abb. 142. Kennlinie und Drücke am Laufradumfang.
Raumtemp. im Mittel 14.5° C $\quad$ $\beta = 40,50°$;
$Da = 1160$; $\quad$ $ba = 40$ mm; $\quad$ 18 große Schaufeln
$Di = 400$; $\quad$ $bi = 82$ mm.

Beaufschlagung des Laufrades mit wachsendem Winkel abnimmt.
Größere Abweichungen sind vorhanden bei der Meßstelle, die sich
sehr nahe an der Zunge befindet. Es stellte sich nachher heraus,
daß hier ein Gußfehler vorlag, der bei den sehr kleinen Querschnitten
im Anfang der Spirale sich sehr auswirken kann. Die Drücke am
Laufradumfang sind näherungsweise bei 35000 m³ konstant. Der

beste Wirkungsgrad liegt hingegen bei 30 000. Die nach obiger Theorie notwendige Erweiterung des Querschnittes bei 360° betrug 62%. Dieselbe wurde auch ausgeführt. Die Kurven lassen darauf schließen. daß eine nochmalige 10%ige Erweiterung einen Vorteil haben dürfte. Der erreichte maximale Wirkungsgrad betrug ca. 80%. Ähnliche Gebläse, deren Spiralen nach der bisherigen Methode ausgebildet waren, ergaben Wirkungsgrade von ca. 70%, d. h. die Berücksichtigung der Reibung bewirkte also im vorliegenden Falle eine Verbesserung von ca. 14% [1]. Auf Abb. 142 befinden sich auch die Gesamtdrücke kurz hinter dem Laufrad. Zum Vergleich ist die Kennlinie

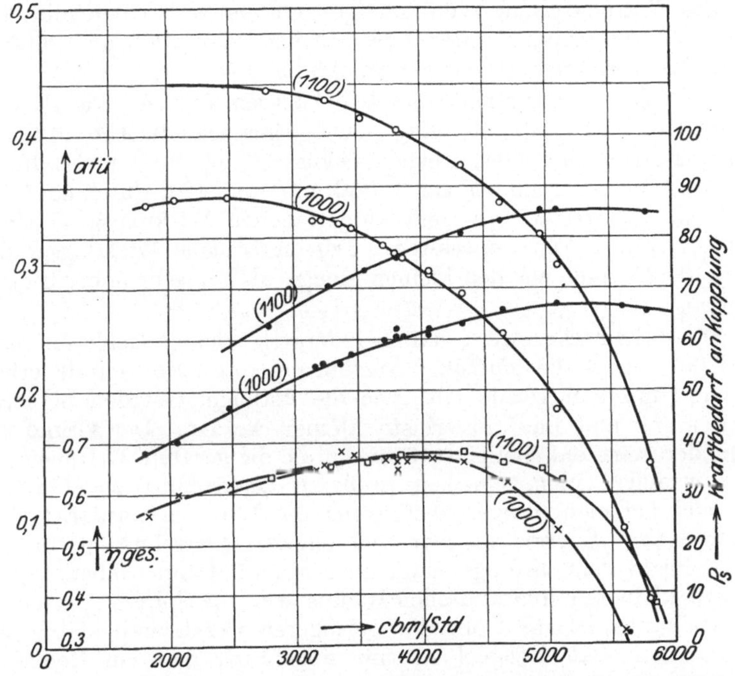

Abb. 143. Versuchsergebnisse eines einstufigen Gebläses der Frankf. Maschinenbau-Akt.-Ges. $Da = 430 \varnothing$ 20 Schaufeln $ta = 13,5°$ C   1.015 ata Raumdruck   Übersetzung 1 : 9,4
Getriebe und Lagerreibung 6,2 PS bei $n = 1000$
6,7 PS bei $n = 1100$.

eingezeichnet. Die Messung wurde nach der bereits oben beschriebenen Methode ausgeführt. Zur Erzielung größerer Ablesegenauigkeit wurde das offene Manometer mit dem statischen Druck an der behandelten Stelle verbunden. Hierdurch erhält man übrigens sofort die Geschwindigkeitshöhe. Für jede Fördermenge mußten diese Röhrchen besonders eingestellt werden.

---

[1] Die Messungen wurden mit Dampfturbine und zwischengeschaltetem Torsionsdynamometer ausgeführt. Die Kraftmessung verbürgte eine Genauigkeit von ½%.

An der 1. Meßstelle sind wieder größere Abweichungen vorhanden. Auch hier ergeben sich näherungsweise bei 33000 bis 38000 m³/st dieselben Drücke. Sowohl aus diesen wie auch aus einer Reihe anderer derartiger Versuche ist mit Sicherheit zu erkennen, daß unterhalb der normalen Fördermenge die Drücke am Laufradumfang nach dem Anfang der Spirale zu abnehmen, oberhalb derselben hingegen zunehmen. Gerade letztere Tatsache erscheint sehr plausibel. Strömt durch die Spirale eine größere Menge, als dem Entwurf zugrunde liegt, so kann der Druckverlust nicht mehr durch die Erweiterung der Spirale ausgeglichen werden, der Druck wird also abnehmen und umgekehrt, wie die Versuche es auch zeigen.

Die Wirkungsgradkurve derartiger Spiralen zeigt einen sehr flachen Verlauf. Bei Abnahme der Fördermenge von 3000 auf 2000 m³/st sinkt der Wirkungsgrad nur von 0,8 bis 0,75.

Es liegt auf der Hand, daß bei Gebläsen von sehr kleiner Fördermenge der Einfluß der Reibung noch größer ist. In Abb. 142 sind die Versuchsergebnisse eines kleinen Gebläses von 4000 m³/st für zirka 0,4 atü. Die Drehzahl ist ca. 10000/min und wird durch ein Getriebe auf 1100 untersetzt. In dem aufgetragenen Wirkungsgrad sind die Getriebeverluste mit enthalten. Der maximale Wirkungsgrad von $\eta_{ad} = 0,675$ muß bei der kleinen Menge als ein sehr hoher bezeichnet werden.

Es ist bemerkenswert, daß bei derartig kleinen Gebläsen (und an noch kleineren) die einstufige Ausführung mit guter Spirale erheblich bessere Umsetzungsgrade gibt, wie die 2stufige, trotzdem bei letzterer Radreibung und Laufradverluste kleiner werden. Der Grund dürfte wohl der sein, daß bei einstufiger Spirale die gesamte Luftmenge mehr oder weniger einem einzigen größeren Querschnitt zugeführt wird, während bei mehrstufiger Ausführung die Luft nach Austritt aus dem Laufrad ihre Energie in sehr viel engern Querschnitten, die durch die Leitschaufeln bedingt sind, umsetzt. Letztere haben einen erheblich kleineren hydraulischen Radius wie eine Spirale, weshalb auch die Reibungsverluste trotz der geringeren Geschwindigkeiten größer sein können. Als Beispiel sei nur angeführt, daß ein Gebläse von 1500 m³/st auf 0,45 atü, zweistufig ausgeführt nach der bewährten Bauart der vielstufigen Gebläse, einen Wirkungsgrad von 0,45 ergab. Bei einstufiger Ausbildung mit einer nach obigen Grundsätzen konstruierten Spirale ergab sich $\eta_{adiab} = 0,62$, d. h. zirka 27% Unterschied.

3. Ausführungsbeispiele.

Einstufige Gebläse haben gegenüber mehrstufigen den großen Vorteil konstruktiver Einfachheit. Bei kleineren Laufrädern genügt eine freiliegende Lagerung, so daß das ganze Gehäuse ungeteilt ausgeführt werden kann. Das Spiralgehäuse kann z. B. durch einen Flansch an dem Lagerbock befestigt werden. Das Gehäuse selbst ist meist vorne abgeschlossen durch einen runden Deckel, an den gleichzeitig das Saugrohr zentrisch angeschlossen wird. Im übrigen ist die Konstruktion ähnlich wie bei einstufigen Kreiselpumpen[1].

Der sich auch hier ergebende Axialschub kann auf verschiedene Weise aufgenommen werden. Bei kleineren Drücken bis ca. 1000 mm W.-S. verzichten viele Firmen auf eine besondere Ausgleichvorrichtung und halten die Lager entsprechend stärker. In sehr vielen Fällen genügen auch einfache Bunde, die die Lagerschalen seitlich belasten. Für höhere Drücke wird man zweckmäßig, sofern man kein Blocklager verwenden will, Ausgleichvorrichtungen anbringen. Abb. 144 zeigt eine Ausführungsform, wo zu beiden Seiten des Laufrades auf ungefähr demselben Durchmesser Labyrinthdichtungen sich befinden. Oft wird der Raum nochmals besonders gegen die Welle abgedichtet und enthält an irgendeiner Stelle eine regulierbare Ausflußöffnung. Durch entsprechende Drosselung

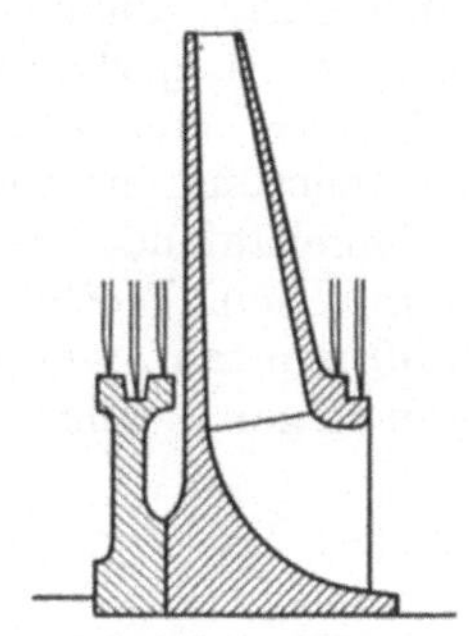

Abb. 144. Laufrad mit zwei Labyrinthdichtungen auf gleichem Durchmesser und Aufhebung des Axialschubes.

kann man bei diesen Ausführungen den Axialschub vollständig beseitigen.

Die freiliegende Anordnung ist bei sehr hohen Drehzahlen und größeren Laufraddurchmessern nicht zu empfehlen, weil der Gang der Maschinen unruhiger wird. Allgemein ist zu sagen, daß der Gang einer freiliegenden Anordnung um so besser ist, je leichter das Laufrad ist. Hier sind gewisse Vorteile von der Verwendung der bekannten Leichtmetalle zu erwarten. Für höhere Umfangsgeschwindigkeiten sind dieselben jedoch trotz der günstigen Festigkeitseigenschaften nicht geeignet, solange nicht volle an der Nabe verstärkte geschmiedete Radscheiben hergestellt werden können. Namhafte die bekannten Leichtmetalle Duraluminium, Elektron, Lantal usw. herstellenden Firmen haben bisher die Herstellung derartiger Stücke abgelehnt, weil es offenbar noch Schwierigkeiten bereitet, diese Stücke von derselben homogenen Zusammensetzung wie Stahl herzustellen. Auch bereitet die Herstellung der Schaufeln wegen der geringen Dehnung dieser Stoffe gewisse Schwierigkeiten. Weiter ist die Temperaturbeständigkeit und die Widerstandsfähigkeit gegen die verschiedensten für den Gebläsebau in Frage kommenden Gase nicht dieselbe wie bei Stahl. Jedenfalls läßt sich sagen, daß nach dem jetzigen Stande des Werkstoffbaues im allgemeinen noch immer hochlegierter Stahl als der für die Laufräder geeignetste Baustoff anzusprechen ist. Firmen, die bei hoch beanspruchten Rädern Leichtmetall verwenden, sind mir nicht bekannt geworden.

Für die Lagerung freiliegender Gebläse gelten dieselben Grundsätze wie für die entsprechenden Dampfturbinen. Die Lager werden in Weißmetall ohne Nuten ausgeführt und erfordern in sehr vielen

---

[1] Siehe z. B. Pfleiderer: Kreiselpumpen. Berlin: Julius Springer.

Fällen Druckölschmierung. Bei Lagergeschwindigkeiten von 30 m/sec und $p \cdot v = 20$ bis 25 läßt sich bei sehr sachgemäßer Durchbildung auch noch Ringschmierung verwenden, die bekanntlich die Kühlung des Öles wesentlich erleichtert. Bei Verwendung von wassergekühlten Lagerschalen sind auch bei Werten von $v = 35$ m/sec und $p \cdot v = 30$ betriebssichere Lagerkonstruktionen möglich. Da die meisten derartigen Gebläse eine Zahnradübersetzung bedingen, die so wie so Druckölschmierung erfordert, wird man dieselbe auch zweckmäßig für die schnellaufenden Lager verwenden. Unabhängig von Geschwindigkeit und den Werten von $p \cdot v$ hat sich gezeigt, daß oberhalb $n = 10000$/mm nur mit Druckölschmierung ein betriebssicheres Arbeiten der Lager möglich ist. Neuere Untersuchungen von Hummel[1]

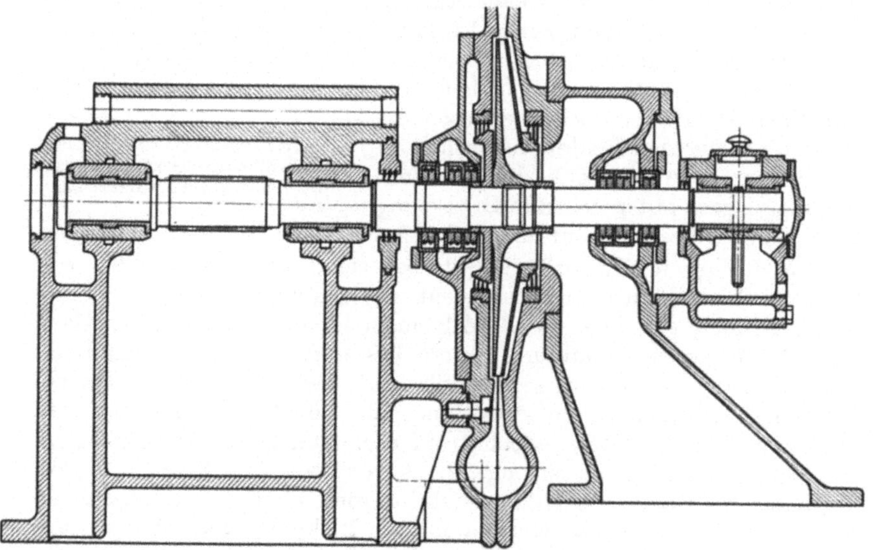

Abb. 145. Einstufiges Gasgebläse der FMA für hohe Drücke.

haben gezeigt, daß bei hohen Drehzahlen unter gewissen Voraussetzungen kritische Schwingungen des Läufers in der Ölschicht auftreten können. Verfasser konnte z. B. beobachten, daß bei Gebläsen, die versuchsweise bei $n = 12000$/min mit Ringschmierung ausgebildet waren, ein sehr starkes periodisches Brummen in den Lagern entstand, das sofort aufhörte, wenn Drucköl zugeführt wurde.

Kugellager haben sich für so hohe Drehzahlen bis jetzt nicht bewährt. Sie sind ja auch ihrer Natur nach nicht für hohe Umfangsgeschwindigkeiten geeignet, da dann die Eigenbelastung der Kugeln infolge der Zentrifugalkraft größer ist wie die Nutzbelastung durch den Läufer. Die kleinsten Verunreinigungen im Öl können ein Kugellager bei sehr hoher Drehzahl augenblicklich

---

[1] Hummel: Kritische Drehzahlen infolge der Nachgiebigkeit der Ölschicht. VDI Forsch.-Arb.

ruinieren. Hingegen sind dieselben bei Drehzahlen von 3000
bis 5000/mm oft sehr gut zu
verwenden.

Ist das Fördermittel ein
Gas, so muß die Welle vollkommen abgedichtet werden.
Die hierzu verwendeten Kohlen-
ringe benötigen oft einen derartigen Raum, daß eine freiliegende Ausführung nicht mehr
möglich ist und die Welle vor
dem Laufrad nochmals gelagert
werden muß. Abb. 145 zeigt
eine derartige Ausführung der
Frankfurter Maschinenbauanstalt A.-G.

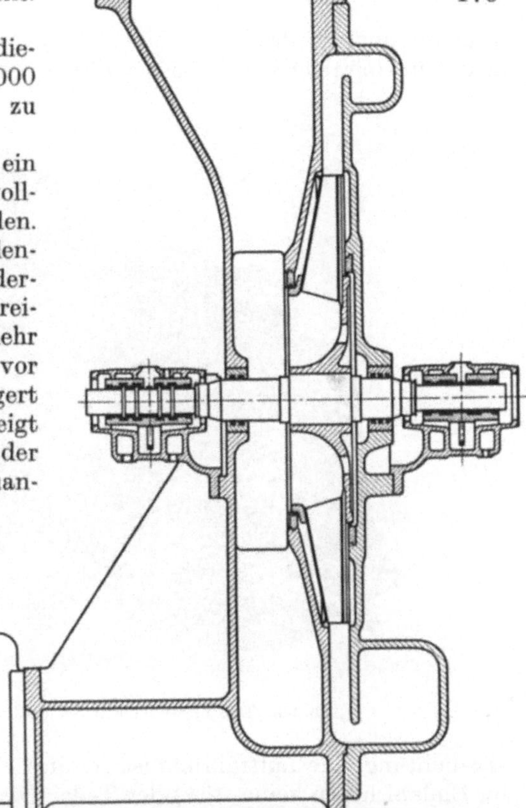

Abb. 146. Einstufiges Gebläse mit Ansaugung von der
Antriebseite aus. (Kühne, Kopp u. Kausch.)

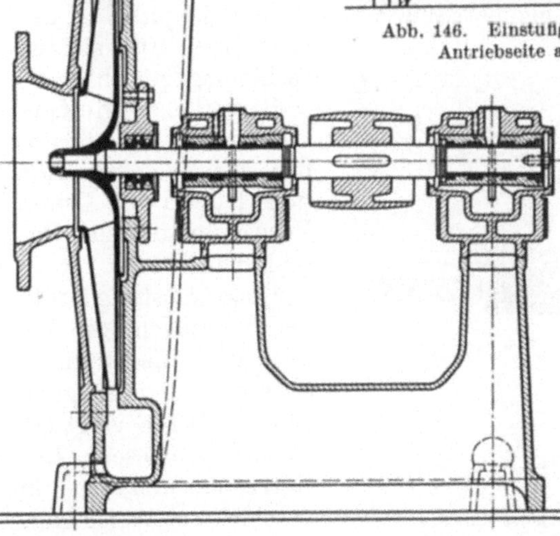

Abb. 147. Einstufiges Gebläse, freiliegend,
von Kühne, Kopp u. Kausch.

Bei größeren För-
dermengen wird zwei-
seitige Ansaugung
notwendig. Im Ab-
schnitt Spülluftge-
bläse finden sich nä-
here Beispiele hier-
über. Sonst legt man
die Ansaugeseite
meist entgegenge-
setzt der Antriebseite.
Daß prinzipiell auch
eine andere Lösung
möglich ist, zeigt
Abb. 146 eine Aus-
führung von K. K. K.
Das Gebläse saugt
von der Kupplungs-

seite an und ist direkt mit einem Elektromotor gekuppelt. Abb. 147
zeigt ein Spiralgebläse derselben Firma mit freiliegendem Laufrad und

Abb. 148. Einstufiges schnellaufendes Gebläse von Rateau.

Gasdichtung. Die Luftführung ist bei dieser Anordnung äußerst günstig,
im Einlauf liegen keine störenden Teile. Die Dichtung erfolgt hier durch
je einen Labyrinthring. Die geometrische Grundform der Spirale ist aus
baulichen Rücksichten rechteckig gewählt.

BemerkenswerteKonstruktionen für einstufige Gebläse stammen von Rateau. Durch Verwendung seiner Radialschaufeln ist · er in der Lage, einstufig Drükke zu erzielen, die bei normaler Laufradkonstruktion unmöglich sind. Abb. 148 zeigt ein solches Gebläse. Der Getriebekasten ist in geschickter Weise mit dem Gehäuse zusammen-

Abb. 149. Einstufiger Läufer, Bauart Rateau.

gebaut und durch einen Flausch verbunden. Das Gebläse hat eine
Leistung von 35000 m³/st und 0,45 atü bei 5800 Umdr./min. Der
Läufer befindet sich auf Abb. 149. Ritzel und Laufradwelle bestehen

aus einem Stück. Das Laufrad ist aus einem Stahlblock herausgefräst und wird auf die Welle geschrumpft. Abb. 150 zeigt ein durch Dampfturbine angetriebenes Gebläse von 12000 m³/st für einen Überdruck von 25 cm Hg bei 9500 Umdr./min. Abb. 151 zeigt den Rotor der ganzen Maschine. Da bei radialen Schaufeln am Eintritt die

Abb. 150. Einstufiges Dampfgebläse von Rateau.

Luft eine andere Strömungsrichtung hat, sind besonders bei hohen Umfangsgeschwindigkeiten hier große Verluste zu erwarten. Um diese zu vermeiden, baut Rateau verschiedentlich vor dem Laufrad einen propellerartigen Leitapparat ein, um der Luft die richtige Richtung

Abb. 151. Rotor zu einem einstufigen Dampfgebläse nach Rateau.

zu geben. Bei einstufigen freiliegenden Laufrädern ergibt sich hier ein sehr einfacher Einbau. Aus Abb. 152 ist diese Leitvorrichtung zu erkennen. Sie ist mit dem Deckel aus einem Stück gegossen.

Die Grenze für kleine Turbokompressoren ist bekanntlich dadurch gegeben, daß bei kleinen Mengen die Austrittsbreite des Laufrades zu klein wird und so hohe Reibungsverluste auftreten. Dieser Nachteil wird auch durch die Rateauschen Radialschaufeln in keiner

Weise aufgehoben. Auch hier wirkt als Austrittsfläche die gesamte Mantelfläche des äußeren Laufrades.

Ein prinzipiell neuer Weg, um diese Schwierigkeiten zu vermeiden, ist von Eck angegeben worden. Das Laufrad wird durch rotierende Röhrchen ersetzt, die nach dem Umfange zur Vermeidung größerer Ventilationsverluste flach gedrückt sind. Hier wirkt also nur ein kleiner Bruchteil der äußeren Mantelfläche, und man kann so erheblich kleinere Mengen bewältigen. Die Röhrchen werden in eine Nabe eingesetzt, die entsprechende Bohrungen aufweist und bei freiliegender Anordnung zentralen Eintritt der Luft gewährleistet. Die Abdichtung erfolgt auf Eindrehungen der Nabe. Abb. 153 und 154 zeigen Laufrad und Ansicht eines derartigen Gebläses, das von der Frankfurter Maschinenbauanstalt A.-G. gebaut wurde. Die Leistung des Gebläses ist 180 cbm/st bei 2,1 ata, die Drehzahl ist 24 000 Umdr./min. Der Antrieb erfolgt durch einen 3000 tourigen Motor. Das große Getrieberad besteht aus Novotext, das sich bei den großen Umfangsgeschwindigkeiten sehr bewährt hat. Die Umfangsgeschwindigkeit des Läufers ist 374 m/sec. Es ist zu erwarten, das infolge der einwandfreien Luftführung in den Röhrchen ein sehr guter Wirkungsgrad erzielt wird, was die Versuche auch bestätigten. Etwas ungünstiger liegen die Verhältnisse beim Eintritt in die Spirale, wo der Luftstrahl periodisch unterbrochen wird. Hierdurch ist eine gewisse Wirbelbildung allerdings nicht zu vermeiden, die indes nicht sehr erheblich ist. Immerhin ist es notwendig, zur Vermeidung von Reibungsverlusten die Spiralflächen zu polieren. Ein weiterer Vorteil dieser Bauart ist auch — wie die Versuche zeigten — das Wegfallen des Pumpens. Um die richtige Eintrittsrichtung in die senkrechten Bohrungen der Nabe zu erhalten, befindet sich im Deckel eine Düse, die nur am Rande einige gewundene Rillen aufweist, um der Luft die notwendige Umfangsgeschwindigkeit zu erteilen. Diese Konstruktion erfolgte aus der Erkenntnis heraus, daß ein mit Drall behafteter Luftstrom in der Mitte sehr große und nach außen abnehmende Umfangskomponenten hat und daß die geringsten Verluste zu erwarten sind,

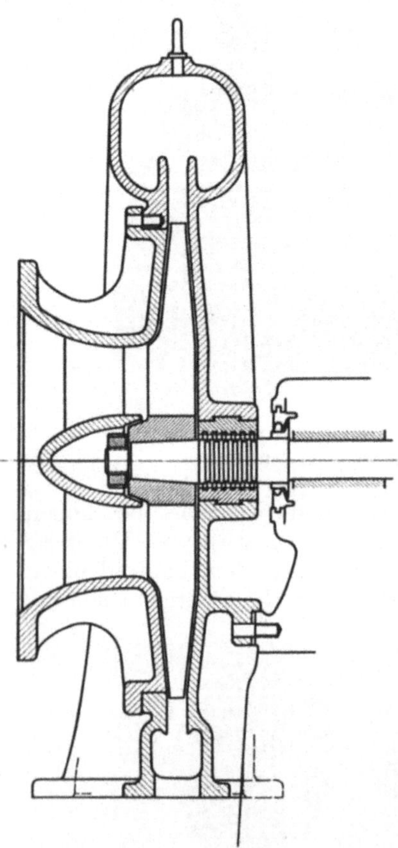

Abb. 152. Freiliegendes Laufrad nach Rateau mit Eintrittsleitrad.

wenn man den Drall dort erteilt, wo die Umfangsgeschwindigkeiten am kleinsten sind, das ist aber am Umfange. Nach den Gesetzen über Wirbelbildung muß sich der am Umfange erzeugte Drall sofort

Abb. 153. Einstufiges Gebläse nach Eck für hohe Umfangsgeschwindigkeiten und sehr kleine Fördermengen.

auf den ganzen Querschnitt übertragen, so daß diese Konstruktion in einfachster Weise die Luft in die notwendige Richtung umkehrt. Die Röhrchen sind aus Elektron angefertigt. Nach dem Umfange zu sind sie konisch gedreht und nachher flach gedrückt. Die Be-

Abb. 154. Läufer und Eintrittsleitrad nach Eck.

festigung erfolgt durch ein Gewinde, das durch kleine Stifte gegen Drehungen gesichert ist. Das Gewicht eines Röhrchens ist 6,5 g. Der Laufradkopf ist ebenfalls aus Elektron angefertigt, so daß das freiliegende Gewicht so weit wie möglich herabgesetzt ist. Das Ge-

wicht des ganzen Läufers einschließlich der Welle mit Ritzel ist nur
850 g. Das Gebläsegehäuse ist an den Getriebekasten angeflanscht,
wie aus Abb. 153 zu erkennen ist. Die Schmierung der Lager erfolgt durch Drucköl. Eine Zahnradölpumpe befindet sich im Getriebekasten und wird durch die 3000 tourige Welle unter nochmaliger
Zwischenschaltung eines Novotextgetriebes angetrieben.

4. Einstufige Gebläse für Sonderzwecke.

Ein für schnellaufende Gebläse für die Zukunft noch verheißungs-
volles Gebiet sind Gebläse zum Aufladen von Verbrennungsmaschinen.
Im Hinblick auf die Dampfmaschinen liegt der Gedanke nahe, die
aus dem Zylinder austretenden heißen Gase in einem Niederdruck-
zylinder auf Atmosphärenspannung expandieren zu lassen. Derartige
Versuche sind früher tatsächlich gemacht worden mit dem Erfolge,
daß die so gewonnene Arbeit kaum ausreichte, die Leerlaufarbeit derartiger Maschinen zu überwinden. Das kommt daher, weil die in den
Abgasen enthaltene Energie — die ca. 30% der gesamten zugeführten Energie beträgt — aus thermodynamischen Gründen nur zu
einem kleinen Bruchteil in Arbeit umgesetzt werden kann. Nun hat
man den erfolgreichen Versuch gemacht, die in den Abgasen enthaltene Energie in einer kleinen schnellaufenden Turbine mit gleich-
laufenden Gebläserädern auszunutzen, da die rein mechanischen Verluste hier sehr klein sind. Obschon auch hier sehr hohe Umsetzungsverluste eintreten, kann man nach-
weisen, daß ein gewisser Bruchteil
der Abgasenergie verwertet werden kann. Die mit dem Aggregat
verdichtete Luft wird dann den
Zylindern zugeführt und bedingt
infolge des höheren Ladegewichtes
eine Vergrößerung der Maschinen-
leistung.

Ist die Auspufftemperatur T_2,
der Druck p_2 und die Temperatur
nach adiabatischer Expansion auf
Atmosphärenspannung $p_1 T_1$, so ergibt sich nach bekannten thermodynamischen Grundsätzen ein Aus-
nützungsgrad

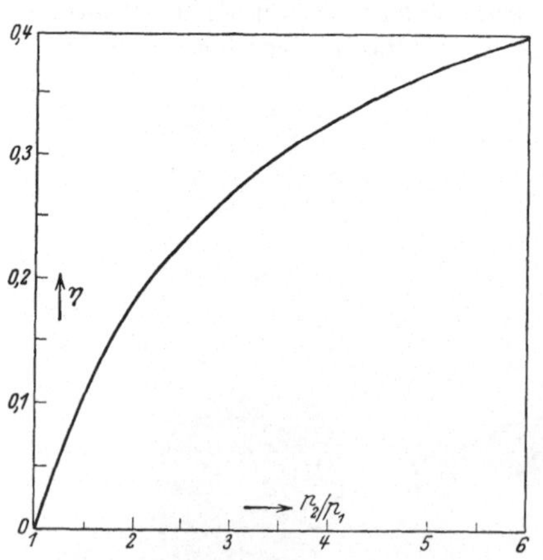

Abb. 155. Thermodynamischer Wirkungsgrad
in Abhängigkeit vom Druckverhältnis.

$$\eta = \frac{T_2 - T_1}{T_2} = 1 - \left(\frac{p_1}{p_2}\right)^{\frac{\varkappa - 1}{\varkappa}}$$

bezogen auf die gesamte Wärme der Abgase. η ist in Abb. 155 in
Abhängigkeit von $\frac{p_2}{p_1}$ aufgetragen. Bei $\frac{p_2}{p_1} = 3{,}5$ ist $\eta = 0{,}3$. Nehmen
wir für diese Rechnung an, daß ca. 25% der gesamten zugeführten
Wärmemenge in den Abgasen enthalten sind und daß durch Drosse-

lung, Reibung usw. auf dem Wege vom Zylinder zur Turbine noch 12% verloren gehen, so erhält man vor dem Eintritt in die Turbine folgende in Arbeit umsetzbare Energie $0,3 \cdot 0,25 \cdot 0,88 = 0,066\%$ der Brennstoffenergie.

Wir wollen nun einmal überschlägig berechnen, auf welchen Anfangsdruck man die Luft verdichten könnte bei Verwendung der Abgasenergie ohne höheren Gegendruck. Es sei angenommen, daß auf 1 kg Ladeluft ca. 50 g Gasöl von 10000 WE/kg kommen. Die in den Abgasen noch enthaltene Wärme sei 25% der im Brennstoff zugeführten. Unter diesen Umständen sind in 1 kg Abgas

$$10000 \cdot \frac{50}{1000} \cdot 0,25 = 125 \text{ WE}$$

vorhanden. Nehmen wir einen Gebläsewirkungsgrad von 70% und einen Turbinenwirkungsgrad von 60% an, so erhält man die in 1 kg Abgasen in Nutzarbeit umsetzbare Wärmemenge zu

$$500 \cdot 0,066 \cdot 0,6 \cdot 0,7 = 1,385 \text{ WE/kg}, \quad \text{d. h.} \quad 592 \text{ mkg/kg}.$$

Hiermit kann man 1 kg Frischluft von 15^0 C und 1 ata auf 700 mm W.-S. Überdruck verdichten. Dies ist nicht überwältigend viel und würde die immerhin sehr empfindliche Maschinerie nicht rechtfertigen.

Nun erhöht sich aber die Energie der Abgase, wenn man höheren Gegendruck zuläßt. Bei Viertakt-Dieselmaschinen ist das ohne weiteres möglich. Anders liegen die Verhältnisse bei Zweitaktmaschinen, da man zum Ausspülen eine um ca. 30 bis 40% höhere Ansaugemenge nötig hat, die ebenfalls auf den höheren Gegendruck zu verdichten wäre. Hierdurch würde der wirtschaftliche Wirkungsgrad des Verdichters sofort um 30 bis 40% schlechter.

Erhöht man nun bei einer Viertakt-Dieselmaschine den Gegendruck unter Verwendung einer Abgasturbine, so ist zu erwarten, daß der thermodynamische Wirkungsgrad ungefähr derselbe bleibt. Infolge der größeren Turbinenleistung erhält man jetzt aber einen größeren Anfangsdruck und hiermit ein höheres Ladegewicht, die Leistung der Maschine wird also gesteigert. Da nun die mechanischen Verluste kaum durch die Leistungssteigerung geändert werden, wird ihr prozentualer Anteil bei der höheren Leistung geringer sein. Der Gesamtwirkungsgrad muß also steigen. Setzen wir z. B. eine Leistungssteigerung von 50% voraus und einen ursprünglichen mechanischen Wirkungsgrad von 0,75, so würde ein neuer mechanischer Wirkungsgrad sich ergeben von

$$\eta'_m = \frac{1,5 \cdot 0,75}{1 + 0,5 \cdot 0,75} = 0,82 \,.$$

Es ergibt sich also eine Zunahme von 7%, so daß der thermodynamische Wirkungsgrad sogar schlechter werden dürfte.

Hiermit ist die Möglichkeit gegeben, bei geringer Verbesserung des Gesamtwirkungsgrades die Maschinenkosten wesentlich zu verringern.

Diese Zusammenhänge sind zuerst von Büchi klar erkannt und in die Praxis übertragen worden. Abb. 156 zeigt einen Schnitt durch das nach ihm benannte Gebläse, das bei Brown-Boveri gebaut wird. Die Turbine ist freiliegend einstufig ausgebildet und wirkt als Gleichdruckturbine. Die eingesetzten Schaufeln haben kein Deckblech. Die Laufradnabe ist durch eine vorgesetzte Kappe vor den heißen Gasen geschützt und dient gleichzeitig als Führung zu dem Leitrad. Das Gebläse ist zweistufig. Die Ausführung ist ähnlich den bereits besprochenen Typen der Firma. Bei höherem Gegendruck nimmt die Turbine ganz von selbst eine höhere Drehzahl an und erhöht da-

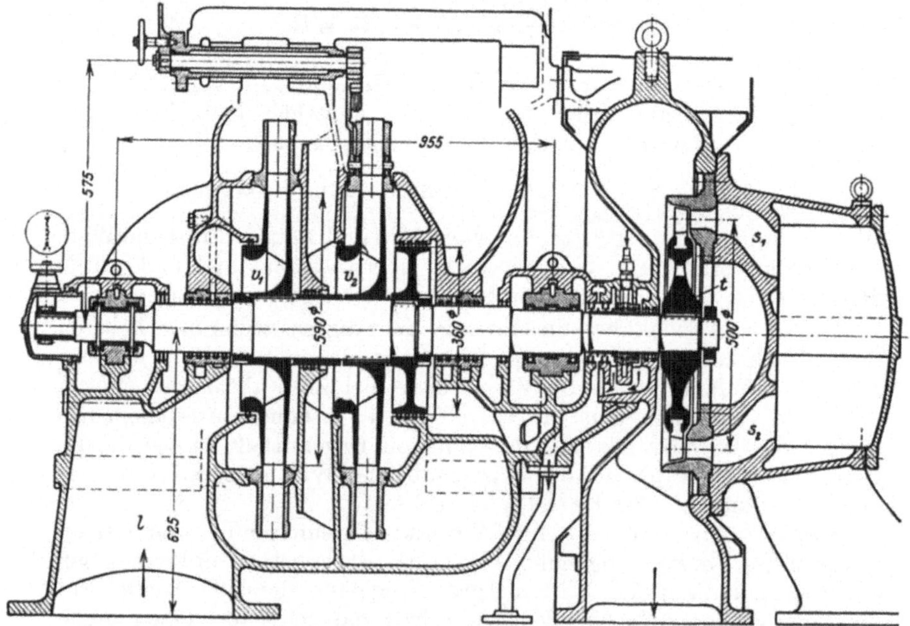

Abb. 156. Aufladegebläse mit Abgasturbine nach Büchi.

durch den Enddruck der Luft, so daß keine besondere Regulierung notwendig ist.

Büchi hat sein Verfahren in letzter Zeit durch wertvolle Neuerungen ergänzt. Kurz vor Ende des Auspuffhubes wird das Saugventil, welches mit dem Druckstutzen des Gebläses in Verbindung steht, geöffnet und das Auslaßventil entsprechend später. Hierdurch wird ein Durchspülen des Verdichtungsraumes mit der verdichteten Ladeluft erreicht, wodurch nennenswerte Vorteile erreicht werden. Da an Stelle der Abgase direkt die Frischluft tritt, wird die Lademenge etwas vergrößert, dann findet aber auch eine gute Kühlung der Kolben- und Deckeloberfläche, sowie des Auslaßventils statt, und man erhöht hierdurch Betriebssicherheit und Lebensdauer der Maschine. Gerade dies ist für Dieselmaschinen als großer Vorteil zu werten.

Stodola[1] hat an einem Dieselmotor mit Büchischer Aufladung eingehende Versuche ausgeführt. Eine Viertakt-Dieselmaschine, die sonst 850 PSe leisten würde, ergab bei Büchischer Aufladung eine Leistung von 1275 PSe. Die Leistung konnte ohne merkliche Auspufftrübung auf 1652 PSe erhöht werden. Der Brennstoffverbrauch betrug bei Nennlast 177,69/PSe/st, während ähnliche Motoren derselben Firma ohne Aufladung 185 g/PSe/st verbrauchen. Es hat sich somit eine Verringerung des Brennstoffverbrauches von 4% ergeben. Dies ist erreicht worden durch eine Verbesserung des mechanischen Wirkungsgrades von 72% auf 80,2%.

Eine Untersuchung des Auspuffes ergab, daß dank der vor dem Totpunkt eingeblasenen Frischluft die Temperaturen noch niedriger waren wie bei dem gewöhnlichen Verfahren.

Die große Bedeutung, die diesem Verfahren noch zu versprechen ist, geht heute schon daraus hervor, daß erste Motorenfabriken die Ausführungsberechtigung desselben erworben haben.

5. Gebläse für Flugzeuge.

Da die Leistung einer Verbrennungsmaschine prop. dem angesaugten Luftgewicht ist, wird sich ihre Leistung in größeren Höhen, wo die Luftdichte abnimmt, erheblich vermindern. Dies ist ein sehr großes Hindernis für das Fliegen in großen Höhen und setzt der erreichbaren Gipfelhöhe bestimmte Grenzen. Die Luftdichte, bei der ein Flugzeug bei bekannter Motorleistung sich gerade noch in der Luft halten kann, errechnet sich in einfacher Weise aus der Formel[2]

$$\gamma_{min} = \frac{2\,g}{75^2}\left(\frac{G}{N}\right)^2 \frac{G}{F}\frac{c_w^2}{c_a^3\,\eta^2}.$$

Hierin bedeuten: G Gesamtgewicht des Flugzeuges in kg,
N die Leistung des Motors in PS,
F die Tragfläche in m²,
η Wirkungsgrad des Propellers,
c_w Widerstandsbeiwert der Tragfläche,
c_a Auftriebsbeiwert der Tragfläche.

Ist die Abhängigkeit der Dichte mit der Höhe bekannt, so ist durch γ_{min} die Gipfelhöhe gegeben.

Hier interessiert lediglich die Abhängigkeit von der Motorleistung. Man erkennt, daß γ_{min} um so größer ist, je kleiner N ist. Das Erreichen großer Höhen ist also in erster Linie davon abhängig, ob es gelingt, den großen Leistungsabfall des Motors zu verhindern.

Für Heeresflugzeuge ist dieses Problem noch viel wichtiger wie für Verkehrsflugzeuge, da erstere in großen Höhen ein schwierigeres Zielfeld für Abwehrgeschütze bilden.

---

[1] Stodola: Leistungsversuche an einem Dieselmotor mit Büchischer Aufladung. Z. V. d. I. 1928.

[2] Siehe z. B. Fuchs, Hopf: Aerodynamik S. 265.

Die Hauptmittel zur Verhinderung des Leistungsabfalles der Motoren sind

1. Überverdichtung der Motoren,
2. Veränderung des Kolbenhubes mit der Höhe, was allerdings nur bei Umlaufmotoren möglich ist,
3. Vorverdichtung der Ladeluft durch Gebläse.

Hier soll nur der letzte Weg besprochen werden, der wohl auch als der beste angesprochen werden muß. Es ergeben sich hier zwei Hauptantriebmöglichkeiten:

a) Antrieb durch eine Abgasturbine,
b) durch den Motor selbst unter Zwischenschaltung eines Getriebes.

Die erste Abgasturbine für Flugzeuge stammt von Rateau und wurde zur Zeit des Krieges auf französischer Seite verwendet.

Abb. 157. Rotor der Abgasturbine von Rateau.

Die Abgasturbine einer Vergasermaschine arbeitet nun unter ganz anderen Betriebsbedingungen wie bei einer Dieselmaschine. Während bei letzterer eine Erhöhung des Gegendruckes bei entsprechender Vorverdichtung ohne weiteres möglich ist, wird bei einer Vergasermaschine ein Gegendruck sofort die Leistung beträchtlich vermindern. Amerikanische Versuche am 400-PS-Liberty-Flugmotor ergaben, daß die Motorleistung bei 0,7 at Überdruck in der Auspuffleitung Null wird. Da ohne Gegendruck die Energie der Abgase nach obigem sehr gering ist, ist es erklärlich, daß dieselbe bis jetzt noch keinen festen Fuß fassen konnte.

Rateau stellte folgende Überlegung an. Das Ansaugegewicht kann ungefähr gleich dem Gewicht der Abgase gesetzt werden. Diese haben eine Temperatur von 750^0 bzw. 1023^0 abs., während in großen Höhen, z. B. 5000 m, die Außenluft -20^0 C, d. h. 253^0 abs. ist. Bezogen auf gleichen Druck verhält sich die Abgasmenge zur Ansaugemenge also wie $\frac{1023}{253}$, d. h. sie ist viermal so groß. Die Energie der Abgase müßte also genügen, um die vierfache Luftmenge auf 1 ata zu verdichten, oder zur Verdichtung derselben Luftmenge genügte ein Gesamtwirkungsgrad von nur 25%. Nimmt man vorsichtig den Turbinenwirkungsgrad zu 60% an, so müßte das Gebläse einen Wirkungsgrad von 41,6% haben. Bei der hier notwendigen zweifachen Verdichtung und den kleinen Luftmengen wird wohl heute kein Turbokompressorenfachmann in der Lage sein, diesen Wirkungsgrad zu erreichen. Da es nicht möglich war, zuverlässiges Zahlenmaterial zu erhalten, in der Literatur solches auch nicht vorhanden ist, sei darauf verzichtet, näher auf die Angaben einzelner Firmen einzugehen[1].

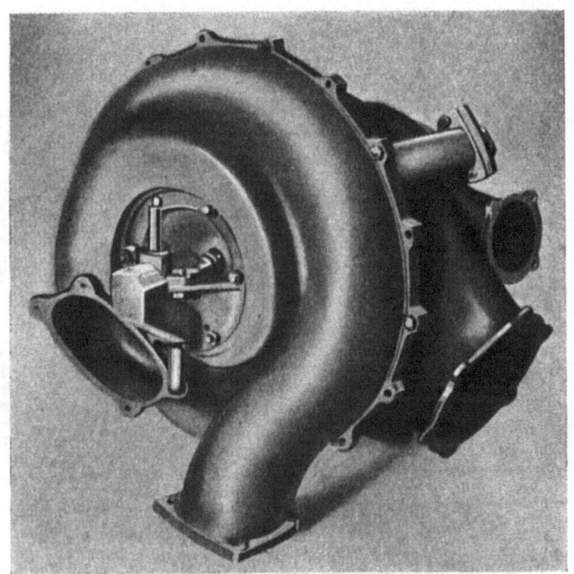

Abb. 158. Abgasturbine nach Rateau. Gehäuseansicht.

Abb. 157 zeigt den Rotor der Rateauschen Ausführung. Zur Erzielung hoher Umfangsgeschwindigkeiten besteht das Laufrad nur aus radialen Schaufeln, die aus einem Stück herausgearbeitet werden. Bei 30000 Umdr./min wird 2fache Luftverdichtung erzielt. Die Umfangsgeschwindigkeit des Läufers ist hierbei 380 m/sec. Abb. 158 zeigt das Gehäuse der Maschine, während die gesamte schematische Anordnung aus Abb. 159 hervorgeht. Man erkennt zwischen Druckstutzen des Gebläses und Vergasers noch einen Kühler. Dieser ist notwendig, da sich die Luft wegen des schlechten Wirkungsgrades des Gebläses um ca. 100^{0} erwärmt.

---

[1] Einige interessante Angaben über dieses Problem stammen von Thiemann, A. E.: Abgasturbinen für Flugmotoren. Der Motorwagen, 1926.

Abb. 160 zeigt die Abgasturbine von Sherbondy. In der Abgas-
leitung befindet sich hier ein Auslaßventil, welches durch eine Baro-
meterdose automatisch eingestellt wird, so daß der Pilot jeder Betätigung an der Abgasanlage enthoben ist. Der Aufbau weicht prinzipiell sehr wenig von der Rateauschen Ausführung ab.

Eine sehr bemerkenswerte Ausführung einer Abgasturbine stammt
von Lorenzen in Berlin, Abb. 161. Hier ist in äußerst geschickter
Weise Turbinen- und Gebläselaufrad vereinigt. Die Abgase strömen in
axialer Richtung durch die entsprechend hohl ausgebildeten Laufradschaufeln, die aus Abb. 162 zu erkennen sind. Die Laufradschaufeln
sind durch zwei seitliche Deckscheiben gehalten, die mit Bohrungen
zum Ansaugen der Luft versehen sind. Durch die Vereinigung von

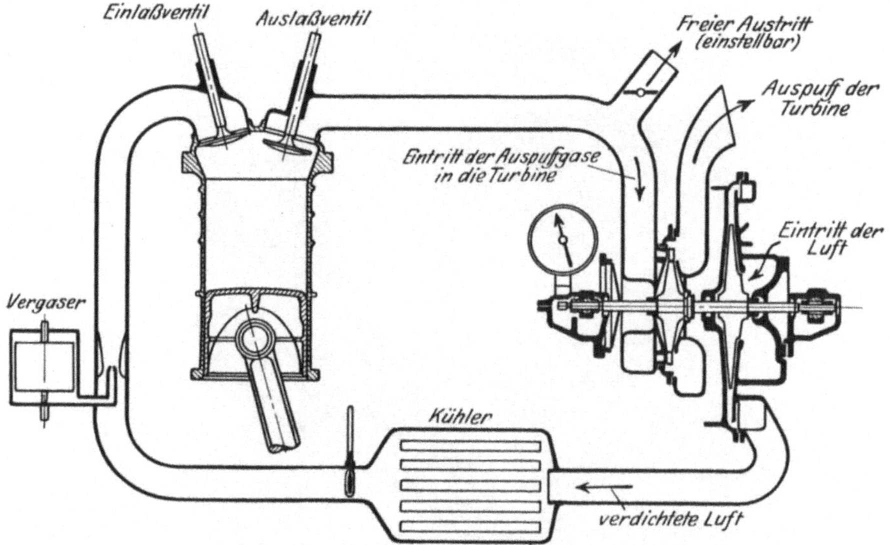

Abb. 159. Abgasturbine von Rateau. Schematische Darstellung der Arbeitsweise.

Turbinen- und Gebläseschaufeln ist die Beherrschung der hohen Ab-
gastemperaturen in einfacher Weise gelöst. Die Erwärmung der Luft
an den heißen Schaufeln soll nur ca. 35° C betragen, während die
Höchsttemperatur des Läufers ca. 400° C betragen soll. Die Lagerung
des Laufrades ermöglicht außerdem eine sehr starre Welle, die sogar
bei allen vorkommenden Betriebsdrehzahlen unterkritisch läuft.

Nachteilig wirkt bei der Lorenzschen Ausführung, daß dort, wo
für die Gasturbine der niedrigste Druck sein sollte (nämlich die Laufschaufeln), das Gebläse schon einen ziemlichen Druck bedingt, so daß
ein Abströmen von Luft mit den Abgasen nicht zu vermeiden ist.
Nach neueren Versuchen[1] sollen diese Verluste bis 50% betragen. Um
wenigstens ein Rückströmen aus dem Diffusor zu verhindern, versieht

---

[1] Dr. techn. Heller: Die Gasturbine von C. Lorenzen. Z. d. V. D. I. 1928,
S. 1869.

Lorenzen den äußeren Umfang mit Labyrinthdichtungen. Der Gesamtwirkungsgrad beträgt 12 bis 16%.

Eine kleine Gasturbine dieser Bauart wurde auch an den Vierzylindermotor eines 10-PS Mercedeskompressorwagens an Stelle des früheren Rootsgebläses angebaut. Die Versuche sollen befriedigende Resultate ergeben haben. Man hat hierdurch die Möglichkeit, vor allem bei niedriger Drehzahl einen höheren mittleren Druck und dadurch ein größeres Drehmoment zu erzeugen. Hierdurch wird die Anzahl der Umschaltungen vermindert. Des weiteren bedingt die angewärmte Luft eine gute Zerstäubung des Brennstoffes und ermöglicht die Verwendung schwerer verdampfbarer Brennstoffe.

Bisher haben die Abgasturbinen für Flugzeuge noch keinen durchgreifenden Erfolg nachweisen können. Es ist ja auch verständlich, daß die sehr hohen Temperaturen die Betriebssicherheit, die bei Flugzeugen noch größer sein muß wie bei stationären Anlagen, sehr herabsetzt. Daß trotz aller Lobpreisungen von verschiedenen Seiten die Sache so steht, scheint meines Erachtens daraus hervorzugehen, daß noch keine Verkehrsgesellschaft und noch keine Militärverwaltung sich bisher entschließen konnte, Abgasturbinen auf ihren Flugzeugen einzubauen. Dieses Urteil bezieht sich nicht auf die neue Lorenzen-Turbine, die bereits nach den jetzigen

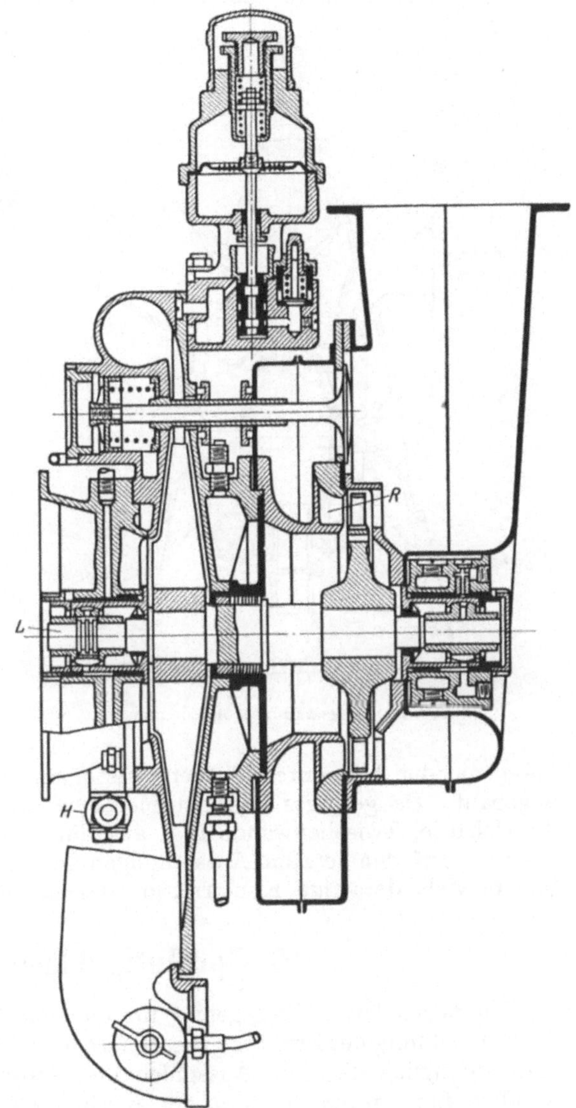

Abb. 160. Abgasturbine von Sherbondy.

Resultaten naturgemäß eine bedeutend größere Betriebssicherheit aufweist.

Mehr angewandt werden, besonders in letzter Zeit, besondere durch den Hauptmotor mittels eines Getriebes angetriebene Gebläse. Diese Ausführung wurde im Kriege von Deutschland ausschließlich verwendet, und dies scheint auch der zuverlässigste Weg zu sein. Man verzichtet auf die Ausnutzung der Abgasenergie zugunsten einer höheren Betriebssicherheit. Neuerdings werden solche Ge

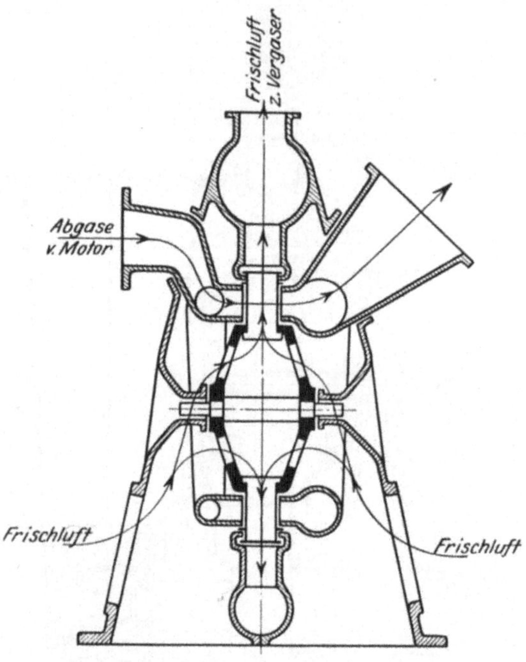

Abb. 161. Abgasturbine von Lorenzen.

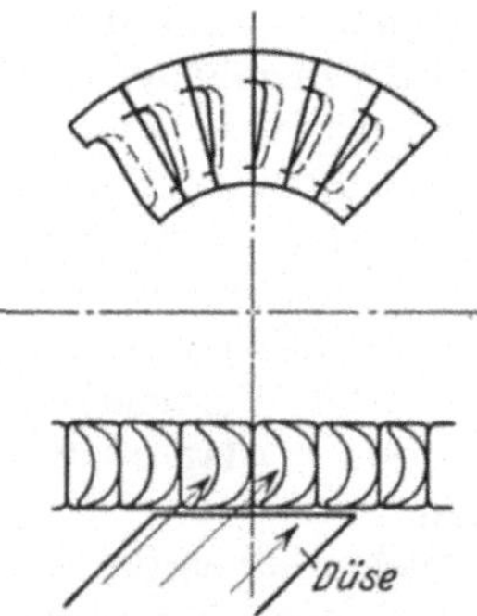

Abb. 162. Schaufeln der Abgasturbine von Lorenzen.

bläse von den bekannten Firmen Bristol und Junkers an die Motoren angebaut. Da geringes Gewicht hier eine große Rolle spielt, werden die Gehäuse, Zwischenwände usw. aus dünnwandigem Aluminium gegossen. Auf den letzten Ausstellungen in Berlin und Paris konnten bereits viele derartige Konstruktionen beobachtet werden.

6. Spülluftgebläse.

Ein neues Anwendungsgebiet für einstufige Gebläse hat sich durch die Entwicklung der Zweitakt-Dieselmaschinen herausgebildet. Während man anfänglich die zum Ausspülen und Auffüllen der Zylinder notwendige Luft durch ein von der Kurbelwelle angetriebenes Kolbengebläse erzeugte, erwies sich sehr bald dieser Vorgang als das gegebene Arbeitsfeld für rotierende Gebläse.

Vor allem sind die Anschaffungskosten, der Aufstellungsraum und das Gewicht dieser Gebläse wesentlich geringer als bei Kolbenpumpen. Abgesehen davon ist auch der Wirkungsgrad erheblich besser und eine gute Angleichung an die veränderlichen Betriebsbedingungen der

Hauptmaschine auch hier zu erreichen. Letzteres wird dadurch erreicht, daß das Gebläse von einem besonderen Motor angetrieben wird, dessen Drehzahl unabhängig von der der Hauptmaschine reguliert werden kann. Gleichzeitig erreicht man hierdurch die für diese Gebläse notwendigen höheren Drehzahlen ohne besondere Getriebe.

a) Spülvorgang.

Die Verhältnisse können am besten bei Betrachtung des Zweitaktverfahrens übersehen werden. Kurz vor Beendigung des Arbeitshubes gibt der Kolben bekanntlich Schlitze in der Zylinderwandung frei, durch welche die Verbrennungsgase entweichen können und die ständig mit der Außenluft verbunden sind. Der Druckstutzen des Gebläses steht ständig mit anderen Schlitzen in Verbindung, die vom Kolben erst freigegeben werden, wenn der Druck auf 0,1 bis 0,15 atü gesunken ist, Abb. 163. Bei modernen Zweitakt-Dieselmaschinen findet man hier Drücke von 0,1 bis 0,15 atü. Das Gebläse hat nun die Aufgabe, durch Einführung von Frischluft, die gleichzeitig im nächsten Arbeitshube den zur Verbrennung notwendigen Sauerstoff liefern soll, die Verbrennungsgase zu verdrängen und den Zylinder möglichst vollkommen hiervon zu reinigen. Durch besondere Ausbildung des Kolbenbodens (Abb. 163) kann man erreichen, daß die Frischluft ziemlich gleichmäßig den Zylinder durchsetzt. Würde die Frischluft sich nicht mit den Abgasen mischen

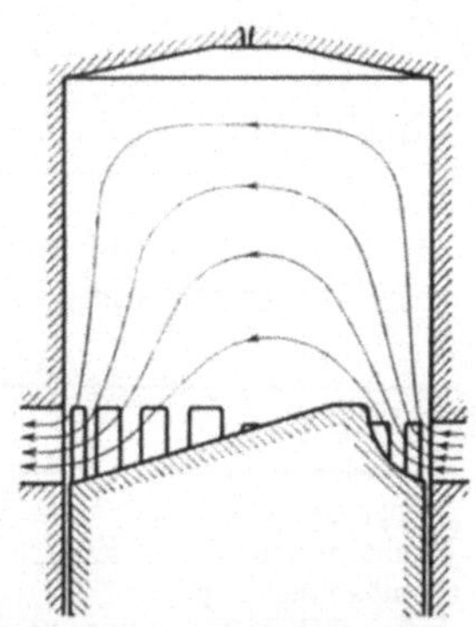

Abb. 163. Ausspülung eines Zylinders.

und keine Frischluft aus dem Zylinder entweichen können, so wäre zum Ausspülen eine Luftmenge gleich dem Zylinderinhalte notwendig. In Wirklichkeit ist dieses aber nicht zu erreichen, die frische Luft mischt sich vielmehr mit den Abgasen und entweicht teilweise mit diesen ins Freie. Wie groß der hierdurch notwendige Luftüberschuß ist, läßt sich bei gewissen vereinfachenden Annahmen wenigstens ungefähr berechnen.

Zu einem beliebigen Zeitpunkt des Spülvorganges sei das Verhältnis der Frischluft zum Zylinderinhalt x. Zunächst sei vorausgesetzt, daß die neueintretende Luft sich sofort vollkommen mit den Gasen im Zylinder mischt. Tritt dann eine Menge dv ein, so wird dasselbe Volumen dv entweichen. Die hierin enthaltene Frischluft ist nun nach Voraussetzung $x \cdot dv$, so daß in Wirklichkeit also nur $dv - x\,dv$ neue Frischluft in den Zylinder hineingekommen ist. Hierdurch hat sich aber auch das Verhältnis x um ein wenig geändert, und zwar ist $dx = dv - x\,dv$.

Die Lösung dieser Gleichung ist $x = 1 - e^{-v}$.

Weiter sei angenommen, daß die Luft sich nicht vollkommen mit den Gasen im Zylinder mischt, sondern nur ein Bruchteil m. Tritt das Volumen dv ein, so wird hiervon an Luft nicht $dv \cdot x$ entweichen, sondern nur $dv \cdot x \cdot m$. Hierdurch ändert sich das Verhältnis x um den Betrag $dx - dv\,(1 - m\,x)$. Es entsteht die Differentialgleichung $\dfrac{dx}{d - m\,x} = dv$, deren Lösung $x = \dfrac{1}{m}\,(1 - e^{-m\,v})$ ist.

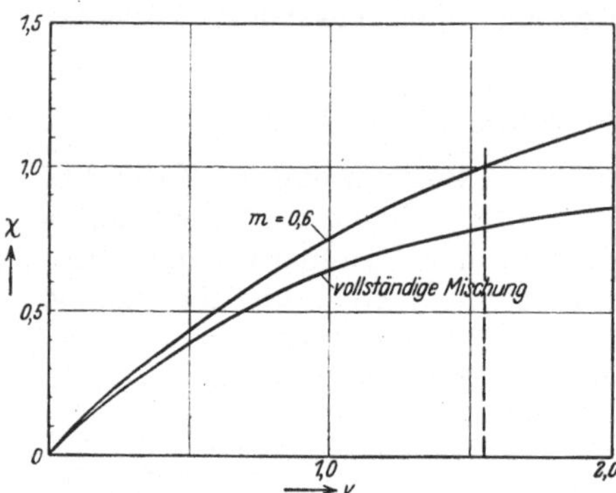

Abb. 164. Spülluftbedarf bei verschiedenen Mischungsverhältnissen.

In Abb. 164 ist x in Abhängigkeit von v aufgetragen. $x = 1$ bedeutet den vollkommen mit Frischluft gefüllten Zylinder. Der Zylinderinhalt ist ebenfalls gleich 1 angenommen. Man erkennt, daß bei vollkommener Mischung ein unendlich großes Spülluftvolumen zum Spülen notwendig ist. Bei $m = 0,6$ ist der Zylinder rein aufgefüllt bei dem 1,54 fachen Zylinderinhalt. Dieses dürfte ungefähr praktischen Verhältnissen entsprechen. Man rechnet gewöhnlich mit 1,35 bis 1,6.

In der folgenden Tabelle 11 sind für einige Motorschiffe die Hauptangaben zusammengestellt.

Tabelle 11.

	Fulda	Aorangi	Dalgoma	Dalius
Leistung (PS)	2500	3300	2010	1280
Drehzahl/min.....................	83	127	100	120
$\dfrac{\text{Gebläseleistung}}{\text{Zylinderinhalt}}$	1,71	1,655	1,56	1,58
Enddruck des Gebläses [1]	1,2	1,16	1,15	1,165
Drehzahl des Gebläses	2750	3200	3000	3800

b) Regulierung von Spülluftgebläsen.

Trägt man sich in Abhängigkeit von der Zeit die jeweils offenstehende Gesamtfläche der Schlitze auf, so ergibt sich, daß die Gesamtfläche in der Zeiteinheit konstant und unabhängig von der Drehzahl ist. (Die Zeit eines Arbeitsspieles ist $\dfrac{1}{n}$ min; in dieser Zeit sind die Schlitze aber nur einen Bruchteil geöffnet, etwa $\dfrac{\varepsilon \cdot 1}{n}$ min. In einer Minute sind also die Schlitze $\dfrac{n \cdot \varepsilon}{n}$ Minuten geöffnet, d. h. diese Zeit ist unabhängig von der Drehzahl.) Für das Gebläse kann man also annehmen, daß immer dieselbe mittlere Öffnung frei ist. Wird nun die Drehzahl der Hauptmaschine vermindert, so vermindert sich der Frischluftbedarf genau entsprechend der Drehzahl. Der Widerstand, den die Luft beim Durchströmen der Schlitze zu überwinden hat, ändert sich aber mit dem Quadrate der Drehzahl. Bei gleicher Drehzahl des Gebläses wird aber gemäß der bekannten Charakteristik

---

[1] Diese hohen Drücke werden bei neueren Schiffen nicht mehr gewählt.

dieser Maschinen bei verminderter Fördermenge der Druck steigen, außerdem der Wirkungsgrad sinken. Wird nun aber die Drehzahl des Gebläses gemäß der Umlaufzahl der Dieselmaschine geändert, so ändert sich die Fördermenge mit der Drehzahl und der Druck entsprechend dem Quadrate der Umlaufzahl. Außerdem wird der Wirkungsgrad, wenn die Drehzahländerung nicht zu groß ist, ungefähr gleich bleiben. Dies sind aber gerade die Forderungen, welche die Dieselmaschine an die Regulierung der Spül- und Frischluft stellt, so daß durch diese Anordnung eine ideale Anpassung an die Betriebsverhältnisse der Dieselmaschine erreicht wird.

c) Aufbau der Gebläse.

Bei Anordnung von zwei Motoren ergibt sich für das gesamte Aggregat ein vollkommen symmetrischer Aufbau. Abb. 165 und 166

Abb. 165. Doppelmotoriges Spülluftgebläse der Frankfurter Maschinenbau-Akt.-Ges.

Abb. 166. Spülluftgebläse der Frankfurter Maschinenbau-Akt.-Ges.

zeigen eine solche Ausführung der Frankfurter Maschinenbau A.-G. Das Gebläse hat eine Leistung von 40000 bis 60000 m³/st und erzeugt einen Enddruck von normal 1200 mm W.-S. Gebläse und Motoren befinden sich auf besonderen Grundplatten, die in den Teilfugen fest angeschraubt sind, um einen vollkommen erschütterungsfreien Gang zu erhalten. Die beiderseitig angeordneten elastischen Kupplungen sind eine Sonderausführung, die es ermöglicht, das Auswechseln des Motors gegen den Reservemotor in 2 bis 3 min zu bewerkstelligen.

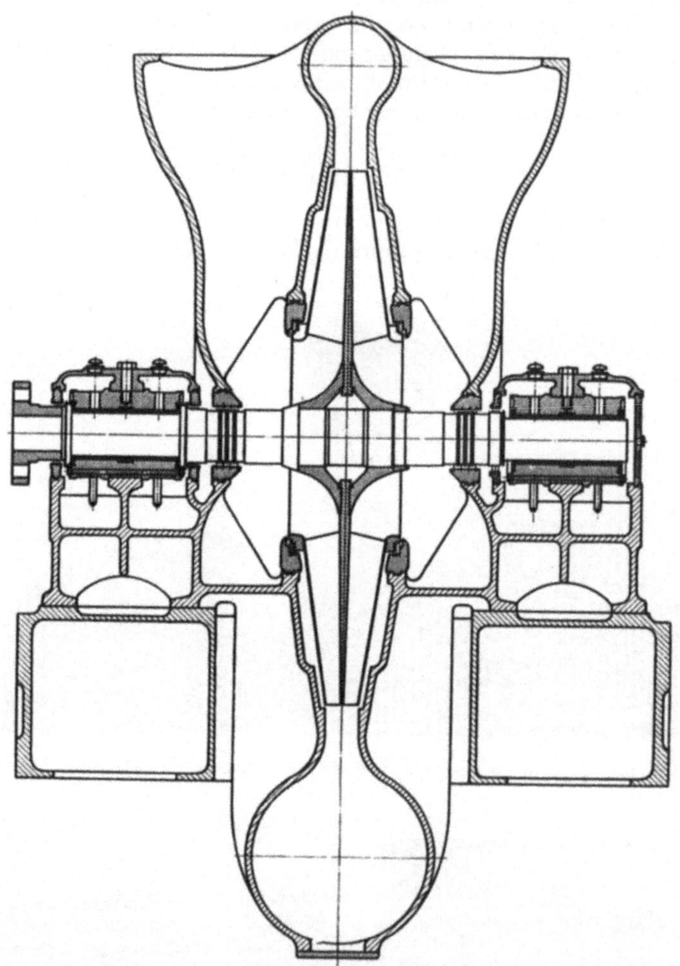

Abb. 167. Schnitt durch ein Spülluftgebläse des FMA.

Verschiedene Reedereien sind dazu übergegangen, den Reservemotor immer leer mitlaufen zu lassen. Hierdurch werden die Umschaltzeiten bei Ausfall eines Motors noch mehr verkürzt, und man nimmt die hierdurch nicht unwesentliche Verschlechterung des Wirkungsgrades mit in Kauf.

Die Gebläse sind als einstufige Spiralgebläse ausgebildet, deren Laufrad von beiden Seiten ansaugt. Wie aus Abb. 167 zu erkennen ist, durchdringt der Saugstutzen die Spirale und bildet oben einen viereckigen Querschnitt. Hierauf sitzt ein Saugschacht, durch den die Luft von außen angesaugt wird. Das Laufrad ist ähnlich den Rädern von Turbokompressoren ausgeführt. In der Mitte befindet sich eine konische Stahlscheibe, auf deren beiden Seiten die Schaufeln aufgenietet sind. Den Abschluß bilden zwei Deckbleche, die auf die Schaufeln aufgenietet sind und innen einen Ring tragen, an dem gleichzeitig die Dichtungsflächen einer Labyrinthdichtung ausgebildet sind. Die Welle ist im Gehäuse und in den Lagerdeckeln mit Labyrinthringen versehen, um mit Sicherheit ein Ansaugen von Lageröl

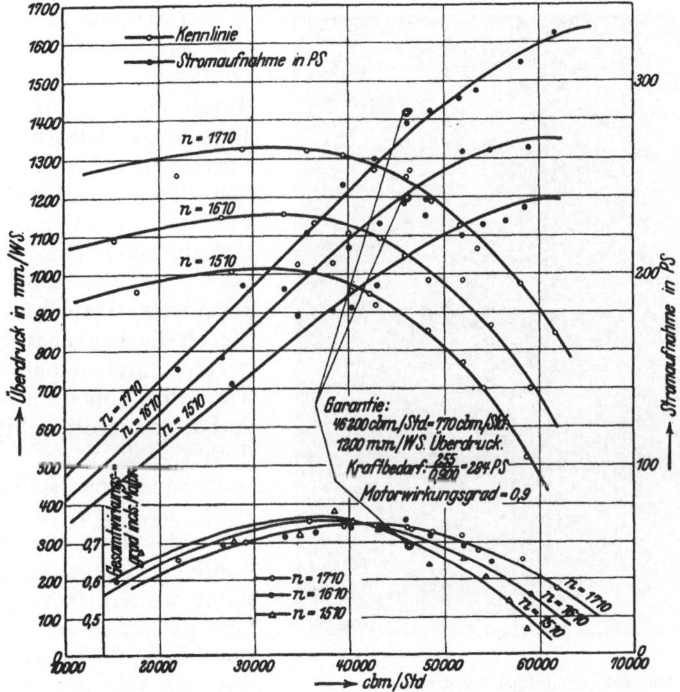

Abb. 168. Versuchsergebnisse eines Spülluftgebläses.

zu vermeiden. Einzelheiten sind aus der Schnittzeichnung, Abb. 167, zu erkennen. Die sehr stark gehaltenen Lager sind notwendig, um ohne besondere Kühlmittel ein vollkommen betriebssicheres Arbeiten zu erreichen. Dieses ist nur mit Ringschmierung bei reichlicher Dimensionierung der Lagerbreiten möglich. Verschiedene Firmen bauten anfänglich Druckölschmierung mit Ölkühler ein. Hiervon ist man aber inzwischen abgekommen, da der Kühlwasserbedarf eines Motorschiffes ohnehin schon durch die Dieselmaschine sehr groß ist.

Bei Schiffsmaschinen ist erklärlicherweise die Geräuschfrage von sehr großer Wichtigkeit. Nun ist bekannt, daß gerade Gebläse von großer Ansaugeleistung mitunter unerträgliche Geräusche verursachen. Eine

Hauptursache bilden die Diffusorschaufeln, die man oft unmittelbar hinter dem Laufrad einbaut. Diese Geräusche können so stark werden, daß man sie sehr weit hören kann, wenn der freie Raum zwischen Laufrad und Diffusorschaufeln zu klein ist. Um diese Geräuschquelle vollkommen zu vermeiden, hat die Frankfurter Maschinenbau A.-G. die feststehenden Schaufeln vollkommen weglassen und zur besseren Geschwindigkeitsumsetzung einen größeren Gehäusedurchmesser angenommen. Versuche haben gezeigt, daß hierdurch mindestens derselbe Umsetzungsgrad erreicht werden kann wie bei Leitschaufeln, wenn der äußere Durchmesser etwas vergrößert wird. Sehr deutlich mit dem Ohre zu unterscheiden sind von diesen Strömungsgeräuschen die sogenannten Ansaugegeräusche. Diese entstehen durch das Einströmen der Luft in das Laufrad und die vorhergehenden Umlenkungen der angesaugten Luft. Sie sind an einem anhaltenden dumpfen Ton zu erkennen, der oft sehr starke Intensität erreichen kann. Durch die Leitschaufeln hingegen entstehen mehr schrille Töne von höherer Frequenz. Auf älteren Motorschiffen befinden sich noch teilweise Gebläse, deren Geräusch so stark ist, daß die in der Nähe des Luftschachtes befindlichen Kabinen nicht benutzt werden können. Zur Untersuchung der im Saugraum befindlichen Geräusche wurden Versuche mit verschieden gestalteten Formen

Abb. 169. Spülluftgebläse der AEG.

des Ansaugeraumes angestellt. Es zeigte sich, daß es durch geeignete Formgebung möglich ist, die störenden Ansaugeverhältnisse fast zum Verschwinden zu bringen. Die so ausgeführten Spülluftgebläse laufen so geräuschlos, daß man sich unmittelbar neben der Maschine ohne die geringste Anstrengung unterhalten kann. Von Bedeutung ist noch, ob das Gehäuse aus Blech oder aus Gußeisen besteht; erklärlicherweise bewirkt letzteres eine wesentlich größere Dämpfung.

In Abb. 168 sind die Abnahmeversuche eines für die deutsche Werft gelieferten Gebläses eingetragen, dessen Normalleistung etwa 46000 m³/st betragen soll bei einem Überdruck von etwa 1200 mm/W.-S. Die Versuche wurden nach den für Gebläse und Kompressoren aufgestellten Leistungsregeln ausgeführt. Für drei verschiedene Drehzahlen wurden die Kennlinien, der Kraftbedarf und der Wirkungs-

Abb. 170. Größere Spülluftgebläse von BBC.

Abb. 171. Spülluftgebläse für Schiffsdieselmotoren. BBC.

grad aufgetragen. Letztere beziehen sich auf die gesamte Stromaufnahme bzw. den Gesamtwirkungsgrad. Da der Motorwirkungsgrad rund 90% ist, ergibt sich als höchster Wirkungsgrad für das Gebläse 85%. Voraufgehende Versuche mit Torsionsdynamometer ergaben einen max. Wirkungsgrad von 86,3%.

Abb. 169 zeigt ein Spülluftgebläse der AEG für 40000 m³/st und 1170 mm W.-S. Die Drehzahl ist $n = 1500/\mathrm{min}$. Das Gebläse saugt aus dem Maschinenraum an und ist deshalb ohne Saugstutzen ausgebildet. Das vordere Lager ist in sehr geschickter Weise an das Gebläse angeschlossen, ohne daß der Lufteintritt sehr gestört wird. Die Firma führt auch Doppelgebläse mit einem Motor aus. Jedes Gebläse ist dann mit einer Zylinderseite verbunden. Die Leistung eines Gebläses ist dann etwas kleiner ausgeführt, um der durch die Kolbenstange bedingten Verkleinerung des Hubvolumens Rechnung zu tragen.

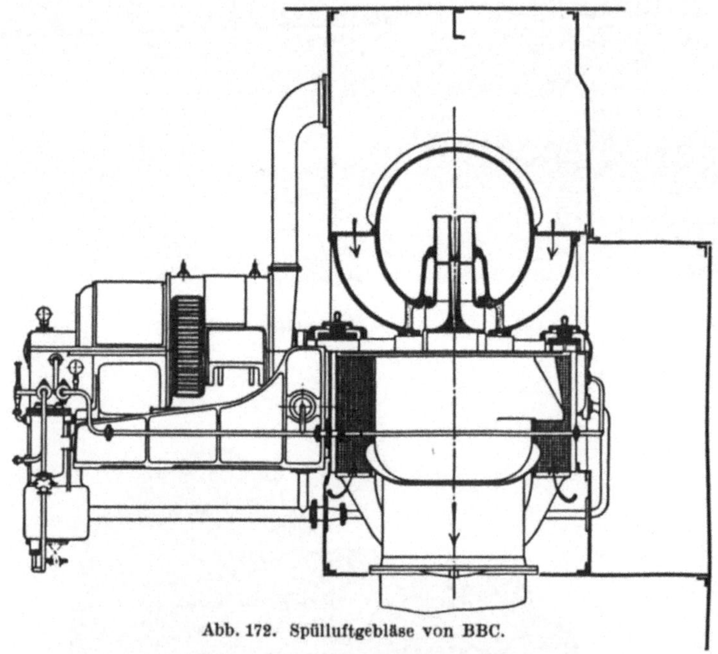

Abb. 172. Spülluftgebläse von BBC.

Bei niedrigen Drücken ca. 500 mm W.-S. führt die AEG die Räder in gegossener Phosphorbronze aus, die mittels kegeliger Ringbuchsen auf die Wellen aufgezogen sind. Bei kleineren Leistungen und Drücken werden Kugellager als Hauptlager für Gebläse und Motor verwendet.

Abb. 170 zeigt zwei Spülluft-Turbogebläse für je 1800 m³/min bei 2750 Umdrehungen/min von Brown-Boveri. Die Gebläse dienen zum Spülen eines 15000-PSe-Zweitakt-Dieselmotors Bauart Blohm & Voß-M A N. Abb. 171 zeigt ein kleines Spülluftturbogebläse für Schiffsdieselmotoren. Der Antrieb erfolgt durch einen rasch laufenden Gleichstrommotor. In Abb. 172 ist auch der Schnitt dieses Gebläses zu erkennen, das zweiseitig ansaugt. Die Lagerung erfolgt in Gleitlagern. Im übrigen schließt sich die Konstruktion eng an die üblichen Ausführungsformen von BBC an.

IX. Ausführungen von mehrstufigen Gebläsen und Turbokompressoren.

Der Ausdruck Gebläse liegt nicht genau fest. Im allgemeinen bezeichnet man damit alle Turbinenverdichter, bei denen keine künstliche Kühlung stattfindet. Eine strenge Unterteilung ist hierdurch nicht gegeben, da bei vielen Gebläsen ein sogenannter Nachkühler verwandt wird, wenn eine niedrige Austrittstemperatur des Gases verlangt wird[1]. Infolge fehlender Kühlung ist der Enddruck von Gebläsen auf ca. 3 atü beschränkt. Die Erwärmungen würden sehr hohe Materialanforderungen stellen, abgesehen von dem erheblich höheren Kraftbedarf gegen der gekühlten Verdichtung. In vielen Fällen findet man jedoch auch bei Verdichtungen bis ca. 2 atü künstliche Kühler, ohne von der Bezeichnung Gebläse abzugehen.

Die Verwendung von Gebläsen ist eine überaus vielseitige und in ständigem Wachsen begriffen. Sowohl die Hüttenindustrie wie die chemische Industrie verlangt mannigfache Sonderausbildungen dieser Maschinen. Neuerdings werden auch Gebläse verwendet, um die Zylinder großer Dieselmaschinen auszuspülen. Verschiedentlich auch zur Vorkompression des Gasgemisches, um die Leistung der Zylinder zu erhöhen oder konstant zu halten wie z. B. bei Höhenmotoren.

1. Geschichtliche Entwicklung.

Die Entwicklung der Turbokompressoren ist verhältnismäßig jung. Als Geburtsjahr kann man ca. 1900 angeben. In diesem Jahre hat Rateau zum ersten Male einen vielstufigen Kompressor gebaut. Im Jahre 1902 wurde durch ihn das erste Hochofengebläse aufgestellt. Seine damaligen Ausführungen sind im Prinzip mit den heutigen Maschinen ähnlich.

Da um dieselbe Zeit die Dampfturbinen in starker Entwicklung waren, lag es nahe, den dort angewendeten Weg auch auf die Verdichtung von Luft zu übertragen. Durch Umkehr der Drehrichtung muß es ja möglich sein, bei entsprechend ausgebildeten Schaufeln eine Luftmenge anzusaugen und zu verdichten. Der berühmte Turbinenkonstrukteur Parsons versuchte tatsächlich, derartige Axialkompressoren auszubilden in Anlehnung an seine bekannte Turbinenkonstruktion. Abb. 173 (Parsons) zeigt eine derartige Ausführung, die bereits aus dem Jahre 1903 stammt. Es stellte sich aber bald heraus, daß durch derartige Axialschaufeln kein vernünftiger Wirkungsgrad zu erzielen war. Diese Konstruktionen wurden deshalb bald verlassen, und man benutzte bald allgemein radiale Schaufeln, wie sie von den Kreiselpumpen her bereits bekannt waren.

---

[1] Einstufige Gebläse für niedrige Drücke (bis ca. 1000 mm W.-S.) nennt man Ventilatoren. Dieselben werden in diesem Buche nicht behandelt.

In Deutschland wurde der Turbokompressorenbau etwas später von Brown-Boveri (1906) aufgenommen, die nach den Patenten von Rateau und Armengard baute. Abb. 174 zeigt den ersten von dieser

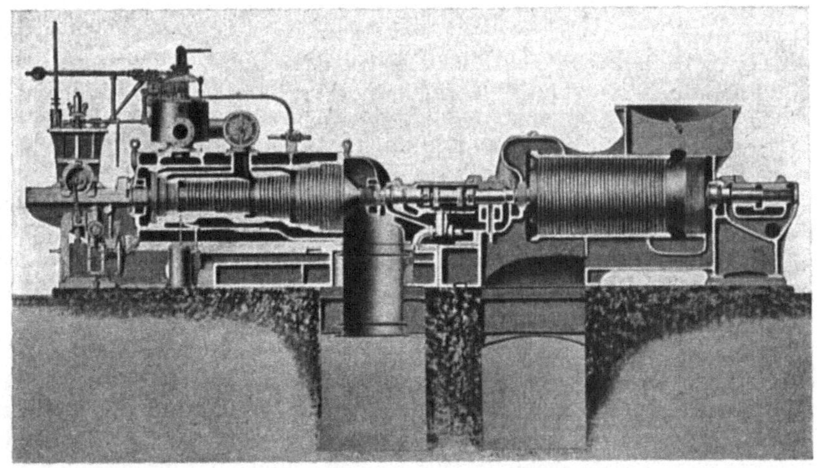

Abb. 173. Erster Turbokompressor von Parsons mit Axialströmung.

Firma gebauten Kompressor, der für eine Leistung von 3600 m³/st, 3,5 atü, $n = 4000$, 350 PS ausgebildet war. Fast zu derselben Zeit nahm die AEG und die Frankfurter Maschinenbau A.-G. den Turbo-

Abb. 174. Erster Turbokompressor von BBC.

kompressorenbau auf, Firmen, die auch heute noch als führend auf diesem Gebiete gelten.

Die in der damaligen Zeit bis etwa 1910 gebauten Maschinen unterscheiden sich von den heutigen durch die Mehrzylinderanordnung und die fast ausschließliche Gehäusekühlung. Da man in der Herstellung der Laufräder noch keine sehr große Erfahrung besaß, ließ man nur geringere Umfangsgeschwindigkeiten zu. Hierdurch erhielt man sehr viele Stufen. Außerdem wagte man noch nicht, die Läufer überkritisch laufen zu lassen, so daß aus diesen beiden Gründen die Mehrgehäuse-Ausführung gegeben war. Verschiedene dieser Maschinen, die heute noch in Betrieb sind, fallen auf durch die überaus dicken, beinahe baumstammartigen Wellen.

Sehr bald gewann man, unterstützt durch fast gleichzeitig ausgeführte wertvolle Forschungsarbeiten, die notwendige Erfahrung, um diese Schwierigkeiten zu beheben, so daß heute der Eingehäusebau bei überkritisch laufenden Wellen vorwiegt. Außerdem gingen verschiedene Firmen, z. B. Brown-Boveri, zur reinen Außenkühlung über.

2. Hochofengebläse.

Vor der Entwicklung der Turbinengebläse wurden die großen Luftmengen, die für den Hochofenprozeß nötig sind, ausschließlich durch große Tandem-Gas- oder -Dampfgebläse geliefert. Dampfgebläse wurden schon ziemlich früh durch Gasmaschinen ersetzt, nachdem doppeltwirkende große Gasmaschinen mit Erfolg gebaut werden konnten. Derartige Kolbenmaschinen nehmen ziemliche Dimensionen an, sind infolgedessen sehr teuer und erfordern umfangreiche Maschinenhäuser.

Bei Verwendung von Gasmaschinen, die die in großer Menge vorhandenen Gichtgase verwerten, erzielt man allerdings einen besseren Gesamtausnutzungsgrad wie bei Dampfmaschinen, hat jedoch die unangenehme Beigabe, das Gas sehr weitgehend reinigen zu müssen, so daß Anschaffungs- und Unterhaltungskosten ganz erheblich sind.

Der Gesamtkraftbedarf, den eine Hochofengruppe für die verschiedensten Zwecke benötigt, ist sehr groß. Es würde hier zu weit führen, die Frage zu beantworten, ob es wirtschaftlicher ist, die Gichtgase in Kesseln zu verbrennen und die Druckluft durch Turbogebläse, die durch Dampfturbinen angetrieben werden, zu erzeugen und ebenso die für andere Zwecke benötigte Energie in Turbogeneratoren zu erzeugen, oder weitgehende Gasreinigungen vorzunehmen und Großgasmaschinen zum Antrieb von Generatoren zu verwenden. Die Turbogebläse müßten dann elektrisch angetrieben werden. Die örtlichen Verhältnisse sind hier ausschlaggebend. Die Lage des Werkes zur Großstadt und die damit sich ergebenden Möglichkeiten, entweder Strom oder Gas vorteilhafter verkaufen zu können, spielen hier eine wichtige Rolle. Tatsächlich sind heute beide Lösungen, Dampfturbogebläse und Kolbengasgebläse, weitgehend ausgebaut. Trotzdem kann gesagt werden, daß in Deutschland immer mehr Turbogebläse mit Dampfturbinenantrieb eingeführt werden und die Kolbenmaschinen zu verdrängen scheinen.

Ein moderner Hochofen mit einer mittleren Erzeugung von 200 t Eisen pro Woche gebraucht ungefähr 60 000 m³ Luft in der Stunde. Der Druck, der notwendig ist, um die Luft durch die brennende Schicht bis zum Gicht zu blasen, beträgt ca. 0,4 bis 0,5 atü. Der Druckverlust in den Eintrittsdüsen kann mit ca. 0,07 atü angegeben werden. Zuzüglich des verhältnismäßig geringen Druckabfalles in der Rohrleitung, erhält man für das Gebläse eine Gesamtförderhöhe von ca. 0,5 bis 0,6 atü. Da jedoch beim sogenannten „Hängen" des Hochofens dieser Druck nicht genügt, müssen Hochofengebläse für kurze Zeit auch Drücke von ca. 1,0 bis 1,2 atü und evtl. noch höher erzeugen können.

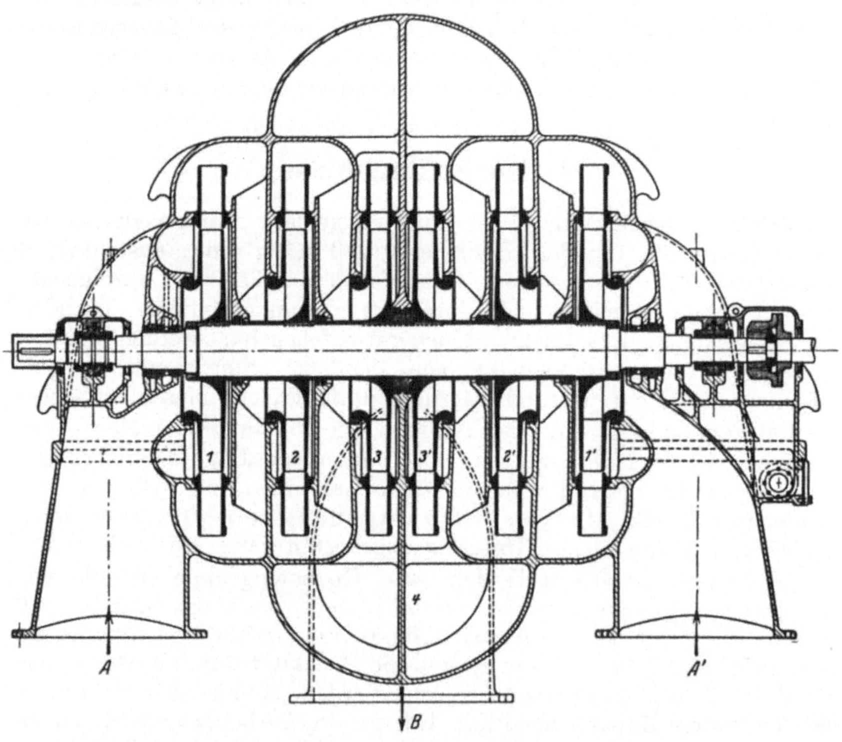

Abb. 175. Hochofengebläse von BBC für Parallel- und Serienschaltung.

Abb. 175 zeigt den Schnitt durch ein Hochofengebläse von Brown-Boveri mit doppelter Ansaugung. Das Gebläse ist ohne Kühlung aufgebaut und ist deshalb sehr einfach. Ist, wie bei elektrischem Antrieb, keine Drehzahländerung möglich, trotzdem aber ein weitgehender Volumenregulierbereich erwünscht bei möglichst hochbleibendem Enddruck, so wendet die Firma ihre bekannte Diffusorreglung an. Um den notwendig höheren Druck zu erhalten, werden die zweiseitig ansaugenden Gebläse für Serie und Parallelbetrieb ausgebildet. Das größte von der Firma gebaute Hochofengebläse hat eine Leistung von 2200 m³/min bei einem Druck von 3,1 ata. Abb. 176 zeigt den Läufer eines ähnlichen Gebläses. Man erkennt die großen

Abmessungen desselben. Der Antrieb von Hochofengebläsen erfolgt fast ausschließlich durch Dampfturbinen.

Abb. 176. Läufer zum BBC-Hochofengebläse.

Abb. 177 zeigt die Außenansicht eines Hochofengebläses der Frankfurter Maschinenbau A.-G. mit Dampfantrieb. Auf den Aufbau wird weiter unten noch eingegangen werden.

Abb. 177. Hochofengebläse der FMA.

Ein Hochofengebläse der General Electric Co. (Messrs. Fraser & Chalmers) ist in Abb. 178 im Schnitt gezeigt. Das Gebläse fördert normal 51000 m³/st auf einen Druck von 0,84 atü. Die Maschine wird von einer Hochdruckdampfturbine angetrieben. Das Gebläse selbst ist doppelseitig ausgebildet. Die Luft wird von beiden Seiten angesaugt und in 4 Stufen verdichtet; hinter der 4. Stufe wird die Luft in einem Spiralgehäuse gesammelt und dem Druckrohr zugeführt. Die Laufräder bestehen aus vollen Stahlscheiben, die auf ungefähre Form vorgeschmiedet werden. Die Schaufeln sind auf diese Scheiben mit versenkten Nieten befestigt. Den Abschluß bildet ein dünnes Deckblech, das mit den Schaufeln ebenfalls durch Nieten gehalten wird. Die Anordnung der Lager geht aus der Abb. 178 hervor. Der Läufer ist festgehalten in einem Spurlager normaler Bauart. Infolge der doppelseitigen Ansaugung ist theoretisch kein Axialschub vorhanden, so daß das Lager nur sehr wenig belastet ist.

Das Gehäuse ist aus einzelnen Elementen zusammengesetzt, die durch starke Bolzen zusammengehalten werden. Bemerkenswert ist, daß die Diffusoren ohne Leitschaufeln ausgeführt sind. Rückführschaufeln sind vorhanden, die ja aus früher erwähnten Gründen unentbehrlich sind. Die äußere Ansicht zeigt Abb. 179.

Eine Ausführung der British Thomson Houston Co. Ltd. Rugly ist in Abb. 180 im Schnitt gezeigt. Das Gebläse ist gebaut für 68000 m³/st und einen Überdruck von 1,1 at, trotzdem der normale Enddruck erheblich niedriger ist. In

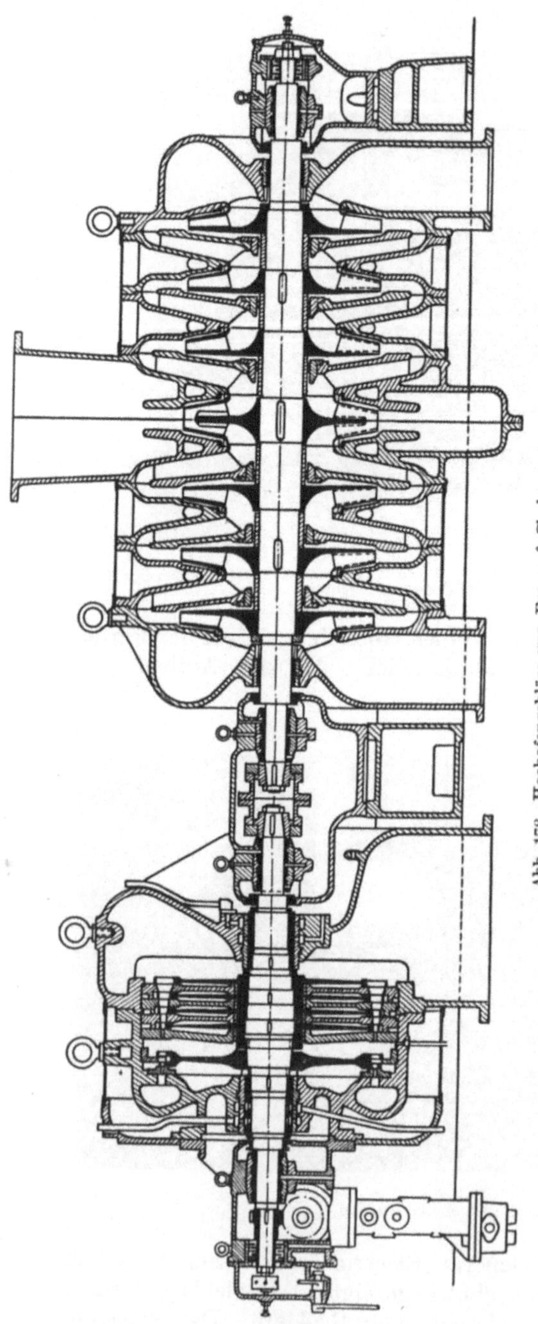

Abb. 178. Hochofengebläse von Fraser & Chalmers.

nur 3 Stufen wird der hohe Enddruck erreicht. In das Ansaugerohr b ist der auf S. 267 beschriebene Mengenregler eingebaut. Die Verbindung des Ein- und Austritts der einzelnen Stufen geschieht durch

Abb. 179. Äußere Ansicht eines Hochofengebläses von Fraser & Chalmers.

U-Röhren. Diese Ausführung ermöglicht auch bei mehrstufigen Gebläsen die Anwendung von Spiralgehäusen, hat aber den Nachteil, daß sich schwierigere und teure Gußstücke ergeben.

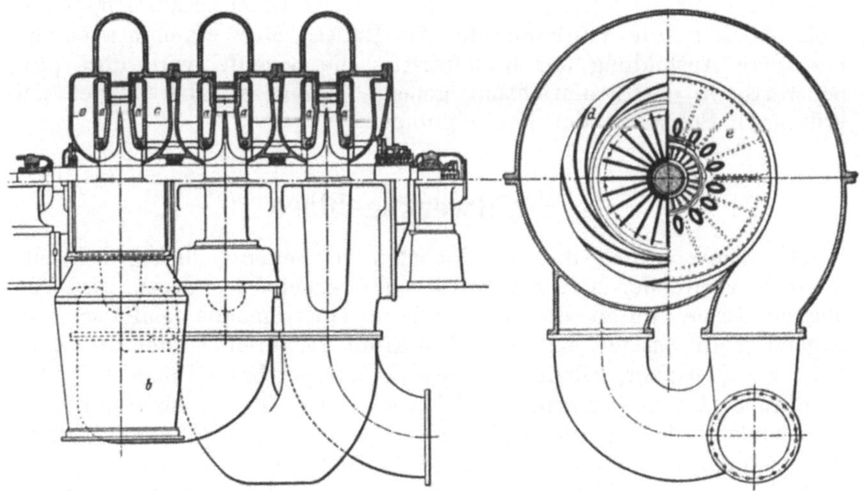

Abb. 180. Hochofengebläse von British Thomson Houston Co.

Ein Axialschub tritt auch hier nicht auf, während bei der vorhergehenden Ausführung, wo die beiden angesaugten Luftmengen erst in der letzten Stufe zusammengeführt werden, eine axiale Belastung auftreten kann, wenn eine Seite früher zu pumpen anfängt wie die andere, oder die eine Seite aus irgendeinem Grunde eine andere

Fördermenge liefert. Hier werden nach jeder Stufe die Luftströme zusammengeführt, mithin ein einseitiges Pumpen unmöglich gemacht. Das Gebläse ist mit Wasser gekühlt. Die Kühlräume sind beiderseitig der Laufräder und der Diffusoren und in Abb. 180 mit *a* bezeichnet. Inliegende Rippen sorgen für genügende Wasserzirkulation. Die Wasserräume sind miteinander verbunden durch hohle Gußrippen, die durch die Lufträume *c* gehen.

Die Laufradkonstruktion der Firma ist sehr bemerkenswert und weicht sehr von den allgemeinen Ausführungen ab. Die Schaufeln sind radial und mit der Radscheibe aus einem Stück in Stahlguß gegossen. Doppelseitige Räder werden in zwei Teilen zusammengesetzt.

Abb. 181. Laufrad aus Stahlguß.

Abb. 181 zeigt die Vorderansicht des Rades. Man erkennt auch die besondere Ausbildung des Radeintritts; die Schaufel wird dort propellerartig in die Stromrichtung geneigt, ähnlich wie bei doppelt gekrümmten Schaufeln der Kreiselpumpen.

3. Stahlwerksgebläse.

Zur Umwandlung des im Hochofen gewonnenen flüssigen Eisens in Stahl verwendet man Konverter oder Birnen. In diesen wird das flüssige Eisen durch unten in Düsen einströmende Luft so von Sauerstoff durchsetzt, daß die das Eisen verunreinigenden Bestandteile, wie Phosphor, Silizium, Schwefel, Mangan bzw. Kohlenstoff verbrennen und sich in Form von Schlacke an der Oberfläche ansammeln. Je nachdem ob das Roheisen mehr Phosphor oder Silizium enthält, wendet man das Thomasverfahren (basisch) oder das Bessemerverfahren (sauer) an. Die durch die Verbrennung beider Stoffe erzeugte Wärme genügt bekanntlich, um die für den Stahl notwendige Schmelzpunkterhöhung zu erzielen.

Das flüssige Eisen befindet sich in einem Behälter mit einem Düsenboden, durch den Druckluft eingeführt wird. Der Widerstand, den die Luft zu überwinden hat, setzt sich zusammen aus dem Widerstand in Rohrleitung und Düse, sowie der Druckhöhe des Eisenbodens, die ca. 30 bis 40 cm beträgt.

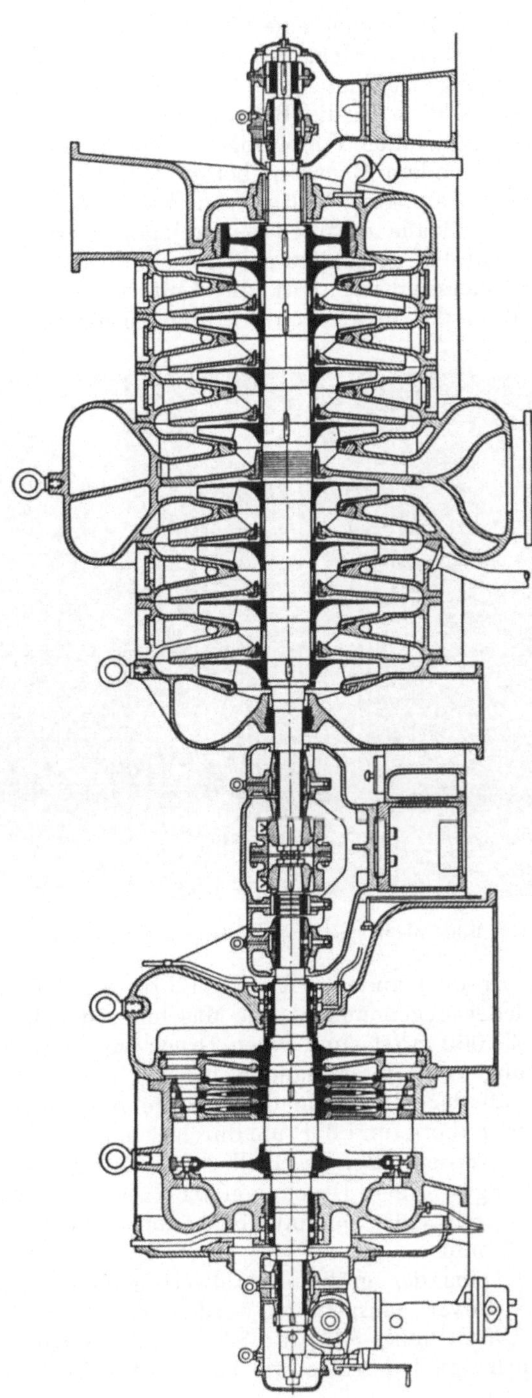

Abb. 182. Achtstufiges Stahlwerksgebläse von Fraser & Chalmers für Serien- und Parallelschaltung.

Der Luftbedarf zur Erzeugung einer Tonne Stahl kann mit ca. 1800 bis 2000 m³/st angegeben werden, bei einem Überdruck von 1,8 bis 2,1 atü. Die Belastung ist hier natürlich stark wechselnd. Gegen Ende des Prozesses z. B. wird die Belieferung sehr gesteigert.

Diesen stark wechselnden Forderungen entsprechend haben sich für diese Zwecke besondere Bauarten herausgebildet. Abb. 182 zeigt ein wassergekühltes 8 stufiges Gebläse von Fraser & Chalmers, das so eingerichtet ist, daß alle 8 Stufen hintereinander arbeiten können oder je 4 Stufen parallel geschaltet sind.

Bei Hintereinanderschaltung tritt die Luft an einem Ende des Gebläses ein, wird in der Mitte nach 4 Stufen entnommen und durch

Abb. 183. BBC-Stahlwerksgebläse für 1130 m³/st und 3,11 ata.

eine Rohrleitung zu dem anderen Ende geführt. In der Mitte wird die Luft dann wieder abgenommen. Die Maschine ist gebaut für eine Saugmenge (von 34 000 m³/st) und einen Druck von 2,12 atü (max.).

Die Umschaltung von Hintereinanderschaltung zum Parallelbetrieb erfolgt dadurch, daß der Eintritt in die 5. Stufe mit der Atmosphäre verbunden wird und die 4. und 8. Stufe durch Schieber auf die Druckleitung geschaltet werden. Bei Parallelbetrieb leistet die Maschine 78 000 m³/st und ergibt einen Druck von 0,84 atü. Der Antrieb des Gebläses erfolgt durch eine Dampfturbine von 2400 PS bei einer Drehzahl von 3300 min.

Abb. 183 zeigt eins der größten Stahlwerksgebläse, welches von der Firma Brown-Boveri ausgeführt worden ist. Die Daten der Maschine sind: 1130 m³/min; 3,11 ata; 3200 Umdrehungen; 4700 PS. Der Aufbau ist prinzipiell derselbe wie bei der bereits besprochenen Ausführung der Firma.

Eine bemerkenswerte Ausführung für Hochofengebläse stammt von Rateau. Abb. 184 zeigt eine 2 stufige Anordnung, bei der ein Druck von 2,2 ata erreicht wird. Die Laufräder bestehen nur aus radialen Schaufeln ohne Seitenwände. Die Ausführung gestattet bekanntlich, größere Umfangsgeschwindigkeiten zu erzielen. Um der Luft beim Eintritt in das 1. Laufrad die richtige Neigung zu geben, befindet sich vor dem Laufrad auf der Welle ein mitlaufendes propellerartiges Leitrad.

4. Gebläse für Zuckerfabriken.

Dank der Zuverlässigkeit und der absolut ölfreien Luftlieferung von Turbogebläsen verwendet man dieselben auch, um ein Luft- und CO_2-Gemisch den in der Zuckerfabrikation notwendigen Prozessen zuzuführen. Abb. 185 zeigt ein solches Gebläse, das von C. H. Jäger,

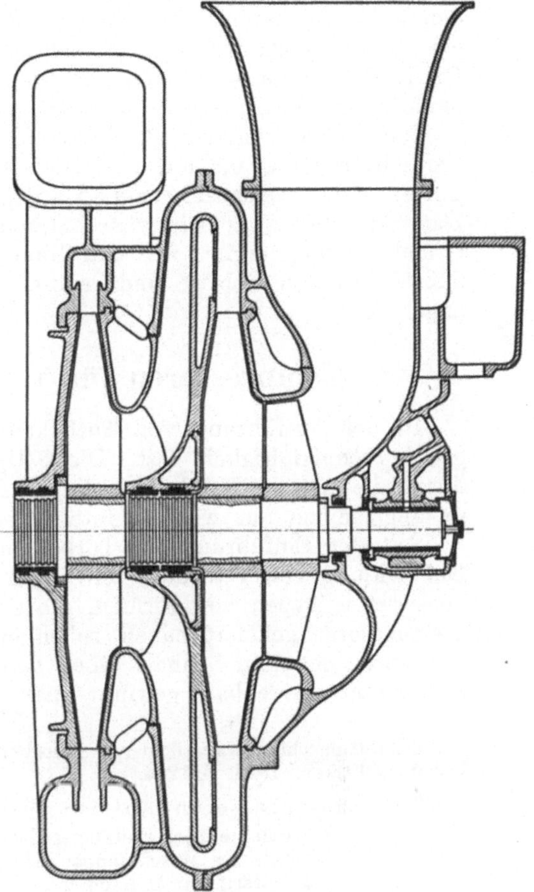

Abb. 184. Stahlwerksgebläse von Rateau (radiale Schaufeln).

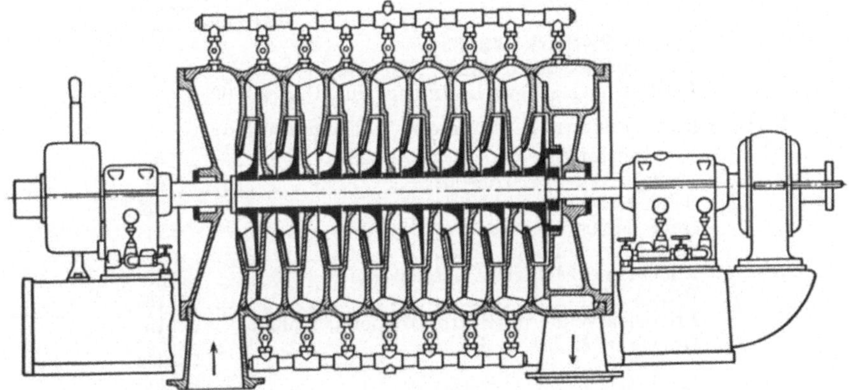

Abb. 185. Turbogebläse für Zuckerfabrikation von Jäger, Leipzig.

Leipzig, ausgeführt ist. Um die bei der Kompression hier auftretenden Flüssigkeitsausscheidungen aufzunehmen, sind an dem Gehäuse eine Anzahl Auslaufrohre angebracht, wie in Abb. 185 zu erkennen ist. Die Hauptlager sind vollkommen von dem Gehäuse getrennt und verhindern so unnötigen Wärmeübergang des letzteren.

Das Gebläse ist gebaut für eine Menge von 2700 m³/st bei einer Verdichtung von 0,8 auf 1,35 ata. Der Antrieb erfolgt von einer Turbine, die gleichzeitig den Hauptgenerator des Werkes antreibt. Diese Anordnung ist sehr wirtschaftlich, da das Gebläse eine konstante Grundbelastung ergibt, was den Dampfverbrauch sehr günstig beeinflußt. Zwischen Gebläse und Generator ist eine ausrückbare Kupplung angebracht.

5. Kompressoren für verschiedene Zwecke.

In der Ausführung von Turbokompressoren stellt man eine sehr große Mannigfaltigkeit fest. Diese Unterschiede sind hauptsächlich durch die Art der Kühlung bedingt. Laufräder und Diffusoren weisen im allgemeinen nur wenige Unterschiede auf.

Seit der Einführung der Turbokompressoren hat eine allmähliche Entwicklung von verschiedenen Typen sich ausgebildet. Die bemerkenswerten Typen von Firmen, die eine größere Anzahl von Turbokompressoren geliefert haben, sollen im folgenden besprochen werden.

Einen gewissen Anhalt über den Anteil einzelner Firmen im Turbokompressorenbau gewinnt man aus einer letzthin[1] veröffent-

---

[1] Kraftmaschinenstatistik der Ruhrzechen von Direktor Dipl.-Ing. Fr. Schulte, Essen. Glückauf 1928, S. 1244.

Turbokompressoren (Antrieb Dampfturbinen):

Allgemeine Elektrizitätsgesellschaft	57
Frankfurter Maschinenbau Akt.-Ges.	50
Schüchtermann & Kremer	23
Brown-Boveri	14
Gutehoffnungshütte, Oberhausen	22
Verschiedene	19
zusammen	185

Gesamt-PS-Stärke 430 334.
Mittlere PS-Stärke 2326.
Mittlere angesaugte Luftmenge in m³/st 20 700.

Kolbenkompressoren (Antrieb Dampfmaschinen):

Frankfurter Maschinenbau Akt.-Ges.	145
Demag Akt.-Ges. Duisburg	61
Schüchtermann & Kremer	63
Gebr. Meer, M.Gladbach	11
R. Meyer, Mülheim, Ruhr	94
Allgemeine Elektrizitätsgesellschaft	63
Brown-Boveri	15
Friedrich-Wilhelms-Hütte, Mülheim, Ruhr	15
Neumann & Esser, Aachen	50
	517

(Fortsetzung S. 209.)

lichten Statistik der Kompressoren der Ruhrzechen. In der Anmerkung sind neben den Turbokompressoren auch die Kolbenkompressoren angeführt. Die sich aus der Gesamtsumme ergebenden Mittelwerte sind sehr interessant für die Beurteilung beider Maschinengattungen.

Die ersten Maschinen, die 1900 bis 1910 geliefert wurden, wurden meist von Synchronmotoren bei $n = 3000$ angetrieben, ca. 33 Stufen waren in 3 Gehäusen untergebracht und hintereinandergeschaltet. Sämtliche Gehäuse hatten innere Gehäusekühlung.

Nachdem man mit schnellaufenden Wellen und in der Herstellung der Laufräder größere Erfahrung gesammelt hatte, ging man mit Drehzahl und Umfangsgeschwindigkeit herauf, was nur durch Antrieb mit Dampfturbinen möglich war. So hat z. B. eine ähnliche Maschine heute bei 3800 Umdrehungen min statt 33 Stufen nur 12, und die Anzahl der Gehäuse verminderte sich auf 1 bis 2.

Die Forderung nach geringerem Raumbedarf und nach Kompressoren für größere Luftmengen zwang schon bald dazu, mit der Umfangsgeschwindigkeit der Räder an die Grenze des Möglichen zu gehen. Um die Umfangsgeschwindigkeit zu erhöhen, wurde die Drehzahl weiter erhöht, was bei elektrischem Antrieb ganz von selbst zur Anwendung von Getrieben führte, die heute bei Kompressoren kleinerer Leistung mit elektrischem Antrieb allgemein eingeführt sind.

Durch die hohen Umfangsgeschwindigkeiten wird nun die Anzahl der Stufen stark vermindert; dies bedingt aber als unliebsame Nebenerscheinung eine starke Verkleinerung der Kühlfläche. Bei geometrisch ähnlichen Ausführungen sinkt hierdurch der Wirkungsgrad erheblich. Während ein Teil der Firmen diesem Übelstande dadurch abhalf, daß die Kühlflächen durch größere Anzahl Leit- und Führungsschaufeln sowie durch größeren äußeren Gehäusedurchmesser vergrößert wurden, gingen andere ganz von der Gehäusekühlung ab und verwendeten außenliegende Kühler mit Rohren, die ohne Schwierigkeit reichlich genug bemessen werden können. In neuerer Zeit verwendet man auch gern 1 bis 2 Zwischenkühler unter Beibehaltung der Gehäusekühlung, und hat hiermit gute Resultate erzielt.

Im allgemeinen kann man sagen, daß für 8fache Verdichtung heute 10 bis 12 Stufen verwendet werden, die alle in einem Gehäuse untergebracht sind. Bei Mengen über ca. 30000 m³/st ist man auch hier manchmal gezwungen, mehrere Gehäuse anzuordnen.

Fortsetzung von S. 208.   Übertrag 517

Gutehoffnungshütte, Oberhausen 41
G. A. Schütz, Wurzen (Sa.) 21
Hohenzollern, Düsseldorf 16
Tyssen & Co., Mülheim, Ruhr 37
Borsig, Berlin 17
Verschiedene 12

                          zusammen 661

Gesamt-PS-Stärke 312707.
Mittlere PS-Stärke 657.
Mittlere angesaugte Luftmenge in m³/st 6600.

a) Société Rateau.

Sehr bemerkenswerte Ausführungen stammen von der französischen
Firma Rateau, zumal ja dieser Name mit der Entwicklung der Turbo-

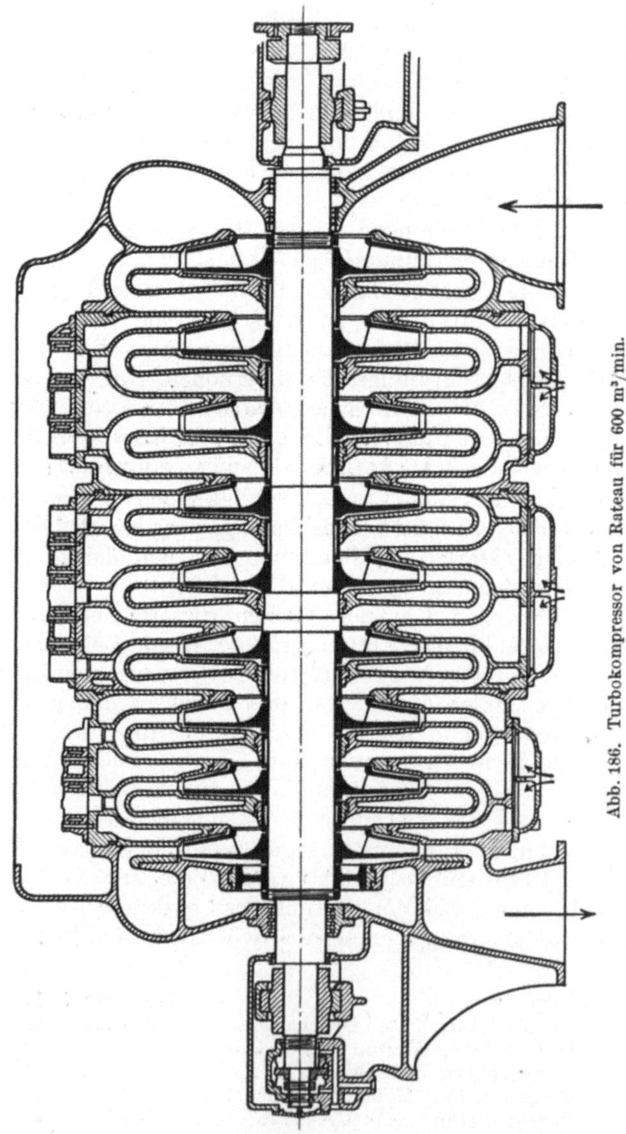

Abb. 186. Turbokompressor von Rateau für 600 m³/min.

kompressoren eng verknüpft ist. Abb. 186 zeigt den Schnitt durch
einen 9 stufigen Kompressor für 2 atü und 600 m³/min. Der Kompressor ist wassergekühlt und dient zur Verdichtung von

Abb. 187. Zweistufiger Rateau-Kompressor mit radialen Schaufeln für 4 atü.

Abb. 188. Dampfkompressor von Rateau. (Laufräder aus nur radialen Schaufeln.)

Abb. 189. Fünfstufiger Dampfkompressor von Rateau für 12340 m³/st.

Gasen. Die Wirkungsweise der Kühlung wird weiter unten besprochen werden.

Eine sehr gedrängte Bauart erreicht Rateau durch Anwendung seiner Radialschaufeln; Abb. 187 zeigt eine zweistufige Ausführung für 4 atü bei 9 m³/sec. Die Drehzahl ist 4500/min. Abb. 188 zeigt einen kleinen Turbokompressor mit 5 Stufen für 12 340 m³/st, 3,5 atü bei $n = 8250$/min. Die Antriebsleistung wird von der Firma mit 978 HP angegeben. Abb. 189 zeigt den äußeren Aufbau derartiger Kompressoren für 7 fache Verdichtung. Das Gehäuse besteht aus

Abb. 190. Dampfkompressor von Rateau.
6 Stufen mit Scheibenlaufrädern, 4 Stufen mit radialen Schaufeln.

einzelnen Elementen, die in Wellenrichtung und senkrecht hierzu geteilt sind.

Zur Erzielung besserer Umsetzungsgrade verwendet Rateau auch die gemischte Konstruktion Radialräder + normale Schaufelräder. Auf Abb. 190 ist eine solche Maschine zu erkennen, die eine Leistung von 15 000 m/st hat bei einem Enddruck von 7,0 ata.

Es sei hier gleich bemerkt, daß fast sämtliche großen Turbokompressoren für 7- oder 8 fache Verdichtung zur Druckluftversorgung von Gruben dienen, während die kleineren Maschinen meist zur Preßlufterzeugung von größeren Maschinenfabriken, Werften usw. dienen.

b) Fraser & Chalmers.

Abb. 191 zeigt einen Schnitt durch einen Turbokompressor von Messrs. Fraser & Chalmers. Er ist gebaut für 34 000 bis 42 000 m³/st auf einen Druck von 7 atü und wird direkt von einer Gleichdruckdampfturbine angetrieben. 16 Stufen des Kompressors sind in zwei Gehäusen untergebracht.

Bei Zwei-Gehäusemaschinen, die direkt angetrieben werden, ergibt sich die Anordnung sozusagen von selbst. Da bekanntlich ein Kom-

pressor einen erheblichen Axialschub aufweist, ergibt sich bei
zwei Maschinen die Möglichkeit,
durch gegenläufige Anordnung, sei
es, daß die Radeinläufe gegen-
einander gerichtet sind, oder umgekehrt, den Axialschub im großen und ganzen aufzuheben. Es
ist dann nur 1 Spurlager (bei Ausführung von Abb. 191 ein Blocklager nach Michell) nötig, um
den Rotor in seiner Lage fest-
zuhalten.

Die Labyrinthdichtungen zum
Abdichten der letzten Stufen können dann auf den Durchmesser
der Welle gebracht werden, wodurch die Undichtigkeitsverluste
sich beträchtlich vermindern.

Die Laufradscheiben sind aus
geschmiedetem Stahl und nach oben
verjüngt, um möglichst gute Ma-
terialausnützung zu erreichen. Die
Deckbleche sind aus Stahlblech,
während die Schaufeln auf beide
Scheiben in üblicher Weise aufgenietet sind.

Die Gehäuse sind aus Guß-
eisen und bestehen aus einzelnen
Elementen, die durch starke Bolzen zusammengehalten werden.
Außer Gehäusekühlung ist zwischen den beiden Gehäusen noch
ein reichlicher Zwischenkühler angeordnet, so daß die Luft mit
niedriger Temperatur in den Hochdruckteil eintritt.

Die Kompressorlager sind mit
Drucköl schmierung versehen. Eine
Zahnradölpumpe wird von der
Turbinenwelle angetrieben. Das
Öl fließt von den Lagern zur
Grundplatte und von dort zu
einem Ölsammelbehälter, dessen
Ölspiegel über der Ölpumpe liegt,
um in jedem Falle ein Ab-
schnappen der Pumpe zu ver-

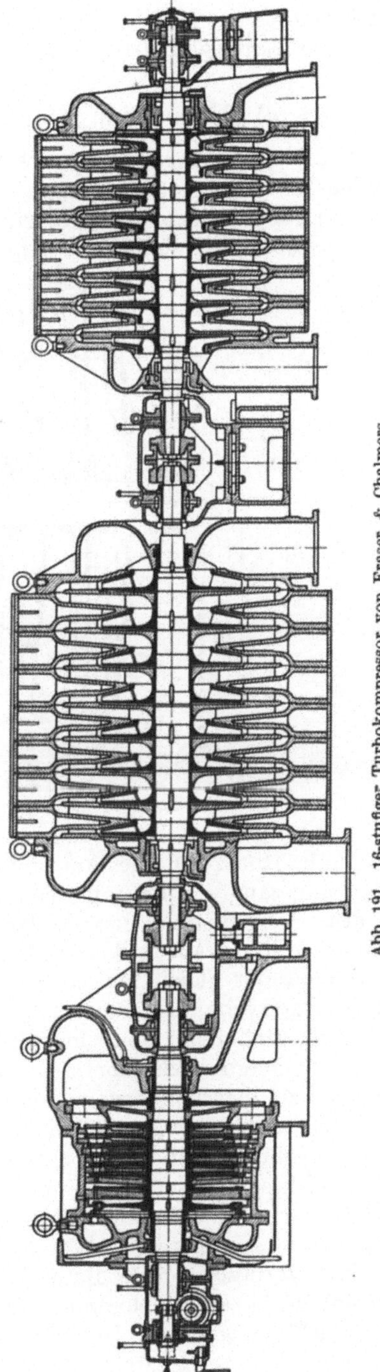

Abb. 191. 16-stufiger Turbokompressor von Fraser & Chalmers

meiden. Zwischen Pumpe und Lager ist noch ein Ölkühler eingeschaltet.

Der Luftregler dieser Maschine wird weiter unten erörtert werden.

c) Allgemeine Elektrizitätsgesellschaft Berlin.

Abb. 192 zeigt den Schnitt durch ein AEG-Hochofengebläse. Dasselbe ist für eine Luftmenge von 44000 m³/st und einen Enddruck von 1,06 atü ausgelegt. Um ein Hängen des Hochofens zu verhindern, kann bei dem Gebläse der Enddruck auf 1,41 atü erhöht werden.

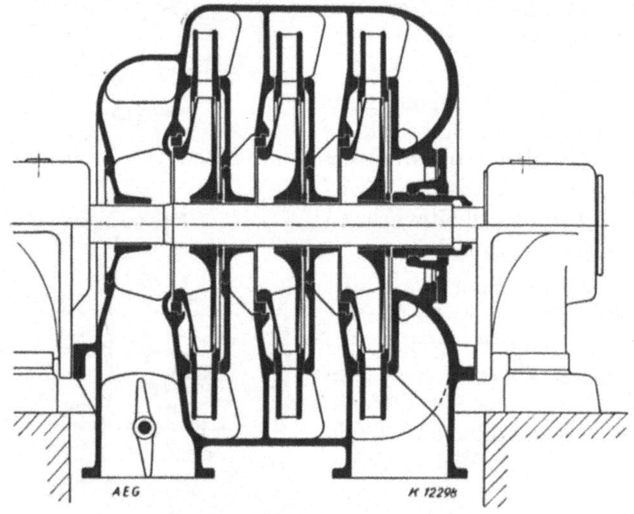

Abb. 192. Hochofengebläse der AEG.

Abb. 193 zeigt die Anordnung eines AEG-Turbokompressors für eine angesaugte Luftmenge von 70000 m³/st und einen Enddruck von 6 atü. Der Kompressor besitzt 4 stehende angegossene Zwischenkühler mit herausziehbaren Rohrbündeln. Diese Rohrbündel sind untereinander gleich und auswechselbar, so daß nur die Anschaffung eines Reservebündels nötig ist.

Abb. 194 zeigt den Querschnitt durch den Kompressor und die beiden Niederdruckkühler, aus welchen die kurzen, weiten Luftzuführungen zu den Kühlern zu ersehen sind, die eine gute und verlustarme Beaufschlagung der Kühlrohre ermöglichen. Beim Herausziehen der Rohrbündel brauchen weder der Oberteil des Kompressors noch die Kühlwasseranschlüsse entfernt werden. Die Rohrbündel, welche mit kurzen und weiten Kühlrohren versehen sind, können während des Betriebes gereinigt werden.

Die vorbeschriebene Bauart führt die AEG bei Luftmengen über 20000 m³/st aus. Kleinere Typen erhalten Gehäusekühlung. Über die Ausführung dieser Innenkühlung folgen weitere Angaben in dem späteren Kapitel „Kühlung".

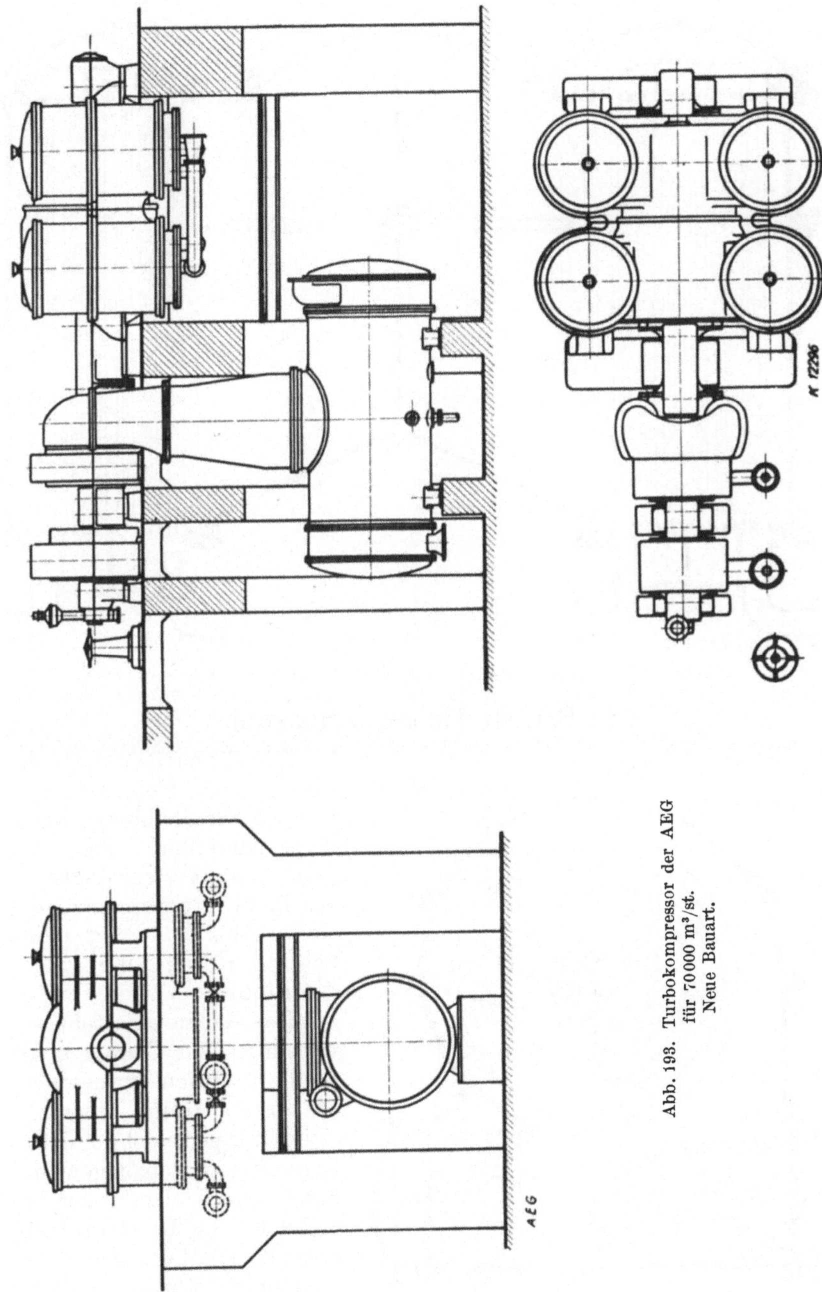

Abb. 193. Turbokompressor der AEG für 70000 m³/st. Neue Bauart.

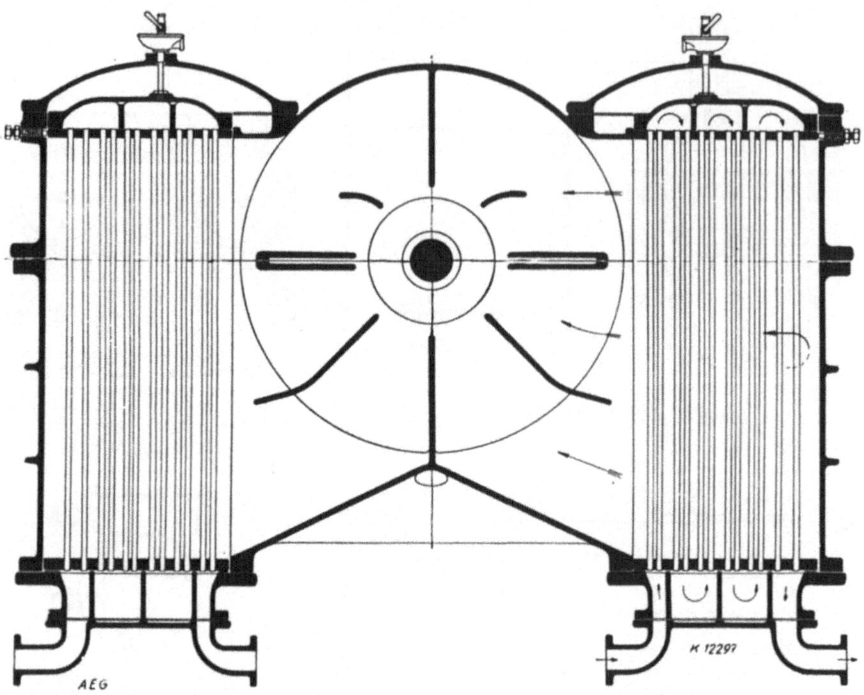

Abb. 194. Schnitt durch Kühler und Zwischenelement.

d) British Thomson-Houston.

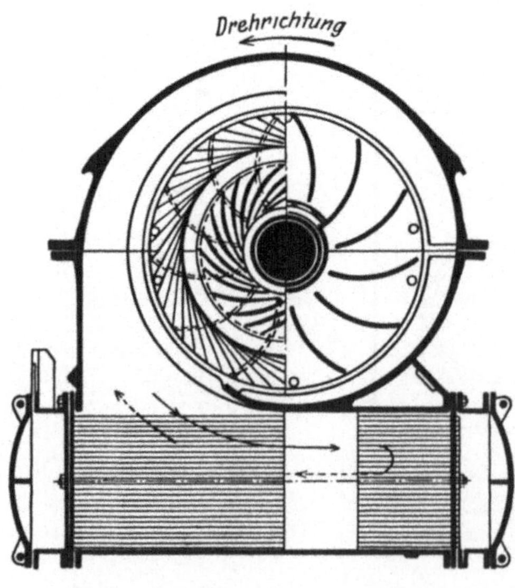

Abb. 195. Schnitt durch eine Stufe.
Ausführung von British Thomson-Houston.

Die Firma British Thomson-Houston Co. Ltd. verwendet zur Kühlung kleine Zwischenkühler, die mit dem Kompressor-Gehäuse geschickt zusammengebaut sind. Abb. 195 zeigt einen Schnitt durch eine solche Anordnung.

Das Gehäuse besteht aus verschiedenen Gruppen, die 2 bis 3 Stufen aufnehmen; die untere Hälfte einer solchen Gruppe bildet den Kühlermantel, der einen gewöhnlichen Oberflächenkühler, bestehend aus Messingrohren, enthält. Die Luft strömt um die Rohre, während das Wasser durch die Rohre fließt. Durch eine Platte ist der

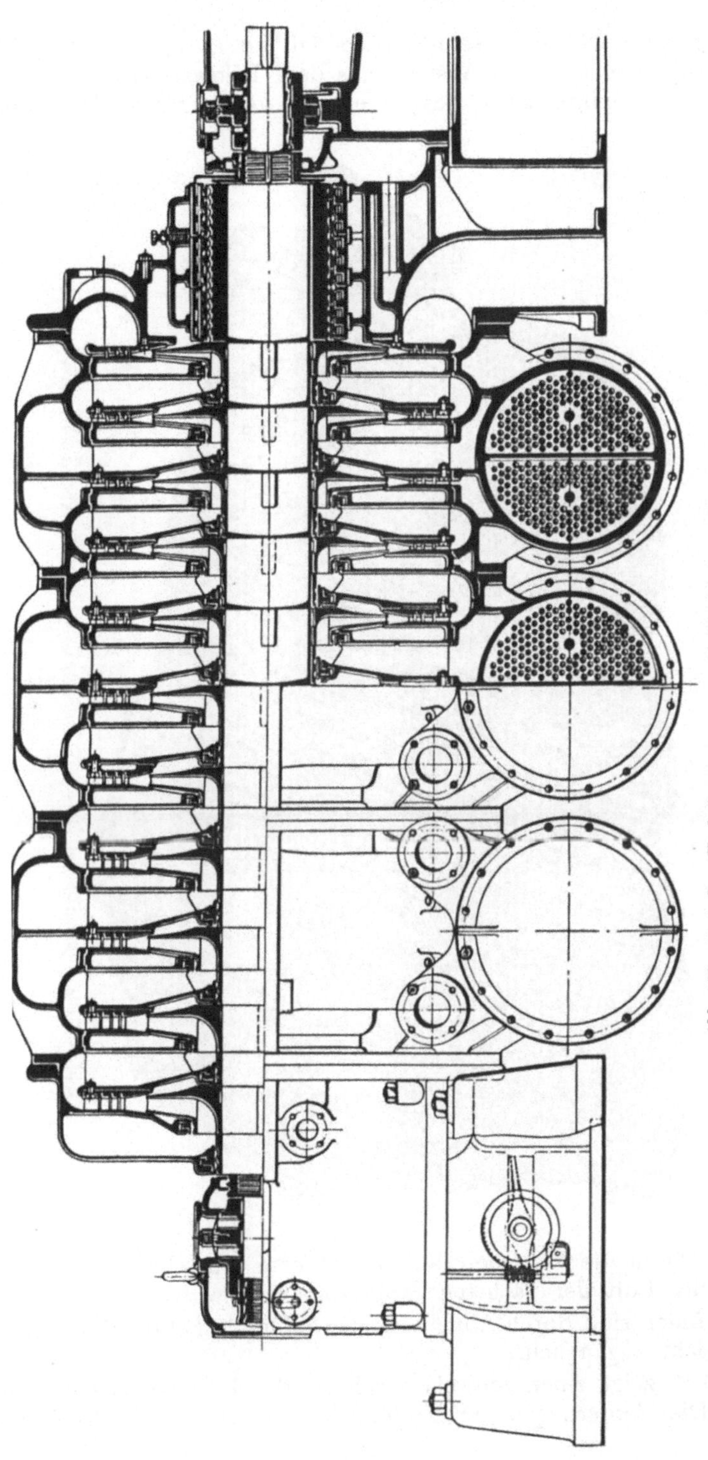

Abb. 196.: 11-stufiger Turbokompressor von British Thomson-Houston.

Kühler in zwei Hälften geschieden, so daß die Luft zweimal entlang den Rohren strömt. Nach Austritt aus dem Diffusor wird die warme Luft in einem Spiralgehäuse gesammelt und in eine Hälfte des Kühlers

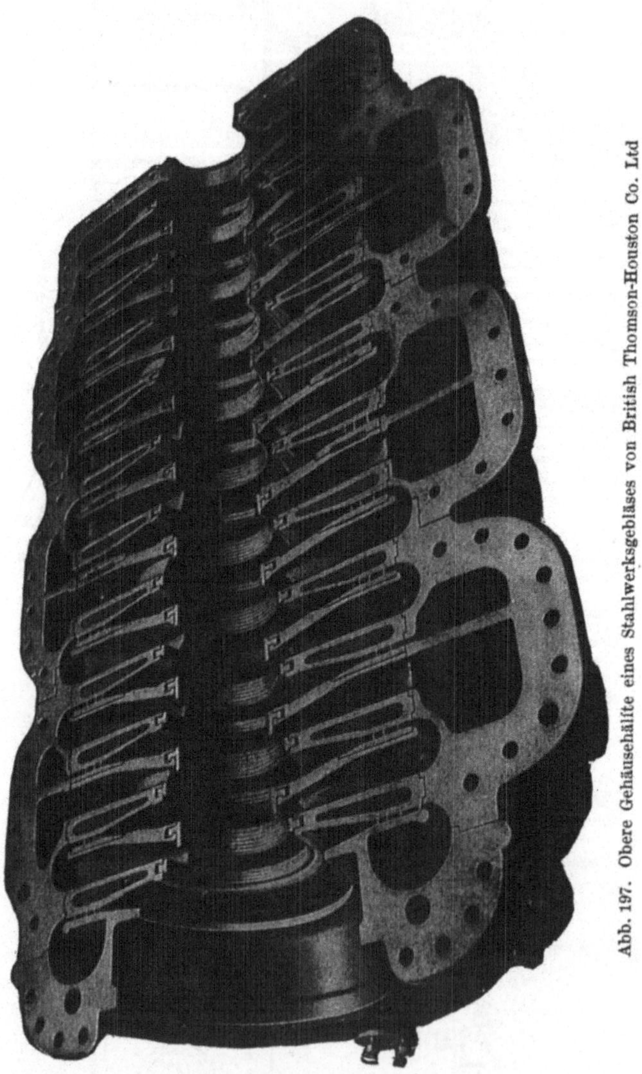

Abb. 197. Obere Gehäusehälfte eines Stahlwerksgebläses von British Thomson-Houston Co. Ltd

geführt. Durch die Zwischenwand findet eine Umkehr statt, worauf die gekühlte Luft der nächsten Stufe zugeführt wird.

Die Kühler sind durch Abnehmen der Schlußdeckel für Reinigungszwecke leicht zugänglich.

Abb. 196 zeigt einen teilweisen Schnitt durch einen solchen Kompressor. Die Fördermenge ist 10000 m³/st bei einem Enddruck von

4,6 atü. Der Antrieb erfolgt direkt von einer Dampfturbine bei 5000 Umdrehungen/min.

Bei Frischdampfbetrieb von 5,96 atü, 235° C, einem Abdampfdruck von 1,125 ata und einem Vakuum von 93% wurden die folgenden Resultate erzielt:

Tabelle 12.

m³/st Luft	Drehzahl	Dampfverbrauch in kg/st	
		Frischdampf-betrieb	Abdampf-betrieb
17000	5000	7030	1210
13600	4700	5360	9200
9100	4450	4250	7480

An Kühlwasser gebrauchte der Kompressor 1810 kg/st von 27° C. Die zugehörige Zentrifugalpumpe hatte einen Kraftbedarf von 7,0 PS.

Aus Abb. 196 erkennt man wichtige Konstruktionseinzelheiten. Die einzelnen Gehäuseelemente sind ziemlich gleichartig gebaut und nehmen die Zwischenwände und Diffusoren auf. Eine Ansicht auf die obere Hälfte des Gehäuses zeigt Abb. 197. Die verschiedenen Gußstücke sind durch Zentrierungen ineinander eingefügt, desgleichen die Zwischenwände und die Diffusoren, jedoch nicht der Entlastungskolben bzw. die Dichtungseinsätze. Seine Befestigung ist aus Abb. 196 besser zu erkennen.

Die Zwischenwände bestehen aus Gußeisen und sind horizontal geteilt. Die Diffusorschaufeln aus Stahl werden in die Form eingesetzt und in die Zwischenwände eingegossen!

Abb. 198. Laufrad. Bauart British Thomson-Houston.

Bemerkenswert ist noch die Laufradkonstruktion dieser Firma. Die Laufradscheibe wird mit den Schaufeln offen in Stahlguß gegossen. Den Abschluß bildet ein Deckblech aus Stahl, das auf die Schaufeln genietet wird. Die Räder werden dann hydraulisch auf die Welle gepreßt. Um größere Pressungen anwenden zu können, sind die Radnaben noch mit Bronzeringen armiert. Abb. 198 zeigt ein fertiges Rad.

Der ganze Rotor wird in seiner axialen Lage durch ein Spurlager gehalten, das aus Abb. 198 ersichtlich ist. Dieses Lager verdient deshalb besondere Beachtung, weil es mit Hilfe einer Schneckenübersetzung von Hand aus einstellbar ist. Für die Montage ist eine solche Vorrichtung von großem Wert.

Die kritische Drehzahl des Läufers, die mit 1600/min angegeben wird, liegt im Verhältnis zur Betriebsdrehzahl $n = 5000$/min sehr tief.

Die Hauptlager der Maschine sind so konstruiert, daß das ganze Lager eine kleine Bewegungsfreiheit hat. Angeblich sollen durch diese Maßnahme schädliche Schwingungen beim Durchfahren der kritischen Drehzahl vermieden werden.

Abb. 199 zeigt die gesamte Anlage in Ansicht.

e) C. A. Parsons & Co.

Wie bereits oben erwähnt, hatte die Firma C. A. Parsons & Co. Turbokompressoren zuerst nach Art der Dampfturbinen gebaut, indem der Luftstrom in axialer Richtung radiale Schaufeln durchströmte. Diese Bauart erwies sich indes sehr bald als abwegig und wurde bald verlassen.

Abb. 200 zeigt einen Schnitt durch einen 12-stufigen Kompressor, der die üblichen radialen Schaufelräder enthält. Das Gehäuse besteht aus verschiedenen Elementen, die ineinander zentriert und durch durchgehende Bolzen gehalten werden. Jedes einzelne Element ist mit verschiedenen Hohlräumen für das Kühlwasser versehen und hat besondere Ein- und Auslaßkanäle.

Im Diffusor befinden sich kurze Schaufeln. Sie bestehen aus Stahlblech und werden in zwei Gußringe eingegossen. In dem Umführkanal befinden sich noch Rückkehrschaufeln.

Das Laufrad besteht aus zwei Stahlscheiben, zwischen denen die Schaufeln genietet sind. Die Nabe ist aus einem besonderen Stück und mit einer Scheibe durch Nieten verbunden.

Der Axialschub des Läufers wird durch eine Entlastungstrommel aufgenommen, die sich am Ende der Hochdruckseite befindet; ein

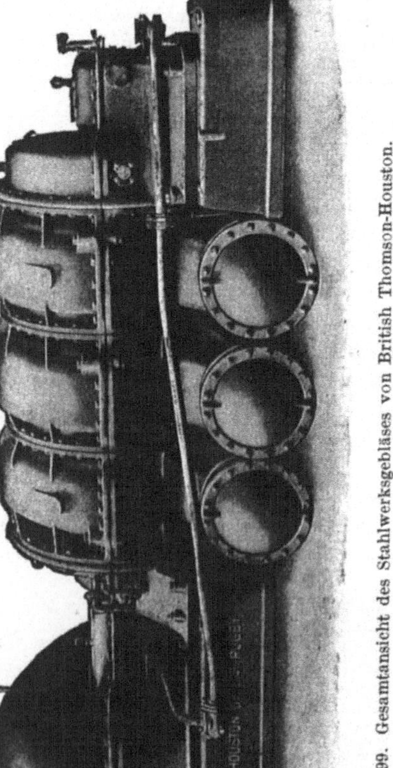

Abb. 199. Gesamtansicht des Stahlwerksgebläses von British Thomson-Houston.

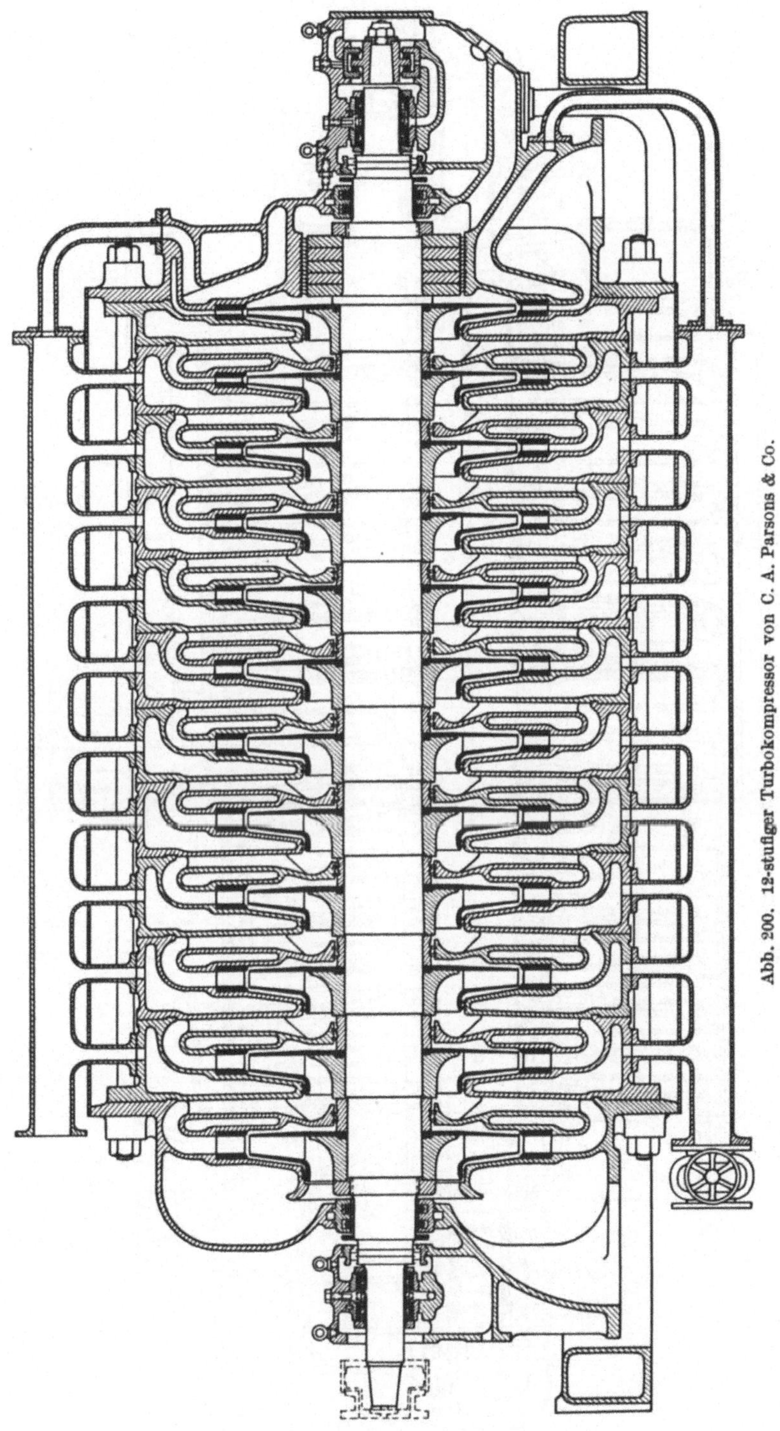

Abb. 200. 12-stufiger Turbokompressor von C. A. Parsons & Co.

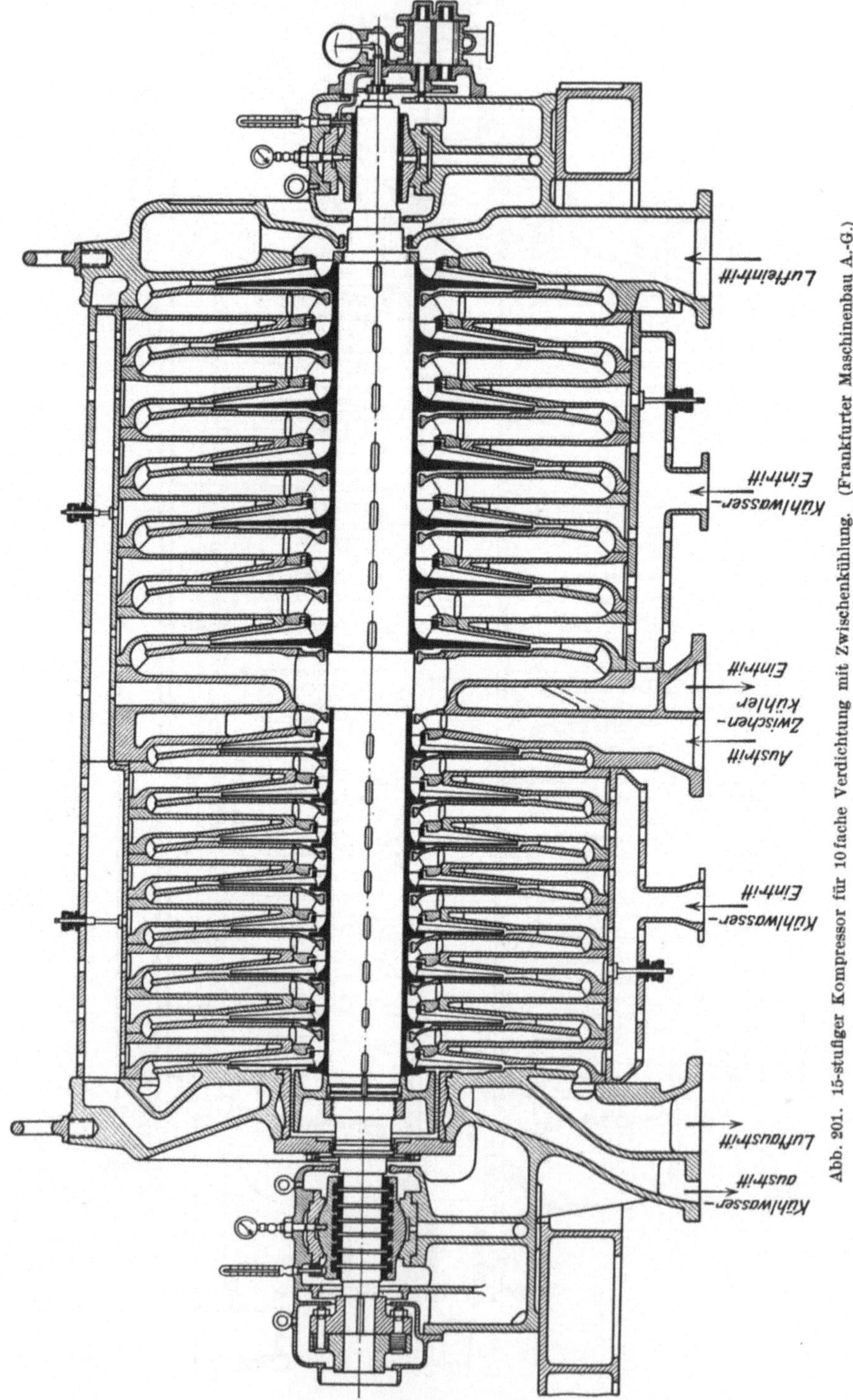

Abb. 201. 15-stufiger Kompressor für 10fache Verdichtung mit Zwischenkühlung. (Frankfurter Maschinenbau A.-G.)

Blocklager, dessen besondere Konstruktion aus Abb. 200 ersichtlich ist, nimmt den verbleibenden Schub auf und sorgt für Festlegung der Welle.

Die Maschine ist mit einer Reglung auf konstanten Druck und einer Vorrichtung zur Verhütung des Pumpens versehen, worauf an anderer Stelle noch eingegangen wird.

Die Firma hat auch Gasgebläse ausgeführt, so z. B. für eine Leistung von 8500 m³/st auf einen Enddruck von 0,7 atü. Die Maschinen sind unmittelbar mit Dampfturbinen gekuppelt und machen 5000 bis 7000 Umdrehungen/min.

Für kleinere Leistungen werden Übersetzungsgetriebe angewendet. Eine Ausführung von 6000 m³/st auf 4,2 atü weist zwei kleine Gehäuse auf. Der Antrieb erfolgt von einem Motor von 485 Umdrehungen/min, während der Kompressor mit 6750 Umdrehungen/min läuft.

f) Frankfurter Maschinenbau A.-G. vorm. Pokorny & Wittekind.

Diese Firma hat bereits sehr früh den Turbokompressorenbau aufgenommen und ihre Maschinen seit dieser Zeit zu großer Vollkommenheit entwickelt. Hauptsächlich für die Bedürfnisse des Bergbaus sind von ihr Maschinen für 8fache Verdichtung in großer Zahl hergestellt worden. Die Firma erreichte bereits 1911 bei einem für Transvaal Power Company in Johannisburg (Südafrika) gelieferten Kompressor den erstaunlich hohen isothermen Wirkungsgrad von 0,67. Dieser Kompressor[1] hatte eine Leistung von 36000 m³/st bei 11facher Verdichtung und hatte vier Gehäuse. Als heutige Ausführungsform ist

Abb. 202. Gehäuseelement für innengekühlte Maschinen. Bauart FMA.

die eingehäusige Bauart vorherrschend. Nur bei größeren Leistungen wie 35000 m³/st verwendet die Firma zwei Gehäuse. Sämtliche Kompressoren sind mit Innenkühlung versehen. In neuerer Zeit baut die Firma auch öfters einen großen Zwischenkühler ein, wodurch sich gewisse Vorteile ergeben. Abb. 201 zeigt den Schnitt durch einen 15stufigen Kompressor für 10fache Verdichtung. Der Kompressor hat Gehäusekühlung und einen Zwischenkühler nach der 7. Stufe.

---

[1] Prof. Langer: Versuche an einem 4000 pferdigen elektrisch angetriebenen Turbinenkompressor der Bauart Pokorny & Wittekind. VDI. 1911, S. 173.

Bei der Bauart fällt der im Verhältnis zum Raddurchmesser sehr große Gehäusedurchmesser auf. Dieser ist jedoch notwendig, um bei der äußerst gedrängten Bauart die notwendige Kühlfläche unterzubringen. Hierdurch ergibt sich auch ein längerer Diffusor und eine gute Umsetzung der Austrittsgeschwindigkeiten. Der Kompressor ist aus einzelnen Elementen zusammengesetzt und durch lange Bolzen zusammengehalten. Abb. 202 zeigt ein derartiges Element. Am Außenrand erkennt man die Zutrittsöffnungen zu den Wasserräumen (bei den neuesten Ausführungen sind diese Öffnungen ganz wesentlich erweitert, um die Wasserräume bequem reinigen zu können, siehe z. B. Abb. 204). Abb. 203 zeigt ein Laufrad mit abgenommener Deckscheibe. Die Laufradscheibe ist ganz aus dem Vollen gedreht und nach der Nabe zu sehr verstärkt. Die Schaufeln besitzen Z-Form und sind auf Laufrad- und Deckscheibe aufgenietet. Der Axialschub des Läufers wird durch eine beson

Abb. 203. Aufgedecktes Laufrad. (Bauart FMA.)

dere Entlastungstrommel aufgenommen (Abb. 201). Die durch den Entlastungskolben durchtretende Luft wird in dem Raume hinter denselben nochmals gedrosselt. Durch entsprechende Drosselung kann hinter dem Entlastungskolben ein solcher Druck eingestellt werden, daß die Welle vollkommen entlastet ist. Um diese Einstellung zu erleichtern, befindet sich an dem Ansaugeende (Abb. 201) ein Wellenverschiebungsanzeiger, der bei vollkommen entlasteter Welle kleine Bewegungen des Läufers in axialer Richtung anzeigt. Die bekannte Regulierung der Firma wird auf S. 250 beschrieben werden.

Abb. 204 zeigt die Außenansicht eines Dampfkompressors für 36000 m³/st und 7 atü. Die an den einzelnen Elementen erkennbarer großen Deckel (neuere Bauart) gewährleisten eine gute Zugänglichkeit zu den einzelnen Wasserkammern. Auf den einzelnen Elementen befinden sich in Abb. 201 erkennbare Ventile, durch die das Kühlwasser zu den einzelnen Elementen geregelt werden kann. Es ist auch möglich, das Kühlwasser einzelner Gruppen ganz abzuschließen und einzelne Kühlräume während des Betriebes zu reinigen.

Abb. 265 zeigt einen kleinen Kompressor von nur 5000 m³/st und 7 atü mit Getriebe auf dem Versuchsstand. Die Untersuchung erfolgt durch Torsionsdynamometer, die sich für diese Zwecke ausgezeichnet bewährt haben. Abb. 205 zeigt den Läufer dieses Kompressors. Man erkennt die sehr schmalen Räder besonders im Hochdruckgebiet, ein großer Nachteil für Kompressoren mit kleiner Liefermenge. Das letzte Rad hat eine Nutzbreite von nur 6 mm am Austritt. Unmittelbar neben dem letzten Rad befindet sich die Ent-

Abb. 204. Dampfkompressor der FMA für 7 atü und 36000 m³/st.

lastungstrommel, auf der 35 Labyrinthringe die Abdichtung besorgen. Neben der Trommel erkennt man noch eine kleine dünne Scheibe. Dies ist eine sogenannte Alarmscheibe, die bei einer bestimmten Ver-

Abb. 205. Läufer eines Kompressors der FMA für 5000 m³/st.

schiebung des Läufers, etwa infolge Auslaufens des Spurlagers o. dgl., zum Anlaufen kommt und durch den hierdurch verursachten Lärm die Bedienung zum Abstellen mahnt. Das seitliche Spiel dieser Scheibe muß natürlich kleiner sein wie die Spiele der Laufräder im Gehäuse selbst.

g) Jäger & Co., Leipzig.

Abb. 206 zeigt einen Kompressor von Jäger & Co., Leipzig. Jede Stufe enthält einen besonders eingebauten Zwischenkühler zwischen dem Austritt aus dem Diffusor und dem Eintritt in das nächste Rad. Die Kühlerelemente bestehen aus halbkreisförmigen Messingrohren, deren Enden in Wasserkästen der Teilfuge eingewalzt sind. Alle Kühlerelemente sind auswechselbar.

Bei gleichbleibenden übrigen Verhältnissen läßt sich durch diese Konstruktion etwa die doppelte Kühlfläche erreichen, wie mit einfacher Gehäusekühlung, wodurch ein Zwischenkühler zwischen Nieder- und Hochdruckteil entbehrlich wird. Da die Luft im Kreuzstrom die Rohre trifft, wird auch der Wärmeübergangskoeffizient

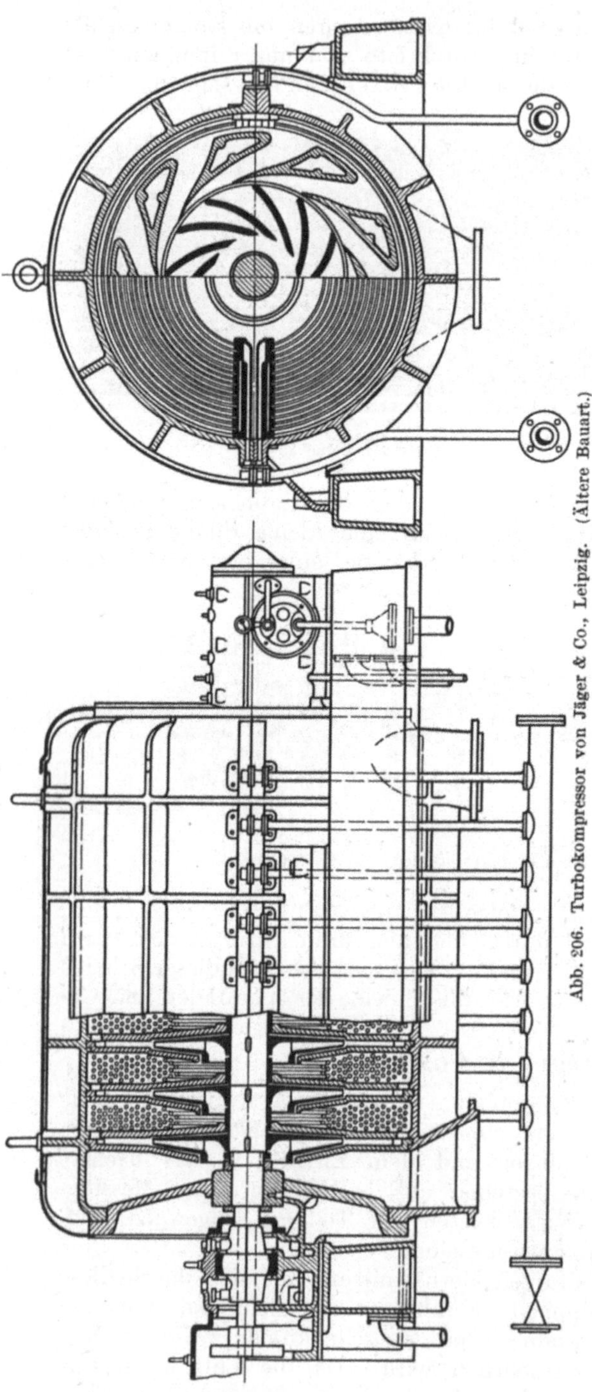

Abb. 206. Turbokompressor von Jäger & Co., Leipzig. (Ältere Bauart.)

etwas besser sein. Nach Angaben der Firma soll der etwas höhere Druckabfall in annehmbaren Verhältnissen stehen.

Die einzelnen Kühler sind in das Gehäuse eingesetzt und vollkommen unabhängig von demselben. Durch Abheben der oberen Gehäusehälfte kann jeder Kühler herausgenommen werden.

Neuerdings hat dieselbe Firma die Kühlung wieder nach außen gelegt und benutzt einfache Oberflächenkühler. Die großen Schwierigkeiten, diese Kühlrohre bei den kleinen Vibrationen des Kompressors genau dicht zu halten, werden wohl mit dazu beigetragen haben, diese Kühlung wieder zu verlassen. Einen Schnitt durch einen neuen Kompressor zeigt Abb. 207. Er ist gebaut für 15 000 m³/st auf einen Enddruck von 7,8 ata. Die Tourenzahl ist 4200/min. Der Antrieb erfolgt von einer 1800-PS-MAN-Turbine. Der Kompressor hat 11 Stufen, die in einem Gehäuse untergebracht sind. Hinter 3 Stufen tritt die Luft durch den Sammelkanal A in einen Zwischenkühler, die alle neben der Maschine aufgestellt sind. Durch den Kanal B tritt die Luft in die 4. Stufe.

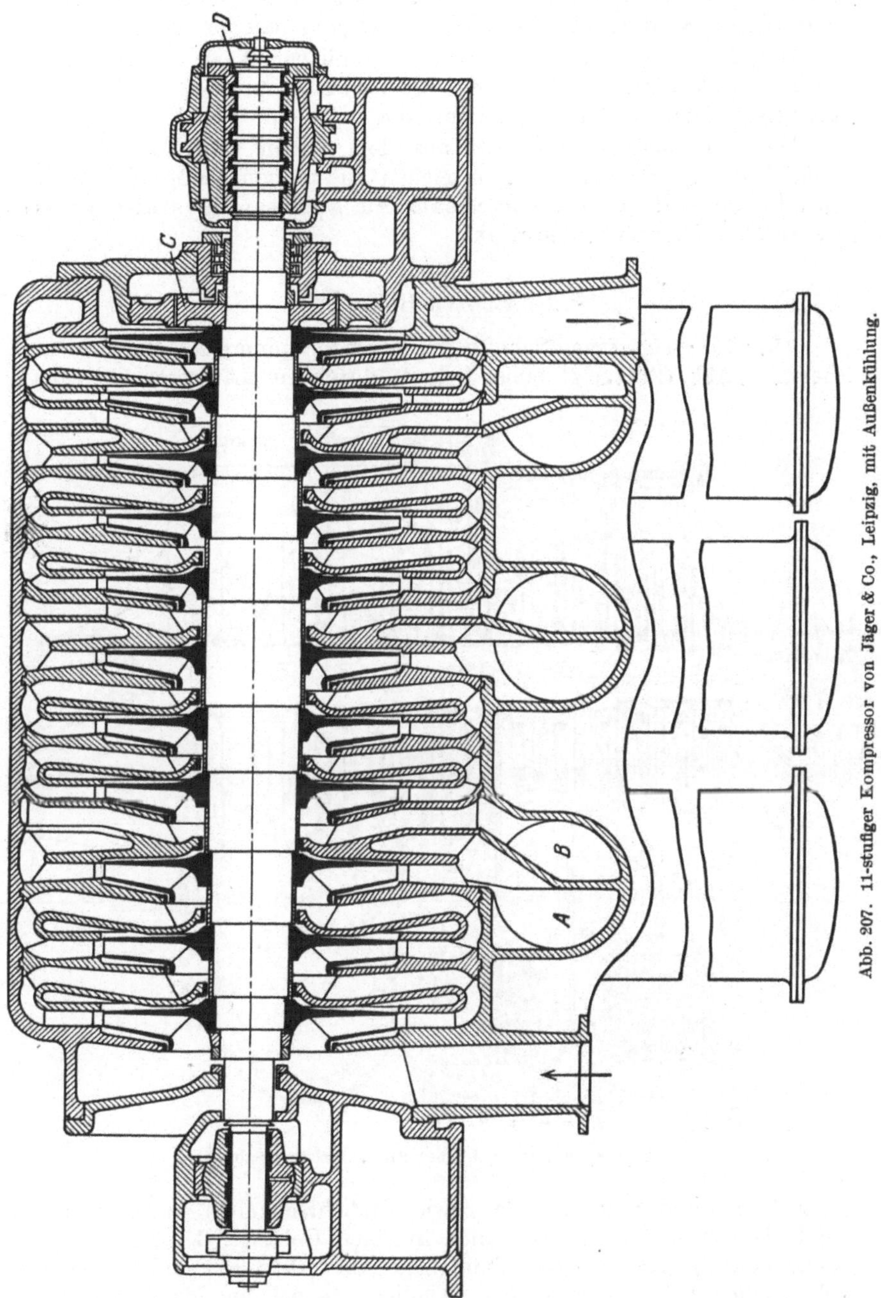

Abb. 207. 11-stufiger Kompressor von Jäger & Co., Leipzig, mit Außenkühlung.

Nach der 6. und 9. Stufe befindet sich wieder eine Kühlung. Luft und Wasser sind in allen Kühlern im Gegenstrom geführt.

Der Axialschub des Läufers ist in üblicher Weise durch einen Entlastungskolben aufgenommen. Ein normales Spurlager nimmt den restlichen Schub auf und bestimmt die Lage der Welle.

Die Radscheiben sind ganz aus dem Vollen gedreht, um eine hohe Umfangsgeschwindigkeit erreichen zu können. Bemerkenswert ist, daß die Nabe im Gegensatz zu anderen Ausführungen symmetrisch ausgebildet ist.

h) Brown-Boveri.

Abb. 208 zeigt einen Schnitt durch einen Kompressor von Brown-Boveri. Abb. 209 zeigt einen Schnitt durch ein Läuferelement, aus

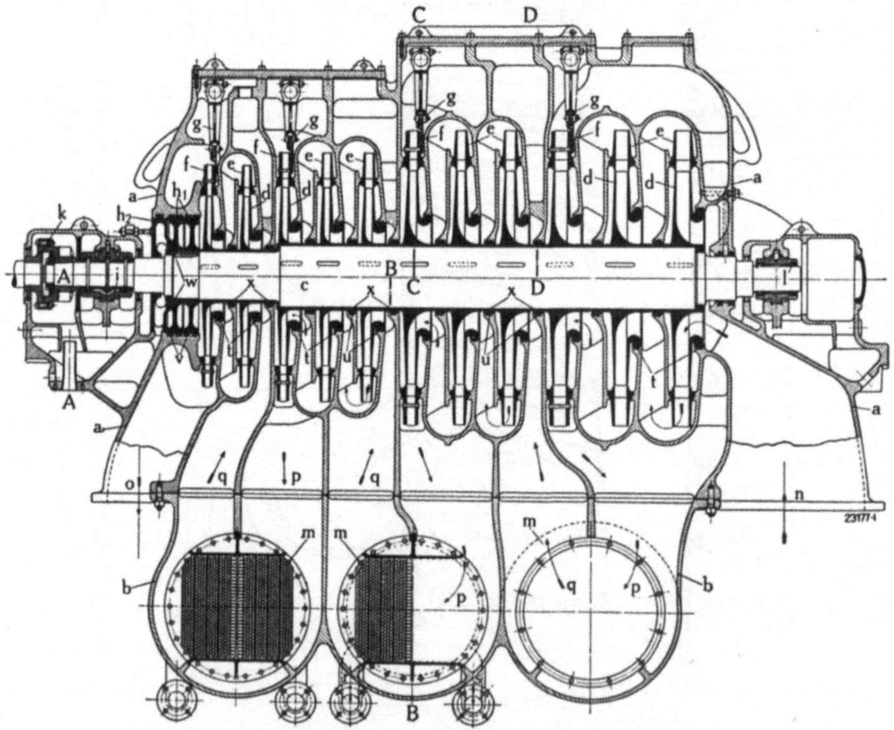

Abb. 208. Schnitt durch einen BBC-Turbokompressor.

dem Lauf- und Leitschaufeln sowie Umkehrschaufeln zu erkennen sind. Die Maschine hat 11 Stufen in einem Gehäuse. Die Firma verwendet ausschließlich Außenkühlung. Aus Abb. 208 u. 209 sind 6 einzelne Oberflächenkühler zu erkennen. Ähnlich wie bei den Maschinen der British Thomson-Houston sind die Kühler mit dem Gehäuse organisch verbunden, wodurch die Querschnittsbemessung für die Zu- und Ab-

führung der Kühler leichter ist, wie bei einfachen Rohranschlüssen.
Die Kühlerachsen sind unter 45° geneigt und ermöglichen so eine
gute Raumausnutzung unter der Maschine. Die Deckplatten der
Kühler können leicht entfernt werden, wodurch sogar während des
Betriebes eine Reinigung möglich wird. Ein großer Nachteil aller
außenliegenden Kühler, die mit dem Gehäuse starr verbunden sind,
ist das Lockerwerden der Rohre infolge der hochfrequenten Vibrationen. Deshalb müssen derartige Kühler mit größter Sorgfalt hergestellt werden. Im vorliegenden Falle ist z. B. dafür gesorgt, daß

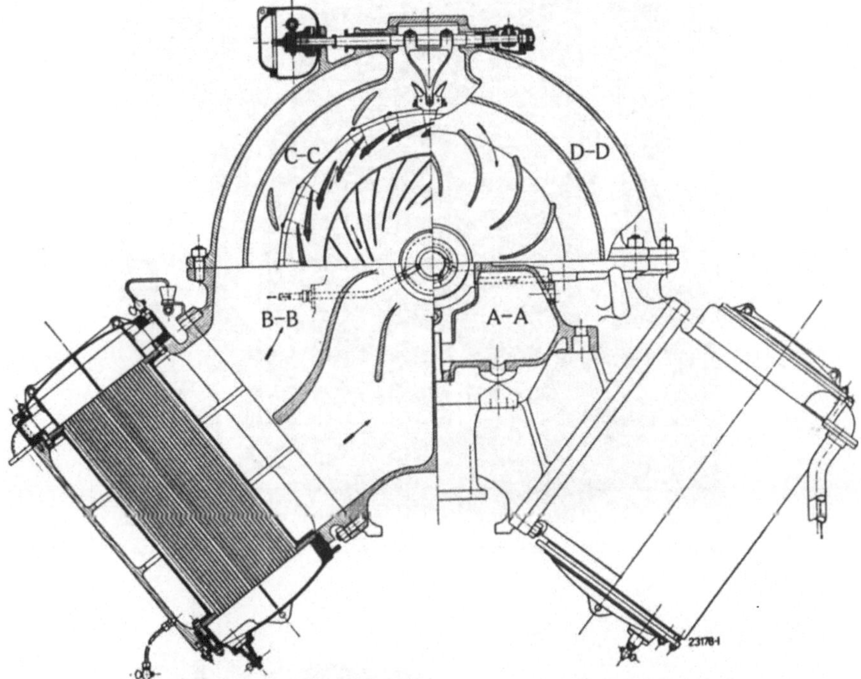

Abb. 209. Läufer und Zwischenwand eines BBC-Turbokompressors.

die Rohre sich frei ausdehnen können, indem die untere Schlußplatte
in eine Art Stopfbüchse gleitet. Hierdurch wird einerseits der Tem-
peraturdehnung Rechnung getragen, andererseits eine Dämpfung von
eventuellen Schwingungen erzielt. Verschiedentlich hat die Firma
ihre Kühler auch mit Rohren von ovalem Querschnitt ausgeführt.
In diesem Falle ist der Luftstrom parallel zur großen Achse. Hierdurch wird der Widerstand etwas erniedrigt. Um örtlichen Dehnungen
Rechnung zu tragen, sind die Rohre vielfach leicht gekrümmt. Um
die Eigenschwingungszahl der Rohre möglichst zu erhöhen, sind noch
1 bis 2 Zwischenplatten an die Rohre angeschweißt.

Es wurde schon weiter oben darauf hingewiesen, daß bei Verdichtung von Luft mit normaler Feuchtigkeit und nachheriger Ab-
kühlung eine Übersättigung der Luft eintritt. Die austretende

Abb. 210.   Gehäusedeckel eines BBC-Turbokompressors für 68000 m³/st.

Abb. 211.   BBC-Turbokompressor für 68000 m³/st.

Feuchtigkeit wird sich dann an den tieferliegenden Stellen der Maschine absetzen. Um dieses Wasser zu entfernen, sind bei größeren Ausführungen an den Zwischenkühlern Kondenstöpfe angebracht.

Der Axialschub wird durch einen Entlastungskolben mit Labyrinthdichtungen aufgenommen, der sich an dem Hochdruckende der Maschine befindet. Außerdem ist noch ein Drucklager nach dem Michell-System eingebaut, was den etwa auftretenden restlichen Schub aufnimmt. Bemerkenswert an letzterem ist, daß die einzelnen Segmente auf einer Kugel aufliegen und so eine sehr leichte Einstellung gewährleisten.

Die folgenden Einzelheiten beziehen sich auf 3 größere Maschinen, die für Powell Duffryn Stean Coal Co. Ltd. geliefert wurden.

Saugmenge 68000 m³/st von 24° C und 1 ata.

Enddruck 4,7 bis 4,9 ata,

Drehzahl 2950/min.

Erforderliche Leistung 5300 KW.

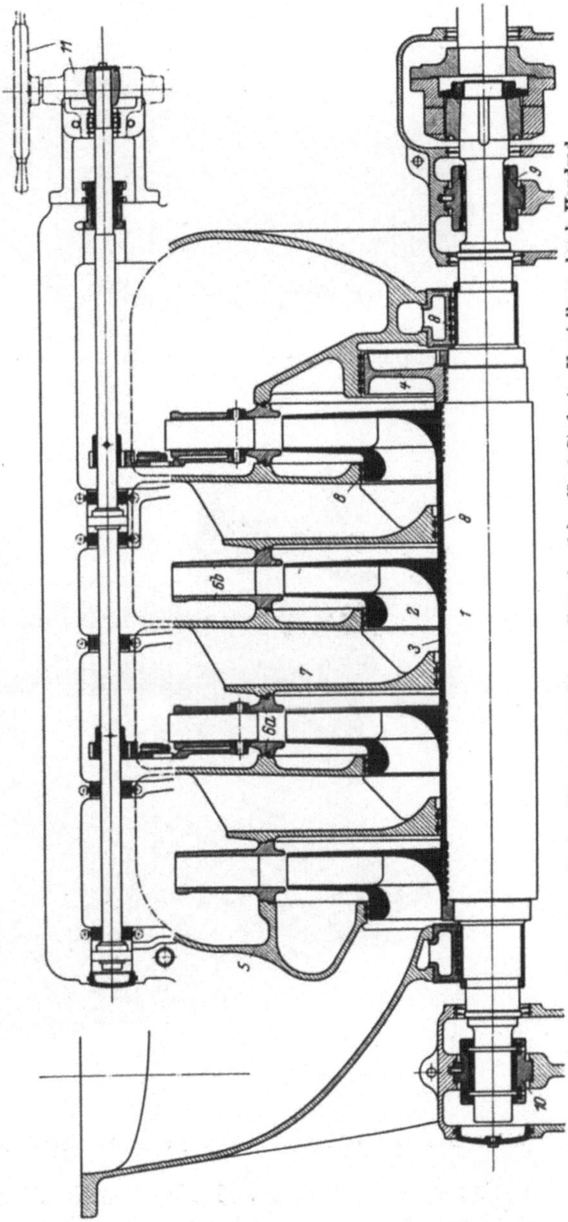

Abb. 210 zeigt eine Aufnahme des Gehäusedeckels. Das Gewicht dieses Gußstückes ist 27 to und darf als ein erstklassiges Gußerzeugnis gewertet werden. Abb. 211 zeigt die aufgedeckte Maschine mit einliegendem Läufer und einem teilweise herausgehobenen Kühlerelement. Bei den mittleren

Abb. 212. Vierstufiges Turbogebläse mit drehbaren Leitschaufeln (für 2 Stufen). Verstellung durch Handrad.

Kühlern ist der Deckel entfernt, und man erkennt die Art der Unterteilung für den Wasserstrom.

Die Firma verwendet bei ihren Maschinen neuerdings vielfach die von ihr eingeführte Reglung mit verstellbaren Leitschaufeln.

Abb. 213. Offenes Laufrad nach BBC. Schaufeln mit angefrästen Nieten.

Abb. 214. Fräsmaschine zur Herstellung von Schaufeln mit angefrästen Nieten von BBC.

Auf S. 259 wird näher auf die Vorteile dieser Bauart hingewiesen werden. Der innere Aufbau einer derartigen Diffusorreglung ist aus Abb. 212 zu erkennen. Die Verstellung erfolgt durch ein Handrad. Es wird auch selbsttätige Reglung eingebaut, doch hat sich dieselbe

wegen ihres sehr verwickelten Mechanismus anscheinend nicht sehr
bewährt.

Bemerkenswert ist die Herstellung der Schaufeln nach Brown-
Boveri. Die Nieten werden aus der Schaufel herausgearbeitet und
bilden ein Ganzes mit letzterer. Abb. 213 zeigt ein abgedecktes Laufrad, an dem die Nietköpfe deutlich zu erkennen sind. Die Nieten
werden in einem Arbeitsgang aus der Schaufel herausgefräst. Abb. 214
zeigt die hierzu vorgesehene Fräsmaschine.

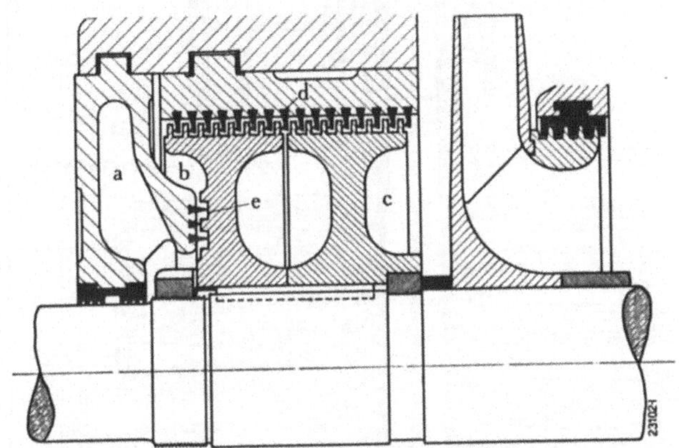

Abb. 215. Entlastungstrommel nach BBC.

Der Ausgleich des Axialschubes erfolgt vollkommen selbsttätig
durch einen eigens konstruierten Entlastungskolben, Abb. 215. Der
Raum a ist mit dem Saugstutzen in Verbindung. Im Raum c herrscht
der Enddruck des Turboverdichters, im Raum b dagegen im Beharrungszustand ein Zwischendruck, der etwas höher ist als im Raum a.
Steigt nun der Axialschub, so schiebt sich der Rotor, der zu diesem
Zweck genügendes axiales Spiel hat, etwas nach der Saugseite. Dadurch verengen sich die Drosselstellen bei d, diejenigen bei e öffnen
sich etwas. Als Folge davon sinkt der Druck im Raum b, und die
resultierende Ausgleichkraft steigt entsprechend, so daß der Rotor
wieder nach der Druckseite geschoben wird. Im Beharrungszustande
wird sich stets ein Gleichgewichtszustand einstellen, so daß das Drucklager entlastet ist.

i) Kühne, Kopp und Kausch.

Diese Firma, die durch ihre Gebläse einen guten Ruf erlangt hat,
hat ebenfalls den Turbokompressorenbau aufgenommen. Abb. 216a zeigt
den Schnitt durch einen 9stufigen Kompressor. Die Maschine hat
Gehäusekühlung. Der Aufbau ist auch hier aus einzelnen Elementen,
die durch Verschraubungen zusammengehalten werden. In der Abb. 216b
ist in einem Schnitt die Wasserführung in den Kühlräumen zu erkennen. Das Wasser strömt unten ein und wird durch radial stehende
Rippen ordentlich durchwirbelt. An der Teilfuge tritt das Wasser

durch eine besondere Verschlußkappe am äußeren Durchmesser in den oberen Teil. Zur Erhöhung der Kühlfläche sind die Umkehr

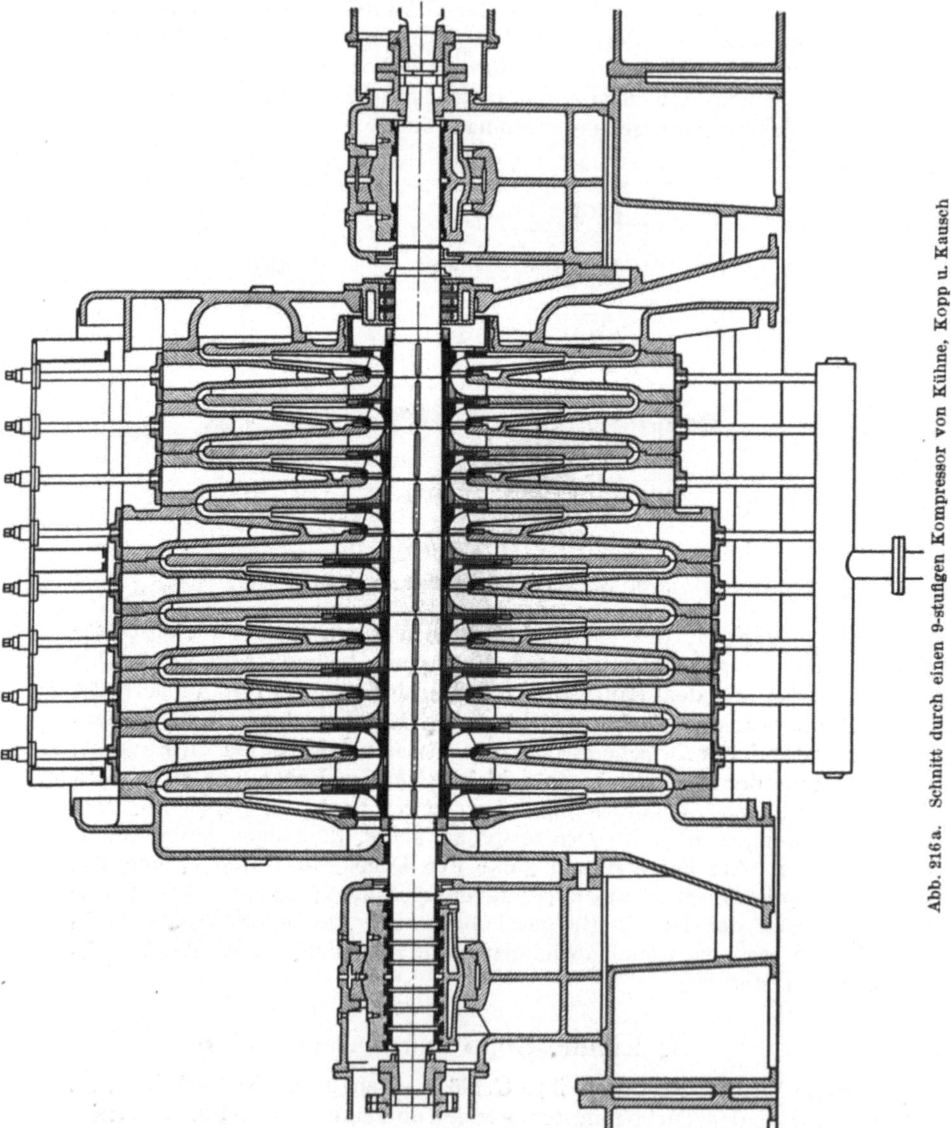

Abb. 216a. Schnitt durch einen 9-stufigen Kompressor von Kühne, Kopp u. Kausch

schaufeln hohl ausgebildet, eine Bauart, die allerdings nur bei reinem Wasser verwendet werden kann.

Der Axialschub ist durch geeignete Lage der Dichtungen für jedes Rad besonders ausgeglichen. Zu diesem Zwecke muß wie bei Kreiselpumpe die Nabe durchbohrt werden. Am letzten Rade befindet sich

noch ein größerer Dichtungsring. Die Abdichtung gegen den Außen-
raum findet durch Kohledichtungen statt, wodurch praktisch jeder
Austritt von Luft vermieden wird. Abb. 217 zeigt die Außenansicht
dieser Maschine. Man erkennt hier deutlich die Art des Zusammenbaues.

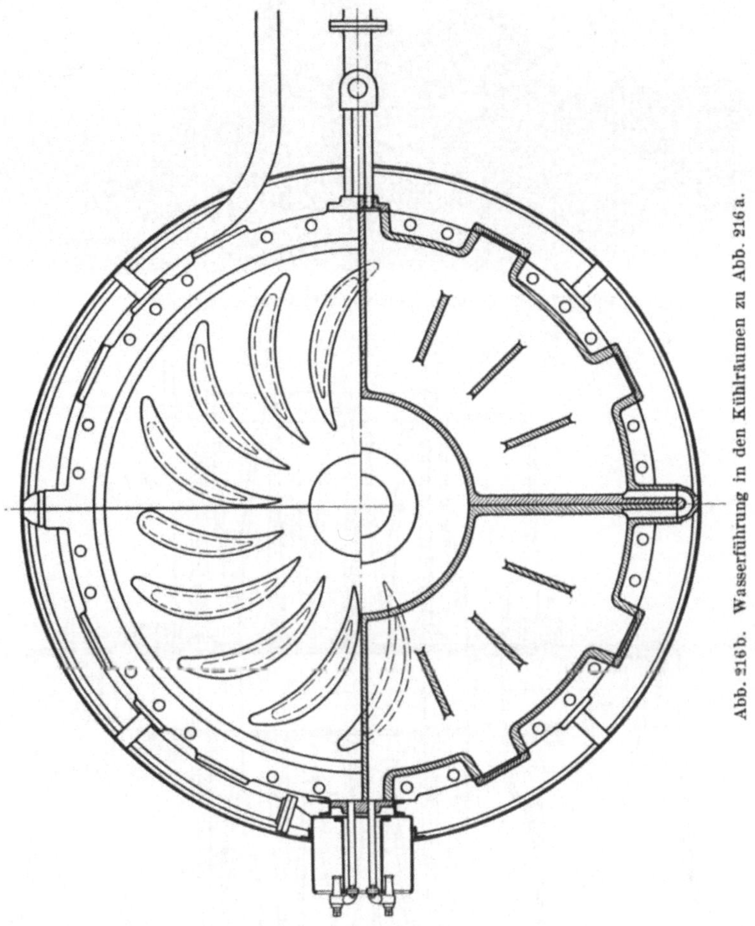

Abb. 216b. Wasserführung in den Kühlräumen zu Abb. 216a.

Abb. 218 zeigt ein Glasgebläse mit 4 Stufen. Der Aufbau geschieht hier aus denselben Elementen, doch läßt man das Kühlwasser
weg. Diese Methode des Zusammenbaues wird von vielen Firmen
ausgeführt. Man spart hierdurch Modelle und ist in der Lage, mit
nur wenigen Modellen eine Typisierung vorzunehmen. Die Abdichtung
der Welle erfolgt durch eine Wasserstopfbuchse, die außerdem an
beiden Seiten noch je 2 Kohleringe hat. Der Axialschub ist auch
hier für jedes Rad besonders ausgeglichen.

Abb. 217. Turbokompressor von Kühne, Kopp u. Kausch.

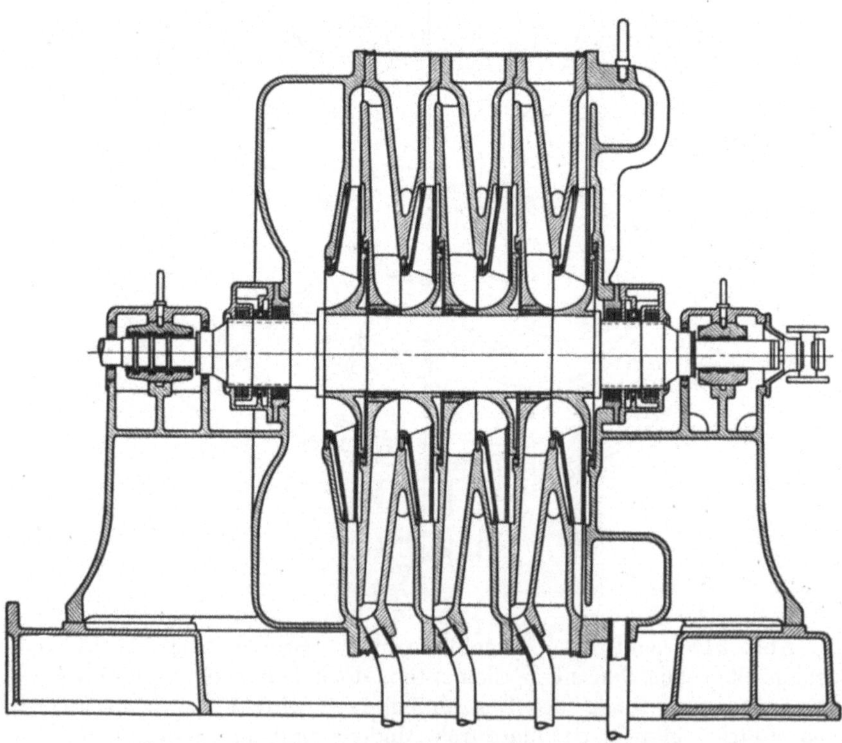

Abb. 218. Vierstufiges Turbogebläse von Kühne, Kopp u. Kausch.

6. Gassauger.

Unter Gassaugern bzw. Exhaustoren versteht man normale Gebläse und Turbokompressoren, die die Aufgabe haben, Gas oder Luft aus einem Raume mit Unterdruck in die Atmosphäre zu befördern.

Prinzipiell ist die Wirkung der Gebläse genau dieselbe wie beim Verdichten von Atmosphärendruck auf einen Überdruck. Dadurch, daß der Enddruck jedoch hier konstant ist, ergibt sich rein äußerlich ein anderes Bild der Kennlinie. Gebläse für diesen Verwendungszweck werden z. B. sehr viel in der chemischen Großindustrie verwendet.

a) Exhaustor-Kennlinien.

Die Bestimmung der Kennlinie eines Exhaustors ist verhältnismäßig einfach. Die Meßdüse wird zweckmäßig in die Saugleitung in üblicher Weise eingebaut. Ist die Kennlinie bekannt für den Fall, daß der Exhaustor als Gebläse arbeitet, dann kann die Kennlinie für Exhaustorbetrieb auch in folgender Weise gewonnen werden.

Einfacher Exhaustor. Der Enddruck ist hier durch die Atmosphäre gegeben. Man zieht von einem Punkte A der Gebläsekennlinie, Abb. 219 eine Senkrechte bis zur Atmosphäre B. Dann zieht man OA und OB vom Schnittpunkt D, zieht hier eine Senkrechte bis E und hat so einen Punkt der Kennlinie gefunden. Die Richtigkeit der Konstruktion geht daraus hervor, daß in A und B dasselbe Druckverhältnis herrschen muß, da die Geschwindigkeiten im Lauf- und Leitrad dieselben geblieben sind. Aus letzterem Grunde ist

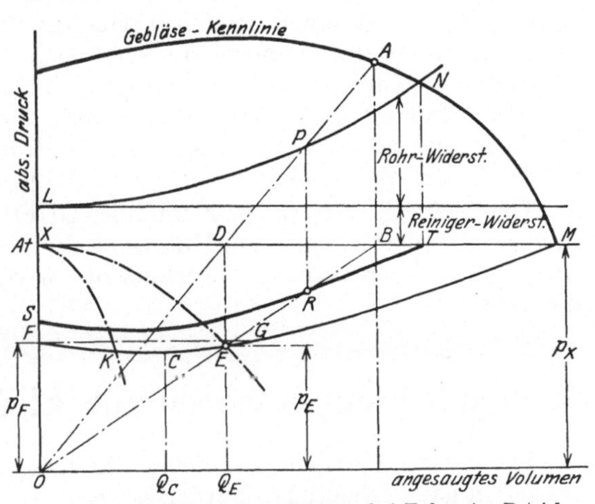

Abb. 219. Kennlinie eines Gebläses bei Exhaustor-Betrieb.

das Volumen bezogen auf Atmosphärenspannung im Verhältnis der Atmosphäre zu dem tieferen Druck in der Saugleitung verkleinert worden. Durch diese Konstruktion lassen sich beliebig viele Punkte der Kennlinie konstruieren.

Wenn der Betriebspunkt unterhalb des Punktes des tiefsten Druckes C liegt, tritt Pumpen ein. Das Saugrohr sei z. B. mit einem Kessel verbunden, aus dem das Gas heraus gefördert wird und durch ein Ventil wieder aufgefüllt wird. Durch die Größe des Ventiles und das Druckverhältnis ist die Menge bestimmt, die in den Kessel einströmt.

Es sei z. B. für einen bestimmten Augenblick ein Druckabfall $p_2 - p_1$ vorhanden, der die durchfließende Menge Q_E bestimmt. Die Beziehung zwischen Druckabfall und Menge ist nun für eine bestimmte Stellung des Ventiles durch eine Parabel festgelegt, z. B. XE. Nun sei das Ventil ungefähr zu, wodurch die Parabel XK entsteht.

Das durchströmende Luftgewicht vermindert sich sehr, und der Exhaustor beginnt den Kessel zu leeren, da er mehr wegschafft, wie durch das Ventil hereinkommt. Der absolute Druck wird also sinken und schließlich nach C kommen. Jeder weitere Versuch, den Kessel zu leeren, wird ein Pumpen zur Folge haben. Der Enddruck wird etwas unter die Atmosphäre sinken, da links von C das Druckverhältnis kleiner wird, so daß die Luft durch die Maschine zurückströmt. Der Betriebspunkt ist dann bei F. Durch die in den Kessel einströmende Luft steigt der Druck wieder auf p_F, und die Maschine wird wieder arbeiten. Der Behälter wird dann in derselben Weise entleert, und der Vorgang wiederholt sich.

b) Exhaustor und Gebläse.

In Gaswerken werden Gebläse dazu verwendet, um das Gas von einer Retorte heraus zu befördern und dann einem Reiniger zuzuführen, der noch einen gewissen Überdruck erfordert. Der Widerstand oberhalb der Atmosphäre setzt sich hier aus 2 Bestandteilen zusammen, nämlich dem konstanten Widerstand in den Wasserreinigern und einem Reibungswiderstand, der mit dem Quadrate der Fördermenge wächst. Der gesamte Überdruck über der Atmosphäre ist in diesen Fällen durch $L\,N$ dargestellt, Abb. 219.

Um hier die Exhaustor-Kennlinie zu erhalten, verfährt man genau so wie vorhin mit dem Unterschiede, daß man die Atmosphärenlinie und die Kurve $L\,N$ vertauscht, wodurch die Kennlinie $S\,T$ entsteht.

X. Turbokompressoren für kleinste Leistungen.

Für kleine Luftmengen bietet die Konstruktion von Turbokompressoren ganz erhebliche Schwierigkeiten. Turbokompressoren konnten bisher den Kolbenkompressoren hier keine nennenswerte Konkurrenz machen. Sowohl rein mechanisch wie strömungstechnisch ergeben sich Schwierigkeiten, die bis jetzt noch nicht überwunden werden konnten.

Damit bei kleinen Fördermengen die Laufräder am Austritt nicht zu schmal werden, ist man von selbst gezwungen, den Durchmesser erheblich zu verkleinern. Will man trotzdem in einer Stufe dasselbe Druckverhältnis erzielen, so muß die Drehzahl in demselben Maße gesteigert werden. Die Schaufeln sind infolgedessen bedeutend kürzer wie bei einem Rade mit größerer Fördermenge, aber gleicher Umfangsgeschwindigkeit. Die Luft wird also auf einem viel kürzeren Wege ihre Energie erhalten. Da diese Energiezunahme zum größten Teil Druckenergie ist, so ergeben sich ganz von selbst ungünstige strömungstechnische Verhältnisse. Auch wird der Eintrittsdurchmesser im Verhältnis zum äußeren Durchmesser sehr groß. Hierdurch steigen die Eintrittsstoßverluste. Es bereitet sehr große Schwierigkeiten, gerade am Eintritt in das Laufrad günstige Strömungsverhältnisse zu schaffen. Bezüglich der Wahl des Durchmessers und der Drehzahl wird man bestrebt sein, den mittleren Schaufelkanalquerschnitt möglichst quadratisch auszubilden, um die Reibung zu verringern; dasselbe gilt von Leit- und Umkehrschaufeln. Man sieht ohne weiteres ein, daß die gesamten Reibungsverluste bei gleichem Enddruck größer sind bei kleinerer Fördermenge, da die Querschnitte im Verhältnis der letzteren sich ändern, somit auch die hydraulischen Radien und die Reibung. Desgleichen werden die Undichtigkeitsverluste anwachsen, besonders am Ausgleichskolben, dies deshalb, weil die Außendurchmesser der Räder ungefähr prop. den Fördermengen sich verhalten, während die Eintrittsdurchmesser, an denen sich die Dichtungen befinden, verhalten müssen wie $\sqrt{\dfrac{V_1}{V_2}}$. Ist z. B. $V_1 = 2\,V_2$, so hat der Durchmesser des Ausgleichskolbens sich um das $\sqrt{2}$fache verkleinert. Setzt man z. B. dasselbe Spiel in den Labyrinthdichtungen voraus, so ist die freie Durchtrittsfläche auch auf das $\sqrt{2}$fache verkleinert. Bei Verkleinerung der Leistung um die Hälfte haben sich die absoluten Undichtigkeitsverluste also nur um das $\sqrt{2}$fache verkleinert, so daß der prozentuale Anteil größer wird.

Da die Radreibungen bei konstanter Umfangsgeschwindigkeit prop. dem Quadrat des Durchmessers ist, ergibt sich hier eine Verkleinerung der Verluste.

Die bei kleineren Fördermengen notwendigen hohen Drehzahlen ergeben Schwierigkeiten, die sehr oft der Ausführung eine Grenze setzen. Um überhaupt die notwendigen Eintrittsquerschnitte zu erhalten, muß man die Welle so dünn ausführen, daß sie in einem bisher noch nicht beherrschten kritischen Gebiet läuft. Im Abschnitt über kritische Drehzahlen ist Näheres hierüber berichtet worden.

Man kann sich hier in etwa dadurch helfen, daß man verschiedene Gehäuse anordnet. Man verliert hierdurch jedoch wieder viel an Nutzleistung durch die zwei weiteren Wellendichtungen. Es ergeben sich meist Drehzahlen von 10000 bis 20000/min. Hierdurch ist man gezwungen, mit großen schnellaufenden Übersetzungsgetrieben zu arbeiten, da Dampfturbinenantrieb bei kleinen Leistungen selten in Frage kommt.

Die schnellaufenden Lager, die nur als Gleitlager mit Druckschmierung ausgeführt werden können, nehmen einschließlich des Getriebes bei kleinen Fördermengen schon eine merkliche Leistung auf.

Nach dem heutigen Stande der Entwicklung ist ein Turbokompressor mit achtfacher Verdichtung bei einschlägigen Firmen als Typenmaschine von ca. 4000 bis 5000 m³/st zu erhalten (z. B. Frankfurter Maschinenbau A.-G.). Für kleinere Maschinen werden meist nach Bedarf Sonderkonstruktionen ausgeführt.

Es ist zu erwarten, daß bei kleineren Mengen, etwa 2000 m³/st, der Wirkungsgrad erheblich sinken wird und keinen Vergleich mehr mit Kolbenmaschinen aushält. Trotz dieses ungünstigen Vergleiches würde eine große Nachfrage nach diesen Maschinen sein, weil für

manche Zwecke unter allen Umständen — ganz unabhängig vom
Wirkungsgrad — ölfreie Luft verlangt wird. Dies ist z. B. in der
Nahrungsmittelchemie und verwandten Betrieben der Fall, die sich
heute noch mit sehr kostspieligen Entölungsanlagen helfen.

Abb. 220. Kleiner Turbokompressor der FMA für 7 atü und 1800 m³/st.

Abb. 220 zeigt einen kleinen Kompressor der Frankfurter Maschinenbau A.-G. für nur 1800 m³/st bei achtfacher Verdichtung. Diese
Ausführung ist m. W. der kleinste Turbokompressor, der je
gebaut worden ist. Der Kompressor hat Innenkühlung in der be-

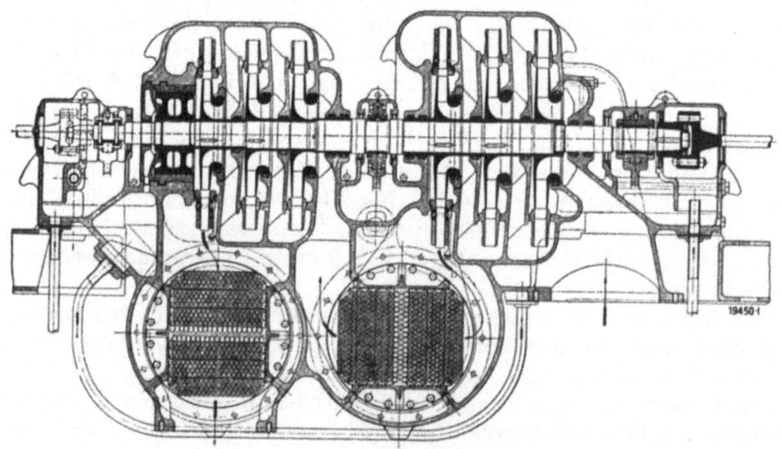

Abb. 221. Kleiner Turbokompressor von BBC.

reits oben beschriebenen Art. Er ist aus einzelnen Elementen, wie aus
Abb. 220 erkenntlich, zusammengesetzt. Die Schwierigkeiten betr. der
kritischen Drehzahl sind hier dadurch bekämpft worden, daß die Laufräder besonders leicht ausgeführt wurden. Dieselben — im ganzen
zwölf Stufen — sind aus dem Leichtmetall Silumin gegossen. Dieses

Metall eignet sich sehr gut für derartige Zwecke, weil es einen sehr glatten Guß gibt und sich dünn ausgießen läßt. Die Welle macht 12 000 Umdr./min und wird unter Zwischenschaltung eines Übersetzungsgetriebes durch einen 3000 tourigen Motor angetrieben. Die Grundplatte des Kompressors ist als Hohlkörper ausgebildet und wird teils als Ölsammelbehälter, teils als Ölkühler verwendet. Die Ölversorgung von allen Lagern und Getrieben geschieht durch eine Zahnradölpumpe, die unter nochmaliger Untersetzung von der langsam laufenden Getriebewelle angetrieben wird.

Abb. 221 zeigt einen kleinen Turbokompressor von Brown-Boveri für eine Fördermenge von 100 bis 200 m³/min. Die Maschine ist mit vier Gehäusen ausgebildet. Abb. 221 zeigt einen Schnitt durch einen Doppelzylinder. Auch hier sind 12 Stufen gewählt, doch hat diese Maschine nach der Bauart Brown-Boveri Außenkühlung. Durch diese unterteilte Bauart ist es sehr leicht möglich, die Welle in Betriebszuständen laufen zu lassen, die mit größeren Maschinen vergleichbar sind. Die zusätzlichen Wellendichtungen und die wesentlich teurere Bauart lassen die Bauart jedoch erst von einer Leistung von zirka 100 m³/min als wirtschaftlich erscheinen.

XI. Regelvorrichtungen für Gebläse und Turbokompressoren.

Die Regelvorrichtungen, die zur Aufrechterhaltung der Betriebsbedingungen nötig sind, werden durch zwei Gesichtspunkte bestimmt. Einmal die Art und Weise, in welcher die Druckluft abgenommen wird, z. B. konstanter Druck, konstantes Volumen, Abfallen des Druckes mit dem Volumen in vorgeschriebener Weise usw., dann besondere Maßnahmen, die durch die Eigenart der Kennlinie bedingt sind, unabhängig von obigen Forderungen. Zur Verhütung des sog. Pumpens von Kreiselverdichtern sind besondere Regulierungen nötig, die eigentlich ein wesentlicher Bestandteil der Maschine sind. Ohne diese Maßnahmen sind Turbokompressoren für gewisse Arbeitsbereiche überhaupt nicht betriebsfähig.

1. Pumpen der Turbokompressoren.

a) Grundsätzliches.

Turbokompressoren haben die unangenehme Eigenschaft, daß sie unterhalb einer gewissen Liefermenge ein periodisches Rückströmen der Druckluft in die Maschine zeigen, wodurch häufig so heftige Erschütterungen auftreten, daß der Betrieb gefährdet wird.

An Hand der Kennlinie kann das Entstehen dieser Erscheinung leicht verfolgt werden. Abb. 222 zeigt eine Kennlinie. Q_A kennzeichnet die normale Förderung mit dem Druck P_A. Wenn der Bedarf an Druckluft steigt, wandert A auf der Kennlinie nach rechts.

Hierdurch ist — konstante Drehzahl vorausgesetzt — eine Abnahme des Druckes bedingt. Die gleichen Vorgänge finden auch in dem anschließenden Netz statt. Bei größerer Abnahme von Druckluft wird der Druck naturgemäß sinken. Wird hingegen an der Abnahmestelle plötzlich weniger Druckluft gebraucht[1], so steigt der Druck. Ist in der Leitung z. B. eine Zunahme von Q_A auf Q_D vorhanden, so wird der Druck auf den Wert P_D sinken. In gleicher Weise ist der Einfluß einer kleinen Drehzahländerung zu übersehen, die z. B. durch Schwankungen der Antriebsmaschine entstehen kann. In Abb. 222 ist für eine etwas höhere Drehzahl die Kennlinie eingezeichnet. Sind die normalen Verhältnisse wieder Q_A und P_A, so wird bei vergrößerter Drehzahl der Druck zunächst noch konstant sein. Es stellt sich also der Betriebspunkt E ein. Nun wird aber mehr gefördert wie abgenommen wird, so daß der Druck steigt und schließlich P_F erreicht. Im obigen Falle einer Enddrosselung wird sich jedoch G einstellen. In jedem Falle ist jedoch mit einer Drehzahlvergrößerung eine Leistungsvergrößerung verbunden.

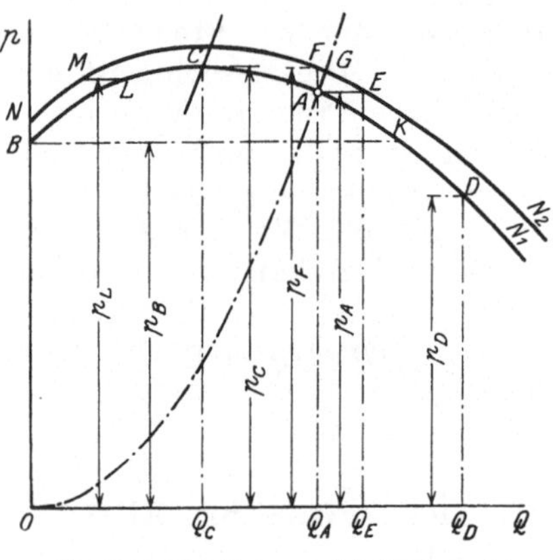

Abb. 222. Kennlinien und Betriebspunkt bei verschiedenen Drehzahlen.

Diese Vorgänge erkennt man leicht als stabil und den Betriebsbedingungen angepaßt. Hierunter ist zu verstehen, daß bei einer kleinen Änderung eines konstant zu haltenden Zustandes Kräfte auftreten, die den ursprünglichen Zustand wieder herbeizuführen suchen. Dies gilt indes nur für den von C nach rechts abfallenden Zweig der Kennlinie, d. h. solange auf der Kennlinie $\dfrac{dP}{dV}$ negativ ist.

Wir wollen nun annehmen, die normale Fördermenge sei C bzw. Q_c und P_c. Wenn nun die Liefermenge kleiner wird, steigt der Druck in der Leitung über den Enddruck des Kompressors, und die Druckluft strömt in die Maschine zurück. Die Förderung hört plötzlich auf, und der Betriebspunkt ist B. Wird aber trotzdem weiter Druckluft aus dem Netz entnommen, so sinkt der Druck je nach dem Fassungsvermögen der Rohrleitung sehr schnell unter p_B. Dann beginnt der Kompressor wieder zu arbeiten, und der Betriebspunkt springt von B nach K. Da diese Menge jedoch bedeutend größer ist wie die verlangte, steigt der Druck sehr schnell an, erreicht das max., p_c und die Lieferung reißt wieder ab. Diesen Vorgang nennt man Pumpen. Die Bezeichnung kommt daher, weil die hierbei auf-

---

tretenden Geräusche sehr große Ähnlichkeit haben mit den von Kolbenpumpen. Nun betrachten wir einen Kompressor, der die konstante Menge Q_C liefern soll, dessen Antriebsmaschine jedoch geringen Schwankungen unterworfen ist. Die Drehzahl steige z. B. um ein weniges, so daß die bereits oben erwähnte Kennlinie entsteht. Da der Druck zuerst wieder konstant bleibt, wird die Menge abnehmen bis M. Da jetzt weniger gefördert wird wie abgenommen wird, sinkt der Druck sehr rasch bis B. Die Förderung hört auf. Bei noch etwas weiterem Sinken des Druckes springt der Kompressor wieder an auf dem Punkte K. Da die Menge jetzt zu groß ist, steigt der Druck an bis C, und dasselbe Spiel beginnt von vorne. Hieraus folgt, daß der linke Ast der Kennlinie überhaupt nicht brauchbar ist.

Es ist klar, daß das Fassungsvermögen der Rohrleitung einen großen Einfluß auf die Frequenz des Pumpens hat. In großen Netzen dauert es längere Zeit, ehe der Druck unter den Punkt B gesunken ist. Außerdem ist der Aufbau der Maschine, Stufenzahl, Höhe des Druckes usw. mit ausschlaggebend für die Frequenz.

Bei großen Maschinen können die durch das Rückströmen auftretenden Stöße die Räder lockern, und der Betrieb kann sehr gefährdende Formen annehmen. Deshalb ist es unter allen Umständen zu vermeiden, daß rotierende Verdichter unterhalb der sogenannten Pumpgrenze arbeiten.

Kompressoren, deren Fördermengen keinen großen Schwankungen unterworfen sind, z. B. Hochofengebläse, Bessemer-Gebläse usw., bedürfen selbstverständlich keiner besonderen Maßnahmen zur Verhütung des Pumpens, während bei Anlagen, deren Druckluftabnahme sehr großen Schwankungen unterliegt, immer im folgenden zu besprechende Vorkehrungen zu treffen sind, die das Pumpen vermeiden.

Es entsteht noch die Frage, weshalb dieselbe Erscheinung nicht auch bei Kreiselpumpen auftritt, wozu prinzipiell dieselbe Kennlinie vorhanden ist. Der Grund liegt in der Kompressibilität der Luft. Beim Rückströmen der verdichteten Luft kann die Luft vermöge ihrer inneren Energie expandieren. Dies wird bewirken, daß der Druck in der Druckleitung erst allmählich sinkt im Gegensatz zu Wasser, wo bei einem Rückströmen in der Druckleitung der Druck momentan sinken kann. In der Tat beobachtet man bei Kreiselpumpen meistens nur ein leichtes Zittern des Wasserstromes.

b) Experimentelle Bestimmung der Pumpgrenze.

Die experimentelle Bestimmung der Pumpgrenze ist verhältnismäßig einfach. Da die Fördermenge fast immer durch eine Düse gemessen wird, genügt eine Beobachtung des den Unterdruck anzeigenden Manometers. Man schließt langsam den Schieber in der Druckluftleitung, wodurch die Fördermenge verkleinert wird. Erreicht man die Pumpgrenze, so wird das Manometer plötzlich nach beiden Seiten schwanken und keinen bestimmten Wert anzeigen. Im allgemeinen bestimmt man die Menge, bei der das Manometer gerade noch ruhig ist.

Bei Gebläsen mit geringem Enddruck ($< 0,5$ atü) wird sich oft kein sehr starkes Pumpen bemerkbar machen, die Luftförderung wird nicht unterbrochen, sondern zittert nur sehr stark, so daß mit dem Manometer allein keine richtige Feststellung zu machen ist. Je geringer das Druckverhältnis ist, um so mehr wird man sich den Verhältnissen der Kreiselpumpe, die ein inkompressibles Medium fördert, nähern. Man kann sich hier so helfen, daß man die Hand vor die Saugdüse hält und die Menge feststellt, bei der die Hand in leichte Schwingungen gerät.

c) Einfluß der Schaufelung auf das Pumpen.

In Abschnitt IV, 7 war gezeigt worden, daß die Kennlinie durch die Schaufelform, namentlich durch die Austrittswinkel sehr beeinflußt wird. Nach rückwärts gebogene Schaufeln zeigen einen sehr langen abfallenden Ast, während bei nach vorwärts gekrümmten Schaufeln nur ein kurzes abfallendes Stück vorhanden ist. Da niedrige Pumpgrenze gleichbedeutend ist mit großem Abstand der max. Fördermenge der Kennlinie von dem Punkt mit dem besten Wirkungsgrad, ist bei nach rückwärts gekrümmten Schaufeln eine niedrigere Pumpgrenze zu erwarten. Nach vorwärts gebogene Schaufeln und auch radiale Schaufeln kommen wegen ihres schlechten Wirkungsgrades für den Kompressorenbau nur selten in Frage, so daß wir uns auf nach rückwärts gebogene Schaufeln beschränken wollen. Auch hier ergeben sich noch große Unterschiede. Je mehr die Schaufel gegen die Tangente gebogen ist, um so niedriger ist die Pumpgrenze. Theorie und Erfahrung decken sich hier sehr gut. Man hat es also in der Hand, durch starke rückwärts gebogene Schaufeln die Pumpgrenze zu erniedrigen. Nun sinkt aber bekanntlich mit größerer Rückwärtsneigung der Enddruck, d. h. die Leistung pro Stufe, während die Verluste, z. B. Radreibung, Schaufelreibung usw., ziemlich konstant bleiben. Es ist also eine Abnahme des Wirkungsgrades zu erwarten, der auch tatsächlich beobachtet werden kann. Die im Kompressorenbau üblichen Winkel schwanken zwischen 60^0 bis 45^0. Einzelne Firmen helfen sich nun so, daß die steilen Winkel prinzipiell beibehalten werden und nur einige Räder, z. B. letztes Niederdruck- und letztes Hochdruckrad, mit flachen Winkeln ausgeführt werden. Hierdurch kann die Pumpgrenze um ca. 5 bis 8% erniedrigt werden.

d) Schaufelformen nach Lachmann und Handley Page.

Unabhängig von den zuvor betrachteten Verhältnissen der Kennlinie bildet sich in den umlaufenden Schaufelkanälen eine Strömungsform aus, die keinen großen Widerstand gegen Rückströmungen bietet. Da die einzelnen Luftteilchen bei der Energieaufnahme im Laufrade keine Drehung ausführen, wirkt sich, wie bereits oben besprochen, der sogenannte Kanalwirbel aus, der zur Folge hat, daß unterhalb einer gewissen Fördermenge auf der Druckseite der Schaufel eine Rückströmung eintritt. Durch diese Erscheinung wird das Rückströmen sicherlich sehr gefördert. Auch findet auf der Unterdruckseite (hohle Schaufelseite) eine Verzögerung statt, die ein Ablösen begünstigt. Wenn es jedoch gelingt, dieses Rückströmen ganz oder teilweise zu unterbrechen, so ist eine günstige Beeinflussung auf die Pumpgrenze zu erwarten. Nun ist im Flugzeugbau seit langem eine ähnliche Erscheinung bekannt, nämlich das Abreißen der Strömung auf der Saugseite eines Tragflügels bei größerem Anstellwinkel. Auf der oberen Seite des Flügels steigt die Geschwindigkeit zuerst schnell an und verzögert sich dann langsam. Ist diese Verzögerung zu groß, so tritt zuerst eine Rückströmung ein, die ein Abreißen der Strömung zur Folge hat. Dieses kann man nun nach den Patenten von Lachmann und Handley Page dadurch vermeiden, daß man sogenannte Schlitzflügel ausbildet (Abb. 223), die bewirken, daß von der Druckseite (Unterseite) der oberen „müden" Grenzschicht neue Energie zugeführt wird. Tatsächlich erreicht man hier-

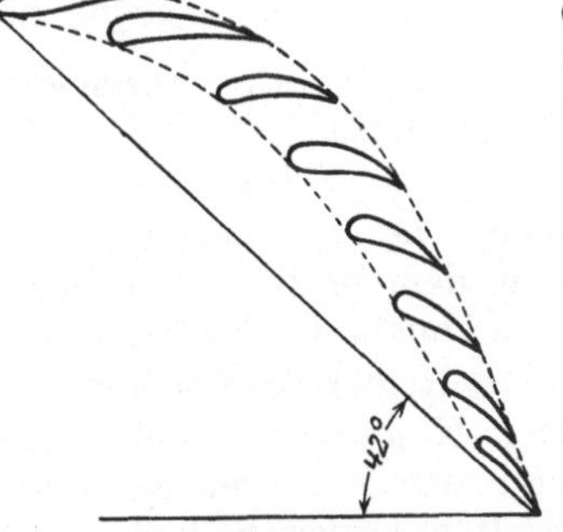

Abb. 223. Schlitzflügel nach Lachmann.

Abb. 224. Unterteilte Schaufeln nach v. Kármán.

durch selbst bei sehr großem Anstellwinkel noch eine anliegende Strömung. Da das Strömungsbild einer abgerissenen Tragflächenströmung und einer Schaufelströmung mit kleiner Fördermenge ziemlich ähnlich ist, sind von in einzelne Teile geteilten Schaufeln ähnliche Vorteile zu erwarten (Abb. 224). Da auf der Rückströmseite der Druck höher ist, strömt Luft durch die Schlitze zur Saugseite. Es findet also eine Zirkulation von Luftteilchen innerhalb des Laufrades statt, während der andere Teil gefördert wird. Die Gute Hoffnungshütte hat auf Veranlassung von v. Kármán[1] Versuche mit derartigen Schaufeln ausgeführt mit dem Ergebnis, daß die Pumpgrenze in der Tat sehr herunter gedrückt wird. Gleichzeitig fällt aber der Wirkungsgrad bei normaler Fördermenge, was auch zu erwarten ist. Dies dürfte auch neben der verteuerten Herstellung der Grund sein, weshalb diese Schaufeln sich nicht eingeführt haben. Immerhin eine sehr beachtenswerte Konstruktion!

e) Pumpgrenze bei verschiedener Drehzahl.

In Abb. 225 sei ABC die Kennlinie für eine Drehzahl n_1, die Maschine arbeite bei A. Die Drehzahl sei nun vermindert auf n_2. Da jetzt die Strömungsverhältnisse genau ähnlich sind, müssen die

---

[1] Siehe auch Deutsche Patentschrift 443163.

Mengen sich verhalten wie $\frac{n_1}{n_2}$ und die adiabatischen bzw. isothermen Arbeiten wie $\left(\frac{n_1}{n_2}\right)^2$. Da letztere wenigstens bei kleinen Drücken sich

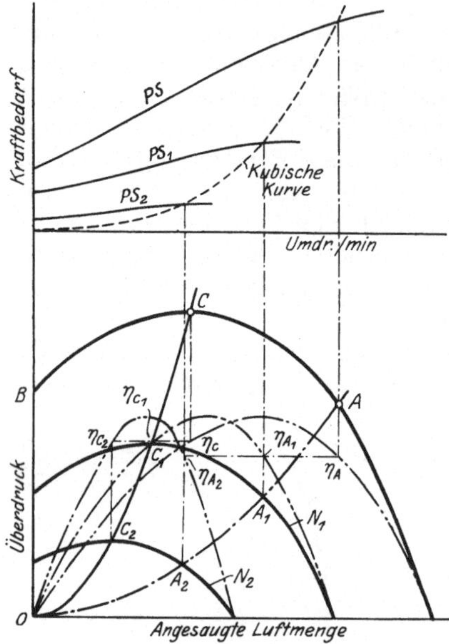

Abb. 225. Kennlinien bei verschiedenen Drehzahlen.

wie die Drücke verhalten, liegt der Betriebspunkt A auf der Parabel $O A_1 A$. Dasselbe gilt also auch für die Pumpgrenze, die für alle Drehzahlen berechnet werden kann, wenn sie für eine Drehzahl bekannt ist.

2. Einteilung der Regler.

Entsprechend ihrer Aufgabe kann man die Regler einteilen in

a) Regler zur Vermeidung der Pumpgrenze.

b) Regler für konstantes Volumen. Die Maschine soll unabhängig von dem bestehenden Gegendruck eine konstante Fördermenge liefern.

c) Regler für konstanten Druck. Der Kompressor soll unabhängig von der Fördermenge einen konstanten Druck halten.

a) Regulierungen zur Vermeidung der Pumpgrenze.

Die Vorrichtungen, die in der Praxis heute üblich sind zur Verhinderung des Pumpens, sind folgende:

α) Ausblaseventil entweder von Hand oder automatisch verstellt.

β) Drosselung in der Saugleitung.

γ) Veränderung der Diffusorquerschnitte durch drehbare Leitschaufeln.

α) Ausblaseventil.

Der einfachste Weg zur Vermeidung des Pumpens besteht im Öffnen eines Ventils in der Druckleitung, durch welches ein Teil der Druckluft ins Freie entweichen kann. Hierdurch kann immer erreicht werden, daß die gesamte geförderte Luftmenge weit genug von der Pumpgrenze entfernt ist. Abb. 226 zeigt ein Ausführungsbeispiel. Ein Rückschlagventil befindet sich in der Druckleitung. Auf derselben Ventilachse befindet sich unten ein Doppelsitzventil, welches sich beim Schließen des Rückschlagventils öffnet. Eine Feder C drückt es auf den Sitz B. Wie ersichtlich, ist dieses Ventil auf der einen Seite mit dem Druckrohr und auf der anderen Seite mit der Atmosphäre verbunden. Die Stellung des Rückschlagventils hängt von der Fördermenge ab. Wenn letztere sich dem kritischen Wert nähert, berührt die Spindel von A die von B. Letzteres wird sich nun mit zurückgehender Fördermenge immer mehr öffnen und so viel Luft ins Freie lassen, daß kein Pumpen eintritt. Während des Ablassens ist der Druck ziemlich konstant und hat hier seinen größten Wert. Wenn die Druckluftentnahme ganz aufhört, schließt das Rückschlagventil, und das untere Ventil ist ganz offen. Damit in diesem Falle kein Pumpen auftritt, muß mindestens die kritische Fördermenge jetzt durch das Ventil gehen können, und nach diesen Gesichtspunkten ist letzteres zu dimensionieren.

Um den Druckabfall in dem Rückschlagventil zu vermindern, wird das Gewicht desselben teilweise durch die Feder E aufgenommen. Letztere drückt auf den Kolben D, der gleichzeitig eine Dämpfung bewirkt, wenn bei kleineren Öffnungen das Ventil zu schwingen bestrebt ist.

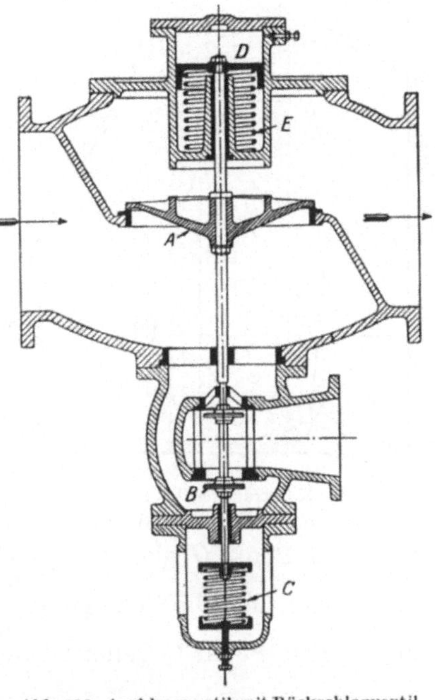

Abb. 236. Ausblaseventil mit Rückschlagventil.

β) Drosselung in der Saugleitung.

Bringt man in der Saugleitung eine Drosselung an, so wird hierdurch der Anfangsdruck beim Eintritt in das 1. Rad vermindert werden. Thermodynamisch geht der Vorgang so vor sich, daß die Luft an der engsten Stelle verlustfrei adiabatisch expandiert. Durch die nun folgende plötzliche Erweiterung des Querschnittes treten starke Wirbel auf. Die Expansionsarbeit wird wieder in Wärme umgesetzt, und die Temperatur der Luft ist dieselbe wie vorher. Durch die Drosselung hat sich also das Volumen im umgekehrten Verhältnis der Drücke vergrößert.

Nun folgt aus der Theorie der Laufräder, daß das in einer Maschine erzeugte Druckverhältnis nur von dem Volumen abhängt, das vor Eintritt in das 1. Rad vorhanden ist. Denn wenn die Volumina gleich sind, sind auch die Strömungsverhältnisse bzw. die Geschwindigkeiten genau gleich.

Für eine beliebige Stellung des Drosselschiebers sei die Geschwindigkeit im engsten Querschnitt v bzw. das Gesamtvolumen $V = F' \cdot v$. Für kleine Druckabfälle gilt nun die Gleichung

$$v = \sqrt{2\,g\,\varDelta p \cdot v_m} \qquad \text{oder} \qquad \frac{V^2}{F'^2} = \frac{2\,g\,\varDelta P}{\gamma_m}, \qquad \varDelta p = \frac{V^2}{F'^2}\frac{\gamma_m}{2\,g},$$

d. h. der Druckabfall wächst ungefähr parabolisch mit steigender Fördermenge.

In Abb. 227 ist eine derartige Kurve D eingetragen. Nun wollen wir einen beliebigen Punkt A der Kennlinie betrachten und feststellen, welche Verschiebung dieser Punkt durch die Drosselung erfährt. Da der Anfangsdruck sich verringert, wird auch die angesaugte Menge — bezogen auf Atmosphäre — kleiner sein, d. h. der Punkt A muß nach links rücken. Die Volumina müssen sich wie die Anfangsdrücke verhalten, während das Druckverhältnis dasselbe geblieben ist. Ziehen wir vom Nullpunkt aus eine Gerade nach A und dem Projektionspunkt von A auf die atmosphärische Linie, so ist $\dfrac{p_2}{p_1} = \dfrac{p_2'}{p_1'}$, wenn

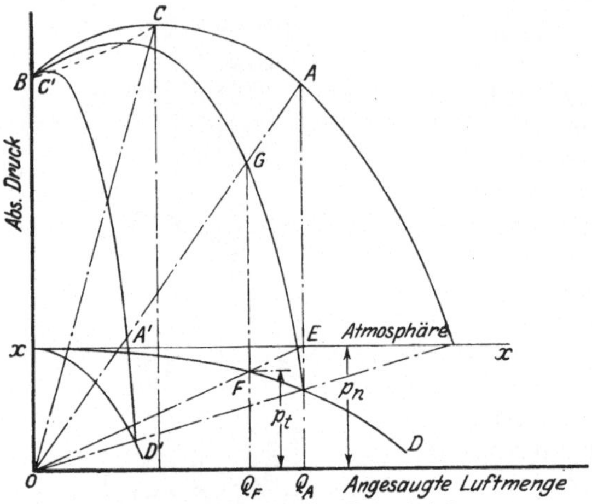

Abb. 227. Konstruktion der Kennlinien bei Drosselung in der Saugleitung.

man den Punkt G als den gesuchten Punkt betrachtet. Ebenfalls erkennt man, daß die Bedingung $\dfrac{Q_A}{Q_F} = \dfrac{P_1}{P_1'}$ erfüllt ist. Die Konstruktion, die zu dem Punkt G geführt hat, ist aus Abb. 227 leicht zu erkennen. Mit Hilfe derselben kann nun für alle Punkte die Kennlinie für eine gegebene Lage des Drosselorgans gefunden werden (BG in Abb. 227). Für noch stärkere Drosselung ergibt sich z. B. $C'A'$.

Die hier benutzte Beziehung, daß durch die Drosselung bei konstantem Durchtrittsvolumen das Druckverhältnis nicht geändert wird, gilt streng genommen nur, wenn die Temperaturen dieselben bleiben. Da nun bei Drosselung das Luftgewicht kleiner ist, wird die Kühlung etwas stärker wirken, wodurch geringe Verschiebungen zu erwarten sind.

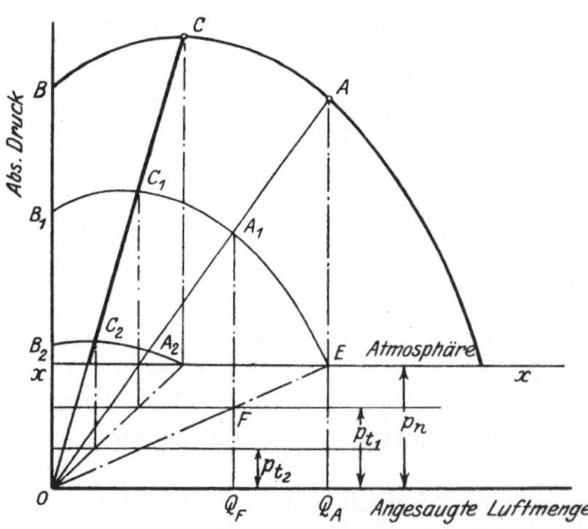

Abb. 228. Kennlinien bei konstantem Unterdruck in der Saugleitung.

Bei sehr kleinen Förderungen ist die Drosselung relativ gering. Man erkennt, daß für $Q = 0$ alle Kurven durch den ursprünglichen Punkt B gehen müssen.

Nun soll das Drosselorgan in der Weise betätigt werden, daß unabhängig von der Fördermenge der Anfangsdruck konstant ist (Abb. 228). p_{t_1} sei z. B. der Druck, der vor dem Kompressor gehalten werden soll. Hierauf läßt sich nun von Punkt zu Punkt dieselbe Methode anwenden, die oben abgeleitet wurde. So entsteht die Kennlinie B_1, $C'\,A'\,E$. Man erkennt, daß in diesem Falle die Punkte für die Pumpgrenze auf einer geraden Linie durch den Nullpunkt liegen.

Eine Regulierung zur Vermeidung der Pumpgrenze durch Drosselung in der Saugleitung von der Firma C. A. Parsons & Co. (England) zeigt Abb. 229.

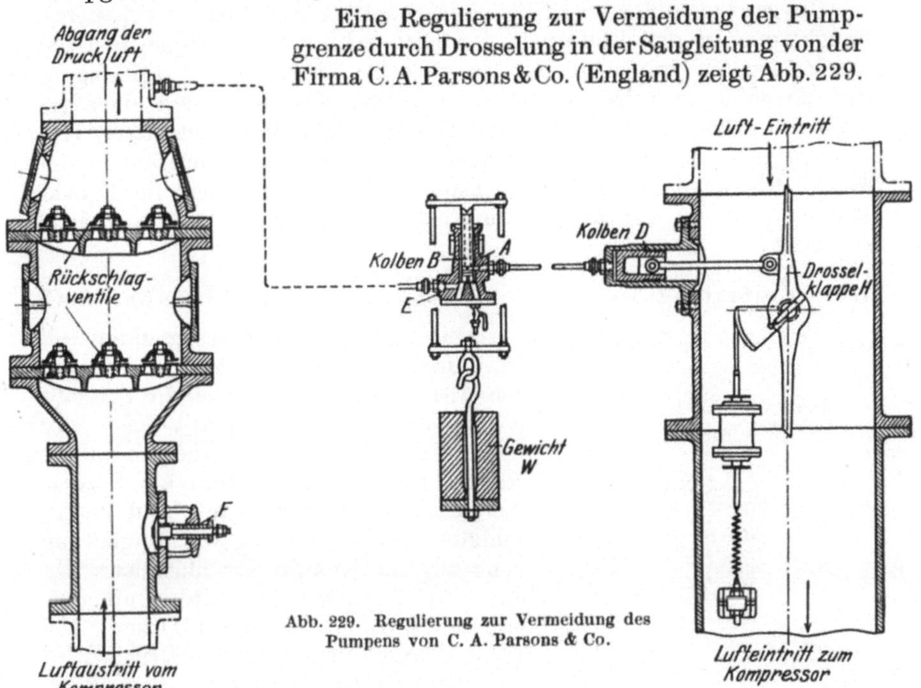

Abb. 229. Regulierung zur Vermeidung des Pumpens von C. A. Parsons & Co.

Der Stutzen E ist mit der Druckleitung, d. h. einer Stelle hinter der Rückschlagklappe, verbunden und wirkt auf einen Kolben B, der durch ein Gewicht W belastet ist. B steuert den Druckluftzutritt zu dem größeren Kolben D, der eine Drosselklappe der Saugleitung betätigt. Bei Abnahme des Luftbedarfs steigt der Druck, wodurch B ansteigt und Druckluft unter den Kolben D läßt, der die Drosselklappe langsam schließt. Wenn nun der Druck sinkt, läßt der Druck in B schnell nach, der Kolben B schließt den Kolben C ab, und die im Zylinder abgeschlossene Luft entweicht durch eine Drosselöffnung. Durch ein Nadelventil — nicht sichtbar in Abb. 229 — ist eine genaue Einstellung der ganzen Regulierung möglich.

In der Druckleitung befindet sich ein Rückschlagventil, um beim Arbeiten der Pumpregelung ein Rückschlagen der Druckluft zu vermeiden. Bemerkenswert ist die Ausführung des Rückschlagventils. An Stelle der allgemein üblichen großen Klappen sind hier zwei Gruppenventile angebracht. Jedes besteht aus einer leichten Stahlplatte, die auf einem Rotgußsitz dichtet. Ein besonderes erweitertes Gußstück ist zu ihrer Aufnahme in der Druckleitung eingebaut. Die leichte Ausführung der Ventile bietet die Gewähr, daß bei eventuellen Schwingungen der Druckluftsäule keine Beschädigungen der Ventile eintreten. Da außerdem der Gesamtquerschnitt in mehrere voneinander unabhängige aufgeteilt ist, sind bei Versagen eines Ventiles keine großen Störungen zu erwarten.

Bei ganz geschlossenen Rückschlagventilen und fast geschlossener Saugklappe ist der Enddruck der Luft sehr gering, desgleichen die Fördermenge. Um in diesem Falle keine übergroße Erwärmung in der Maschine zu erhalten, öffnet sich beim Unterschreiten eines gewissen Druckes ein Ausblaseventil F hinter dem Druckstutzen, so daß durch dieses eine gewisse Luftmenge ins Freie entweichen kann. Bei Rückkehr zum normalen Betriebspunkt steigt der Druck im Druckstutzen, und das Ventil wird durch den Überdruck auf die Sitzfläche gedrückt.

Null-Vollastregulierung der Frankfurter Maschinenbau A.-G.

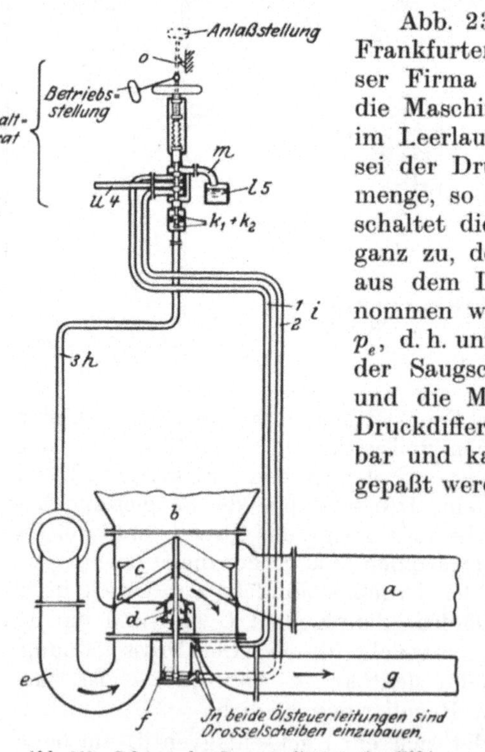

Abb. 230. Schema der Saugregulierung der FMA.

Abb. 230 zeigt die Saugreglung der Frankfurter Maschinenbau A.-G. Die dieser Firma patentierte Ausführung läßt die Maschine entweder bei Vollast oder im Leerlauf laufen. Für die Normallast sei der Druck p. Sinkt nun die Fördermenge, so steigt der Druck, und bei p_0 schaltet die Regulierung die Saugleitung ganz zu, der Kompressor läuft leer. Da aus dem Leitungsnetz weiter Luft entnommen wird, so sinkt der Druck. Bei p_e, d. h. unter dem normalen Druck, wird der Saugschieber wieder ganz geöffnet, und die Maschine arbeitet wieder. Die Druckdifferenz $p_0 - p_e$ ist genau einstellbar und kann dem Leitungsnetz so angepaßt werden, daß der Kompressor nicht zu oft umschaltet (Abb. 230).

In der Saugleitung befindet sich ein Schieber, der durch einen Servomotorkolben betätigt wird. Auf derselben Spindel befindet sich noch ein kleines mit dem Druckstutzen verbundenes Ventil, das für eine kleine Luftzirkulation sorgt, wenn der Saugschieber geschlossen ist. Die in der Druckleitung eingebaute Rückschlagklappe ist nicht eingezeichnet. Der Druckölzutritt zu dem Servomotor wird gesteuert durch einen im oberen Teil der Abbildung zu erkennenden Schieber,

der unter dem Einfluß eines kleinen Druckluftkolbens steht. Letzterer
steht mit der Druckluftleitung in Verbindung. Um zu erreichen, daß
die Regulierung nicht einen einzelnen Punkt steuert, sondern nach
Abb. 231 eine Druckdifferenz, innerhalb der der Kompressor arbeiten kann, ist der kleine Druckluftkolben als Differentialkolben ausgebildet, so daß der auf die Ringfläche
wirkende Druck durch eine Verstell-
schraube abgedrosselt werden kann.
Durch Betätigung letzterer ist die gewünschte Druckdifferenz beliebig (d. h.
bei 8 atü zirka $\Delta P = 0{,}4$ bis 3 at) einstellbar. In vielen Fällen ist eine kleine
Abweichung vom Enddruck sogar erwünscht. In den seltensten Fällen ist
es notwendig, den Druck auf weniger
als 0,3 atü konstant zu halten.

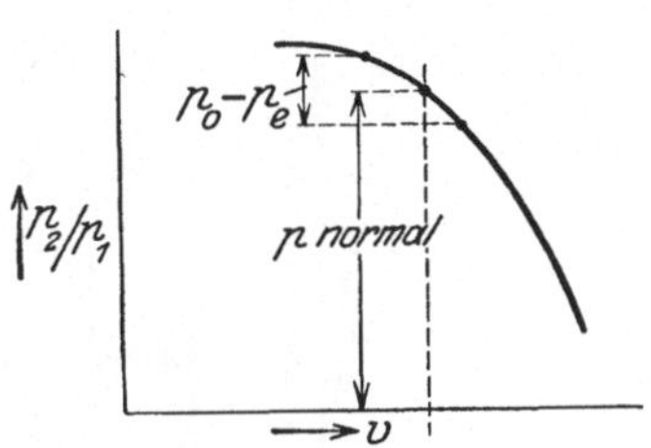

Abb. 231. Arbeitsbereich der
Saugregulierung von FMA.

Arbeitsweise. Der Druck steigt vom Normaldruck p auf p_0.
Der Luftkolben drückt den Ölschieber hoch, Drucköl tritt in den
Servomotor, wodurch der Saugschieber geschlossen wird. Der Enddruck sinkt sehr schnell, so daß fast gleichzeitig die Rückschlagklappe
den Kompressor von der Leitung abschließt. Der Kompressor läuft
nun mit den ersten Rädern beinahe im Vakuum, während durch das
gleichzeitig geöffnete Ausblaseventil die letzte Stufe mit dem Freien
verbunden ist. Damit durch Zirkulation derselben Luftmenge der
Kompressor nicht unnötig erwärmt wird, ist der Saugschieber etwas
durchlässig, und kann dieser besonders eingestellt werden. Wenn nun
der Druck sinkt, hält der kleine Druckluftkolben den Schieber noch
immer zu, da ja jetzt der Luftdruck auf die größere Kolbenfläche
wirkt. Hierdurch muß der Druck weiter auf p_e sinken, wo plötzlich
der Druckkolben nach unten schnellt und den Ölschieber in dem
Sinne steuert, daß der Saugschieber ganz geöffnet wird. Jetzt wird
der Kompressor wieder fördern, durch den schnell ansteigenden Druck
wird die Rückschlagklappe geöffnet, und das Netz wird wieder be-
liefert.

Diese Regulierung, die in Deutschland und im Ausland an sehr
vielen Anlagen (auch solche, die nicht von der Frankfurter Maschinenbau A.-G. geliefert sind) eingebaut ist, hat außer der großen Einfachheit den Vorteil, daß entweder die Maschine auf dem Punkte
besten Wirkungsgrads oder im Leerlauf arbeitet. Da bei Leerlauf
die Räder in sehr verdünnter Luft laufen, sind die Leerlaufverluste
äußerst gering. Verfasser hatte oft Gelegenheit, auf dem Prüfstande
die Leerlaufverluste mit Hilfe von Torsionsdynamometern zu messen.
Sie bewegen sich zwischen 6 bis 10% der Normalleistung,
je nach der Größe der Maschine. Bei den sehr kurzen Zeiten, während
deren die Maschine leer läuft, ergibt sich nur ein unbedeutender
Abfall des mittleren Wirkungsgrades, woraus die große Beliebtheit
dieser Regulierung wohl zu erklären ist. Um bei kleinen Abweichungen von der normalen Fördermenge ein zu häufiges Umschalten zu

vermeiden, ist der Arbeitsbereich $p_0 - p_e$ beliebig einstellbar und kann den örtlichen Verhältnissen angepaßt werden.

Eine andere bemerkenswerte Ausführung stammt von Fraser & Chalmers. Abb. 232 zeigt eine Prinzipskizze dieser Regulierung. In die Saugleitung ist ein Venturirohr eingebaut, hinter welchem sich

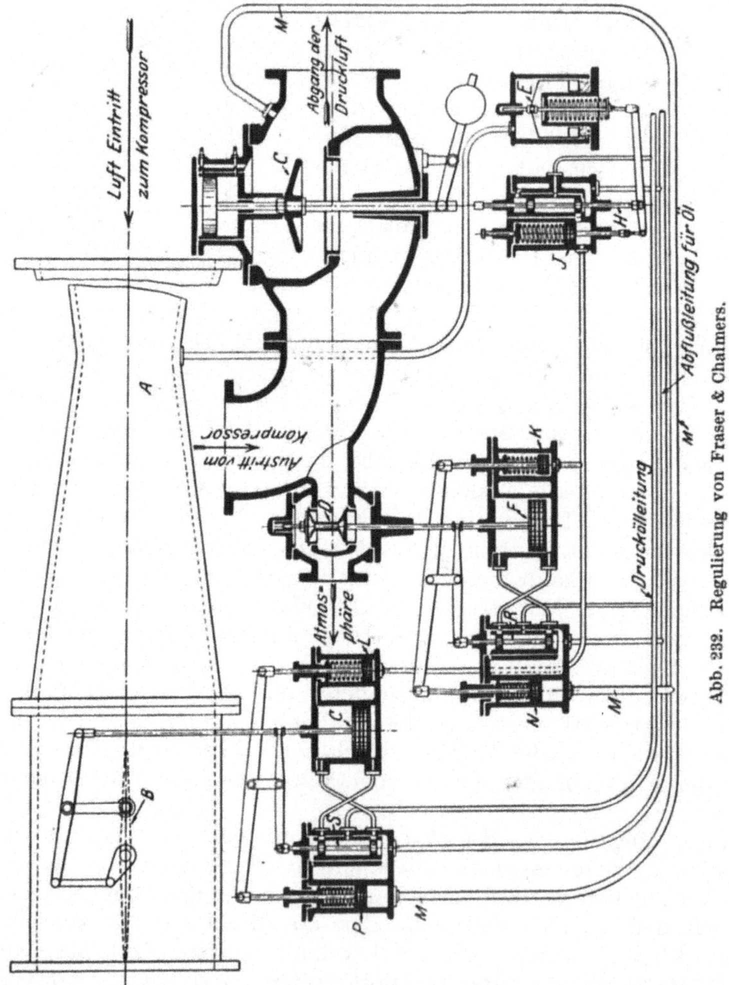

die Saugklappe befindet. Die Druckleitung ist ebenfalls mit Rückschlagventil C und Ausblaseventil D ausgestattet. Der Unterdruck an der engsten Stelle des Venturirohrs überträgt sich auf eine in Quecksilber schwimmende leichte Metallglocke, die schon bei kleinen Änderungen des Druckes ziemliche Verstellkräfte erzeugt[1]. Die beiden

---

[1] Diese Anordnung wird auch heute noch bei Abdampfturbinensteuerungen verwendet, allerdings zeigen neuere Konstruktionen mehr und mehr Metallmembranen.

Servomotoren F und G verstellen Saugklappe und Ausblaseventil. Wenn die Glocke E sich bewegt — infolge Druckänderungen —, so wird der Ölschieber H verstellt, es tritt Drucköl auf die Unterseite der federbelasteten Kolben J, K und L. Durch die Stangenrückführung von E, H und J bzw. die Feder über K wird der Öldruck bestimmt, der unter die Kolben K und L tritt. Die Rohrleitung M verbindet die Druckluftleitung hinter der Rückschlagklappe mit den federbelasteten Kolben N und P, so daß die Regulierung der Drosselklappe und des Ausblaseventils unter dem Einfluß des Enddruckes stehen. Zu den beiden Ölschiebern R und S wird Drucköl geleitet aus der Druckölanlage der Maschine.

Wenn der Luftbedarf auf zirka 70 % der normalen Menge fällt, sinkt im Venturirohr A der Unterdruck derartig, so daß die Glocke E sich etwas hebt, hierdurch wird der Ölschieber gehoben — (die Rückführung dreht sich um J) — und es kommt Drucköl unter J, K und L. Dadurch, daß unter J Drucköl kommt, hebt sich der Kolben; nun aber ist der rechte Punkt der Rückführung Drehpunkt, so daß der Ölschieber wieder geschlossen wird. Ändert sich aber — infolge Undichtigkeiten usw. — unter J der Öldruck, so öffnet sich H wieder so lange, bis der Druck wieder erreicht ist. Die Gleichgewichtslage der Rückführstange kann sich erst verschieben, wenn der Druck im Venturirohr sich ändert, d. h. wenn die Fördermenge größer oder kleiner wird.

Nun ist die Feder über K so eingestellt, daß der Kolben sich erst bewegt, wenn die Pumpgrenze erreicht wird, während L sich stetig mit dem Öldrucke anhebt. Hierdurch hebt sich aber auch der Ölschieber S, welcher Öl zu der Unterseite des Kolbens G läßt und gleichzeitig das Öl über dem Kolben abfließen läßt. So wird die Drosselklappe B teilweise geschlossen, bis der Ölschieber seine Mittellage wieder erreicht hat. Die Drosselklappe hat dann eine feste Lage.

Wenn jetzt der Druckluftbedarf wieder steigt, wird der Druck oberhalb der Glocke E kleiner. Die Glocke steigt und stellt den Ölschieber H so, daß das Drucköl von L und J entweicht. Hierdurch wird das Drosselventil wieder geöffnet.

Es ergibt sich für jede Fördermenge eine ganz bestimmte Lage der Drosselklappe. Durch die Drosselung wird eine Verringerung der Endspannung und der Pumpgrenze erreicht. Wenn die Fördermenge unter die Pumpgrenze fällt, vergrößert sich der Öldruck unter J, K und L derartig, daß das Ausblaseventil sich öffnet und die Drosselklappe noch weiter geschlossen wird. Hört die Druckluftentnahme ganz auf, so schließt sich das Rückschlagventil C. Nun ist die Verlängerung des Ölschiebers H senkrecht unter der Spindel des Rückschlagventils angeordnet. Das Spiel zwischen den Spindelenden ist nun so groß, daß beim Schließen des Rückschlagventils der Ölschieber H herunter gedrückt wird. So kommt der volle Öldruck unter K und L, wodurch die Drosselklappe geschlossen und das Ausblaseventil ganz geöffnet wird.

Wird nun plötzlich Druckluft entnommen, so wird der Druck in dem Leitungsnetz fallen. Da dieses mit P und N in Verbindung steht, bewegen sie sich nach unten. Hierdurch werden die Ölschieber R und S in dem Sinne bewegt, daß Drucköl auf die obere Seite von F und G kommt, d. h. das Ausblaseventil schließt sich und, die Drosselklappe öffnet sich. Dann beginnt der Kompressor wieder in normaler Weise zu arbeiten.

Reglung von Brown-Boveri mit Universal-Relais. Abb. 233 zeigt eine einfache Ausblaseregelung von Brown-Boveri. Sie besteht im wesentlichen aus dem Ventil A, welches durch das Relais B be-

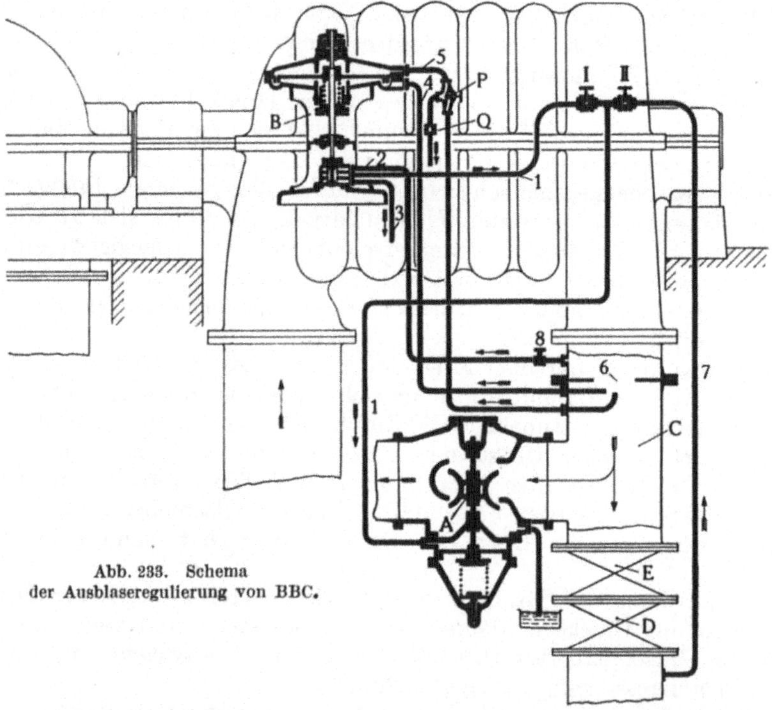

Abb. 233. Schema
der Ausblaseregulierung von BBC.

tätigt wird, und befindet sich in einer Abzweigung des Druckrohres. Sehr beachtenswert ist das Relais (Abb. 234), welches von der Firma zu den verschiedensten Zwecken gebraucht wird. Es besteht in der Hauptsache aus einem Membrankolben E, der Kolbenstange A, einem Kolben D und einem Öl- bzw. Druckluftschieber L. Der Membrankolben E ist an seinem Umfange mit einem Gummistulp gedichtet, der an der Platte selbst und an der Gehäusewand befestigt wird. Auf diese Weise wird eine gute Abdichtung mit sehr geringer Reibung erreicht.

Die unteren und oberen Seiten der verschiedenen Kolben können beliebig angeschlossen werden, je nach Verwendung des Relais. In Abb. 233 ist z. B. die untere Seite von D verbunden mit der Druckseite des Kompressors, die obere Seite hingegen mit der Atmosphäre. In dem Druckrohr befindet sich, wie aus Abb. 233 zu erkennen ist, eine Stauscheibe unmittelbar vor dem Ausblaseventil. Rohr *4* ist mit einem Druckrohr verbunden, das senkrecht in die Strömung hineinragt, d. h. der statische Druck der Strömung wird zu der unteren Seite des Membrankolbens *E* geleitet. *5* ist mit einem der Strömung entgegengesetzten Druckmesser verbunden, so daß der Gesamtdruck (statischer und dynamischer Druck) auf die obere Seite von *E* geleitet wird. Auf den Membrankolben wirkt somit die Differenz beider Kräfte, d. h. der

sogenannte dynamische Druck $\frac{\varrho}{2} \cdot v^2$.

Der Kolben wird also nach unten gedrückt mit einer Kraft, die dem Quadrat der Geschwindigkeit prop. ist. Durch eine Feder wird diese Kraft aufgenommen.

Der kleine Kolbenschieber *L* steuert die Druckluft zu dem Ausblaseventil. In Abb. 233 ist der Kanal *2* mit der Druckleitung der Maschine verbunden, der untere Kanal mit der Atmosphäre und der mittlere mit der oberen Seite des Servomotors des Ausblaseventils. Wenn der Kolbenschieber den oberen

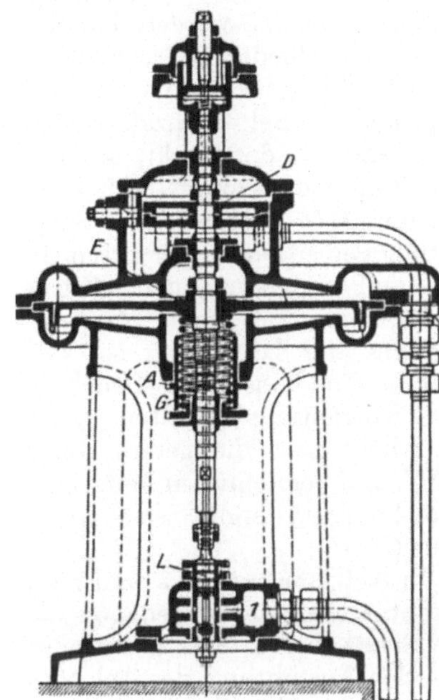

Abb. 234. Universal-Relais
von BBC.

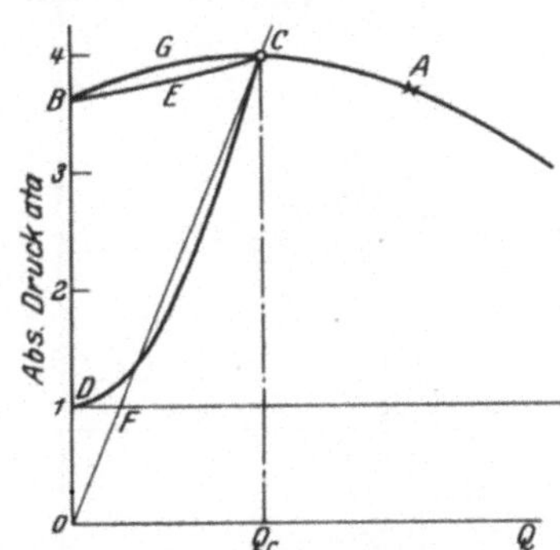

Abb. 235. Grenzkurven der Pumpgrenze
bei verschiedenen Regulierungen.

Kanal öffnet, wird der untere langsam geschlossen, so daß der Druck in dem mittleren Teile, der mit dem Servomotor verbunden ist, langsam steigt. Nach Möglichkeit soll erreicht werden, daß das Ausblaseventil sich genau prop. dem Anwachsen des Druckes schließt.

Wenn die Druckluftmenge abnimmt, so wird auch der dynamische Druck abnehmen, d. h. der Membrankolben wird entlastet und durch die Feder nach oben gedrückt. Hierdurch steigt auch der Schieber L. Bei einer bestimmten Menge wird sich dann das Ausblaseventil öffnen.

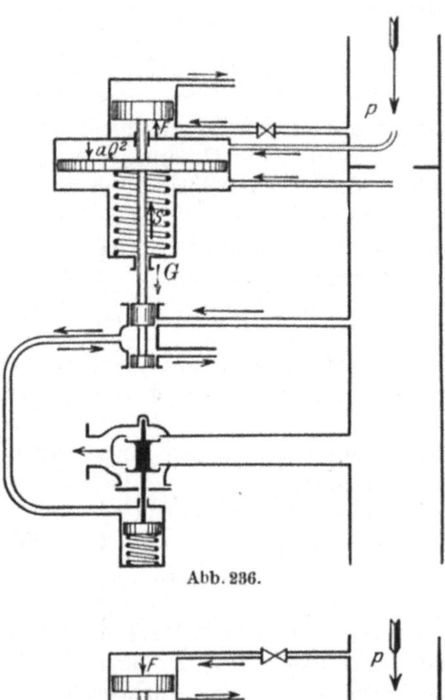

Abb. 236.

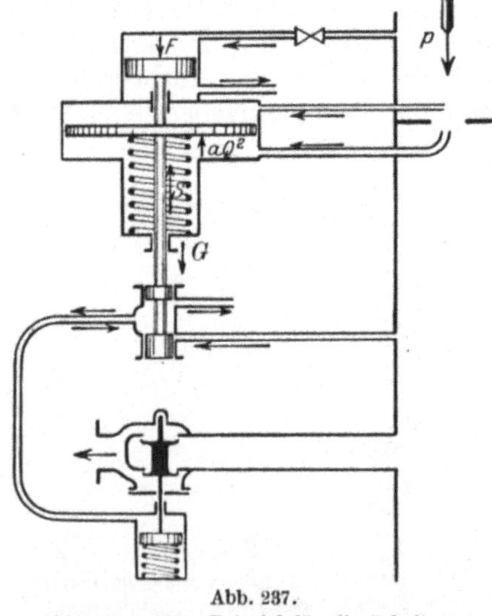

Abb. 237.

Abb. 236 u. 237. Beispiel für die Schaltungsmöglichkeiten des BBC-Universal-Relais.

Es soll nun gezeigt werden, wie eine Änderung des Druckes sich in der Regulierung auswirkt und wie durch verschiedene Anordnungen des Relais verschiedene Aufgaben erfüllt werden können.

Die verschiedenen Grenzkurven für die Pumpgrenze sind in Abb. 235 angedeutet. Bei Drehzahlregulierung wandert der Punkt, an dem das Pumpen beginnt, auf einer Parabel DC. Wenn in der Saugleitung gedrosselt wird, verschiebt sich die Pumpgrenze auf der Kurve CEB. Ist, wie schon oben behandelt, die Drosselung so, daß immer ein konstanter Druck in der Saugleitung gehalten wird, so erhält man die gerade Linie OFC. Bei verstellbaren Leitschaufeln hingegen ergibt sich ungefähr CGB.

In Abb. 236 und 237 sind zwei Hauptanordnungen angedeutet, die das Relais zuläßt. Abb. 236 stimmt mit der Ausführung der Abb. 233 überein. Da das Relais aus verschiedenen durch eine Stange verbundenen Kolben besteht, sind für die Bewegung die resultierenden Kräfte maßgebend. Es wirken folgende Einzelkräfte auf die Kolbenstange:

a) das Gesamtgewicht der Kolben mit Kolbenstange G,

b) Druckkraft S der Feder,

c) Kraft A auf den oberen Kolben infolge des Druckes in der Druckleitung $A = F \cdot p$, wo F die Kolbenfläche ist,

d) die resultierende Kraft auf den Membrankolben, die gleich ist dem Produkt aus der Kolbenfläche und dem dynamischen Drucke, d. h. $a \cdot Q^2$, wo a eine Konstante und Q die Luftmenge/sec. Dies gilt nur in 1. Näherung, da der Einfluß einer Druck- oder Temperaturänderung nicht berücksichtigt ist.

1. Anordnung.

Die Gleichgewichtsbedingung erfordert

$$A + S = a\,Q^2 + G,$$
$$p \cdot F = a\,F + (S - G)$$

oder

$$p = \frac{a\,Q^2}{F} - \frac{S-G}{F}.$$

Wir wollen annehmen, daß das Gewicht gerade durch die Feder S aufgenommen sei, dann ist $p = \dfrac{a\,Q^2}{F}$. Die Druckvolumenkurve, für die das Relais im Gleichgewicht ist, ist also eine Parabel CD (Abb. 235). Wenn nun der Druck bzw. die Menge links von dieser Parabel liegen, muß das Relais ein Öffnen des Ausblaseventils verursachen. Sowohl eine Steigerung des Druckes wie eine Verminderung des Volumens wirkt in diesem Sinne, wie aus Abb. 235 hervorgeht. In jedem Falle bewegt sich die Spindel nach oben, wodurch der Druck unter dem Servomotor des Ausblaseventils steigt. Die Kurve CD von Abb. 235 ist identisch mit Abb. 225, die die Pumpgrenze für Drehzahlregulierungen anzeigte. Die eben beschriebene Anordnung des Relais wird also bei Drehzahlregulierung das Pumpen verhindern.

Es soll nun noch der ungefähre Einfluß der Dichteänderung auf die Gleichgewichtskurve des Relais untersucht werden. Nehmen wir wieder $S = G$, so ist p prop. $\varrho\,c^2$; die Geschwindigkeit c in der Stauscheibe ist $\dfrac{Q \cdot v}{F_0}$, hier ist v das spezifische Volumen, Q das Fördergewicht in der Sekunde und F_0 die nutzbare Fläche der Stauscheibe. Wir erhalten:

$$p = a\,\varrho\,c^2.$$

Nun ist

$$c = \frac{Q \cdot v}{F_0},$$

hiermit

$$p \sim a\,\frac{1}{v}\,\frac{Q^2\,v^2}{F_0} = a\,\frac{Q^2\,v}{F_0{}^2},$$

da

$$v = \frac{R\,P}{p + p_0}$$

ist ($p_0 =$ Atmosphäre), so erhalten wir

$$p \sim a\,\frac{Q^2\,T}{(p + p_0)}.$$

Vernachlässigen wir den Einfluß der Temperatur, so ergibt sich für das Relais eine Gleichgewichtskurve, die ungefähr der geraden Verbindung DC entspricht.

Betrachten wir nochmals die ursprüngliche Gleichung

$$p = a\,\frac{Q^2}{A} - \frac{(S-G)}{A},$$

so erkennt man, daß durch Veränderung von S eine große Verschiebung der Grenzkurve erzielt werden kann. Alle diese Kurven liegen links von CD und können als hinreichende Annäherung an die Pumpgrenze bei konstantem Anfangsdruck betrachtet werden.

2. Anordnung.

Aus Abb. 237 sind die auftretenden Kräfte zu erkennen. Das Gleichgewicht erfordert

$$A + G = a\,Q^2 + S,$$
$$p\,F = a\,Q^2 + (S - G)$$

oder

$$p = \frac{a\,Q^2}{F} + \frac{S - G}{F}.$$

Ist das Gewicht G durch die Federbelastung aufgehoben, dann ergeben sich dieselben Verhältnisse, wie bei der 1. Anordnung für $S = G$.

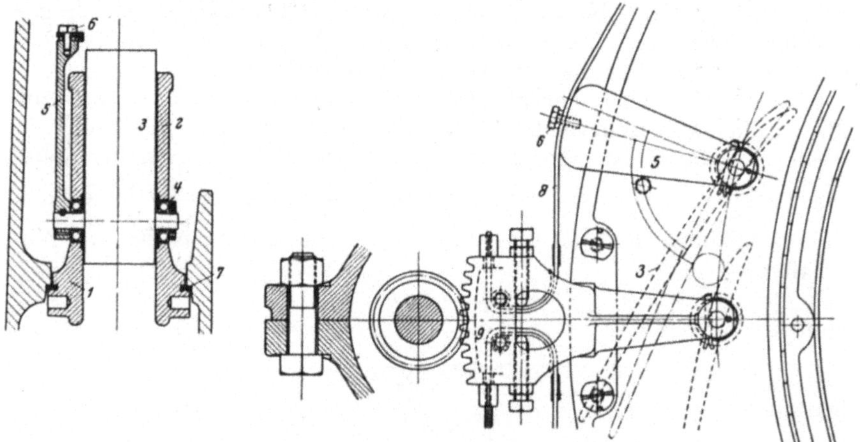

Abb. 238. Betätigungsvorrichtung der BBC-Drehschaufelregulierung.

Wenn hingegen die Federkraft größer wie das Gewicht ist, so erhält man die Kurve CB, die eine ähnliche Lage hat, wie die Pumpgrenze bei Drosselung in der Saugleitung.

In der Leitung von dem Drucknetz zum oberen Kolben befindet sich ein Drosselhahn, der in Verbindung mit einer ebenfalls abdrosselbaren Verbindung der oberen und unteren Kolbenseite steht, wodurch es möglich ist, die verschiedensten Drücke unter dem Kolben einzustellen. Hierdurch ist das Relais für fast alle vorkommenden Enddrücke ohne Umbau verwendbar.

Sind die Endspannungen kleiner wie 0,8 atü, so wird die Verstellung des Servomotors nicht mit Druckluft, sondern mit Drucköl bewirkt.

γ) Drehbare Leitschaufeln.

Der Arbeitsbereich von Turbokompressoren und Gebläsen kann sehr vergrößert werden durch Anwendung drehbarer Leitschaufeln. Dieselben haben außerdem noch den Vorteil, daß der Wirkungsgrad für einen größeren Bereich nur wenig abfällt. Für Turbokompressoren und Gebläse hat die Firma Brown-Boveri anerkannte Konstruktionen auf den Markt gebracht. Abb. 238 bis 241 zeigen die konstruktive Ausbildung. Die Schaufeln (Abb. 241) sind aus Stahlguß; ihre beiden angegossenen Drehzapfen sind bearbeitet und ruhen in vom Luftstrom vollständig abgeschlossenen Kugellagern. Auf dem einen Drehzapfen ist eine Antriebkurbel aufgekeilt. Der Diffusorring (Abb. 239) besteht aus 2 Seitenwänden, die einteilig ausgeführt sind. Zur Distanzierung der beiden Seitenwände sind, gleichmäßig über dem Umfange verteilt, einige feste Schaufeln eingefügt. Die Köpfe der Antriebkurbeln sind durch ein Doppeldrahtseil starr miteinander verbunden (Abb. 240). Die Enden des Drahtseils führen zu einer Spannvorrichtung, die gleichzeitig als Angriffspunkt für den Verstellmechanismus ausgebildet ist. Die Gesamtanordnung im Gehäuse ist auch aus Abb. 212 gut zu erkennen. Die Einstellung der Schaufeln erfolgt dort von Hand aus.

Abb. 242 zeigt schematisch die Reguliervorrichtung bei verstellbaren Leitschaufeln. Die Bewegung der Schaufeln wird hier auf einen Ring *3* und durch Stoßstangen *4,4* auf den Hebel *5* übertragen. Bei Drehung von *5* bewegt sich der Kolben *6*, der auf der Hinterseite durch eine Feder und vorne durch Druckluft belastet wird. Letztere ist der Druckleitung entnom-

Abb. 239. Leitrad vor dem Einsetzen der verstellbaren Schaufeln.

Abb. 240. Leitrad mit verstellbaren Schaufeln. BBC.

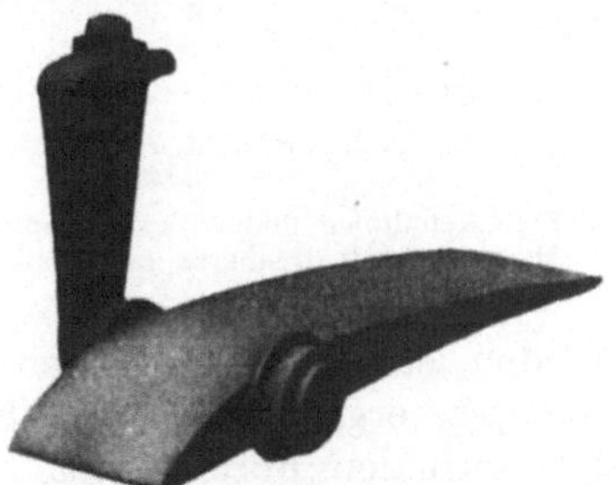

Abb. 241. Drehbare Leitschaufel nach BBC.

men unter Zwischenschaltung einer Drosselscheibe *9*. Die durch *9* strömende Luftmenge und hiermit der Druck vor dem Kolben *8* wird durch das Ventil *11* eingestellt, je nach der augenblicklichen Luftlieferung.

2 Kolben befinden sich noch auf der Ventilstange von *11*, der obere *14* steht unter dem statischen Drucke der Druckluft. Der zweite ist als Membrankolben ausgebildet und steht auf der oberen Seite mit dem statischen Drucke hinter einer Stauscheibe, auf der unteren Seite mit dem Gesamtdrucke in Verbindung (Anordnung wie bei obigem Relais). Das Relais ist so in der oben besprochenen 2. Anordnung geschaltet und hat eine Gleichgewichtskurve, wie sie für die Pumpgrenze bei Drehschaufelregulierung gerade nötig ist.

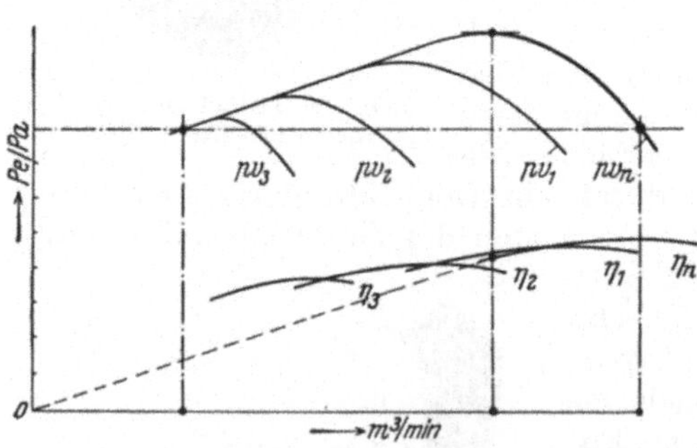

Abb. 242. Selbsttätige Einstellung der Drehschaufeln.

Ein Rückgang in der Fördermenge verkleinert den dynamischen Druck, so daß die Spindel sich senkt, und das Drosselventil *11* sich weiter öffnet. Hierdurch wird der Druck hinter Kolben *6* vermindert und die Feder *2* drückt den Kolben nach rechts. Dies hat ein Schließen der Leitschaufeln zur Folge.

In Abb. 243 sind die Versuchsresultate eines mit Drehschaufelregulierung ausgestatteten einstufigen Gebläses aufgetragen. Die Kennlinie für 4 verschiedene Leitschaufelstellungen sind im oberen Diagramm enthalten. Die entsprechenden Wirkungsgradkurven befinden sich darunter.

Man erkennt, daß die Pumpgrenze ungefähr bei 70 % der normalen Fördermenge vorhanden ist. Werden die Leitschaufeln so verstellt, daß sich die Kennlinie pv_3 ergibt, so ist die Pumpgrenze bis K_3 gesunken, d. h. 30 % der normalen Fördermenge. Der Druck ist der normale. Aus den Wirkungsgradkurven erkennt man, daß sich ein sehr flacher Verlauf derselben ergibt. Würde unterhalb der Pumpgrenze K_1 ein Ausblaseventil benutzt werden, so würde der Wirkungsgrad nach der gestrichelten geraden Linie fallen.

Durch die Drehschaufelregulierung wird das Arbeitsgebiet unterhalb der Pumpgrenze tatsächlich sehr wirtschaftlich erfaßt. Der Abfall des Wirkungsgrades ist sehr gering. Derartige Maschinen sind somit in der Lage, fast immer ohne besondere Vorrichtung gegen das Pumpen auszukommen.

Bei Anlagen, bei denen die Fördermenge sich nicht allzuoft ändert, führt die Firma mit Vorliebe Drehschaufelregulierung mit Handverstellung aus, was außer einer wesentlichen Preisverminderung eine sehr große konstruktive Vereinfachung bedeutet.

b) Diffusoren mit fest einstellbaren Leitschaufeln.

Diese Leitschaufeln sind nicht mit der Seitenwand des Diffusorringes zusammengegossen, sondern werden unabhängig von diesem hergestellt. Sie werden zwischen den beiden Diffusorspalten zuerst in ihrem Mittelpunkt drehbar befestigt, so daß sie während der Inbetriebsetzung beliebig verstellt werden können. Ist durch Versuche ihre günstigste Lage für die wirklichen Betriebsverhältnisse festgestellt, so werden sie endgültig mit den Diffusorplatten vernietet. Im Betriebe sind sie alsdann nicht mehr verstellbar.

c) Regulierung für konstanten Druck.

Bei vielen Anlagen ist das Gebläse bzw. der Kompressor nur mit einer Regulierung zur Verhütung des Pumpens ausgestattet. Erfolgt der Antrieb von einer Turbine, so hat dieselbe einen Drehzahlregler, der die Drehzahl ungefähr konstant hält. Es besteht meistens die Möglichkeit, in engen Grenzen andere Drehzahlen von Hand aus einzustellen. Ohne Betätigung von Hand aus wird der Druck sich ändern entsprechend der Kennlinie der Maschine. In anderen Fällen wird Druckluft in der Weise abgenommen, daß mit größerer Menge ein größerer Druck notwendig ist. Dies ist überall dort, wo der Gegendruck sich teilweise aus Reibungswiderstand zusammensetzt.

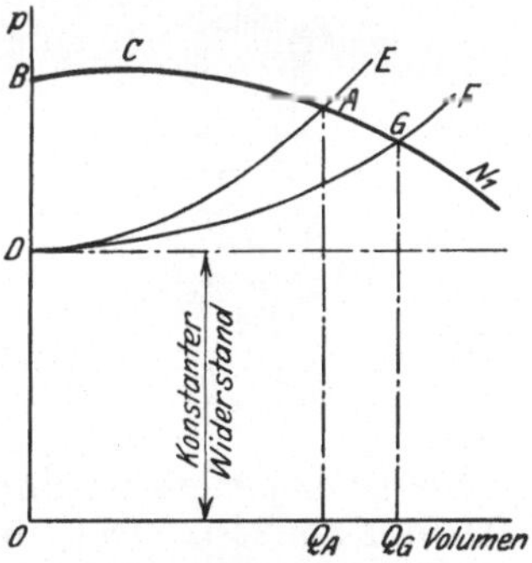

Bei Bessemerbirnen muß Luft durch eine flüssige Eisenschicht und obenliegende Schlacke gedrückt werden. Der hierzu notwendige Druck ist durch die Höhe des Bades vollkommen bestimmt und konstant, nicht aber die Widerstände in den Rohrleitungen und in dem Düsenboden, die mit dem Quadrat der Menge wachsen.

Abb. 244. Kennlinie bei Reibungswiderstand.

Unter ähnlichen Bedingungen arbeiten häufig Gebläse für Gasfernversorgung. Der aufzubringende Gegendruck setzt sich aus 2 Teilen zusammen. 1. Der Widerstand der Reinigungsanlagen und Kühler, der konstant ist. 2. Der Widerstand der Rohrleitung, der mit dem Quadrat der Fördermenge wächst.

Der Gesamtwiderstand einer derartigen Anlage wird dargestellt durch die Kurve DE (Abb. 244). Ist nun bei der Drehzahl n_1 die

Kennlinie BG, so wird das Gebläse die Menge Q_A liefern. Wird der Leitungswiderstand kleiner, z. B. durch Zuschaltung von Rohrleitungen, so wird sich z. B. die Menge Q_G einstellen.

Für gewisse Zwecke ist indes ein konstanter Druck für alle Fördermengen erwünscht. Dies kann hauptsächlich durch 2 Methoden erreicht werden.

1. Bei Dampfturbinenantrieb steht das Dampfdrosselventil unter dem Einfluß des Luftdruckes mittels eines Druckö}relais, und je nachdem der Druck etwas fällt oder steigt, wird die Drehzahl größer oder kleiner.

2. Bei Antrieb durch Drehstrommotoren ist die Drehzahl praktisch konstant; hier kann der Druck konstant gehalten werden durch Drosselung in der Saugleitung.

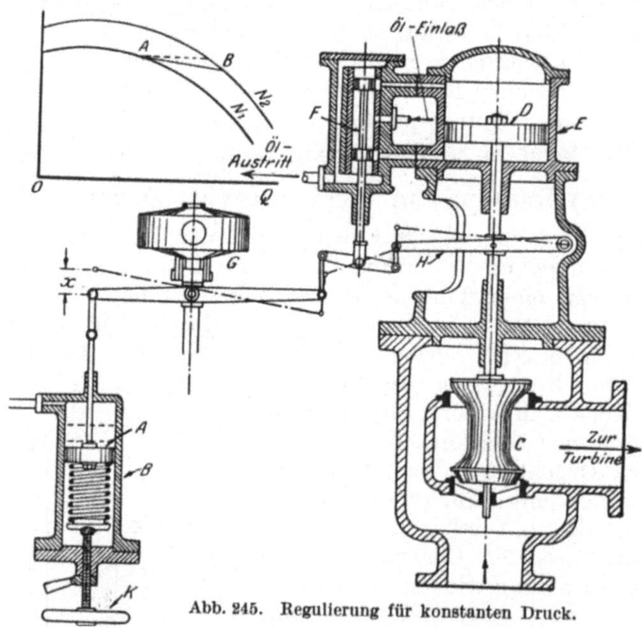

Abb. 245.   Regulierung für konstanten Druck.

Die prinzipielle Ausführungsform für Dampfturbinenantrieb befindet sich in Abb. 245.   Die obere Seite eines federbelasteten Kolbens A steht mit der Druckleitung in Verbindung.   Das Dampfventil wird durch einen Servomotor D betätigt, der durch einen Kolbenschieber F gesteuert wird. G ist ein Fliehkraftregler, der für Einhaltung bestimmter Drehzahlgrenzen sorgt.   Ein kleiner Druckabfall bewirkt ein Steigen des Kolbens A; da die Drehzahl augenblicklich konstant ist, dreht sich der Reglerhebel um den Fliehkraftregler.   Hierdurch wird F nach unten bewegt, und es tritt Drucköl unter die untere Seite von D. Das Dampfventil hebt sich, die Drehzahl der Maschine steigt, bis der normale Druck wieder erreicht ist.   Die Rückführung sorgt nun aber dafür, daß F wieder in die Null-Lage zurückgeführt wird, so daß das Dampfventil stehen bleibt, bis der Luftdruck wieder schwankt.

Ein so arbeitender Regler hält den Druck nicht ganz genau konstant. Wenn in Abb. 245 die punktierte Linie die Grenzen der im Betriebe vorkommenden Fördermengen angibt, so wird bei größter Fördermenge das Saugventil ganz offen sein, und der Regler hat seine höchste Stellung erreicht. Da nun der Reglermechanismus verlangt, daß bei Gleichgewicht der kleine Kolbenschieber F in der Mittellage ist, wird der Kolben ein kleines Stück aus seiner Ruhelage herausgebracht sein, wodurch eine kleine Verringerung des Druckes bedingt ist. Durch das Handrad K kann indes diese Abweichung wieder ausgeglichen werden.

Aus den flachen Kennlinien ergibt sich, daß die Drehzahländerung bei Drehzahlregulierung nicht sehr groß ist. In Abb. 246 ist für 3 Drehzahlen die Kennlinie eingezeichnet. Außerdem sind dort Kurven für die Drehzahländerungen bei konstantem Druck und bei konstantem Volumen. So ist z. B. für eine Volumenverminderung von 10% unter dem Normalen die Drehzahländerung 2%, bei 20% Volumenvergrößerung 4,3%.

Abb. 247 zeigt einen Regler für konstanten Druck für ein durch Dampfturbine angetriebenes Gebläse (Ausführung der British Thomson-Houston Co. Ltd., Rugly). Der Zylinder A enthält einen Kolben, der zwischen zwei Federn c und d in Schwebe gehalten wird. Die untere Kolbenseite ist dem Enddruck des Gebläses ausgesetzt, auf das untere Ende der Kolbenstange E ist ein Hebel F aufgesetzt, deren 2 Enden den Steuerschieber G und die Kolbenstange zum Servomotor H gelenkig verbinden. Der längere Hebel K ist gelenkig im Hebel A befestigt an dem Punkte L. Die eine Seite von K hat einen festen Drehpunkt durch die feste Lage von M, die andere Seite arbeitet über N und O auf das Dampfdrosselventil P.

Wenn der Enddruck des Gebläses aus irgendeinem Grunde steigt, bewegt sich der Kolben B aufwärts und drückt die obere Feder zusammen. Der augenblickliche feste Drehpunkt des Gestänges ist L, so daß der Kolbenschieber G sich hebt und Drucköl auf die Unterseite von H läßt. Hierdurch wird das Dampfventil teilweise geschlossen.

Durch Verstellung der Federspannung C kann der Enddruck in geringen Grenzen verändert werden.

Abb. 248 zeigt einen Regler für konstanten Enddruck, wie er für elektrisch angetriebene Maschinen in Frage kommt; die Ausführung stammt von Jäger, Leipzig. In der Hauptsache besteht er aus einem

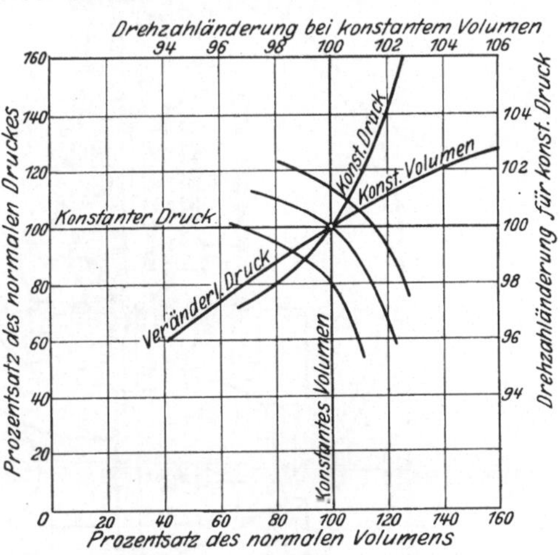

Abb. 246. Änderung von Volumen und Druck bei Drehzahländerung.

Luftkolben, dessen Bewegung auf einen Ölschieber übertragen wird, und ein durch Servomotor angetriebenes Drosselventil. A ist der Luftzylinder, B der Kolben, der durch Druckluft belastet und infolge einer Feder c verschiedene Lagen einnehmen kann. E ist der Servomotor, der das in der Saugleitung eingebaute Drosselventil c betätigt.

Die Wirkungsweise ist leicht zu übersehen; durch eine Vergrößerung des Enddruckes wird der Kolben B heruntergedrückt. Hier-

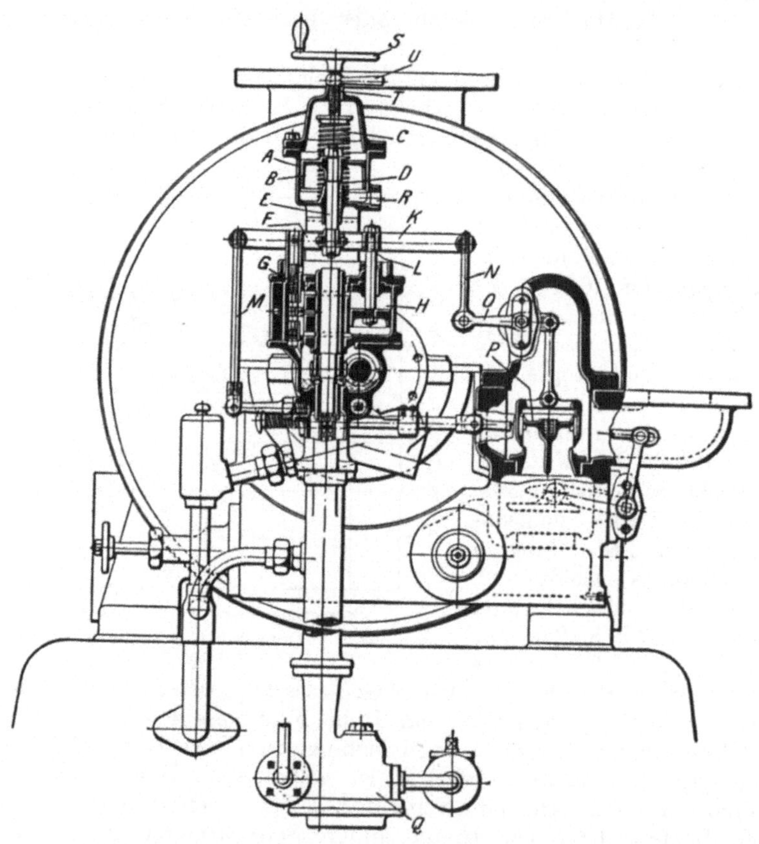

Abb. 247. Regler für konstanten Enddruck von British Thomson-Houston.

durch wird auch der Ölschieber nach unten bewegt und läßt Drucköl unter den Servomotor. E und F bewegen sich aufwärts, verkleinern die Durchtrittsfläche des Ventils und führen den Ölschieber gleichzeitig in die Null-Lage zurück. Das Resultat ist also, daß die eintretende Luft mehr gedrosselt wird, wodurch der Enddruck wieder fallen wird. Infolge der Rückführung G ist bekanntlich eine stabile Einstellung vorhanden. Die obere Grenze der Regulierung ist erreicht, wenn das Drosselventil ganz offen ist. Die Fördermenge ist dann am größten. Dadurch, daß die Verbindung des Ölschiebers mit der

Rückführstange *G* verlängerbar ausgebildet ist, kann der Arbeitsbereich der Maschine etwas verschoben werden. Für den Fall, daß die Regulierung einmal versagt, kann der Drosselschieber *F* auch durch das Handrad *H* betätigt werden.

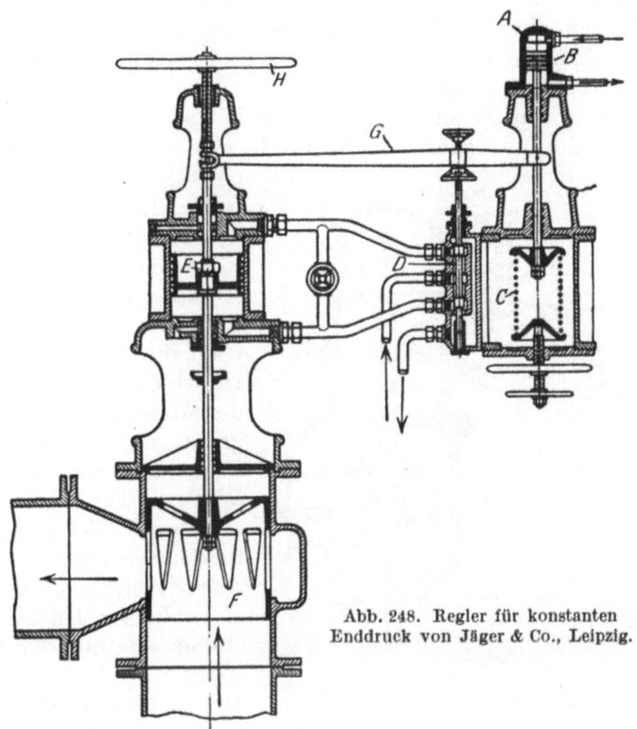

Abb. 248. Regler für konstanten
Enddruck von Jäger & Co., Leipzig.

d) Regler für konstante Fördermenge.

In der chemischen und in der Hüttenindustrie werden oft Gebläse und Turbokompressoren verlangt, die immer eine konstante Fördermenge liefern sollen. Auch bei Hochöfen wird dieser Wunsch sehr oft laut.

Der Widerstand, den die Luft z. B. vor den Düsen bis zum Gicht des Hochofens zu überwinden hat, ist sehr großen Änderungen unterworfen. Bei loser Aufschichtung ist der Druckverlust ca. 0,5 atü, bei festerer Aufschichtung steigt der Druck hingegen auf 1,0 bis 1,3 atü. Nun zeigt die gewöhnliche Kennlinie eine sehr beträchtliche Abnahme der Fördermenge mit steigendem Drucke, während doch der Verbrennungsvorgang im Hochofen unabhängig vom Widerstand stets die gleiche Luftmenge verlangt.

Bei Dampfturbinenantrieb ist es immer leicht, eine einfache Reglung anzugeben, die obigen Anforderungen entspricht.

Abb. 249 zeigt eine derartige Regulierung. In der Ansauge- oder Druckleitung befindet sich ein dreifaches Venturirohr A, B, C in der Anordnung, daß die Austrittsöffnung von B an der engsten Stelle von C ist. Von A und B gilt das nämliche. Der Unterdruck, der bei A gemessen wird, ist bekanntlich gleich dem neunfachen Staudrucke. Durch diese künstliche Vergrößerung eines Druckes, der von der Menge abhängt, kommt man mit kleineren Zylinderabmessungen für die Servomotoren aus.

Der bei A entstehende Druck wirkt auf die Oberseite des Kolbens D, die außerdem noch durch eine mit dem Handrad F einstellbare Feder belastet wird. So ergibt sich für jeden Staudruck, d. h. für jede Fördermenge eine ganz bestimmte Lage von D. Die Kolbenstange von D überträgt ihre Bewegung auf den Hebel G, an dem ebenfalls die Muffe des Regulators angreift, sowie der kleine Hebel H; letztere betätigt an dem mittleren Drehpunkt den Ölschieber K, der das Drucköl für den Servomotor L steuert. Aus Stabilitätsgründen hat H noch eine Rückführungsstange, die mit der Kolbenstange von L verbunden ist. Durch den Kolben L wird das Dampfventil M betätigt.

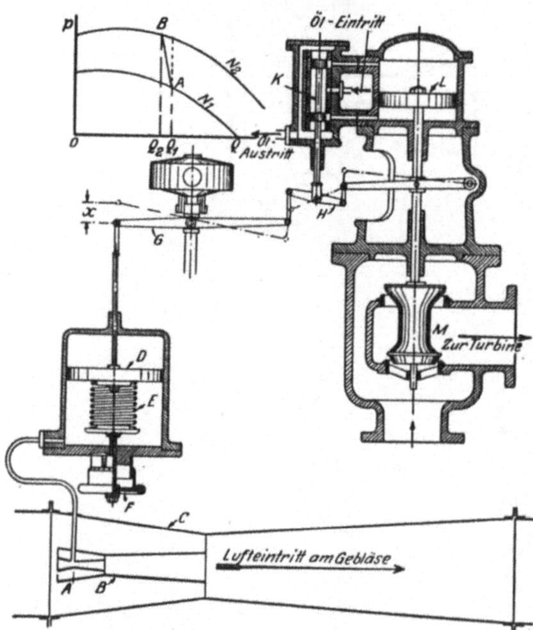

Abb. 249. Regulierung für konstante Fördermenge.

Angenommen, der Gegendruck, den der Kompressor zu überwinden hat, steige plötzlich an. Dann wird im ersten Augenblick der Druck des Kompressors ansteigen und die Fördermenge zurückgehen. Infolgedessen wird die Druckdifferenz zwischen Venturirohr und Atmosphäre kleiner werden. Hierdurch geht der Kolben D nach oben und bewirkt durch die Verschiebung des Ölschiebers K, daß sich das Dampfventil mehr öffnet. Hierdurch steigt die Drehzahl, bis eine Kennzahl erreicht ist, bei der der neue Druck mit der ursprünglichen Fördermenge übereinstimmt.

Es ist allerdings zu bemerken, daß die Regulierung eine geringe Änderung der Fördermenge bedingt. In Abb. 249 befinden sich die Kennlinien für die Drehzahlen n_1 und n_2. Q_1 sei die verlangte Menge und A der augenblickliche Arbeitspunkt. Die punktierte Linie zeigt an, wie der Regler eigentlich arbeiten müßte. Bei n_2 sei das Dampfventil ganz offen, die Regulator-Muffe in ihrer höchsten Lage, so daß der Luftkolben D um das Stück x nach oben versetzt ist. Dies ist

aber nur möglich, wenn die Druckdifferenz kleiner geworden ist,
d. h. wenn die Fördermenge entsprechend geringer ist. Der neue
Arbeitspunkt ist also B und die Fördermenge etwas kleiner. Durch
Einstellung der Feder E mittels des Handrades F kann diese Differenz ausgeglichen werden.

Wie groß die zur Regulierung notwendigen Drehzahländerungen
sein müssen, ist in Abb. 246 mit eingezeichnet. Die prozentuale Drehzahländerung ist dort in Ab-
hängigkeit von der Volum-
änderung aufgetragen. Geht
z. B. der Druck um 40%
zurück, so sinkt die Drehzahl nur um 4%. Bei einem
Ansteigen des Druckes von
20% steigt die Drehzahl um
4%. Diese Angaben haben
natürlich keinen allgemeinen

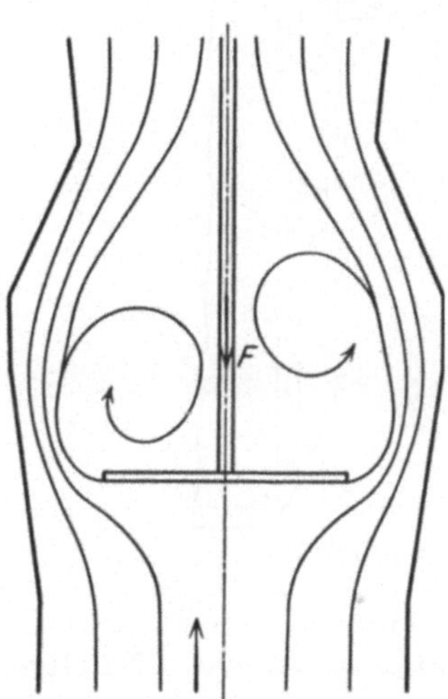

Abb. 250. Kreisplatte in der
Druckluftleitung für Regulierung
auf konstante Fördermenge.

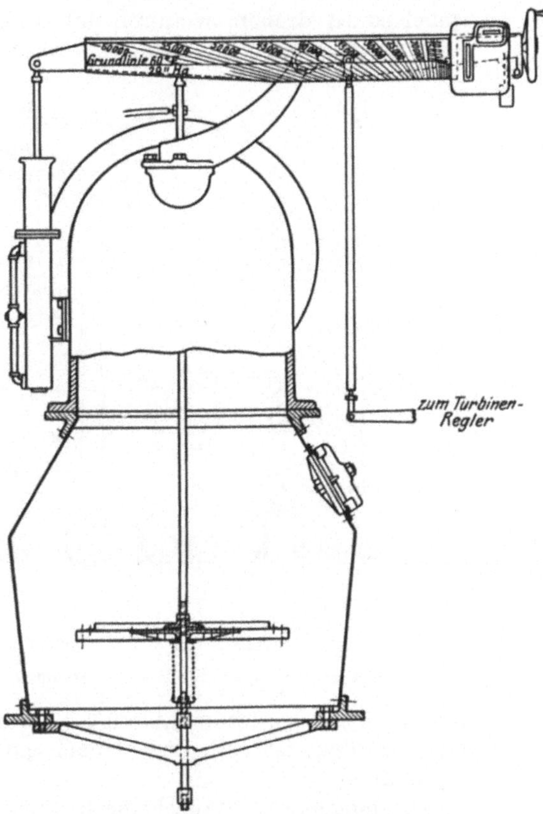

Abb. 251. Regler für konstante Fördermenge
von British Thomson-Houston.

Charakter, sondern sollen nur die Größenordnung der Vorgänge be-
schreiben.

An und für sich ist für die Mengenregelung jedes Organ geeignet,
das einen Druckabfall oder eine Kraft bedingt, die von der Fördermenge abhängt, z. B. Rohrverengungen, der Widerstand in einem
langen Rohrstück usw. In Abb. 250 befindet sich eine Anordnung,
die von der Tatsache Gebrauch macht, daß eine dem Strome ent-
gegengesetzte Platte einen Widerstand erfährt, der mit dem Quadrat
der Fördermenge wächst. Das Saugrohr ist an der Stelle der Platte
entsprechend erweitert und wird dann wieder auf den ursprünglichen

Durchmesser abgesetzt. Kurz nach Beginn der Erweiterung ist die koaxiale Platte eingebaut, die im Strome einen Widerstand W erfährt. Es gilt $W = C \cdot V^2$, wo C eine Konstante und V die Fördermenge ist.

In Abb. 251 ist eine Mengenreglung zu erkennen, die auf diesem Prinzipe aufgebaut ist. Die Ausführung stammt von der British Thomson-Houston Co. Ltd., Rugby. Der Strömungswiderstand wird auf einen Hebel übertragen, an dem ein verschiebbares Gewicht die Gegenkraft bildet. Bei Änderung der Fördermenge wird sich der Hebel sofort drehen, wodurch mit Hilfe von Servomotoren die Dampfzufuhr in dem Sinne geändert wird, daß durch Drehzahländerung die

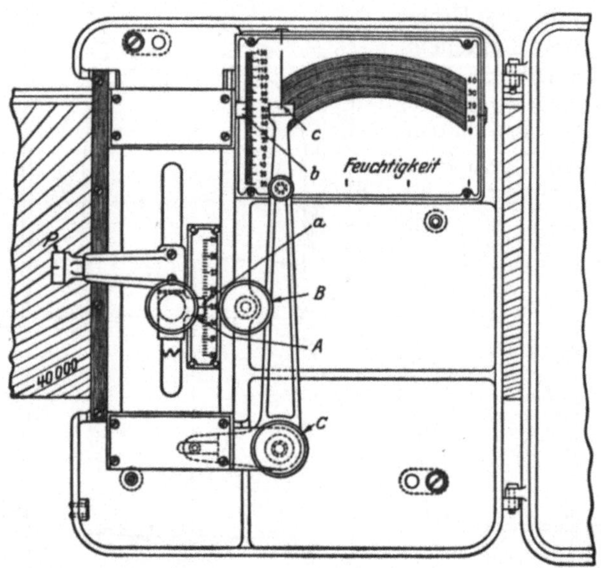

Abb. 252.   Berichtigungsapparat für Volumen-Regler (British Thomson-Houston).

ursprüngliche Fördermenge wieder erreicht wird. Um Schwingungen zu vermeiden, ist mit dem Hebel eine Ölbremse zwecks Dämpfung verbunden.

Die eingebaute Stauscheibe bedingt selbstverständlich eine Drosselung und wird bei größeren Geschwindigkeiten zu größeren Energieverlusten führen. Derartige Einbauten müssen also in großen Rohrleitungen eingebaut werden, wo dann auch die Fläche der Stauscheibe von selbst so groß wird, daß selbst kleinere Geschwindigkeiten genügende Verstellkräfte ergeben.

Kleinere Änderungen in der Fördermenge können hier durch Verstellung des Laufgewichts bewirkt werden.

Da bei Hochofengebläsen weniger die Luftmenge, als der in der Luft enthaltene Sauerstoff interessiert, ist es von wesentlicher Bedeutung, wie groß die Feuchtigkeit der Luft ist. Das in 1 m^3 enthaltene Sauerstoffgewicht hängt nämlich von dem Feuchtigkeitsgrade der Luft etwas ab. Wir wollen z. B. eine Außenluft von 735 mm Hg, 21^0 C

und einer relativen Feuchtigkeit von 70% annehmen. Ist nun an einem anderen Tage ein Außenzustand von 712 mm Hg, 30° C und einer relativen Feuchtigkeit von 92%, so enthält jetzt die Luft mehr Wasserdampf wie vorher (ca. 3 mal soviel). Wenn wir den Sauerstoff, der im Wasserdampf chemisch gebunden ist, vernachlässigen, beträgt der Rückgang an Sauerstoff 10,6%. Mit Berücksichtigung des Sauerstoffes im Wasserdampf wäre der Unterschied 4,85%.

Im Winter bei ca. 760 mm Hg, 0° C und einer relativen Feuchtigkeit von 50% ist der in 1 m³ enthaltene Wasserdampf nur ca. $^1/_4$ desjenigen bei höheren Temperaturen. Einschließlich des im Wasserdampf enthaltenen Sauerstoffes enthält jetzt 1 m³ 7,06% mehr Sauerstoff wie unter normalen Zuständen.

Es ergibt sich also je nach den atmosphärischen Bedingungen ein verschieden hoher Sauerstoffgehalt für 1 m³ angesaugte Luft. Die Firma British Thomson-Houston Co. Ltd. hat zur Berücksichtigung dieses Einflusses eine sehr sinnreiche Konstruktion entworfen, die in Abb. 252 zu erkennen ist und auf dem Regulierhebel von Abb. 251 befestigt wird. Durch drei Verstellschrauben $A B C$ wird Barometer, Temperatur und Feuchtigkeit eingestellt an Skalen a, b, c. Die Feuchtigkeit wird abseits durch ein Hygrometer bestimmt. Das durch die drei Einstellungen angezeigte Volumen wird dann durch entsprechende Verschiebungen des Laufgewichtes verwirklicht.

XII. Abdichtung der Welle.

1. Übliche Ausführungsformen.

Die Abdichtung von schnellaufenden Wellen ist bekanntlich nicht mit Weichpackungen auszuführen, da sich dieselben auch bei guter Schmierung schnell heiß laufen würden. Man verwendet fast allgemein Labyrinthdichtungen. In einem kleinen Abstande von der Welle befinden sich dünne Ringe in einer Anordnung wie bereits unter III, 4 besprochen. Die konstruktive Ausbildung dieser Labyrinthdichtungen weicht bei den verschiedenen Firmen kaum voneinander ab und lehnt sich eng an Konstruktionen des Dampfturbinenbaues an, weshalb hier von weiteren Ausführungen abgesehen sei. Zwischen den einzelnen Stufen findet man in der Regel 3 bis 6 Ringe, während am Entlastungskolben oft 30 bis 40 Ringe vorhanden sind.

Schwieriger ist die Abdichtung bei Gasgebläsen. Hier muß schon wegen der großen Gefahr für die Bedienung auch das geringste Austreten von Gas vermieden werden. Die Welle ist an zwei Stellen, Saug- und Druckseite abzudichten. Die Hochdruckdichtung bildet man in mehreren Abteilungen aus. So führt man z. B. das aus dem Entlastungskolben austretende Gas direkt in den Saugraum und hat dadurch an beiden Wellenenden nur einen geringen Überdruck gegen die Atmosphäre abzudichten. Bei nicht sehr gefährlichen Gasen

dichtet man hier mit Kohleringen, wie sie auch bei Dampfturbinen
verwendet werden. Abb. 253 zeigt eine solche mit drei Ringen.
Hinter dem zweiten Ring befindet sich eine Abführung, die ins Freie
führt, so daß für den letzten Ring kaum noch ein Druckunterschied
besteht.

Bei größeren Wellengeschwindigkeiten müssen die Kohleringe mit
allergrößter Sorgfalt eingepaßt werden, da dieselben sich sonst leicht
heiß laufen. Auch muß durch entsprechende Federn das Eigengewicht
der Ringe aufgehoben werden, da der durch das Eigengewicht auf die
Welle ausgeübte kleine Druck genügt, um einen schnellen Verschleiß
herbeizuführen.

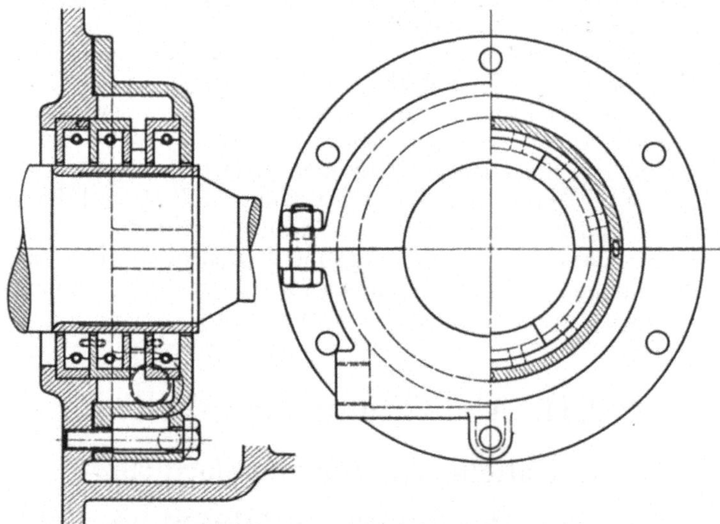

Abb. 253. Abdichtung einer Welle mit Kohleringen.

Trotz aller Sorgfalt läßt es sich nicht vermeiden, daß Kohledichtungen Spuren von Gas durchlassen. Auch besteht die Gefahr,
daß bei evtl. Zerbrechen der einzelnen Ringe größere Mengen Gas
in den Maschinenraum gelangen.

Einen vollkommen zuverlässigen Abschluß erhält man nur durch
Sperrflüssigkeiten, sogenannte Flüssigkeitsstopfbüchsen. Abb. 254 zeigt
eine derartige Dichtung von Kühne, Kopp und Kausch. Mit der
Welle läuft ein doppelter Ring in einen besonders abgesperrten Raum
des Gehäuses; dieser ist mit Wasser gefüllt. Durch den Ring wird
das Wasser in Umdrehung versetzt und an dem äußeren Durchmesser ein höherer Druck erzeugt wie am Wellendurchmesser nach
Art der Kreiselpumpen. Die Ausführung zeigt zwei Ringe, deren
Wasserräume durch Labyrinthdichtung getrennt sind. In einen Raum
tritt Wasser ein, aus dem anderen wird es abgeleitet, so daß ein
dauernder Durchfluß vorhanden ist, der eine Erwärmung verhindert.
Auf beiden Seiten befinden sich noch Kohleringe zur weiteren Sicher-

heit. Das Gas muß nun den in den Wasserräumen erzeugten Druckunterschied überwinden, was bei geeigneter Dimensionierung nicht

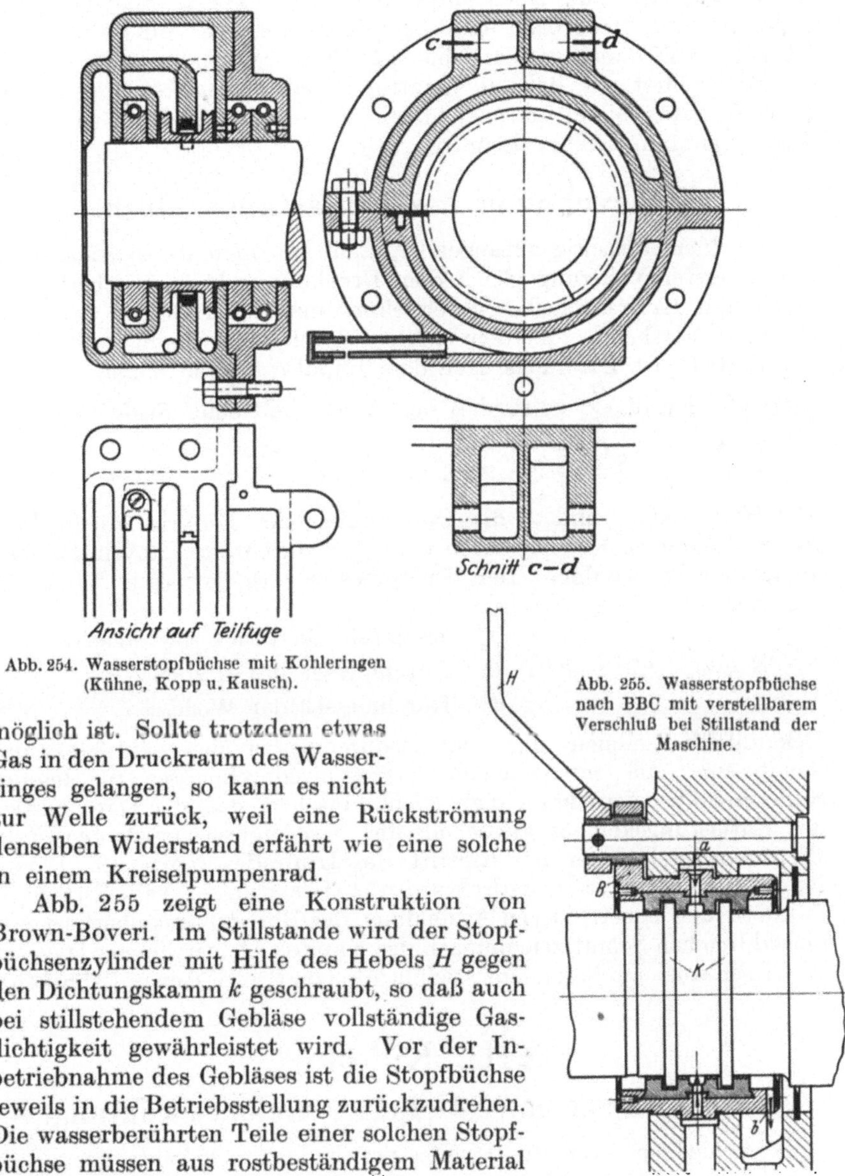

Abb. 254. Wasserstopfbüchse mit Kohleringen (Kühne, Kopp u. Kausch).

Abb. 255. Wasserstopfbüchse nach BBC mit verstellbarem Verschluß bei Stillstand der Maschine.

möglich ist. Sollte trotzdem etwas Gas in den Druckraum des Wasserringes gelangen, so kann es nicht zur Welle zurück, weil eine Rückströmung denselben Widerstand erfährt wie eine solche in einem Kreiselpumpenrad.

Abb. 255 zeigt eine Konstruktion von Brown-Boveri. Im Stillstande wird der Stopfbüchsenzylinder mit Hilfe des Hebels H gegen den Dichtungskamm k geschraubt, so daß auch bei stillstehendem Gebläse vollständige Gasdichtigkeit gewährleistet wird. Vor der Inbetriebnahme des Gebläses ist die Stopfbüchse jeweils in die Betriebsstellung zurückzudrehen. Die wasserberührten Teile einer solchen Stopfbüchse müssen aus rostbeständigem Material ausgeführt werden.

Handelt es sich um Gase, die in Wasser stark absorbieren, z. B. Ammoniak, so muß Öl als Sperrflüssigkeit gewählt werden.

Außer den Wellen machen mitunter auch die Teilfugen des Gehäuses Schwierigkeiten und lassen geringe Mengen Gas durch, zumal wenn — wie bei außengekühlten Maschinen — das Gehäuse nicht überall die gleiche Temperatur hat. Brown-Boveri führt hier rings in der Teilfuge eine Nut, durch die ebenfalls eine Sperrflüssigkeit gepumpt wird. Bei großen Ammoniak-Kompressoren[1] für Kälteanlagen ist z. B. eine derartige Vorsichtsmaßnahme notwendig.

Es leuchtet ein, daß ein derartig abgedichteter Kompressor volle Gewähr dafür bietet, daß nicht die geringsten Spuren Gas in den Maschinenraum dringen können.

2. Berechnung des Entlastungskolben.

In einem einseitig ansaugenden Laufrad entsteht ein Axialschub, der in erster Näherung gleich dem Druckunterschied zwischen Deckblech und Laufradscheibe ist erweitert mit der Differenz der abgedichteten Flächen. Außerdem entsteht durch die Strömungsumlenkung am Eintritt des Laufrades nach dem Impulssatz eine entgegengesetzt wirkende Kraft $\frac{G}{g} \cdot c$, so daß der Axialschub einer Stufe

$$S = \frac{\pi}{4} (d_g{}^2 - d_s{}^2) (p_2 - p_0) - \frac{G}{g} \cdot c$$

ist. Hier sind d_g und d_s die Durchmesser der Labyrinthdichtungen. Bei mehrstufigen Kompressoren muß $\sum S$ durch den Labyrinthkolben aufgenommen werden. Der Durchmesser des letzteren berechnet sich aus

$$\sum S = p_n \frac{\pi}{4} (D^2 - d^2).$$

p_n gesamter Überdruck der Maschine,
D Durchmesser des Kolbens,
d Durchmesser der Welle.

Bekanntlich nehmen die Eintrittsdurchmesser der Laufräder und damit auch die entsprechenden Dichtungsdurchmesser zur letzten Stufe hin ab. Nun kann man leicht einsehen, daß der Durchmesser des Entlastungskolbens kleiner als der erste und größer als der letzte Dichtungsdurchmesser am Eintritt des Laufrades sein muß. Diese Regel ist ein guter Anhaltspunkt für den ersten Entwurf.

Betr. der konstruktiven Ausbildung der Entlastungskolben sei auf die zahlreichen Schnittzeichnungen des Kapitels IX verwiesen. Auch sei verwiesen auf eine besondere Ausführung von Brown-Boveri (Abb. 215).

XIII. Kühlung.

1. Kompressor mit alleiniger Gehäusekühlung.

Verschiedene namhafte Firmen verwenden auch heute noch ausschließlich Gehäusekühlung. Derartige Maschinen nehmen weniger Raum ein und weisen in ihrem Gesamtaufbau geschlossene Formen auf. Selbst bei sorgfältigster Ausführung können die außenliegenden Kühler bekanntlich Anlaß zu Betriebsstörungen geben. Da in den

---

[1] **Voigt:** Kompressoren für große Kälteleistungen; Z. d. V. D. I. 1927. S. 1145.

meisten Fällen diese Kühler starr mit dem Kompressor verbunden sind, ist er den Vibrationen des Kompressors mit ausgesetzt. Hierdurch können sich unter Umständen die Kühlrohre lockern und Wasser durchlassen, ein von Käuferkreisen gegen die Außenkühlung vielfach ins Feld geführtes Argument.

Die Kühlfläche, die man im Gehäuse selbst unterbringen kann, ist begrenzt. Da die Kühlung des Laufrades unmöglich ist, bleiben als brauchbare Kühlflächen der Diffusor und die Umkehrkanäle. Die größte Kühlwirkung ist im Diffusor, weil dort noch hohe Geschwindigkeiten vorhanden sind. Hier bringt man oft sehr dichtstehende gerade Leitschaufeln an, um an dieser Stelle eine genügende Kühlwirkung zu erzielen. Wegen der hohen Geschwindigkeiten ist jedoch eine Grenze gesetzt, da durch größere Leitschaufelzahlen eine große Reibung auftritt, die unter Umständen den Vorteil der Kühlung zunichte machen kann. Beide Einflüsse wirken entgegengesetzt. Bei zu großer Fläche überwiegt der Nachteil der Reibung, bei zu kleiner Fläche ist die Kühlwirkung zu gering. Es muß also eine günstigst wirkende Fläche geben. Bei Neuentwürfen muß darauf geachtet werden, daß hier das richtige Mittel getroffen wird. Eine genaue rechnerische Verfolgung dieses Vorganges ist überaus schwer. In Zweifelsfällen muß man sich mit angenäherten Rechnungen begnügen.

Die Vorgänge in einer Stufe lassen sich am besten im Entropiediagramm verfolgen. Der Anfangsdruck sei p_1, der Druck hinter dem Laufrad p_2 und der Druck vor Eintritt in die nächste Stufe p_3. Die Anfangstemperatur sei T_1, Abb. 255.

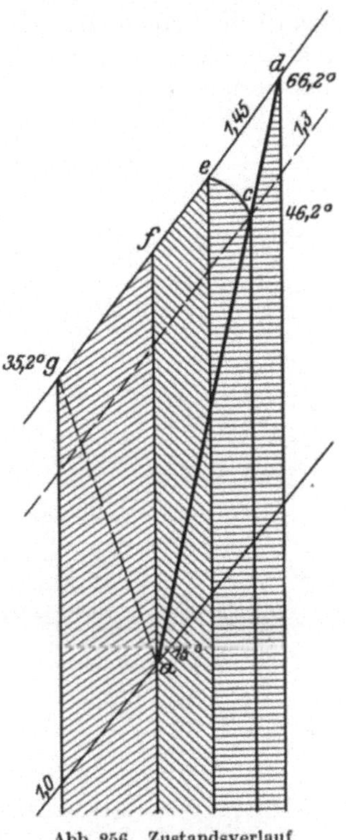

Abb. 256. Zustandsverlauf in einer Kompressorstufe im Entropiediagramm.

Während der Energieaufnahme im Laufrad treten Verluste auf, die sich in Wärme umsetzen, da die Kühlung des Laufrades praktisch zu vernachlässigen ist. Dies bedingt eine Abweichung von dem adiabatischen Verlauf af, nämlich ac. Im Diffusor erhöht sich der Druck noch weiter. Wäre keine Kühlung vorhanden, so wäre beim Austritt aus dem Diffusor der Punkt d erreicht. An den Wänden der Leitschaufeln kühlen sich die Gase aber ab und zeigen einen Zustandsverlauf $c—e$. Nun werden die Gase durch Umkehrschaufeln zur nächsten Stufe umgeleitet. Durch zahlreich angeordnete Schaufeln bewirkt man eine weitere Kühlung auf T (Punkt g).

Würde die Kühlung der nächsten und vorhergehenden Stufen ebenso groß sein, so könnte für jede Stufe aus der Gleichung

$\dfrac{T_2}{T_1} = \left(\dfrac{p_2}{p_1}\right)^n$ der Exponent n als konstant angesehen werden. Für obiges Beispiel ist er 1,27.

Es ist vollkommen klar, daß die Kühlung den Kraftbedarf in einer einzelnen Stufe nicht beeinflussen kann, da das Laufrad ja nichts davon weiß, daß nachher eine Kühlung einsetzt. Hierdurch wird nur das Gasvolumen verringert, so daß erst in der nächsten Stufe eine Leistungsverminderung auftritt. Will man den Kraftbedarf einer einzelnen Stufe berechnen, so genügt es also vollkommen, die Stufe als ungekühlt zu betrachten. Die wahre Anfangstemperatur muß natürlich mit berücksichtigt werden.

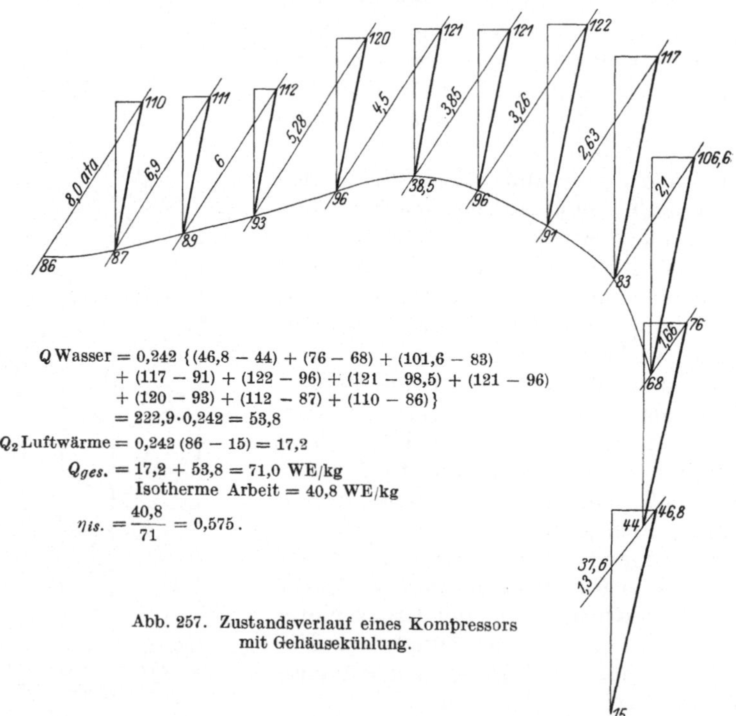

Q Wasser $= 0{,}242\,\{(46{,}8 - 44) + (76 - 68) + (101{,}6 - 83)$
$+ (117 - 91) + (122 - 96) + (121 - 98{,}5) + (121 - 96)$
$+ (120 - 93) + (112 - 87) + (110 - 86)\}$
$= 222{,}9 \cdot 0{,}242 = 53{,}8$

Q_2 Luftwärme $= 0{,}242\,(86 - 15) = 17{,}2$

$Q_{ges.} = 17{,}2 + 53{,}8 = 71{,}0$ WE/kg

Isotherme Arbeit $= 40{,}8$ WE/kg

$\eta_{is.} = \dfrac{40{,}8}{71} = 0{,}575\,.$

Abb. 257. Zustandsverlauf eines Kompressors mit Gehäusekühlung.

Versuche von Kearton zeigten, daß man bei Gehäusekühlung mit dem Mittelwert $n = 1{,}2$ bis $1{,}28$ rechnen kann. $n = 1{,}25$ kann als Mittelwert angesehen werden. Ist $\dfrac{p_2}{p_1}$ das Druckverhältnis und T_1 die Anfangstemperatur einer Stufe, so kann die Endtemperatur aus der Gleichung berechnet werden $T_2 = T_1 \left(\dfrac{p_2}{p_1}\right)^{0{,}2}$. Größere Abweichungen treten auf bei den ersten Stufen, da dort wegen des kleinen Temperaturgefälles nur eine geringe Kühlung stattfindet. Eine derartige Mittelwertberechnung gilt natürlich nur dann, wenn nur wenige Stufen vorhanden sind.

Abb. 257 zeigt Druck- und Temperaturverlauf für einen Kompressor von 5000 m³/st der Frankfurter Maschinenbau Akt.-Ges. Der Kompressor hat 8fache Verdichtung. Es ist alleinige Zylinderkühlung vorhanden. Die in den einzelnen Stufen abgeführten Wärmemengen können aus der Gleichung $Q = \Sigma c_p\,(t_2 - t_1)$ WE/kg berechnet werden. Man findet $Q_1 = 53{,}8$ WE. Vergleicht man den ganzen Prozeß mit der Isothermen, so ist noch die Luftwärme zu berücksichtigen, die sich daraus ergibt, daß die Endtemperatur höher wie die Anfangstemperatur ist.

$$Q_2 = c_p\,(t_A - t_E) = 0{,}242\,(86 - 15) = 17{,}2\ \text{WE};$$
$$Q_1 + Q_2 = 71\ \text{WE/kg}.$$

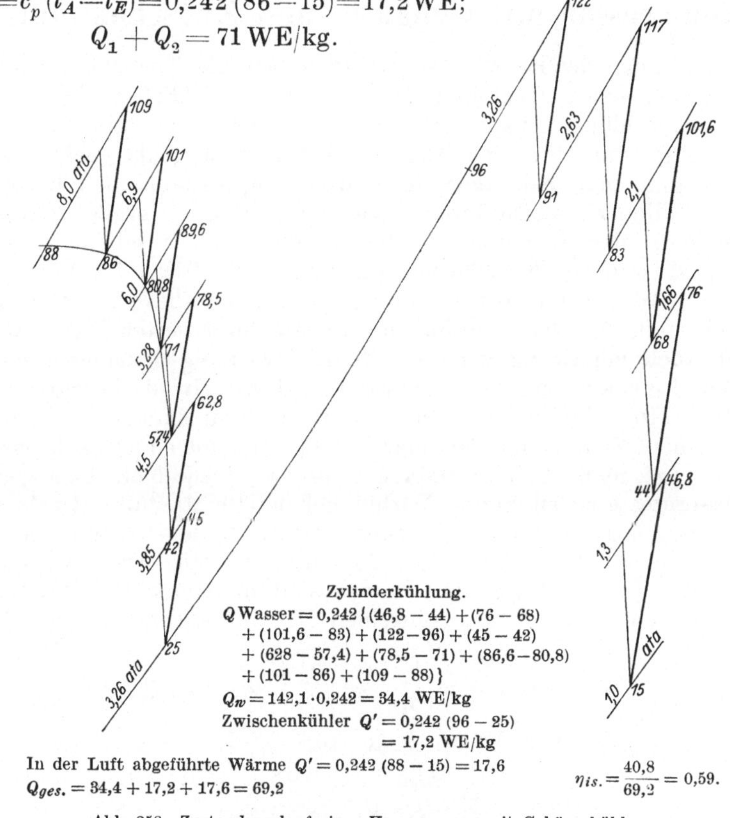

Abb. 258. Zustandsverlauf eines Kompressors mit Gehäusekühlung und einem Zwischenkühler.

Für isotherme Verdichtung sind 40,8 WE/kg notwendig. Hieraus ergibt sich der isotherme Wirkungsgrad zu $\dfrac{40{,}8}{71} = 0{,}575$. Der relativ schlechte Wirkungsgrad erklärt sich daraus, weil es sich hier um einen Kompressor von sehr kleiner Fördermenge (5000 m³/st) handelt.

Da nach früherem die unter den Zustandslinien liegenden Flächen gleich den abgeführten Wärmemengen sind, kann man sich an Hand von Abb. 257 ein gutes Bild von der Kühlwirkung machen. Bei isothermem Verlauf wäre nur die Wärme abzuführen, die der Fläche entspricht $t = 15^0$ (1 ata bis 8 ata). Die zwischen $t = 15^0$ und dem wahren Verlauf liegende Fläche ist gegenüber der Isothermen mehr abzuführen infolge der im Inneren auftretenden Verluste und der nicht vollkommenen Kühlwirkung. Würde man die Linie 15 bis 46,8 (erste Stufe) bis zur Linie 8 atü verlängern, so erhielte man die Arbeit, die bei der ungekühlten Maschine zu leisten ist. Man erkennt ohne weiteres den großen Vorteil der Kühlung.

2. Kompressor mit Gehäuse- und Zwischenkühlung.

Im Anfange der Entwicklung wurden fast alle Turbokompressoren mit verschiedenen Gehäusen bei fast ausschließlicher Verwendung von Innenkühlung gebaut. Da sich diese Maschinen im Preise sehr hoch stellten und für viele Zwecke wirtschaftlich nicht mehr tragbar wurden, ging man bald dazu über, die Kompressoren in 1, höchstens aber 2 Zylindern auszuführen. Dies machte indes große Schwierigkeiten betr. der Kühlung, da bei 1 oder 2 Gehäusen naturgemäß bedeutend weniger Kühlfläche vorhanden ist. Viele Firmen halfen sich so, daß sie die Innenkühlung ganz fallen ließen und 2 bis 4 außenliegende Kühler anordneten. In beachtenswerter Weise wurde jedoch auch mit Erfolg versucht, die Kühlwirkung einzelner Elemente bei der Innenkühlung zu verbessern und prinzipiell dieselbe beizubehalten. In schwierigen Fällen ist man dann immer noch in der Lage, einen Zwischenkühler einzubauen. Im folgenden soll gezeigt werden, daß man bei Verwendung eines Zwischenkühlers eine geringe Verbesserung erzielen kann. Vorhin behandelte Maschine wurde auch mit einem Zwischenkühler versehen, der nach der 5. Stufe die Luft auf 30^0 rückkühlte. Der Druck ist hier 3,26 atü. Die sich hierbei ergebenden Temperaturen und Drücke sind in Abb. 258 im Entropiediagramm eingetragen. Die einzelnen Wärmemengen sind wie folgt:

$$\begin{aligned}
\text{Zylinderkühlung} \quad & Q_1 && = 34{,}4 \\
\text{Zwischenkühlung} \quad & Q_2 && = 17{,}2 \quad\left.\right\}\ Q_1 + Q_2 + Q_3 = 69{.}2 \\
\text{Luftwärme} \ldots\ldots \quad & Q_3 && = 17{,}6 \\
\text{Isotherme Wärme} \quad & Q_{isoth} && = 40{,}8
\end{aligned}$$

$$\eta_{isoth} = \frac{Q_{isoth}}{Q_1 + Q_2 + Q_3} = \frac{40{,}8}{69{,}2} = 0{,}59 \, .$$

Es ergibt sich also eine Leistungsersparnis von ca. 2,5%.

3. Alleinige Außenkühlung.

Die meisten Firmen, die zur Außenkühlung übergegangen sind (Brown-Boveri, Jäger usw.), verwenden bei 8facher Verdichtung meist 3 Außenkühler. Für die vorhin behandelte Maschine soll im folgenden die Außenkühlung untersucht werden für den Fall, das der Laufradwirkungsgrad und die anderen rein hydraulisch bedingten Verluste sich nicht ändern. Die Anfangstemperatur sei wieder 15^0; die Zwischenkühler sollen auf 30^0 rückkühlen.

Abb. 259 zeigt das entsprechende Entropiediagramm. Es ist angenommen, daß nach der 3., 6. und 9. Stufe ein Zwischenkühler eingebaut ist. Hier sind die Drücke 2,1, 3,85 und 6,0 ata. Es ergibt sich folgende Bilanz:

In den 3 Kühlern abgeführte Wärme

$$Q_1 = 54 \text{ WE/kg},$$

Luftwärme

$$= 0{,}242\,(66-15) = 12{,}3 = Q_2,$$

$$Q_1 + Q_2 = 66{,}3,$$

$$\eta_{isoth} = 0{,}615.$$

Es ergibt sich also tatsächlich eine geringe Verbesserung gegenüber den obigen Fällen,

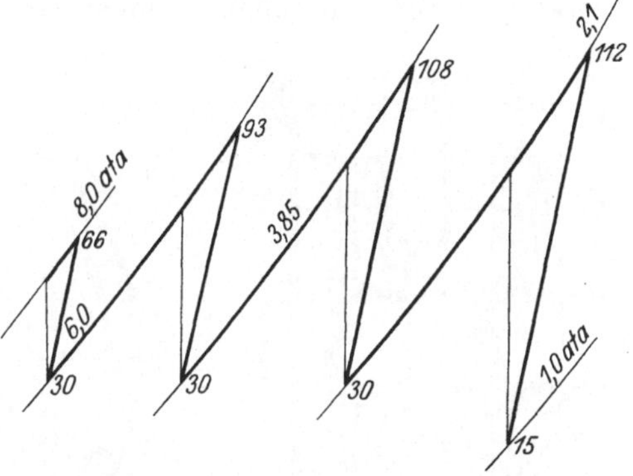

Außenkühlung $Q_1 = 0{,}242\,\{(112-30) + (108-30) + (93-30)\} = 54$

Luftwärme $Q_2 = 0{,}242\,(66-15) = 12{,}3$

$$\eta_{is.} = \frac{40{,}8}{66{,}3} = 0{,}615.$$

Abb. 259. Zustandsverlauf im TS-Diagramm bei Verwendung von 3 Außenkühlern.

wobei allerdings gleich betont sei, daß dieser Unterschied nicht überwältigend ist.

4. Zwischenkühlung nach jeder Stufe.

Der Gedanke liegt sehr nahe, die Luft nach jeder Stufe in besonderen Zwischenkühlern möglichst tief abzukühlen. Tatsächlich ist dieser Gedanke auch verwirklicht worden durch die British-Thomson-Houston-Company Limited, Rugly (England). Abb. 260 zeigt diese Kühlerelemente. Um jede Stufe ist eine Spirale ausgebildet, die die Luft nach den unten liegenden kleinen Kühlern hinführt. Das Nähere ist aus Abb. 260 zu erkennen. Die Firma hat diese Ausführungsform jedoch wieder fallen gelassen und baut Außenkühler im allgemeinen nach jeder 3. Stufe ein. Siehe Abb. 199.

Die Güte einer derartigen Anordnung ist aus dem Entropiediagramm schnell zu überblicken. Der in obigen Beispielen bereits verwendete Kompressor soll nun keine Zylinderkühlung, sondern nach jeder Stufe einen kleinen Zwischenkühler erhalten; hier soll die Luft auf 30^0 C abgekühlt werden. Die Maschine ist also im ganzen mit 10 Zwischenkühlern versehen. Es ergibt sich folgende Bilanz (Abb. 261):

$$\text{In 10 Kühlern abgeführte Wärme } Q_1 = 61 \text{ WE/kg},$$

$$\text{Luftwärme} \quad Q_2 = 0{,}242\,(48-15) = 8 \text{ WE/kg},$$

$$Q_1 + Q_2 = 69,$$

$$\eta_{isoth} = \frac{40{,}8}{61} = 0{,}591.$$

Erstaunlicherweise tritt also keine Verbesserung, sondern noch eine
kleine Verschlechterung auf. Dies kommt daher, weil der in den
vielen Kühlern vorhandene Druckabfall den Vorteil der guten Kühlwirkung nicht nur nicht kompensiert, sondern überwiegt. Es zeigt

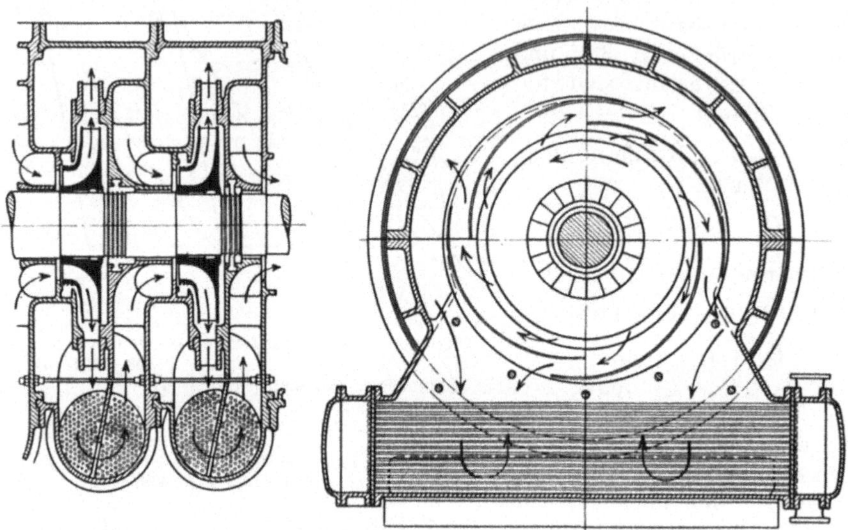

Abb. 260. Zwischenkühlung nach jeder Stufe (British Thomson-Houston).

sich also, daß bei 8 facher Verdichtung — was für die meisten Turbokompressoren zutreffen dürfte — bei Verwendung von Außenkühlung
mehr als 3 Kühler keinen Zweck haben. Dies stimmt natürlich nicht,

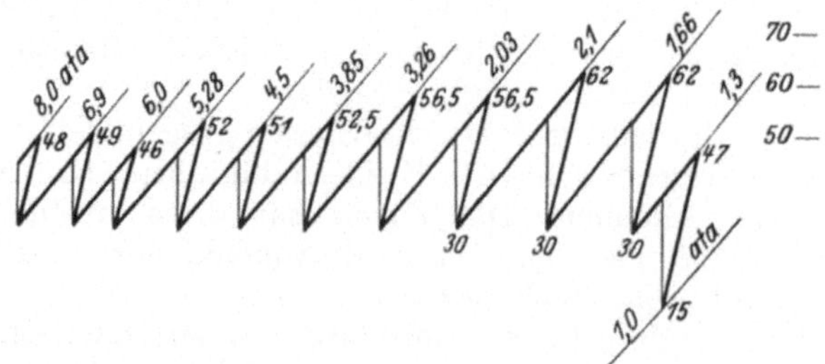

$$Q_1 = 0{,}242 \{(47-30) + (62-30) + (62-30) + (56{,}5-30) + (56{,}5-30) + (52{,}5-30) + (51-30)$$
$$+ (52-30) + (46-30) + (49-30) + (48-30)\}$$

$Q_1 = 61$ WE

$Q_2 = 0{,}242(48-15) = 8$ WE; $\quad Q_1 + Q_2 = 61 + 8 = 69 \qquad \eta_{is.} = \dfrac{40{,}8}{69{,}0} = 0{,}591.$

Abb. 261. Zustandsverlauf eines Kompressors mit Zwischenkühlung nach jeder Stufe.

wenn man mit der Kühlerbelastung wesentlich herunter geht, d. h.
abnorm große Kühlflächen wählt. Hierdurch läßt sich natürlich noch
wesentlich mehr an Wirkungsgrad herausholen, doch würden derartige
Maschinen zu teuer und nicht marktfähig sein. Für den praktischen
Maschinenbau kommt es bekanntlich nicht darauf an, unter allen

Umständen den höchst möglichen Wirkungsgrad zu erreichen, sondern dort auf eine — an und für sich ausführbare — Verbesserung des Wirkungsgrades zu verzichten, wo der notwendige Aufwand, d. h. der Preis der Maschine, in keinem tragbaren Verhältnis zu dem erzielten Erfolge steht.

5. Außenkühlung oder Innenkühlung.

Zu den obigen Ausführungen waren die beiden Kühlsysteme lediglich hinsichtlich ihres Wirkungsgrades untersucht. Es ergibt sich, was auch die Praxis bestätigt, daß hier keine überwältigenden Unterschiede bestehen, die den Ausschlag für die eine oder andere Kühlungsart geben könnten. Und in der Tat haben sich sowohl Außen- wie Innenkühlung hartnäckig in der Praxis behauptet. Gegen die Innenkühlung wird sehr oft vorgebracht, daß bei ungünstigen Wasserverhältnissen die Kühlräume schlechter zu reinigen sind wie einfache außenliegende Kühler. Dieser Einwand war im Anfang der Entwicklung zweifellos richtig, da man durch sehr viele enge Kanäle (z. B. hohle Leitschaufeln) die Kühlfläche möglichst groß zu machen suchte. Das Reinigen derartiger Kompressoren — von denen heute noch sehr viele im Betrieb sind — ist tatsächlich mit großen Schwierigkeiten verbunden. Sehr bald gingen die Innenkühlung verwendenden Firmen aber dazu über, die Wasserräume der Gehäuse wesentlich zu vergrößern, unter Wegfall aller kleineren Verbindungskanäle. Man beschränkte sich im allgemeinen darauf, lediglich den von außen zugänglichen Raum zwischen den Stufen zu kühlen und die Zwischenwand zwischen Leit- und Umkehrschaufeln ungekühlt zu lassen. Den Wegfall dieser Kühlflächen suchte man hauptsächlich durch Vergrößerung des Gehäusedurchmessers wieder wett zu machen, wodurch gleichzeitig eine bessere hydraulische Umsetzung erzielt wurde. Die Reinigung neuzeitiger Gehäuse bietet heute keine großen Schwierigkeiten mehr; doch ist bemerkenswert, daß in Gegenden mit sehr ungünstigen Wasserverhältnissen, z. B. im oberschlesischen Industriebezirk, fast ausschließlich Kompressoren mit Außenkühlung sich befinden, wohl als Nachwirkung der schlechten Erfahrungen, die man mit früheren gehäusegekühlten Maschinen gemacht hat.

Kompressoren mit Außenkühlung haben den Vorteil, daß, wie schon oben besprochen, eine beliebig starke Kühlwirkung erzielt werden kann. Die Kühler sind einfach auszubauen und mitunter sogar während des Betriebes zu reinigen. Eventuelle Undichtigkeiten können leicht beseitigt werden. Die Gehäusekühlung erfordert hingegen Gußstücke, die an die Gießereitechnik ganz erhebliche Anforderungen stellen. Zeigen sich beim Abpressen der Gußstücke kleinere undichte Stellen, so muß geflickt werden, was dadurch meist erschwert wird, daß die betr. Stellen hinter unzugänglichen Gußwänden liegen und durch besondere Anbohrungen zugänglich gemacht werden müssen. Diese Ausbesserungsarbeiten gehören zu den unangenehmsten Arbeiten der Werkstatt bei derartigen Kompressoren.

Die Wasserabdichtung in der Teilfuge des Gehäuses, wo auch das Kühlwasser von dem unteren in den oberen Teil übertreten muß, geschieht meist mit Gummiringen, die eine einwandfreie Abdichtung ermöglichen. Dagegen macht es größere Schwierigkeiten, außenliegende Kühler, deren Rohre eingewalzt sind, betriebssicher abzudichten. Da solche Kühler starr mit dem Kompressor verbunden sind, übertragen sich alle kleinen Schwingungen und Unruhen auf die Kühlrohre, unter deren Einfluß die Einwalzstelle sich oft lockert und Wasser durchläßt.

Eine große Gefahr besteht für außengekühlte Maschinen, wenn bei Verwendung schlechten Wassers die rechtzeitige Reinigung der Kühler unterblieben ist. Die Luft wird nicht genügend rückgekühlt und kann dann das ungekühlte Gehäuse in unzulässer Weise erwärmen. Das Gehäuse wird sich dehnen und unter Umständen ein Anlaufen des Läufers verursachen können. Da Gußeisen außerdem nicht temperaturbeständig ist und — wie üble Erfahrungen aus dem Dampfturbinenbau bewiesen haben — bei höheren Temperaturen wächst, d. h. bleibende Dehnungen aufweist, kann durch zeitweiligen Betrieb eines Kompressors ohne genügende Kühlung das Gehäuse vollkommen unbrauchbar werden. Dies ist bei gehäusegekühlten Maschinen nicht möglich, da die Gußwand kaum mehr wie 100^{0} C erreichen dürfte, auch wenn große Verschmutzungen vorhanden sind.

Bei größeren Maschinen wendet man heute auch bei Gehäusekühlung einen Zwischenkühler an. Hierdurch erhält man nach obigem einen Wirkungsgrad, der dem der reinen Außenkühlung praktisch nicht unterlegen ist. Diese gemischte Anwendung von Außen- und Innenkühlung scheint sich in jüngster Zeit immer mehr einzuführen. Diese Ausführung vereinigt quasi die Vorteile der Gehäuse- und Außenkühlung.

Nach vorstehendem ist zu erkennen, daß es nicht möglich ist, die eine oder andere Kühlungsart positiv oder negativ zu bewerten. Es hat sich gezeigt, daß mit beiden Methoden betriebssichere Maschinen zu bauen sind. Die augenblicklich in Betrieb befindlichen Turbokompressoren dürften ungefähr zur Hälfte Zylinder- bzw. kombinierte Kühlung haben und zur anderen Hälfte Maschinen mit reiner Außenkühlung sein.

Diese Angaben beziehen sich auf Kompressoren von ca. 10 000 bis 30 000 m³/st. Für größere Kompressoren findet man neuerdings immer mehr reine Außenkühlung. Dies ist auch erklärlich, weil bei geom. Vergrößerung eines Kompressors das Fördervolumen schneller wächst wie die Kühlflächen, die man im Gehäuse unterbringen kann. Es wird schließlich trotz aller Kunstgriffe nicht mehr gelingen, die notwendige Kühlfläche unterzubringen, so daß für große Fördermengen $> 40 000$ m³/st die Außenkühlung vorteilhaft sein wird.

Es gibt auch bereits Firmen, die beide Kühlungsarten ausführen. So versieht die AEG z. B. Kompressoren, die kleinere Förderleistungen wie 20 000 m³/st haben, mit Gehäusekühlung, darüber hinaus jedoch mit reiner Außenkühlung.

6. Ausbildung der Innenkühlung.

Trotz aller gegen die Innenkühlung vorgebrachter Bedenken hat dieselbe bis heute das Feld behaupten können und wird noch von namhaften Firmen verwendet. Dies auch deshalb, weil die größte Anzahl der in der Praxis angeforderten Turbokompressoren Fördermengen unter 30000 m³/st aufweist, wo nach obigem beide Kühlungsarten gleichwertig sind. Die Gesamtzahl der bis jetzt ausgeführten Turbokompressoren wird etwa, wie oben erwähnt, zur Hälfte Innen- und zur anderen Hälfte Außenkühlung haben.

An eine brauchbare Innenkühlung müssen hauptsächlich zwei Hauptanforderungen gestellt werden. 1. Die Wasserräume müssen leicht zu reinigen sein. 2. Das Kühlwasser muß ordentlich durchwirbelt werden, damit keine großen Temperaturdifferenzen innerhalb eines Elementes entstehen.

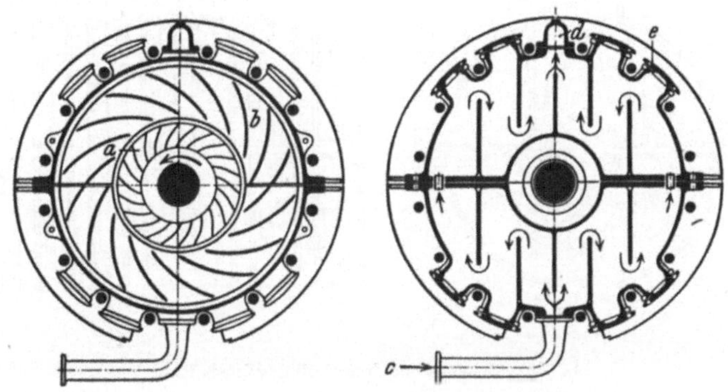

Abb. 262. Schematische Darstellung der AEG-Innenkühlung.
Schnitt durch Läufer und Zwischenwand.

Innengekühlte Maschinen werden ausschließlich aus einzelnen Elementen zusammengesetzt, die in der Mitte geteilt sind. Ist n die Anzahl der Stufen, so sind im ganzen $2n$ halbkreisförmige Hohlgußkörper mit Wasserkühlung zu versehen. An einzelnen Ausführungsbeispielen soll die Lösung dieser Aufgabe besprochen werden.

Auf Abb. 262 ist die Ausführung, wie sie die AEG für kleinere Förderleistungen verwendet, schematisch dargestellt. An der untersten Stelle des Gehäuses tritt durch c Frischwasser zu. Durch eingegossene Gußrippen ist das Wasser gezwungen, auf einem möglichst langen Wege das ganze untere Gußstück zu durchströmen. Durch die scharfen Umlenkungen wird eine genügende Durchwirbelung des Kühlwassers erzielt. An der Teilfuge tritt das Wasser durch zwei Öffnungen, die meist durch Gummiringe abgedichtet werden, in den Oberteil des Elementes, das im Schnitt genau gleich dem Unterteil ist. An der obersten Stelle d wird das warme Wasser abgeführt. Der Kanal d führt über alle Elemente und bildet deshalb die gemeinsame Abführungsleitung. Jede einzelne Stufe erhält so Frischwasser, dessen

Regulierung bei getrennter Zuführung leicht möglich ist. Man erkennt, daß die Temperatur des Gehäuses von unten nach oben zunimmt. Zur Reinigung der Kühlräume sind große leicht abnehmbare Deckel *e* vorhanden, durch die die einzelnen Kühlräume leicht zugänglich sind.

Abb. 263 zeigt das Kühlungsschema nach Rateau. Außer dem Raume zwischen Laufrad und vorhergehender Stufe kühlt Rateau auch noch die Umkehrschaufeln und den Raum zwischen Laufrad und Umkehrschaufel. Der Hauptschnitt ist in 6 Teile geteilt. Unten tritt das Wasser ein, dringt dann durch die hohl gegossenen Umkehrschaufeln in den Raum zwischen Laufrad und Umkehrschaufeln, von dort wieder durch Umkehrschaufeln zurück in den linken und rechten unteren Teil des Hauptquerschnittes. Der Übertritt in das obere Gehäuse erfolgt durch außerhalb der Teilfuge liegende kurze Rohrstücke, die den Vorteil haben, daß ihre Dichtigkeit von außen leicht

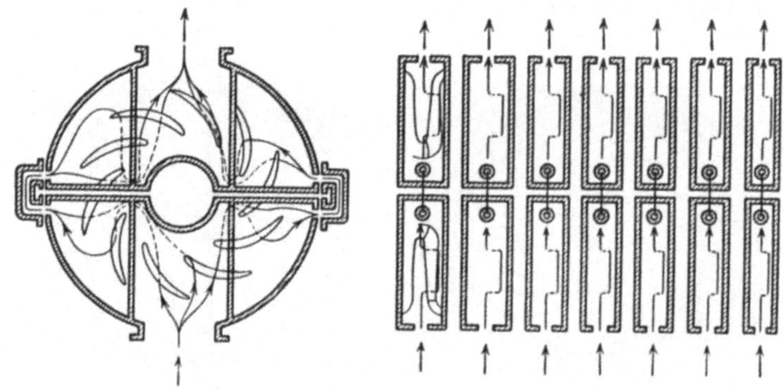

Abb. 263. Schema der Innenkühlung nach Rateau.

beobachtet werden kann. Die obere Gehäusehälfte ist spiegelbildlich zur unteren ausgebildet, so daß der Wasserstrom nun den umgekehrten Weg macht wie unten. Der Austritt des Wassers erfolgt auch hier an der obersten Stelle, wo alle Elemente durch einen gemeinsamen Kanal verbunden sind. Die Reinigungsdeckel sind in der Abbildung nicht eingezeichnet. Die Anordnung von Rateau hat den Vorteil, daß man eine sehr große Kühlfläche erhält und selbst bei großen Leistungen ohne Außenkühlung auskommt. Die Verwendung setzt allerdings ziemlich reines Wasser voraus, da die Reinigung der Wasserräume Schwierigkeiten bereiten dürfte.

Auf Abb. 216 war bereits die Wasserführung nach der Bauart Kühne, Kopp und Kausch dargestellt worden. Durch eine vertikale Wand ist hier jedes Element in zwei Hälften geteilt, während durch radial stehende Rippen das Kühlwasser ordentlich durchwirbelt wird.

Die Innenkühlung der Frankfurter Maschinenbau A.-G. ist prinzipiell dieselbe wie bei der AEG. Es sei auf die Abb. 201, 202 und 204 verwiesen. Die Unterteilung erfolgt allerdings nicht durch senkrechte Rippen, sondern durch radiale, so daß einzelne sektorartige Wassertaschen entstehen. Bemerkenswert ist noch die Anordnung von Ventilen in dem oberen Sammelkanal (Abb. 201), wodurch der Wasserumlauf geregelt werden kann. Durch geeignete Verstellung dieser Ventile ist es möglich, an allen Elementen dieselbe Temperatur aufrecht zu erhalten. Dies gilt allerdings nur für eine bestimmte Leistung.

Auf Abb. 180 ist auch die Innenkühlung von British Thomson-Houston zu erkennen. Bemerkenswert ist dort, daß die verschiedenen Kühlräume durch hohle Rippen verbunden sind.

Die Innenkühlung von Parsons (Abb. 200) weicht ebenfalls von den hier besprochenen Systemen kaum merklich ab.

Im großen und ganzen ist keine sehr große Verschiedenheit zwischen den einzelnen Systemen zu erkennen. Die heute üblichen Ausführungen sind entstanden aus einem Kompromiß zwischen den Forderungen nach leichter Reinigung, guter Wasserführung und leichter Gießbarkeit.

XIV. Versuche.

1. Ausführung der Versuche.

Durch die Versuche soll 1. die Übereinstimmung bzw. die auftretenden Abweichungen von der beim Entwurf durchgeführten Rechnung und 2. das Verhalten bei geänderten Betriebsbedingungen festgestellt werden. Insonderheit interessiert bei Abnahmeversuchen die Überprüfung der beim Kaufvertrag eingegangenen Gewährleistungen. Für letztere handelt es sich hauptsächlich um die Bestimmung des Gesamtwirkungsgrades bei verschiedenen Fördermengen. Da für große Leistungen fast ausschließlich der Dampfturbinenantrieb in Frage kommt, muß hier das gesamte Aggregat überprüft werden. Die Garantien werden hier natürlich für Kompressor und Dampfturbine zusammen abgegeben, da den Käufer nur der Dampfverbrauch für die Verdichtung der gegebenen Luftmenge interessiert. Der Einzelwirkungsgrad des Kompressors und der Turbine kann ihm gleichgültig sein. In diesem Sinne wird bei Dampfkompressoren nicht der Wirkungsgrad, sondern der Dampfverbrauch pro m^3 verdichtete Luft garantiert und bei den Abnahmeversuchen festgestellt. Bei elektrischem Antrieb, der hauptsächlich für Gebläse und kleine Turbokompressoren in Frage kommt, wird die Garantie meist auf den Kraftbedarf an der Motorkupplung garantiert, da der Wirkungsgrad eines Elektromotors mit einfachsten Mitteln feststellbar ist. Ist zwischen Motor und Gebläse ein Übersetzungsgetriebe eingeschaltet, so wird erklärlicherweise das Getriebe zu dem Gebläse gerechnet.

Die am Kompressorteil vorzunehmenden Messungen erstrecken sich auf

    a) Luftmengenmessung,
    b) Druckmessung,
    c) Leckluftmessung,
    d) Messung der Temperaturen,
    e) Messung des Kühlwassers.

Aus diesen Messungen kann auch ohne Kraftmessung an der Kupplung der Wirkungsgrad des Kompressors mit sehr großer Genauigkeit festgestellt werden. Dies ist um so wichtiger, als beim Dampfantrieb keine direkte Möglichkeit besteht, die Leistung an der Kupplung zu messen.

a) Luftmessung.

Die theoretischen Grundlagen und die hieraus folgenden praktischen Nutzanwendungen wurden bereits in Abschnitt V besonders entwickelt. Es sei hier nur darauf hingewiesen, daß die Meßdüsen, wenn irgend möglich, in der Saugleitung angebracht werden sollten. Bei Messungen in der Druckleitung hat man mit der Differenz von sehr großen beinahe gleichen Drücken zu arbeiten und hat hier ähnliche Schwierigkeiten zu erwarten wie in der Mathematik bei der Ermittlung der Differenz von beinahe gleich großen Zahlen. Mit Recht verlangen deshalb die Lieferfirmen, wenn derartige Garantien verlangt werden, eine größere Toleranz als wie die üblichen 5%.

b) Druckmessung.

Der Enddruck wird bei hohen Drücken mit geeichten Metallmanometern gemessen. Bei kleineren Drücken 2 bis 4 at können auch Quecksilbersäulen verwendet werden. Bei einstufigen Gebläsen kommt man meist mit Wassersäulen aus. Außer dem Enddruck sollte auch immer der absolute Druck kurz vor Eintritt in das 1. Laufrad gemessen werden und der Maschine zugute geschrieben werden, da der durch die Saugdüse und die Ansaugeleitung entstehende Druckverlust mit der Maschine nichts zu tun hat. Dies ist namentlich wichtig bei kleineren Drücken, z. B. einstufigen Gebläsen. Allerdings darf man nicht den statischen Druck vor dem Laufrad zugrunde legen, sondern statischen und dynamischen Druck. Diese Messung kann in bekannter Weise durch dem Strome entgegengerichtete Stauröhren ausgeführt werden. Dies ist deshalb notwendig, weil die Geschwindigkeit vor Eintritt in das 1. Laufrad der Maschine ja wieder zugute kommt. Natürlich darf man am Austritt nicht dasselbe machen, sondern hat nur den statischen Überdruck zu bestimmen, da man den Kompressor auffassen muß als eine in einer Rohrleitung befindliche Energiequelle, in der die Durchströmgeschwindigkeit nicht geändert werden soll, sondern nur der Druck.

c) Leckluftmessung.

Die durch den Entlastungskolben entweichende Luft muß von der Ansaugeluftmenge abgezogen werden. Tritt dieselbe ins Freie aus, so könnte man sie als Differenz der ein- und austretenden Luftmenge bestimmen. Da jedoch beide Luftmengen nur mit einer Genauigkeit von ca. 1 bis 2% bestimmt werden können, die Leckluft hingegen nur ca. 1 bis 5% der gesamten Luftmenge ausmacht, sind bei einer derartigen Feststellung unter Umständen Fehler von einigen 100% zu erwarten. Will man deshalb genaue Messungen machen, so muß die

Leckluft besonders gemessen werden. Da dieselbe meist durch eine einstellbare Drosselöffnung entweicht, kann man aus dem Querschnitt der letzteren und dem gemessenen Druckgefälle leicht die austretende Menge ermitteln. Man verwendet hier meist einfache Stauscheiben.

Ist das Druckverhältnis überkritisch, d. h. $\frac{p_2}{p_1} > 1{,}895$, so ist nach der

Formel $V_0 = 9{,}67\, F \frac{p}{p_0} \sqrt{T}$ zu rechnen, wo T die Temperatur von der Stauscheibe, p der abs. Druck hinter der Stauscheibe und F die nutzbare Durchtrittsfläche der Stauscheibe ist. Bei unterkritischen Druck-

verhältnissen rechnet man nach der Formel $V_0 = 16{,}14 \sqrt{T\left[1-\left(\frac{p_0}{p}\right)^{0{,}28}\right]}$

Die Messung der Leckluftmenge entfällt, wenn dieselbe in die Saugleitung zurückgeführt wird. In diesem Falle ist die Ansaugemenge gleich der wirklich geförderten Menge. Dies ist bei Gasgebläsen aus erklärlichen Gründen die Regel. Auch hat man dann wegen der hohen Austrittsgeschwindigkeit der Luft einen geringen Rückgewinn der verlorenen Energie.

Bei großen Maschinen $V > 40000$ m³/st beträgt die Leckluftmenge ca. 2% der angesaugten Luftmenge. Bei 10000 m³/st muß man bereits mit 4 bis 6% rechnen, während bei ganz kleinen Turbokompressoren noch höhere Werte festgestellt werden. Trotzdem eigentlich Ansaugemenge weniger Leckluftmenge für die Nutzleistung der Maschine maßgebend ist, hat es sich eingebürgert, fast alle Garantien auf m³/st angesaugte Luft umzurechnen.

d) Messung der Temperaturen.

Sollen Temperaturen zur genauen Leistungsbilanz herangezogen werden, so ist sehr darauf zu achten, daß durch falschen Einbau keine großen Meßfehler entstehen. Diese Gefahr besteht immer dann, wenn Thermometer nicht direkt in den zu messenden Luft- oder Dampfstrom gesteckt werden, sondern sich in einer Hülse befinden, die in den betreffenden Raum hineinragt. Diese Anordnung ist deshalb sehr beliebt, weil es sehr schwer ist, glatte Thermometer gegen einen unter Überdruck stehenden Raum zu dichten und zu befestigen. Bei Dampfturbinen ist die Verwendung von Hülsen die Regel. Um von dem Boden der Hülse die Wärme einwandfrei zu übertragen, füllt man etwas Quecksilber oder Zylinderöl ein. Durch das Eindringen einer metallischen Hülse leitet jedoch die Wärme nach der Wand bzw. nach außen ab, so daß immer am untersten Punkt der Hülse eine Temperaturdifferenz gegenüber der Umgebung vorhanden ist. Mit dem Thermometer wird man also eine zu niedrige Temperatur messen. Der hier auftretende Fehler kann unter Umständen sehr erheblich sein. Reiher und Cleve[1] und Schmidt[2] haben um-

---

[1] Temperaturmeßfehler bei strömenden Gasen. Ergänzungsheft „Technische Mechanik" V. D. I.-Verlag 1925.

[2] Zweckmäßige Bauart von Thermometerrohren für strömende Gase. Schmidt (daselbst).

fangreiche Versuche ausgeführt, durch die der Einfluß des Einbaues
und des Materiales geprüft worden ist, und zweckmäßige Ausbildungs-
formen sich ergeben haben. Ist die Hülse aus gut leitendem Material
angefertigt, und befinden sich außen noch größere Metallmassen, z. B.
zum Schutz des Thermometers, so sind größere Abweichungen zu erwarten. Desgleichen leuchtet ein, daß bei Gasen und überhitzten
Dämpfen die Fehler größer sind wie bei Sattdampf. Bei einer Messing-
hülse wurden z. B. bei einer Lufttemperatur von 240^0 Fehler von
50^0 C festgestellt. Wirksame Mittel, um diese Fehler auf ein geringes
Maß zu beschränken, sind er-
stens Ausführung der Hülse aus
schlecht leitendem Material, zwei-
tens Anbringung von Rippen, um
den Wärmeübergang an die Hülse
zu begünstigen. Abb. 264 zeigt
eine Ausführungsform, bei der
keine meßbaren Temperaturdifferenzen festzustellen waren. Diese Hülse kann für genaue Messungen deshalb empfohlen werden.

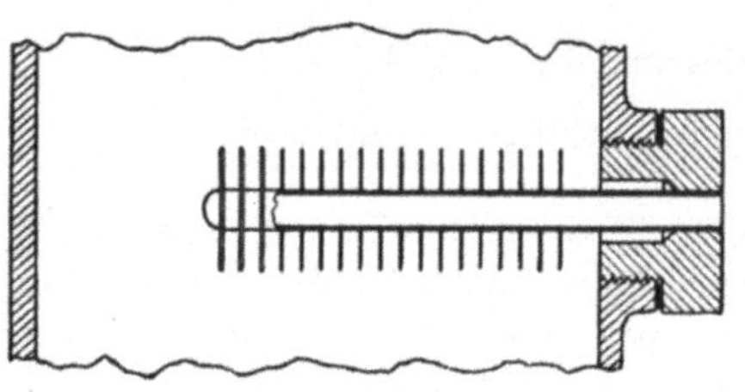

Abb. 264. Rippentauchrohr für genaue
Temperaturmessungen nach Schmidt.

Bei Abnahmeversuchen von Dampfkompressoren muß aus der
Eintrittstemperatur des Dampfes und dem Druck die der Maschine
zugeführte Energie ermittelt werden. Bei Ermittlung des Gesamt-
wirkungsgrades ist deshalb diese Temperaturmessung von allergrößter
Wichtigkeit. Da diesem Punkte bei Abnahmeversuchen nicht immer
die notwendige Sorgfalt zugewandt wurde, ist bei Beurteilung von
Abnahmeversuchen, abgesehen von anderen hier nicht zu erörternden
Gesichtspunkten größte Vorsicht am Platze.

Bringt man Thermometer ohne Hülse in einen Gasstrom, so sind
infolge der schlechten Wärmeleitfähigkeit des Glases die oben erwähnten Schwierigkeiten nicht vorhanden. Das gleiche ist der Fall
bei Messung von Wassertemperaturen, wo man auch normale Hülsen
verwenden kann.

e) Messung des Kühl- und Kondenswassers.

Größere Wassermengen werden am einfachsten in sogenannten
Ponceletgefäßen gemessen. Dieses sind mit einer Düse versehene
offene Gefäße, in die oben das Wasser frei einfällt. Aus der Höhe
des Wasserspiegels über Düsenmitte kann in einfacher Weise die
Wassermenge berechnet werden. Um keine zu große Wellenbewegung
durch den einfallenden Strahl zu erhalten, empfiehlt es sich, den
Strahl durch Siebe, Umlenkungsbleche usw. möglichst zu unterteilen
und die ganze Wasseroberfläche gleichmäßig beregnen zu lassen. Sind
die verwendeten Düsen vorher genau geeicht, so kann die Messung
mit ca. 1% Genauigkeit durchgeführt werden. Bei Kondensatmes-
sungen ist ferner darauf zu achten, daß durch die höhere Temperatur
das spezifische Gewicht des Wassers geringer wie 1 ist. Bei 40^0 C ist
bereits 1% Differenz vorhanden.

Bei Staurändern kann mit einem Kontraktionskoeffizienten von 0,61 gerechnet werden, bei Verwendung von Normaldüsen ist ein Düsenkoeffizient von 0,948 zugrunde zu legen. (Siehe Kapitel: Messung von Luft und Gasmengen.) Bei Auswahl der Düse muß darauf geachtet werden, daß die Stauhöhe mindestens 7 bis 10 größer sein muß wie der Düsendurchmesser.

2. Wärmebilanz von Gebläsen und Kompressoren.

Bei sorgfältigen Messungen kann aus den in der Luft und im Kühlwasser abgeführten Wärmemengen der Wirkungsgrad des Kompressors in vollkommen einwandfreier Weise berechnet werden. Dies ist insbesondere dort von großem Vorteil, wo eine unmittelbare Kraftmessung unmöglich ist wie z. B. bei Dampfturbinenantrieb. Doch ist auch in anderen Fällen diese Methode sehr fruchtbar, da man auf diese Weise die Verluste einzeln genau ermitteln kann. Man ist hierdurch in der Lage, den Einfluß gewisser Konstruktionsänderungen genau zu verfolgen.

a) Ungekühlte Gebläse.

Bei ungekühlten Gebläsen genügt die Messung von Ein- und Austrittstemperatur, um den inneren Wirkungsgrad des Gebläses festzustellen. Da keine Kühlung vorhanden ist, muß die verlustfreie Maschine adiabatische Verdichtung aufweisen. Bei bekanntem Druckverhältnis $\frac{p_2}{p_1}$ ist die Endtemperatur aus

$$\frac{T_1}{T_2} = \left(\frac{p_1}{p_2}\right)^{\frac{\varkappa-1}{\varkappa}}$$

leicht zu ermitteln. Die zu dieser Verdichtung notwendige Arbeit ist in Wärme $Q_{ad} = c_p(T_2 - T_1)$. Infolge der inneren Verluste ist jedoch die Endtemperatur höher, etwa T_2'. Zur Erreichung dieses Endzustandes ist eine größere Arbeit nötig $Q' = c_p(T_2' - T_1)$. Dieses entspricht der von der Antriebsmaschine aufzubringenden Leistung, so daß der Wirkungsgrad

$$\eta_{ad} = \frac{T_2 - T_1}{T_2' - T_1'} = \frac{t_2 - t_1}{t_2' - t_1}$$

durch die Temperaturmessungen sofort bekannt ist. Hierin sind nicht enthalten die Lagerreibung und die Undichtigkeitsverluste. Diese sind der Größenordnung nach aber ziemlich genau bekannt, insbesondere lassen sich letztere berechnen und meistens auch messen. Die so ermittelten Wirkungsgrade stimmen mit den etwa aus Kraftmessung ermittelten sehr gut überein. Verfasser hat ca. 20 Gebläse auf diese Weise untersucht und immer gute Übereinstimmung gefunden. Bei Gebläsen mit größerer Verdichtung treten oft so hohe Temperaturen auf, daß auf die Strahlung des Gehäuses noch geachtet werden muß. Es ergeben sich hier Abzüge von ca. 1 bis 3%.

b) Kompressoren mit Wasserkühlung.

Der Einheitlichkeit halber empfiehlt es sich, sämtliche Leistungen in Wärme umzurechnen. Die der Maschine zugeführte Leistung setzt sich um in:

1. Nutzleistung der Luft bezogen auf die Isotherme Q_1.
2. Erwärmung der Luft von t_1 auf t_2 Q_2.
3. Erwärmung des Kompressorkühlwassers Q_3.
4. Erwärmung des Kühlwassers für Ölkühler Q_4.

(Hierin sind auch meist die Getriebe- und Lagerverluste enthalten.)

5. Strahlung des Gehäuses Q_5.

Bei isothermer Verdichtung ist Q_1 bekanntlich gleich Null. Im Idealfalle ist die in Kühlwasser abgeführte Wärme genau gleich der Leistung der Antriebsmaschine, wie bereits im Abschnitt II behandelt.

Aus dieser Aufteilung erfolgt zwanglos die Definition eines isothermen Wirkungsgrades

$$\eta_{isoth} = \frac{p_0\, V_0 \cdot \ln \dfrac{p}{p_0} \cdot \dfrac{1}{427}}{Q_2 + Q_3 + Q_4 + Q_5}.$$

Die Strahlung ist meist so gering, daß sie vernachlässigt werden kann. Q_2, Q_3, Q_4 werden durch Mengen und Temperaturmessungen in oben angedeuteter Weise gewonnen. Da größere Maschinen immer einen besonderen Ölkühler haben, ist es sehr leicht, die Lagerverluste direkt zu bestimmen. In dieser Bilanz sind nicht eingeschlossen die Undichtigkeitsverluste durch den Ausgleichkolben. Diese müssen gesondert ermittelt und zu dem Nenner noch addiert werden.

Der isotherme Wirkungsgrad ist eine Maßzahl, die vom Standpunkt des Abnehmers die einzig richtige Beurteilung erlaubt. Für eine strenge Beurteilung der thermodynamischen Umsetzung ist er indes nicht geeignet. Denn die Maschine liefert keine Druckluft von der Anfangstemperatur, sondern eine höhere Temperatur. Wollte man die Maschine gerecht beurteilen, so müßte man als Idealleistung nicht die isotherme Arbeit, sondern den Wert einsetzen, der im Idealfalle notwendig wäre, um Druckluft von der tatsächlichen Endtemperatur zu erhalten. Die Luftwärme ist von diesem Gesichtspunkte aus noch zur Nutzleistung zu rechnen. Hierdurch entsteht ein sogenannter polytropischer Wirkungsgrad, der aus folgender Formel zu berechnen ist

$$\eta_{polytr} = \frac{A\, p_0\, V_0 \dfrac{n}{n-1} \left[\left(\dfrac{p_2}{p_0} \right)^{\frac{n-1}{n}} - 1 \right]}{Q_3 + Q_4 + Q_5}.$$

Hier ist n der Exponent der polytropischen Verdichtung, der aus der Gleichung

$$\frac{T_2}{T_1} = \left(\frac{p_2}{p_1} \right)^{\frac{n-1}{n}}$$

zu berechnen ist. Dieser Wirkungsgrad ist erklärlicherweise bedeutend höher wie der isotherme. Er spielt indes nur dann eine praktische Rolle, wenn bei Verwendung von Druckluft eine hohe Temperatur sehr erwünscht ist.

Auch hier ist zu bemerken, daß die aus der Wärmebilanz errechneten Wirkungsgrade eine sehr große Zuverlässigkeit haben und einen Vergleich mit direkten Kraftmessungen ermöglichen. Zahlreiche Versuche des Verfassers an Turbokompressoren der verschiedensten Leistungen ergaben bei genauer Durchführung eine Übereinstimmung von 1 bis 2% mit direkten Kraftmessungen.

3. Messung mit Torsionsdynamometern.

Bei rotierenden Maschinen mit gleichbleibendem Drehmoment kann letzteres durch Torsionsdynamometer gemessen werden. Diese Messungen sind als die genauesten anzusprechen, die man augenblicklich

Abb. 265. Prüfung eines FMA-Kompressors mit Torsionsdynamometer.

ausführen kann und übertreffen sogar die elektrischen Messungen. Vor allem eignen sich dieselben für das Prüffeld. Durch Einbau verschiedener Stäbe kann man bei 2 bis 3 Instrumenten fast sämtliche Leistungen überbrücken, die im Gebläsebau vorkommen. Außerdem ist man unabhängig von der Drehzahl, wenn als Antrieb Dampfturbinen verwendet werden. Abb. 265 zeigt einen Maschinensatz auf dem Versuchsstande, bei dem zwischen Dampfturbine und Getriebe ein Torsionsdynamometer eingebaut ist.

Bei Zwischenschaltung eines Getriebes macht sich leider oft eine kleine Unruhe der Skala bemerkbar, die wohl von kleinen Teilungsfehlern der Verzahnung herrührt. Doch läßt sich auch hier bei einiger Übung eine einwandfreie Ablesung ermöglichen. In wenigen Fällen stellten sich auch Resonanz-Torsionsschwingungen von Gebläseläufer-Torsionsstab ein, wo eine Ablesung unmöglich war. In diesen Fällen mußte durch Einbau eines dickeren Stabes eine geringere Genauigkeit in Kauf genommen werden.

Längere Erfahrungen des Verfassers mit Torsionsdynamometern auf dem Prüffeld haben den Beweis erbracht, daß dieselben das geeignetste Meßinstrument für genauere Untersuchungen sind.

4. Versuchsergebnisse.

Im folgenden sind Versuchsergebnisse zusammengestellt, die von verschiedenen Firmen erreicht wurden. Dieses Zahlenmaterial gibt einen Anhaltspunkt, mit welchen Werten zurzeit gerechnet werden kann.

Tabelle 13. Versuchsresultate an einem 40000 m³ Turbokompressor der FMA.
301.85.

Versuch Nr.		IV	I	II	III	
	Atmosphärendruck	ata	1,0071	1,0071	1,0071	1,0071	
	Druckabfall in der Düse	mm W.-S.	60,2	86,8	112,2	138,6	
	Abs. Luftdruck hinter der Düse	ata	1,0011	0,9984	0,9959	0,9932	
	Lufttemperatur vor der Düse	°C	14	13	13	13	
1.	Luftmenge an der Düse	m³/st	28230	33900	38590	42920	
	Unterdruck im Saugstutzen	mm W.-S.	48	69	90	109	
	Abs. Luftanfangsdruck	ata	1,0023	1,0002	0,9981	0,9962	
	Luftanfangstemperatur	°C	20	19	19	19	
	Angesaugte Luftmenge	m³/st	28780	34550	39310	43690	
	Umdrehungen in der Minute	n	3260	3320	3370	3425	
	Abs. Luftenddruck	ata	7,01	7,04	7,01	7,01	
	Isoth. Verdichtungsarbeit	mkg/m³	19490	19520	19460	19440	
	Abs. Dampfdruck	ata	14,21	14,17	13,77	13,69	
	Dampftemperatur	°C	307	308	303	305	
	Abs. Dampfenddruck	ata	0,080	0,082	0,087	0,094	
	Adiab. Wärmegefälle	kcal/kg	208,5	208	203,5	202	
	Druckabfall in d. Kondensatdüse	mm Q.-S.	41,1	55,8	74,4	90,2	
2.	Dampfverbrauch	kg/st	13840	16140	18630	20520	
	Dampfverbrauch	kg/m³	0,481	0,467	0,474	0,470	
	Kondensatorkühlwasser						
	Druckabfall in der Düse	mm Q.-S.	77,8	81,8	81,4	80,2	
3.	Wassermenge	m³/st	1680	1720	1710	1700	Garantie 1100
	Eintrittstemperatur	°C	32,5 }6,6°	31,5 }7,5°	31,8 }8,6°	32,1 }9,7°	
	Austrittstemperatur	°C	39,1	39	40,4	41,8	
	Dampfendtemperatur	°C	41,3 }2,2°	41,7 }2,7°	42,9 }2,5°	44,4 }2,6°	
	Kompressorkühlwasser						
	Druckabfall in der Düse	mm Q.-S.	213	212	210,2	210,8	
4.	Wassermenge	m³/st	669	668	664	665	Garantie 500
	Umrechnungen:						
	1. auf Verdichtung von 1 bis 7 ata (19460 mkg)	kg/m³	0,480	0,466	0,474	0,471	
	Höhere Kühlw.-Temp. als 270°	°C	5,5	4,5	4,8	5,1	
	Vak.-Temp. bei 27° Kühlw.	°C	35,8	37,2	38,1	39,3	
	Abs. Dampfenddruck bei 27° Kühlw.	ata	0,060	0,064	0,068	0,072	
	Wärmegefälle bei 12 ata 300° u. d. Vak.	kcal/kg	210	208,5	207	204	
	Umrechnung auf d. Wärmegefälle	kg/m³	0,477	0,465	0,466	0,467	
Garantie bei { m³/st		30000		36000		40000	
{ kg/m³		0,51		0,465		0,485	

In Tab. 13 sind die Abnahmeversuche eines 40 000 m³ Kompressors für 7 fache Verdichtung zusammengestellt. Die Maschine wurde von der Frankfurter Maschinenbau A.-G. geliefert für den Eschweiler Bergwerksverein. Die Dampfturbine ist für Heißdampf von 350⁰ C und 14 ata gebaut. Als mittlerer Dampfverbrauch kann 0,46 kg Dampf/m³ Luft angegeben werden.

Tabelle 14. Versuchsresultate eines Abdampfturbokompressors der FMA.

Versuch Nr.			I.		II.		III.	IV.
Atmosphärendruck......	ata		1,026		1,026		1,027	1,03
Druckabfall i. d. Düse...	mm W.-S.		99,5		122,2		120,2	89,3
Luftanfangstemperatur ..	ata		1,016		1,014		1,017	1,021
Temperatur an d. Düse °C	°C abs.	11⁰	284	12⁰	285	13⁰	286	—
Luftmenge durch Düse ..	m³/st		21960		24390		24210	—
Druck im Saugdeckel $\frac{mm}{W.-S.}$	ata	106	1,016	129,2	1,013	126,4	1,015	—
Temperatur i. „ °C	°C abs.	24	297	24	287	25	298	—
Luftmenge i. „	m³/st		22970		25410		25250	21450
Dampfanfangsdruck $\frac{mm}{Q.-S.}$	ata		8,33		8,89	96	1,1575	8,18
Dampfanfangstemperatur	°C		168		170,3		—	—
Dampfenddruck	ata		0,078		0,058		0,0617	0,0667
Dampfverbrauch........	kg/st		16040		17070		28460	15020
„	kg/m³		0,699		0,672		1,127	0,70
Verfügbares Wärmegefälle	cal/kg		168,5		175		100,5	168
Wärmegefälle u. Garantie	cal/kg		172,5		176,0		92,0	172,5
Umgerechneter Verbrauch	kg/m³		0,682		0,668		1,23	0,682
Luftenddruck	ata		8,026		8,013		8,027	8.03
Isoth. Kompressionsarbeit (von 1-8 ata = 20 790 mkg)	mkg/m³		21120		21100		21120	21150
Umgerechneter Verbrauch	kg/m³		0,67		0,658		1,21	0,67
Garantie..............	kg/m³		0,62		0,635		1,19	0,62
Garantie einschl. 5% Tol.	kg/m³		0,652		0,67			0,65
Abweichung			+ 2,7%		— 1,8%			3%

Wirkungsgrad bei garantiertem Dampfverbrauch: $\frac{20790}{427} = 48{,}7.$

$$V = 0{,}96 \cdot 8{,}63 \, \frac{\pi}{4} \, d^2 \sqrt{\frac{T}{p} \cdot h} = 1318 \sqrt{\frac{T}{p} \cdot h}, \qquad d = 450 \text{ mm}.$$

Tab. 14 zeigt Versuche an einem Kompressor für 25 000 m³/st und 8 fache Verdichtung mit Abdampfkompressor, ebenfalls von der Frankfurter Maschinenbau A.-G. geliefert. Versuche I, II, IV beziehen sich auf Frischdampfbetrieb und Versuch III auf Abdampfbetrieb. Der Frischdampfdruck ist ca. 9 at bei 170⁰ C. Hierbei wurden die Ziffern ca. 0,62 kg Dampf/m³ Luft erreicht. Der Gesamtwirkungsgrad ist bei Frischdampfbetrieb ca. 49%, während er bei Abdampfbetrieb 0,53 ist. Diese Steigerung hängt mit den Eigenschaften der Abdampfturbine zusammen.

In Abb. 210 wurde ein großer Kompressor von Brown-Boveri beschrieben, der bei einer Ansaugemenge von 70 000 m³/st und 7 facher Verdichtung zu den größten gehört, die bisher gebaut worden sind.

Dieser Kompressor wurde von Ostertag mit Hilfe eines Torsions-
dynamometers untersucht und hierbei folgende Ergebnisse erzielt.

Tabelle 15. (Ostertag.)

Versuch		I	II
Barometerstand	kg/m²	10 015	10 015
Ansaugedruck abs.	kg/m²	9717	9840
Enddruck im Druckrohr	kg/cm²	6,98	6,65
Druckverhältnis		7,19	6,76
Temperatur im Druckstutzen	C	52,6	51,4
Temperatur vor Düse	C	22,0	21,7
Unterdruck hinter Düse	mm W.-S.	274	162
Ansaugevolumen	m³/sek	19,4	14,8
Ausgleichskolben Luftverlust	m³/sek	0,240	0,239
Ausgleichskolben Luftverlust	%	1,25	1,61
Drehzahl/min		2890	2713
Drehmoment am Dynamometer	mkg	1752	1374
Leistung eingeleitet	kW	5195	3825
Isothermischer Wirkungsgrad	%	70,1	71,3
Wärme im Wasser abgeführt	kW	4393	3220
Wärme in der Luft abgeführt	kW	667	500
Wärme der Lager	kW	20	20
Wärmeleitung und Strahlung	kW	40	40
Summe der Wärmen	kW	5120	3780
Unterschied Dynamometer-Wärmemessung	kW	75	45
Unterschied Dynamometer-Wärmemessung	kW	1,44	1,2

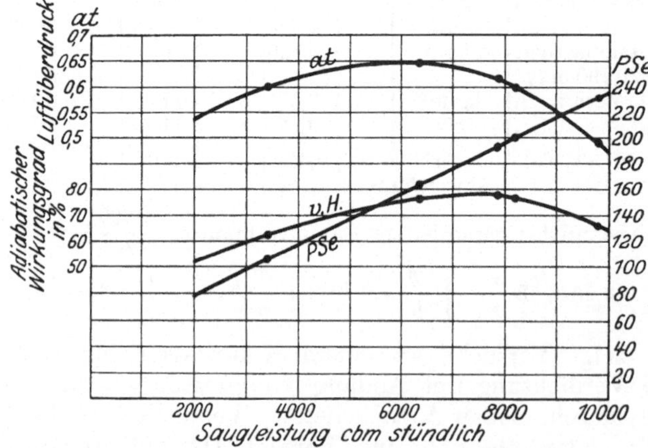

Abb. 266. Versuchswerte eines FMA-Gebläses für 8000 m³/st und 0,6 atü.

In Tab. 16 sind die Abnahmeversuche eines Gebläses von 8000 m³/st
für 0,6 atü enthalten, ausgeführt von der Frankfurter Maschinenbau
Akt.-Ges. Die Versuchswerte sind in Abb. 266 graphisch aufgetragen.
Der höchste Wirkungsgrad, der hier erreicht wurde, ist ca. 78%. Das
Gebläse wird von einem Elektromotor ($n = 2950$/min) angetrieben
und hat 4 Stufen.

Tabelle 16. Abnahmeversuch an einem elektrisch betriebenen Turbogebläse für 8000 m³ stündliche Saugleistung und 0,6 at Luftüberdruck.

Nummer des Versuches	2	3	1	4	2	Garantie
Luft-Anfangsdruck .... at abs	0,996	0,996	0,996	0,996	0,996	1
Luft-Überdruck .... at abs	0,602	0,644	0,611	0,597	0,493	0,6
Luft-Enddruck .... at abs	1,598	1,640	1,607	1,593	1,489	1,6
Adiabatischer Arbeitsbedarf... mkg/m³	5050	5330	5120	5010	4240	5030
Luft-Anfangstemperatur .... ⁰C	18,5	19,4	18,2	20	19,1	15
Luft-Endtemperatur .... ⁰C	85,1	76,8	71,9	74,5	72,7	
Angesaugte Luftmenge .... m³/st	3440	6320	7850	8180	9750	8000
Adiabatischer Leistungsbedarf .... PSe	64,4	124,7	149	151,7	153,2	149,1
Energieaufnahme des Motors .... KW	88,3	131,4	151,5	159,7	183,4	
Wirkungsgrad des Motors .... vH	87,3	91,4	92,6	92,7	92,5	
Leistungsbedarf des Gebläses .... PSe	104,8	163,2	190,6	200,2	230,4	205
Adiabatischer Wirkungsgrad...... vH	61,4	75,9	78,2	75,8	66,5	72,8

XV. Das Auswuchten von Läufern.

Für den ruhigen Gang von schnellaufenden Gebläsen und Turbokompressoren ist es von ausschlaggebender Bedeutung, daß die Läufer gut ausgewuchtet sind. Bei der Rotation dürfen keine Massenkräfte auftreten, die Erschütterungen hervorrufen. Hierzu sind zwei Bedingungen notwendig: 1. Der Schwerpunkt muß in der Drehachse liegen. 2. Die Drehachse muß mit der Hauptträgheitsachse zusammenfallen. Bei einem fertigen Läufer ist letzteres ohne weiteres nicht zu erkennen, da hierbei, wie leicht einzusehen ist, der Schwerpunkt in der Mitte liegen kann, ohne daß die Drehachse mit der Hauptträgheitsachse zusammenfällt. In der ersten Hälfte des Läufers kann der Schwerpunkt z. B. nach der einen, in der zweiten Hälfte nach der anderen Seite liegen, doch so, daß der Gesamtschwerpunkt in der Mitte liegt. Um derartige Materialverschiebungen feststellen zu können, läßt man den Läufer in zwei einseitig beweglichen Lagern laufen und ist in der Lage, aus den Bewegungskurven der beiden Wellenenden die zum Massenausgleich notwendigen Massen anzugeben. Derartige Vorrichtungen, sogenannte Auswuchtmaschinen, sind im Handel[1] bereits in sehr großer Vollkommenheit zu erhalten und heute bei fast allen rotierenden Maschinen im Gebrauch. Der Nachteil ist, daß man für jeden Rotor besondere Lager anfertigen muß, wodurch der Anwendung gewisse Grenzen gesetzt sind.

Es ist deshalb zu begrüßen, daß es Blaeß[2] durch ein sehr geistreiches Verfahren gelungen ist, den Massenausgleich in der fertigen Maschine ohne jegliche Betriebsstörungen vorzunehmen. Auf beiden Lagern werden besondere Schwingkörper aufgesetzt, durch die die Ebene der Massenverlagerung festgestellt wird. Durch probeweises

---

[1] Maschinenfabrik Schrenk, Darmstadt.
[2] Massenausgleich. Z. ang. Math. Mech. 1925.

Einsetzen von Ausgleichgewichten werden die Unruhen allmählich zum Verschwinden gebracht. Das Verfahren arbeitet wohl etwas länger und erfordert eine besondere Erfahrung des Ausführenden, doch hat es den bedeutenden Vorteil, daß die Maschine nicht abmontiert zu werden braucht, und außerdem ein Nachwuchten in Betriebspausen ausgeführt werden kann.

Bei fachgemäßer Herstellung ist es jedoch im Turbokompressoren- und Gebläsebau möglich, fast ohne Auswuchtmaschinen auszukommen. Dies deshalb, weil die Hauptmassen scheibenförmig angeordnet sind, die sich alle einzeln statisch auswuchten lassen. Hierzu ist erforderlich, daß zuerst die Laufradscheibe für sich ausbalanciert wird, dann werden die Schaufeln, die vorher alle ausgewogen sind, aufgenietet und die Laufradscheibe mit den Schaufeln ausbalanciert. Das Deckblech wird vor dem Aufnieten ebenfalls für sich ausgewuchtet und nach dem Aufnieten wird das gesamte Laufrad nochmals nachbalanciert. So wird Rad für Rad behandelt. Nachdem das 1. Rad auf die Welle aufgezogen ist, werden beide zusammen ausgewuchtet, dann wird das nächste Rad aufgesetzt und ausgewuchtet usw. Dieses statische Ausbalancieren geschieht auf den bekannten Schwerpunktswagen oder durch Ausschwingen auf geschliffenen und gehärteten Leisten. Durch Anbringen von kleinen Zusatzgewichten an verschiedenen Stellen des Umfanges und Beobachten der verschiedenen Schwingungsausschläge kann die Schwerpunktslage mit sehr großer Genauigkeit festgestellt werden. Bei derartig ausgewuchteten Läufern kann auch durch Auswuchtmaschinen nichts mehr herausgeholt werden. Der Lauf derartiger Läufer ist meist vollkommen ruhig.

Diese Methode genügt nicht, wenn es sich um gegossene breite Räder handelt, z. B. Stahlguß, wie sie häufig für einstufige Gebläse und Hochofengebläse verwendet werden. Da hier Deckblech und Laufradscheibe nicht getrennt werden können, können hier mit obigen Methoden die Massenverschiebungen nicht festgestellt werden. In diesem Falle muß natürlich dynamisch ausgewuchtet werden.

Da Turbokompressoren meist überkritisch laufen, wäre an und für sich keine Schwerpunktsregulierung notwendig, da ja ein Selbstauswuchten stattfindet. Hierbei würde sich jedoch die Welle verbiegen, die Labyrinthdichtungen ausschlagen und die Scheiben locker werden. Außerdem würden die Lager ungünstig beansprucht, so daß man auch bei überkritisch laufenden Wellen, die nicht ausgewuchtet sind, sehr große Unruhen wahrnimmt, die ein Auswuchten unbedingt erforderlich machen.

Kolben- und Turbo-Kompressoren. Theorie und Konstruktion. Von Prof. Dipl.-Ing. P. Ostertag, Winterthur. Dritte, verbesserte Auflage. Mit 358 Textabbildungen. VI, 302 Seiten. 1923. Gebunden RM 20.—

Die Entropietafel für Luft und ihre Verwendung zur Berechnung der Kolben- und Turbo-Kompressoren. Von Prof. Dipl.-Ing. P. Ostertag, Winterthur. Zweite, verbesserte Auflage. Mit 18 Textfiguren und 2 Diagrammtafeln. 46 Seiten. 1917. Unveränderter Neudruck 1922. RM 2.50

Kälteprozesse. Dargestellt mit Hilfe der Entropie-Tafel. Von Prof. Dipl.-Ing. P. Ostertag, Winterthur. Mit 58 Textabbildungen und 3 Tafeln. II, 118 Seiten. 1924. RM 6.—; gebunden RM 6.80

Thermodynamische Grundlagen der Kolben- und Turbokompressoren. Graphische Darstellungen für die Berechnung und Untersuchung. Von Oberingenieur Ad. Hinz, Frankfurt a. M. Zweite, verbesserte Auflage. Mit 73 Abbildungen und 20 graphischen Berechnungstafeln sowie 19 Zahlentafeln. VI, 68 Seiten. 1927. Gebunden RM 25.—

Dynamik der Leistungsregelung von Kolbenkompressoren und -pumpen (einschl. Selbstregelung und Parallelbetrieb). Von Dr.-Ing. Leo Walther, Nürnberg. Mit 44 Textabbildungen, 23 Diagrammen und 85 Zahlenbeispielen. VII, 149 Seiten. 1921. RM 4.60

Zentrifugal-Ventilatoren. Ihre Berechnung und Konstruktion. Von Ingenieur Erich Gronwald. Mit 108 Textabbildungen. VIII, 178 Seiten. 1925. Gebunden RM 12.60

Die Ventilatoren. Berechnung, Entwurf und Anwendung. Von Dr. sc. techn. E. Wiesmann, Ingenieur. Mit 135 Abbildungen, 10 Zahlentafeln und zahlreichen Rechnungsbeispielen. Zur Zeit vergriffen.

Die Kreiselpumpen. Von Prof. Dr.-Ing. C. Pfleiderer, Braunschweig. Mit 355 Abbildungen. VIII, 395 Seiten. 1924. Gebunden RM 22.50

Kreiselpumpen. Eine Einführung in Wesen, Bau und Berechnung von Kreisel- oder Zentrifugalpumpen. Von Dipl.-Ing. L. Quantz, Stettin. Zweite, erweiterte und verbesserte Auflage. Mit 132 Textabbildungen. IV, 120 Seiten. 1925. RM 4.80

Die Zentrifugalpumpen mit besonderer Berücksichtigung der Schaufelschnitte. Von Dipl.-Ing. Fritz Neumann. Zweite, verbesserte und vermehrte Auflage. Mit 221 Textfiguren und 7 lithographischen Tafeln. VIII, 252 Seiten. 1912. Unveränderter Neudruck 1922. Gebunden RM 10.—

Strömungsenergie und mechanische Arbeit. Beiträge zur abstrakten Dynamik und ihre Anwendung auf Schiffspropeller, schnelllaufende Pumpen und Turbinen, Schiffswiderstand, Schiffssegel, Windturbinen, Trag- und Schlagflügel und Luftwiderstand von Geschossen. Von Oberingenieur **Paul Wagner**, Berlin. Mit 151 Textfiguren. XI, 252 Seiten. 1914. Gebunden RM 10.—

Mathematische Strömungslehre. Von Dr. **Wilhelm Müller**, Privatdozent an der Technischen Hochschule Hannover. Mit 137 Textabbildungen. IX, 239 Seiten. 1928. RM 18.—; gebunden RM 19.50

Widerstandsmessungen an umströmten Zylindern von Kreis- und Brückenpfeilerquerschnitt. Von Dr.-Ing. **F. Eisner**, Regierungsbaumeister, Privatdozent an der Technischen Hochschule Berlin. (Bildet Heft IV der „Mitteilungen der Preußischen Versuchsanstalt für Wasserbau und Schiffbau, Berlin".) Mit 63 Textabbildungen. VI, 98 Seiten. 1929. RM 10.—

Mechanische Schwingungen und ihre Messung. Von Dr.-Ing. **J. Geiger**, Oberingenieur, Augsburg. Mit 290 Textabbildungen und 2 Tafeln. XII, 305 Seiten. 1927. Gebunden RM 24.—

Technische Schwingungslehre. Ein Handbuch für Ingenieure, Physiker und Mathematiker bei der Untersuchung der in der Technik angewendeten periodischen Vorgänge. Von Privatdozent Dr. **Wilhelm Hort**, Dipl.-Ing., Oberingenieur bei der Turbinenfabrik der AEG, Berlin. Zweite, völlig umgearbeitete Auflage. Mit 423 Textfiguren. VIII, 828 Seiten. 1922. Gebunden RM 24.—

Grundzüge der technischen Schwingungslehre. Von Prof. Dr.-Ing. **Otto Föppl**, Braunschweig. Mit 106 Abbildungen im Text. VI, 151 Seiten. 1923. RM 4.—; gebunden RM 4.80

Mathematische Schwingungslehre. Theorie der gewöhnlichen Differentialgleichungen mit konstanten Koeffizienten sowie einiges über partielle Differentialgleichungen und Differenzengleichungen. Von Dr. **Erich Schneider**. Mit 49 Textabbildungen. VI, 194 Seiten. 1924. RM 8.40; gebunden RM 10.—

Festigkeitseigenschaften und Gefügebilder der Konstruktionsmaterialien. Von Prof. Dr.-Ing. **C. Bach** und Prof. **R. Baumann**, Stuttgart. Zweite, stark vermehrte Auflage. Mit 936 Figuren. IV, 190 Seiten. 1921. Gebunden RM 18.—

Festigkeitslehre. Von Professor **S. Timoshenko** und Maschinen-Ingenieur **J. M. Lessells**. Ins Deutsche übertragen von Dr. **J. Malkin**, Ingenieur. Mit 391 Abbildungen im Text. XVIII, 484 Seiten. 1928. Gebunden RM 28.—

Getriebe und Getriebemodelle. Herausgegeben vom Ausschuß für wirtschaftliche Fertigung (AWF) beim Reichskuratorium für Wirtschaftlichkeit.
Teil I: Getriebemodellschau des AWF und VDMA 1928. Mit 173 Bildern. 192 Seiten. 1928. Gebunden RM 6.—
Teil II: Zweite Getriebemodellschau des AWF und VDMA 1929. Mit Bild 174—299. 143 Seiten. 1929. Gebunden RM 4.50

Thermodynamik als Lehre von den Kreisprozessen, den physikalischen und chemischen Veränderungen und Gleichgewichten. Eine Einführung zu den thermodynamischen Problemen der Kraft- und Stoffwirtschaft. Von Dr. **Walter Schottky**, wissenschaftlicher Berater des Siemens-Konzerns, früher ord. Professor für theoretische Physik an der Universität Rostock. In Gemeinschaft mit Dr. **H. Ulich**, Privatdozent und Assistent für physikalische Chemie an der Universität Rostock, und Dr. **C. Wagner**, Privatdozent für Chemie, Assistent am chemischen Laboratorium der Universität Jena. Mit 90 Abbildungen und 1 Tafel. XXIII, 619 Seiten. *Erscheint Ende April 1929.*

Technische Thermodynamik. Von Prof. Dipl.-Ing. **W. Schüle**.

Erster Band: Die für den Maschinenbau wichtigsten Lehren nebst technischen Anwendungen. Vierte, neubearbeitete Auflage. Berichtigter Neudruck. Mit 225 Textfiguren und 7 Tafeln. X, 559 Seiten. 1923.
Gebunden RM 18.—

Zweiter Band: Höhere Thermodynamik mit Einschluß der chemischen Zustandsänderungen nebst ausgewählten Abschnitten aus dem Gesamtgebiet der technischen Anwendungen. Vierte, erweiterte Auflage. Mit 228 Textfiguren und 5 Tafeln. XVIII, 509 Seiten. 1923.
Gebunden RM 18.—

Maschinenuntersuchungen. Ein Leitfaden für Unterricht und Praxis von Prof. Dr.-Ing. **Anton Staus**.

Erster Band: Hydraulik in ihren Anwendungen. Zweite, neubearbeitete Auflage. Mit 131 Textabbildungen und 29 Zahlentafeln. X, 196 Seiten. 1926.
RM 9.—; gebunden RM 10.50

Zweiter Band: Versuche aus dem Gebiet der Thermodynamik und ihren Anwendungen.
In Vorbereitung.

Schnellaufende Verbrennungsmaschinen. Von Harry R. Ricardo. Übersetzt und bearbeitet von Dr. A. Werner und Diplom-Ingenieur P. Friedmann. Mit 280 Textabbildungen. VII, 374 Seiten. 1926.
Gebunden RM 30.—

Das Entwerfen und Berechnen der Verbrennungskraftmaschinen und Kraftgas-Anlagen. Von Maschinenbaudirektor Geh. Kommerzienrat Dr.-Ing. e. h. **Hugo Güldner**, Aschaffenburg. Dritte, neubearbeitete und bedeutend erweiterte Auflage. Mit 1282 Textfiguren, 35 Konstruktionstafeln und 200 Zahlentafeln. XX, 789 Seiten. Dritter unveränderter Neudruck 1922.
Gebunden RM 42.—

Öl- und Gasmaschinen. (Ortfeste und Schiffsmaschinen). Ein Handbuch für Konstrukteure, ein Lehrbuch für Studierende von Prof. **H. Dubbel**, Ingenieur. Mit 519 Textabbildungen. VI, 446 Seiten. 1926.
Gebunden RM 37.50

Dampf- und Gasturbinen. Mit einem Anhang über die Aussichten der Wärmekraftmaschinen. Von Prof. Dr. phil. Dr.-Ing. **A. Stodola**, Zürich. Sechste Auflage. Unveränderter Abdruck der fünften Auflage mit einem Nachtrag nebst Entropie-Tafel für hohe Drücke und B^iT-Tafel zur Ermittelung des Rauminhaltes. Mit 1138 Textabbildungen und 13 Tafeln. XIII, 1141 Seiten. 1924.
Gebunden RM 50.—

Die Theorie der Wasserturbinen. Ein kurzes Lehrbuch von Prof. **Rudolf Escher †**, Zürich. Dritte, vermehrte und verbesserte Auflage, herausgegeben von Ober-Ingenieur **Robert Dubs**, Zürich. Mit 364 Textabbildungen und 1 Tafel. XIV, 356 Seiten. 1924.
Gebunden RM 13.50

Taschenbuch für den Maschinenbau. Bearbeitet von Fachleuten, herausgegeben von Prof. H. Dubbel. Ingenieur, Berlin. Fünfte, völlig umgearbeitete Auflage. Mit 2800 Textfiguren. In zwei Bänden. X, 1756 Seiten. 1929. Gebunden RM 26.—

Kolbendampfmaschinen und Dampfturbinen. Ein Lehr- und Handbuch für Studierende und Konstrukteure. Von Prof. H. Dubbel, Ingenieur. Sechste, vermehrte und verbesserte Auflage. Mit 566 Textfiguren. VII, 523 Seiten. 1923. Gebunden RM 14.—

Regelung und Ausgleich in Dampfanlagen. Einfluß von Belastungsschwankungen auf Dampfverbraucher und Kesselanlage, sowie Wirkungsweise und theoretische Grundlagen der Regelvorrichtungen von Dampfnetzen, Feuerungen und Wärmespeichern. Von Th. Stein. Mit 240 Textabbildungen. VIII, 389 Seiten. 1926. Gebunden RM 30.—

Der Regelvorgang bei Kraftmaschinen auf Grund von Versuchen an Exzenterreglern. Von Prof. Dr.-Ing. A. Watzinger, Trondhjem, und Dipl.-Ing. Leif J. Hanssen. Trondhjem. Mit 82 Abbildungen. 92 Seiten. 1923. RM 7.—

Außergewöhnliche Druck- und Temperatursteigerungen bei Dieselmotoren. Eine Untersuchung. Von Dr.-Ing. R. Colell. Mit 26 Textfiguren. IV, 70 Seiten. 1921. RM 2.40

Die Kondensation bei Dampfkraftmaschinen einschließlich Korrosion der Kondensatorrohre, Rückkühlung des Kühlwassers, Entölung und Abwärmeverwertung. Von Oberingenieur Dr.-Ing. K. Hoefer, Berlin. Mit 443 Abbildungen im Text. XI, 442 Seiten. 1925. Gebunden RM 22.50

Drehschwingungen in Kolbenmaschinenanlagen und das Gesetz ihres Ausgleichs. Von Dr.-Ing. Hans Wydler, Kiel. Mit einem Nachwort: Betrachtungen über die Eigenschwingungen reibungsfreier Systeme von Prof. Dr.-Ing. Guido Zerkowitz, München. Mit 46 Textfiguren. VI, 100 Seiten. 1922. RM 6.—

Die Berechnung der Drehschwingungen und ihre Anwendung im Maschinenbau. Von Heinrich Holzer, Oberingenieur der Maschinenfabrik Augsburg-Nürnberg. Mit vielen praktischen Beispielen und 48 Textfiguren. IV, 200 Seiten. 1921. RM 8.—; gebunden RM 9.—

Mehrfach gelagerte, abgesetzte und gekröpfte Kurbelwellen. Anleitung für die statische Berechnung mit durchgeführten Beispielen aus der Praxis. Von Prof. Dr.-Ing. A. Gessner, Prag. Mit 52 Textabbildungen. IV, 96 Seiten. 1926. RM 8.10